应用型本科规划教材

机械制图

（第二版）

主　编　胡国军

副主编　文和平　贾志欣

许锦泓

ZHEJIANG UNIVERSITY PRESS
浙江大学出版社

图书在版编目（CIP）数据

机械制图／胡国军主编．—杭州：浙江大学出版社，2010.3(2019.9 重印)
ISBN 978-7-308-07439-1

Ⅰ.①机… Ⅱ.①胡… Ⅲ.①机械制图—高等学校—教材 Ⅳ.①TH126

中国版本图书馆 CIP 数据核字（2010）第 045496 号

机械制图(第二版)

胡国军　主编

丛书策划　樊晓燕　王　波
责任编辑　王　波(wb123@zju.edu.cn)
封面设计　刘依群
出版发行　浙江大学出版社
(杭州市天目山路 148 号　邮政编码 310007)
(网址:http://www.zjupress.com)
排　　版　杭州中大图文设计有限公司
印　　刷　浙江省良渚印刷厂
开　　本　787mm×1092mm　1/16
印　　张　21.75
字　　数　529 千
版 印 次　2013 年 6 月第 2 版　2019 年 9 月第 6 次印刷
书　　号　ISBN 978-7-308-07439-1
定　　价　48.00 元

应用型本科院校机械专业规划教材

编 委 会

总　序

近年来我国高等教育事业得到了空前的发展，高等院校的招生规模有了很大的扩展，在全国范围内涌现了一大批以独立学院为代表的应用型本科院校，这对我国高等教育的全方位、持续、健康发展具有重大的意义。

应用型本科院校以着重培养应用型人才为目标，开设的大多是一些针对性较强、应用特色明确的本科专业，但与此不相适应的是，作为知识传承载体的教材建设远远滞后于应用型人才培养的步伐。应用型本科院校所采用的教材大多是直接选用普通高校的那些适用于研究型人才培养的教材。这些教材往往过分强调系统性和完整性，偏重基础理论知识，而对应用知识的传授却不足，难以充分体现应用类本科人才的培养特点，无法直接有效地满足应用型本科院校的实际教学需要。对于正在迅速发展的应用型本科院校来说，抓住教材建设这一重要环节，是实现其长期稳步发展的基本保证，也是体现其办学特色的基本措施。

浙江大学出版社认识到，高校教育层次化与多样化的发展趋势对出版社提出了更高的要求，即无论在选题策划，还是在出版模式上都要进一步细化，以满足不同层次的高校的教学需求。应用型本科院校是介于普通本科与高职之间的一个新兴办学群体，它有别于普通的本科教育，但又不能偏离本科生教学的基本要求，因此，教材编写必须围绕本科生所要掌握的基本知识与概念展开。但是，培养应用型与技术型人才又是应用型本科院校的教学宗旨，这就要求教材改革必须有利于进一步强化应用能力的培养。

为了满足当今社会对机械工程专业应用型人才的需要，许多应用型本科院校都设置了相关的专业。而这些专业的特点是课程内容较深、难点较多，学生不易掌握，同时，行业发展迅速，新的技术和应用层出不穷。针对这一情况，浙江大学出版社组织了十几所应用型本科院校机械工程类专业的教师共同开展了“应用型本科机械工程专业教材建设”项目的研究，共同研究目前教材的不适应之处，并探讨如何编写能真正做到“因材施教”、适合应用型本科层次机械工程类专业人才培养的系列教材。在此基础上，组建了编委会，确定共同编写“应用型本科院校机械工程专业规划教材”系列。

本套规划教材具有以下特色：

在编写的指导思想上，以“应用型本科”学生为主要授课对象，以培养应用型人才为基本目的，以“实用、适用、够用”为基本原则。“实用”是对本课程涉及的基本原理、基本性质、基本方法要讲全、讲透，概念准确清晰。“适用”是适用于授课对象，即应用型本科层次的学生。“够用”就是以就业为导向，以应用型人才为培养目的，达到理论够用，不追求理论深度和内容的广度。突出实用性、基础性、先进性，强调基本知识，结合实际应用，理论与实践相结合。

在教材的编写上重在基本概念、基本方法的表述。编写内容在保证教材结构体系完整的前提下，注重基本概念，追求过程简明、清晰和准确，重在原理，压缩繁琐的理论推导。做到重点突出、叙述简洁、易教易学。还注意掌握教材的体系和篇幅能符合各学院的计划要求。

在作者的遴选上强调作者应具有应用型本科教学的丰富的教学经验，有较高的学术水平并具有教材编写经验。为了既实现“因材施教”的目的，又保证教材的编写质量，我们组织了两支队伍，一支是了解应用型本科层次的教学特点、就业方向的一线教师队伍，由他们通过研讨决定教材的整体框架、内容选取与案例设计，并完成编写；另一支是由本专业的资深教授组成的专家队伍，负责教材的审稿和把关，以确保教材质量。

相信这套精心策划、认真组织、精心编写和出版的系列教材会得到广大院校的认可，对于应用型本科院校机械工程类专业的教学改革和教材建设起到积极的推动作用。

系列教材编委会主任　潘晓弘

2007 年 1 月

前　　言

近年来，随着科学技术的不断发展，我国高等学校“机械制图”课程的教学已经发生了深刻的变化，其中最为突出的是教学内容的更新、课程体系的重组和教学手段的现代化。为了适应独立学院教育的发展，更好地满足独立学院培养应用型技术人才的需要，本教材在编写过程中，以掌握基本概念、注重技能培养和提高综合素质为指导思想，遵循“淡化理论、够用为度、培养技能、重在应用”的原则，并根据“高等学校工科画法几何及工程制图课程教学指导委员会”关于该课程内容与体系改革的建议，结合独立学院的具体情况而编写。本书具有以下特点：

1. 突出理论够用，强化应用的特点。针对独立学院应用型人才培养要求，对传统的基础理论进行优化组合，以掌握概念、强化应用为主要特色。

2. 语言精练、简洁，着重论述基本概念和分析方法，解题思路、作图方法简明扼要。在各章前后均给出了“学习导读”、“本章小结”和“复习思考题”，论述中的关键处也作了相应提示，有利于读者掌握本课程的内容和学习方法。

3. 内容、体系、结构更为合理。零件图和装配图以及相关实例有机结合，既有单独叙述，又互相穿插，符合认识规律，增加不同难度不同梯度的训练实例，以取得好的教学效果。

4. 介绍 AutoCAD2007 的基本知识和使用 AutoCAD2007 绘制工程图样的基本方法。把 CAD 软件作为高效的绘图工具引入传统的制图领域，为后续课程和计算机绘图应用打下基础。

5. 附录中的内容均是最新标准的摘录或汇总，只考虑到教学的适用性，因此作为标准是不完整的。标准以后还会被修订，当有更新标准发布时，应及时取代附录中所给的标准。

6. 与教材配套使用的《机械制图习题集》和多媒体电子教案（PPT 文件）同时出版，可供选用。电子教案采用网络出版，请需要的老师登陆浙大出版社网站申请或与本书责任编辑联系。

7. 采用模块化结构，教材有很好的适用性。可以适合一般院校和独立学院工科类各专业的制图教学，也可供其他相近专业的工程技术人员参考使用。

本教材由绍兴文理学院元培学院胡国军任主编，浙江大学宁波理工学院贾志欣、浙江大学城市学院文和平、嘉兴学院许锦泓任副主编。参加编写工作的有胡国军（第1、2章）、贾志欣、林蹟（第3、4章）、樊志华（第5、6章）、文和平（第7、8章）、许锦泓（第9章）、郑雄胜、冯方（第10章）。全书由胡国军统稿和定稿，王夏冰和周海宝两位老师担任主审，对书稿提出了许多宝贵意见，在此一并表示感谢。本书2010年出版后经过相关院校使用，反应良好。为适应教学需要，作者对部分内容进行了修订。

由于编者水平所限，书中疏漏和错误之处在所难免，敬请广大读者批评指正。

编　者

2013年5月

目 录

第 1 章　制图的基本知识和基本技能

本章学习导读

工程图样是产品设计、制造、安装、检测等过程中的重要技术资料，它是科技工作者借以表达和交流技术思想的重要工具，是工程技术部门的一项重要技术文件，被喻为“工程界的语言”。因此必须掌握有关国家标准和正确的绘图方法。

本章摘要介绍《技术制图》、《机械制图》国家标准中对图纸幅面和格式、比例、字体、图线和尺寸注法的有关规定，并介绍绘图的基本方法和常用几何作图法等内容。

通过本章的学习，掌握国家标准《技术制图》与《机械制图》中图纸幅面及格式、比例、字体、图线及画法等标准中的部分规定；掌握丁字尺、三角板、圆规、分规等绘图工具的正确使用方法，并能运用绘图工具正确绘制各种图线；初步训练徒手作草图的技能。

1.1　《技术制图》和《机械制图》国家标准的一般规定

为了科学地进行生产和管理，必须对图样画法、尺寸注法等作统一的规定。我国于1959 年首次颁发了《机械制图》国家标准，对图样作了统一规定。为适应经济和科学技术发展的需要，我国先后于 1970 年、1974 年及 1984 年重新修订《机械制图》国家标准，进入 20 世纪 90 年代后，为了与国际接轨，国家质量技术监督局依据国际标准化组织制定的国际标准，制订并颁布了《技术制图》和《机械制图》国家标准，简称“国标”，用 GB 或 GB/T(GB 为强制性国家标准，GB/T 为推荐性国家标准)表示，通常称为制图标准。在绘制工程图样时必须严格遵守和认真贯彻国家标准。

《技术制图》和《机械制图》国家标准是工程界重要的技术基础标准，是绘制和阅读机械图样的准则和依据。需要注意的是，《机械制图》标准适用于机械图样，《技术制图》标准则普遍适用于工程界各种专业技术图样。

1.1.1　图纸幅面及格式(GB/T 14689－2008)

1. 图纸幅面

图纸的基本幅面有五种，分别用幅面代号 A0、A1、A2、A3、A4 表示。如图 1-1 所示，图中粗实线表示为基本幅面，必要时，可以按规定加长幅面，但加长后的幅面尺寸是由基本幅面的短边整数倍增加后而形成的。虚线所示为加长幅面。

2. 图框格式

GB/T 14689－2008 国家标准对绘制工程图样的图纸幅面和格式作了规定。表 1-1 所示为图纸基本幅面和图框的尺寸。

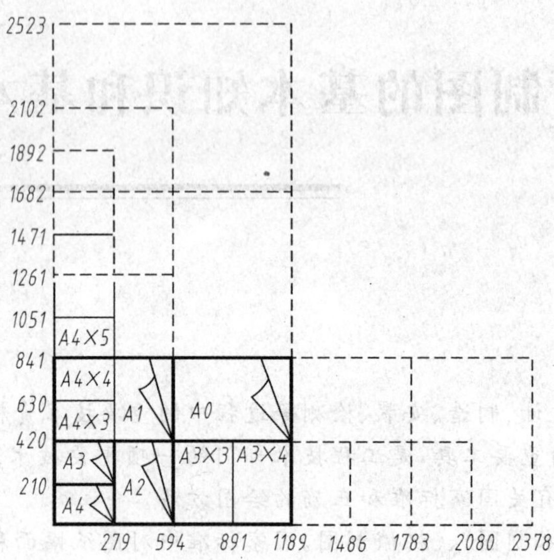

图 1-1 图纸的幅面及加长幅面

在图纸上必须用粗实线画图框，其格式分为不留装订边和留有装订边两种，但同一产品的图样只能采用一种格式。留装订边的图纸其图框格式如图 1-2 所示；不留有装订边的图纸，其图框格式如图 1-3 所示，尺寸见表 1-1。

表 1-1 图纸的基本幅面和图框的尺寸

幅面代号	A0	A1	A2	A3	A4
$B \times L$	841×1198	594×841	420×594	297×420	210×297
e	20		10		
c	10			5	
a	25				

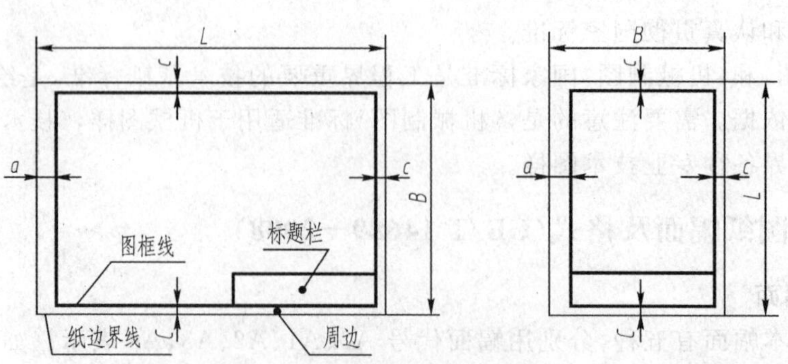

图 1-2 留装订边的图框格式

L
B
e
标题栏
图框线
周边
B
L
e
标题栏
图框线
周边

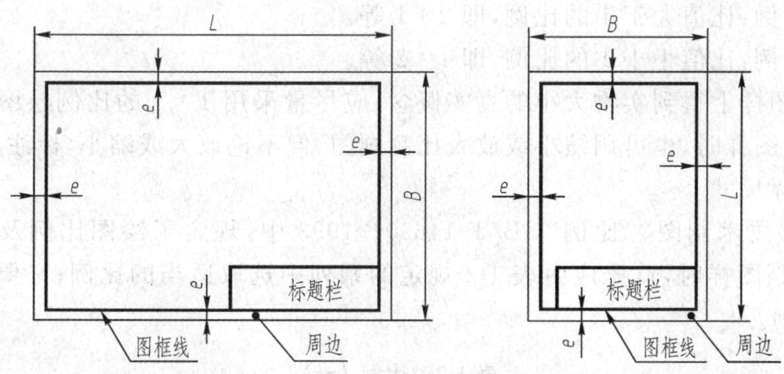

图 1-3　不留装订边的图框格式

3. 标题栏

每张技术图样中均应画出标题栏。标题栏的位置一般位于图纸的右下角，标题栏的格式国家标准（GB/T 10609.1—2008）已作了统一规定，如图 1-4 所示，在生产设计中应遵守这种格式。为简便起见，学生制图作业建议采用图 1-5 所示的标题栏格式。

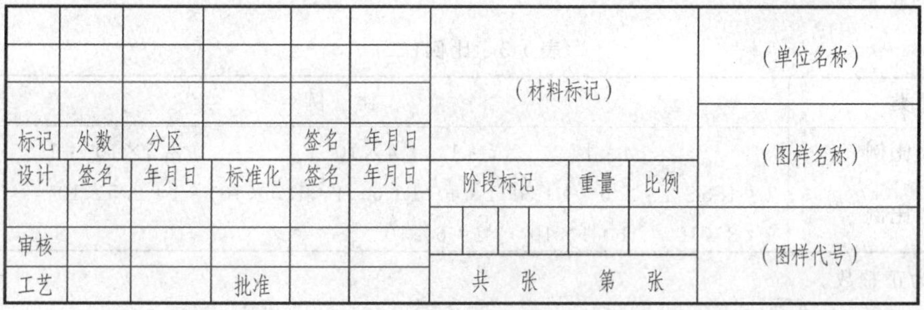

标记　处数　分区　签名　年月日
设计　签名　年月日　标准化　签名　年月日
审核
工艺　批准
（材料标记）
阶段标记　重量　比例
共　张　第　张
（单位名称）
（图样名称）
（图样代号）

图 1-4　标题栏

（图名）
比例
件数
材料
（图号）
共 张 第 张
设计　（姓名）　（日期）
制图　（姓名）　（日期）
审核　（姓名）　（日期）
（校名、班级）
8
8
8
8
8
(40)
12
28
35
12
28
25
(140)

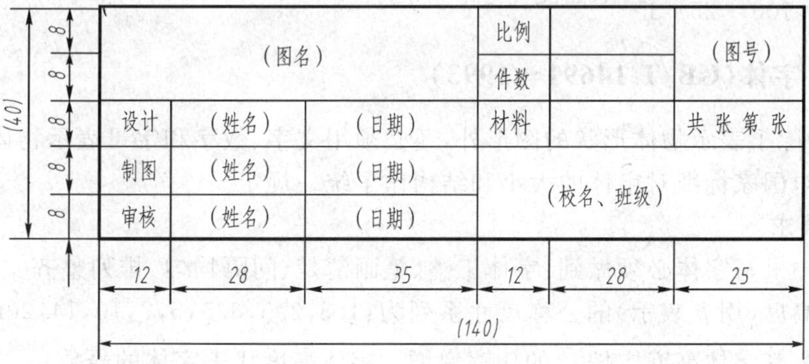

图 1-5　学校用标题栏

1.1.2　比例（GB/T1 4690—1993）

比例是指图中图形与其实物相应要素的线性尺寸之比。比例用符号"："表示，如 1：1、1：500、2：1 等，比例按其比值大小分为以下三种。

（1）原值比例：比值为 1 的比例，即 1：1。

(2)放大比例:比值大于1的比例,即2∶1等。

(3)缩小比例:比值小于1的比例,即1∶2等。

为了能从图样上得到实物大小的真实概念,应尽量采用1∶1的比例绘图,当形体不宜采用1∶1绘制图样时,也可用缩小或放大比例画图,但不论放大或缩小,标注尺寸时都必须标注形体的实际尺寸。

国家标准《技术制图》"比例"GB/T 14690—1993中,规定了绘图比例及其标注方法。需要按比例绘制图样时,首先应由表1-2规定的系列中选取适当的比例;必要时,也允许选取表1-3的比例。

表1-2 比例(一)

种类	比例
原值比例	1∶1
放大比例	5∶1　2∶1　5×10^n∶1　2×10^n∶1　1×10^n∶1
缩小比例	1∶2　1∶5　1∶10　1∶2×10^n　1∶5×10^n　1∶1×10^n

注:n为正整数。

表1-3 比例(二)

种类	比例
放大比例	4∶1　2.5∶1　4×10^n∶1　2.5×10^n∶1
缩小比例	1∶1.5　1∶2.5　1∶3　1∶4　1∶6　1∶1.5×10^n　1∶2.5×10^n 1∶3×10^n　1∶4×10^n　1∶6×10^n

注:n为正整数。

比例一般应标注在标题栏的比例栏中,必要时,可在视图名称的下方或右侧标注比例,如:$\frac{I}{2:1}$、$\frac{A}{1:100}$、$\frac{B-B}{25:1}$、平面图1∶100等。

1.1.3 字体(GB/T 14691—1993)

在图样中除了表示物体形状的图形外,还必须用文字、数字和字母表示物体的大小及技术要求等内容,国家标准对字体的大小和结构作了统一规定。

1. 基本要求

(1)图样中书写字体必须做到:字体工整、笔画清楚、间隔均匀、排列整齐。

(2)字体高度(用h表示)的公称尺寸系列为:1.8,2.5,3.5,5,7,10,14,20mm。如需要书写更大的字,其字体高度应按$\sqrt{2}$的比率递增。字体高度代表字体的号数。

(3)汉字应写成长仿宋体,并应采用中华人民共和国国务院正式公布推行的《汉字简化方案》中规定的简化字。汉字的高度h应不小于3.5mm。其字宽一般为$h/\sqrt{2}$。

(4)字母和数字分A型和B型。A型字体的笔画宽度d为字高的1/14;B型字体的笔画宽度d为字高的1/10。在同一图样上,只允许选用一种型式字体。

(5)字母和数字可写成直体或斜体。斜体字字头向右倾斜,与水平基准线成75°。

2. 字体示例

(1)汉字示例

10 号字

字体工整笔画清楚间隔均匀排列整齐

7 号字

横平竖直注意起落结构均匀填满方格

5 号字

技术制图机械电子汽车航空船舶土木建筑矿山井坑港口纺织服装

(2)拉丁字母(B 型)示例

大写斜体

ABCDEFGHIJKLMN

OPQRSTUVWXYZ

小写斜体

abcdefghijklmn

opqrstuvwxyz

(3)希腊字母(A 型)示例

小写字体

αβγδεζηθϑικλμν

ξοπρστυφφχψω

(4)阿拉伯数字示例

A 型斜体

0123456789

B 型斜体

0123456789

A 型直体

0123456789

B 型直体

0123456789

(5)罗马数字(A 型)示例

斜体

I II III IV V VI VII VIII IX X

1.1.4 图线(GB/T 4457.4－2002、GB/T 17450－1998)

图线是起点和终点间以某种方式连接的一种几何图形,形状可以是直线或曲线,连续线或不连续线。

1. 图线型式及应用

国家标准 GB/T 17450－1998 中规定了 15 种基本线型及若干种基本线型的变形,需要时可查国家标准。绘制机械图样使用 8 种基本图线(见表 1-4)。

机械图样中,图线宽度分粗细两种,其比例为 2∶1,按图样的大小和复杂程度,在下列数系中选择:0.13,0.18,0.25,0.35,0.5,0.7,1,1.4,2mm,粗线宽度优先采用 0.7,0.5mm。不连续独立部分称为线素,如点、长度不同的画和间隔。

手工绘图时线素宜符合表 1-4 规定。

2. 图线画法

(1)同一图样中,同类图线的宽度应一致,虚线、细点画线及双点画线的线段长度和间隔应各自均匀相等。

(2)两条平行线之间的最小间隙不得小于 0.7mm。

(3)点画线或双点画线的首末两端应是线段而不是点。点画线(或双点画线)相交时,

表 1-4 图线(GB/T 4457.4－2002)

图线名称	图线形式	代号	图线宽度	主要用途
粗实线		A	粗线	可见轮廓线、可见过渡线
细实线		B	细线	尺寸线、尺寸界线、剖面线、引出线、辅助线
波浪线		C	细线	断裂处的边界线、视图与剖视的分界线
双折线		D	细线	断裂处的边界线
虚线	2~6 ≈1	F	细线	不可见轮廓线、不可见过渡线
细点画线	≈20 ≈3	G	细线	轴线、对称中心线、节圆及节线、轨迹线
粗点画线	≈15 ≈3	J	粗线	有特殊要求的线或表面的表示线
双点画线	≈20 ≈5	K	细线	假想轮廓线、相邻辅助零件的轮廓线、中断线

其交点应为线段相交，如图 1-6(a)所示；在较小图形上绘制细点画线或双点画线有困难时，可用细实线代替。如图 1-6(b)所示。

(4)当虚线处在粗实线的延长线上时，应先留空隙，再画虚线的短画线，如图 1-6(c)。

(5)点画线、虚线与其他图线相交时都应是线段相交，不能交在空隙处，如图 1-6(c)。

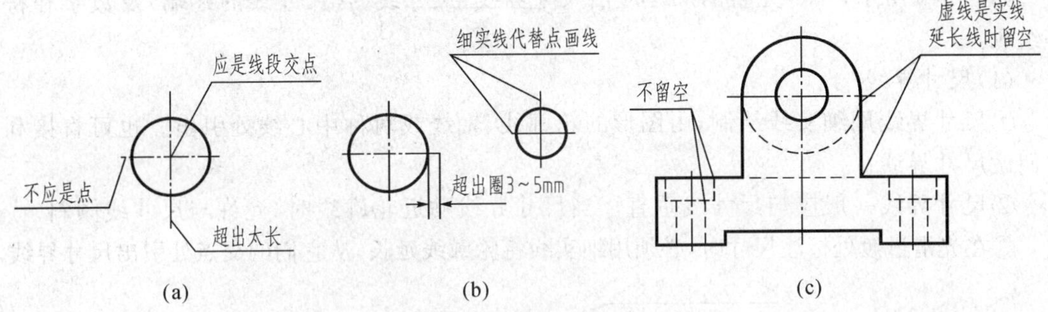

图 1-6　图线的画法

图线应用实例如图 1-7 所示。

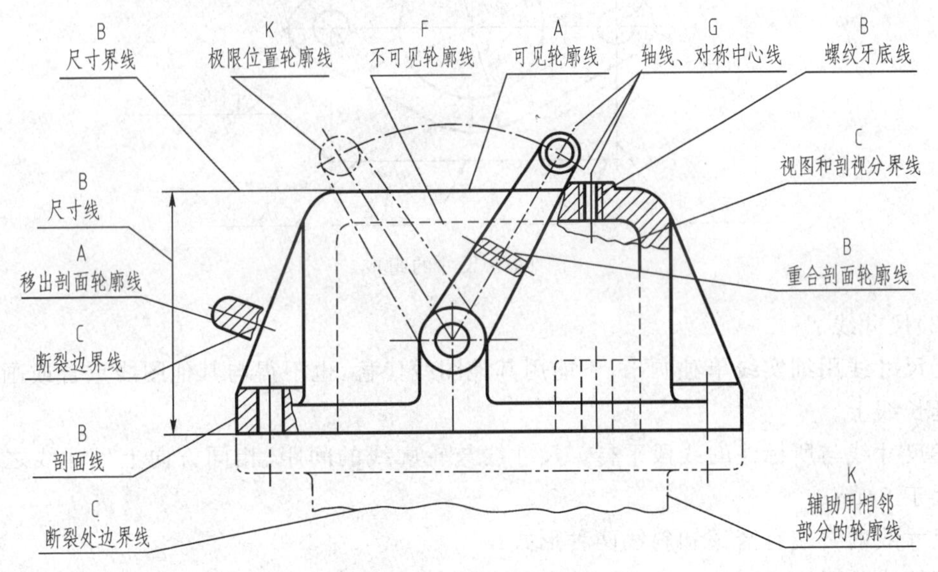

图 1-7　图线应用实例

1.1.5　尺寸标注(GB/T 4458.4—2003)

图样中的图形只能表达机件的形状，而机件的大小则必须通过标注尺寸来表示。标注尺寸是制图中一项极为重要的工作，必须认真细致，一丝不苟，以免给生产带来不必要的困难和损失，标注尺寸时必须按国家标准的规定标注。

1. 基本规则

(1)机体的真实大小应以图样上所注的尺寸数值为依据，与图形的大小(即与绘图比例)及绘图的准确度无关；

(2)图样中(包括技术要求和其他说明)的尺寸，以毫米为单位时，不需要标注计量单位的代号(或名称),如采用其他单位,则必须注明相应的计量单位的代号(或名称)。

(3)图样中所标注的尺寸,为该图样所示机件的最后完工尺寸,否则应另加说明。

(4)机件的每一尺寸,一般只标注一次,并应标注在反映该结构最清晰的图形上。

2. 尺寸的组成

如图 1-8 所示,一个完整的尺寸应由尺寸界线、尺寸线(含尺寸线的终端)及数字和符号等组成。

(1)尺寸界线

①尺寸界线用细实线绘制,由图形的轮廓线、轴线或对称中心线处引出。也可直接利用它们做尺寸界线。

②尺寸界线一般应与尺寸线垂直。当尺寸界线贴近轮廓线时,允许与尺寸线倾斜。

③在光滑过渡处标注尺寸时,必须用细实线将轮廓线延长,从它们的交点处引出尺寸界线。

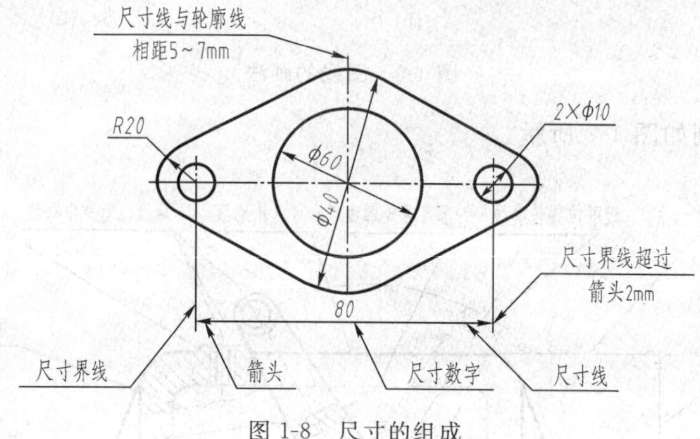

图 1-8 尺寸的组成

(2)尺寸线

①尺寸线用细实线单独画出,不能用其他图线代替,也不得与其他图线重合或画在其他线的延长线上。

②尺寸线与所标注的线段平行。尺寸线与轮廓线的间距、相同方向上尺寸线之间的间距应大于 5mm。

尺寸线的终端有箭头和斜线两种形式:

①箭头的形式和画法如图 1-9(a)所示,箭头的尖端与尺寸界线接触。在同一张图样上,箭头大小要一致。机械图样中一般采用箭头作为尺寸线的终端。

②斜线用细实线绘制,其方向和画法如图 1-9(b)所示。当尺寸线的终端采用斜线时,尺寸线与尺寸界线必须互相垂直。

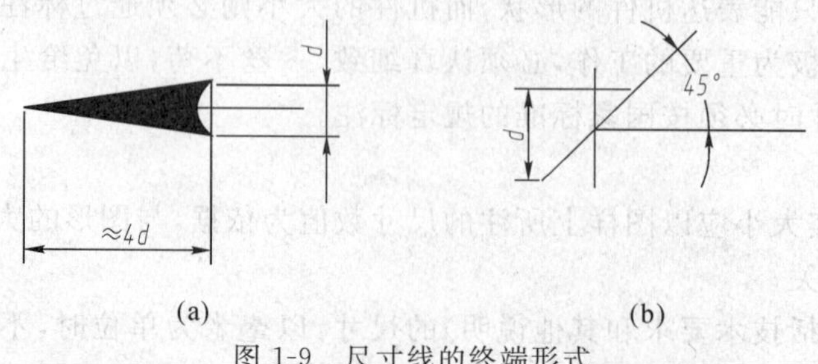

图 1-9 尺寸线的终端形式

(3)尺寸数字和符号

①尺寸数字一般应标注在尺寸线的上方,也允许标注在尺寸线的中断处。

②线性尺寸数字的方向一般应采用以下所述的第 1 种方法标注。在不致引起误解时,也允许采用第 2 种方法。在一张图样中,应尽可能采用同一种方法。

方法 1:数字应按图 1-10(a)所示的方向标注,并尽可能避免在图示 30°范围内标注,若无法避免时,可按图 1-10(b)的形式标注。

方法 2:非水平方向上的尺寸,其数字可水平标注在尺寸线的中断处。

③尺寸数字不可被任何图线所通过,否则必须将该图线断开。

国标中还规定了一组表示特定含义的符号,作为对数字标注的补充说明。如标注直径时,应在尺寸数字前加注"ϕ";标注半径时,应在尺寸数字前加注符号"R"。表 1-5 给出了一些常用的符号,标注尺寸时,应尽可能使用符号和缩写词。

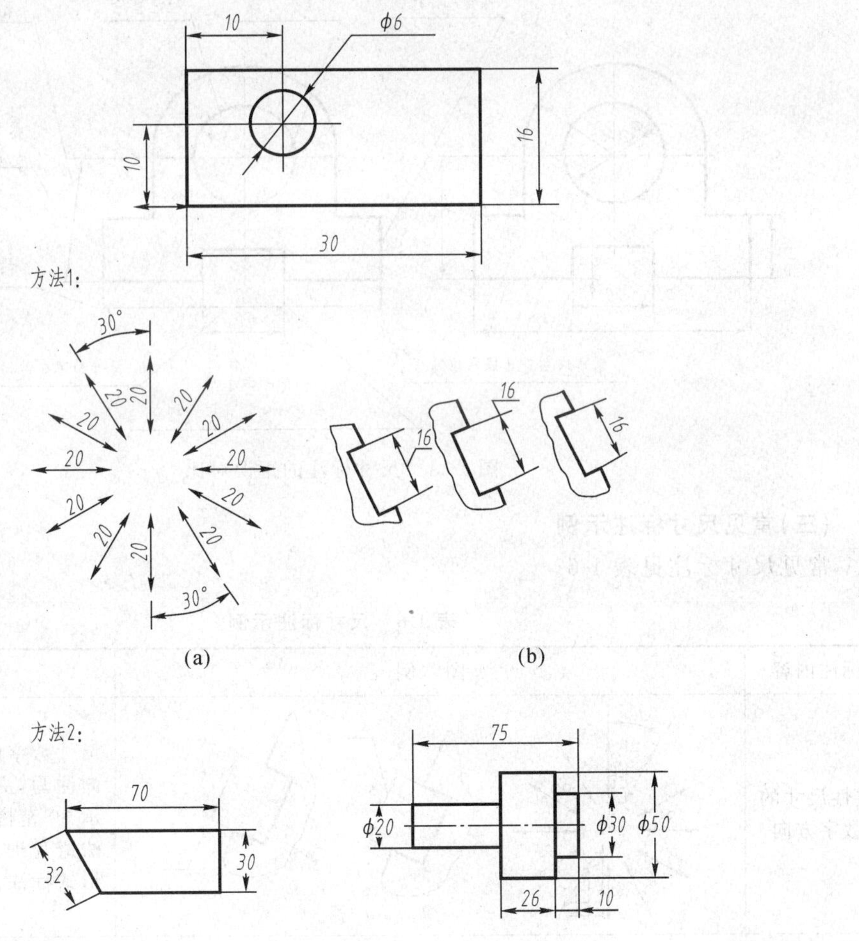

图 1-10　尺寸数字

表 1-5 常用的符号和缩写词

名称	符号或缩写词	名称	符号或缩写词
直径	ϕ	45° 倒角	C
半径	R	深度	⊤
球直径	$S\phi$	沉孔或锪平	⌴
球半径	SR	埋头孔	∨
厚度	t	均布	EQS
正方形	□		

图 1-11 用正误对比的方法，列举了初学者标注尺寸的一些常见错误。

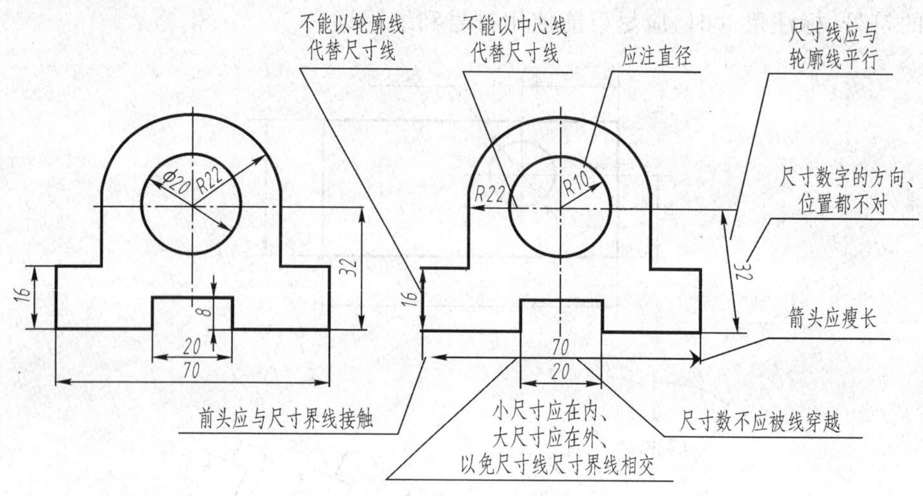

图 1-11 尺寸标注的正误对比

(三)常见尺寸标注示例

常见尺寸标注见表 1-6。

表 1-6 尺寸标注示例

标注内容	图 例	说 明
线性尺寸的数字方向		尺寸数字应按左图所示的方向注写，并尽可能避免在图示 30°范围内标注尺寸，当无法避免时，可按右边两图的形式标注。
角度		尺寸界线应沿径向引出，尺寸线画成圆弧，圆心是角的顶点。尺寸数字一律水平书写，一般应注在尺寸线的中断处，必要时也可按右图的形式标注。

续表

标注内容	图　例	说　明
圆及圆弧	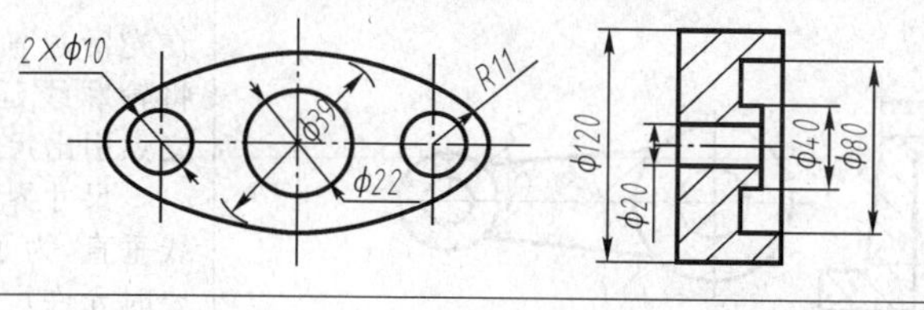	直径、半径的尺寸数字前应分别加符号“ϕ”、“R”。通常对小于或等于半圆的圆弧注半径，大于半圆的圆弧或以同心圆画出的几段圆弧则注直径。尺寸线应按图例绘制。
大圆弧	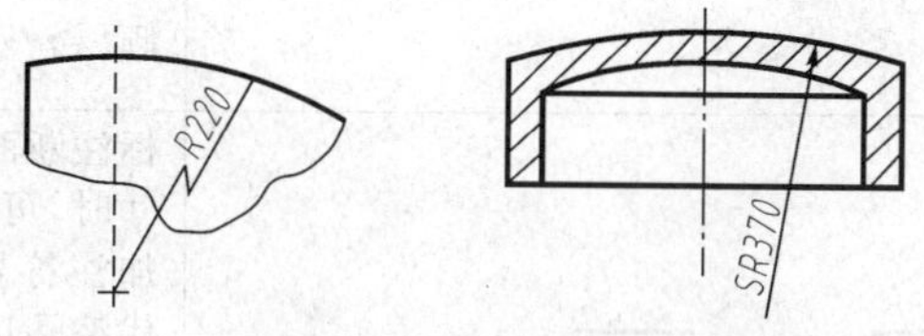	大圆弧无法标出圆心位置时，可按此图例标注。
小尺寸	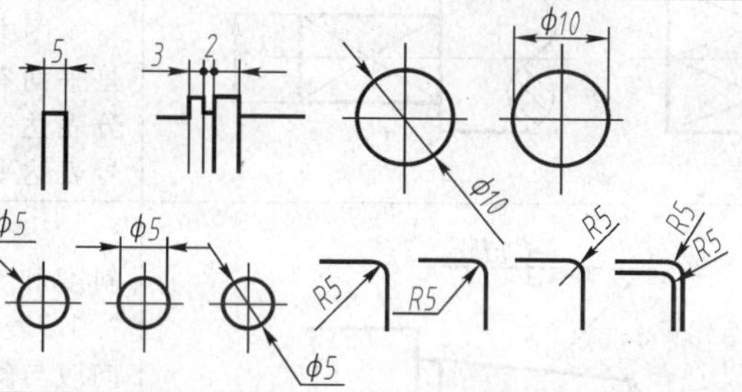	没有足够位置画箭头时，箭头可画在尺寸界线的外侧，或用小圆点代替箭头；尺寸数字也可写在外侧或引出标注，圆和圆弧的小尺寸，可按这些图例标注。
球面	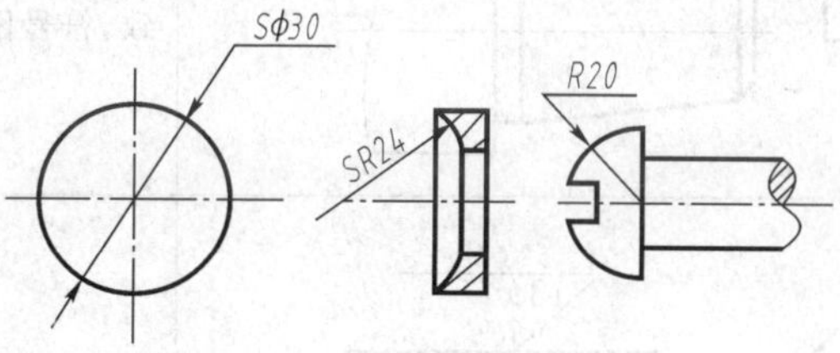	标注球面的尺寸，如左侧两图所示，应在 ϕ 和 R 前加注“S”。对于螺钉、铆钉头部，轴和手柄的端部等，在不至引起误解的情况下，可省略符号“S”，如右图。
弦长和弧长	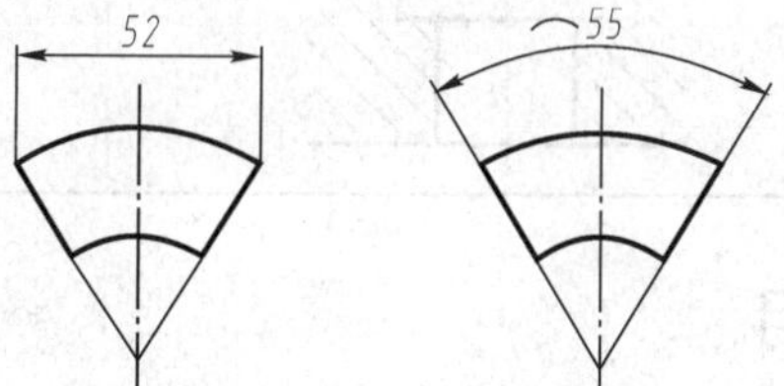	标注弦长和弧长时，尺寸界线引平行于弦的垂直平分线，标注弦长尺寸时，尺寸线用圆弧，并应在尺寸数字左方加注符号“⌒”。
对称机件只画出一半或大于一半时	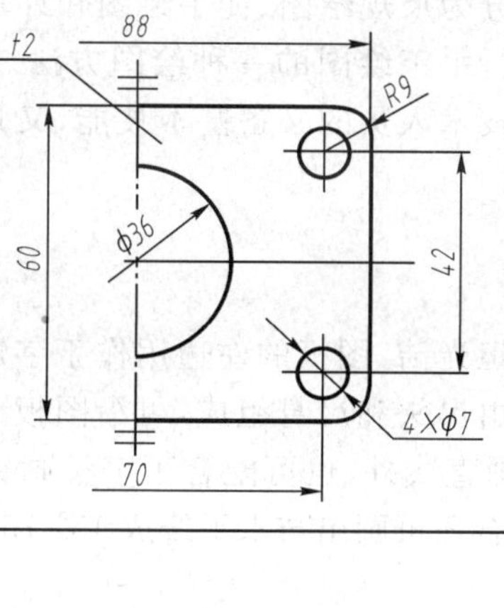	尺寸线应略超过对称中心线或断裂处的边界线，仅在尺寸线的一端画出箭头。图中在对称中心线两端分别画出两条与其垂直的平行细实线是对称符号。
板状零件		标注薄板状零件的尺寸时，可在厚度的尺寸数字前加注符号“t”。

续表

标注内容	图例	说明
光滑过渡处的尺寸	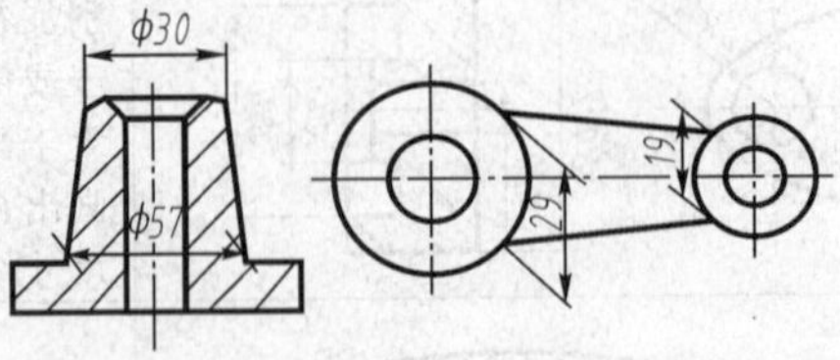 ϕ30 ϕ57 19 29	在光滑过渡处，应用细实线将轮廓线延长，并从它们的交点引出尺寸界线。 尺寸界线一般应与尺寸线垂直，为了使图形清楚，必要时允许尺寸界线与尺寸线倾斜。
正方形结构	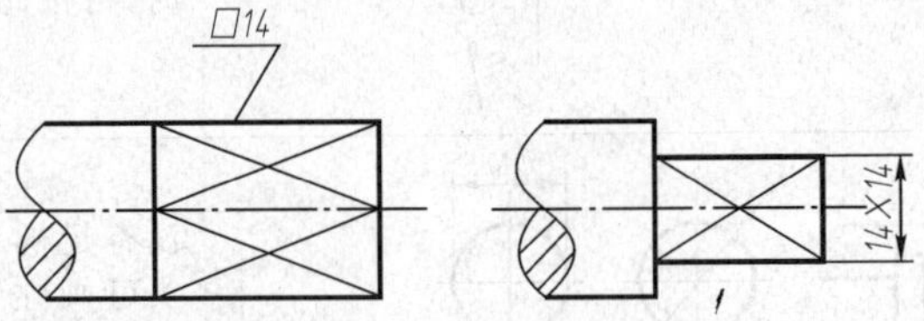 □14 14×14	标注断面为正方形机件的尺寸时，可在边长尺寸数字前加注符号“□”，或用 14×14 代替□14。 图中相交的两条细实线是平面符号（当图形不能充分表达平面时，可用这个符号表达平面）。
斜度和锥度	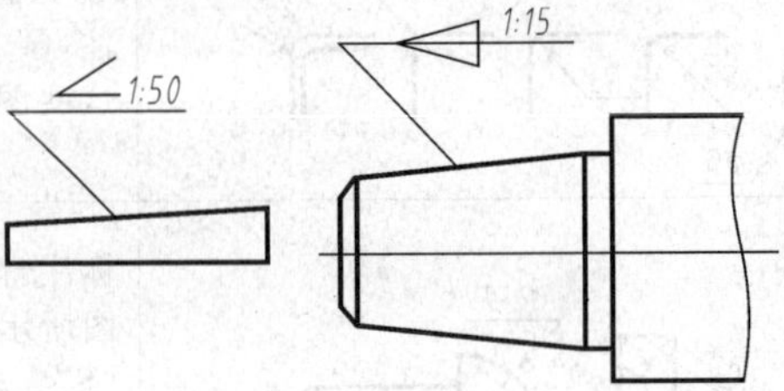 1:50 1:15	斜度和锥度分别用“∠”和“◁”表示，图形中符号的方向应与斜度、锥度的方向一致，符号图线宽度为 $d=\frac{1}{10}h$
均布孔	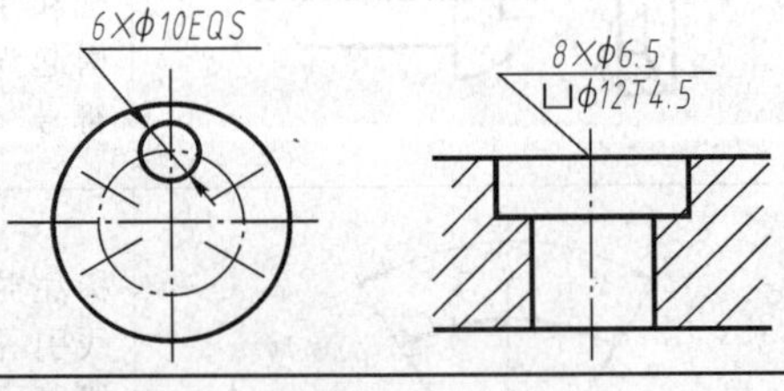 6×ϕ10EQS 8×ϕ6.5 ⊔ϕ12T4.5	均匀分布的孔，加注 EQS

1.2 绘图工具及其使用

绘制图样按使用工具的不同，可分为尺规绘图、徒手绘图和计算机绘图。尺规绘图是借助图板、丁字尺、三角板、绘图仪器进行手工绘图的一种绘图方法。虽然目前技术图样已使用计算机绘制，但尺规绘图既是工程技术人员的必备基本技能，又是学习和巩固图学理论知识不可缺少的方法，必须熟练掌握。

常用的绘制工具有以下几种：

1. 图板、丁字尺和三角板

图板用于铺贴图纸，要求表面平坦光洁，图板的左边用作丁字尺的导边，所以必须平直。图纸用胶带纸固定在图板上，丁字尺由尺头和尺身组成，可沿图板上下移动画出水平线。

三角板两块为一副，除直接用来画直线外，也可配合丁字尺画铅垂线和与水平线成 30°、45°、60°的倾斜线。两块三角板相互配合还可画出与水平线成 15°、75°的倾斜线（见图 1-12）。

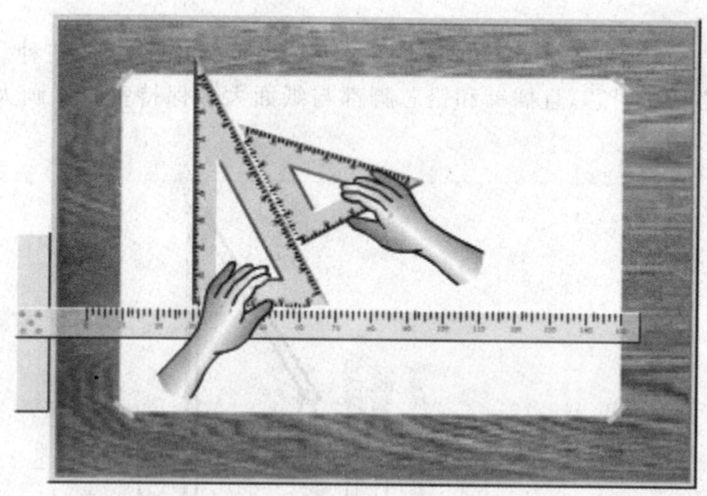

图 1-12　图板、丁字尺和三角板的使用

2. 比例尺

比例尺有三棱式和板式两种，常用三棱式比例尺（简称三棱尺）。三棱尺有三个尺面六种比例的刻度：1∶100、1∶200、1∶300、1∶400、1∶500、1∶600 等，如图 1-13 所示。比例尺上的数字以米（m）为单位。

比例尺的用途是：绘图时按要求的比例，直接在比例尺上用分规量取要画线段的长度；读图时根据图样比例，用相应的比例尺去度量图样上的距离，可直接读出其实际长度。

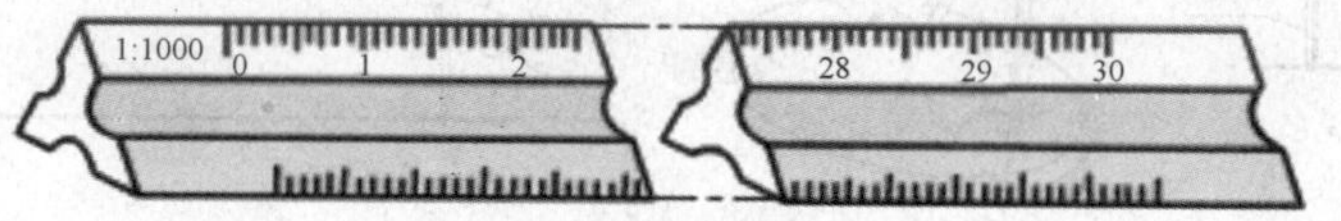

图 1-13　比例尺

3. 分规

分规的两腿均装有钢针，当分规两腿合拢时，两针尖应合成一点，如图 1-14(a)所示，分规主要用于量取尺寸和等分线段，如图 1-14(b)所示。

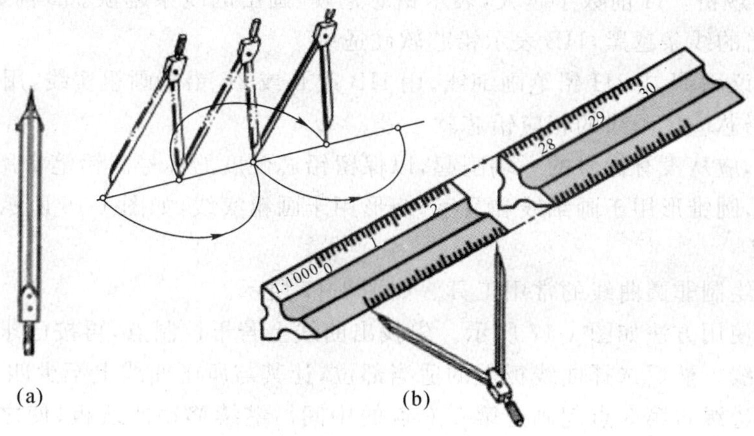

图 1-14　分规的使用方法

4. 圆规

圆规主要用于画圆和圆弧。一般有大圆规、弹簧圆规和点圆规等三种。使用时,应先调整针脚,使针尖略长于铅芯,且插针和铅芯脚都与纸面大致保持垂直。画大圆弧时,可加上延伸杆,如图 1-15 所示。

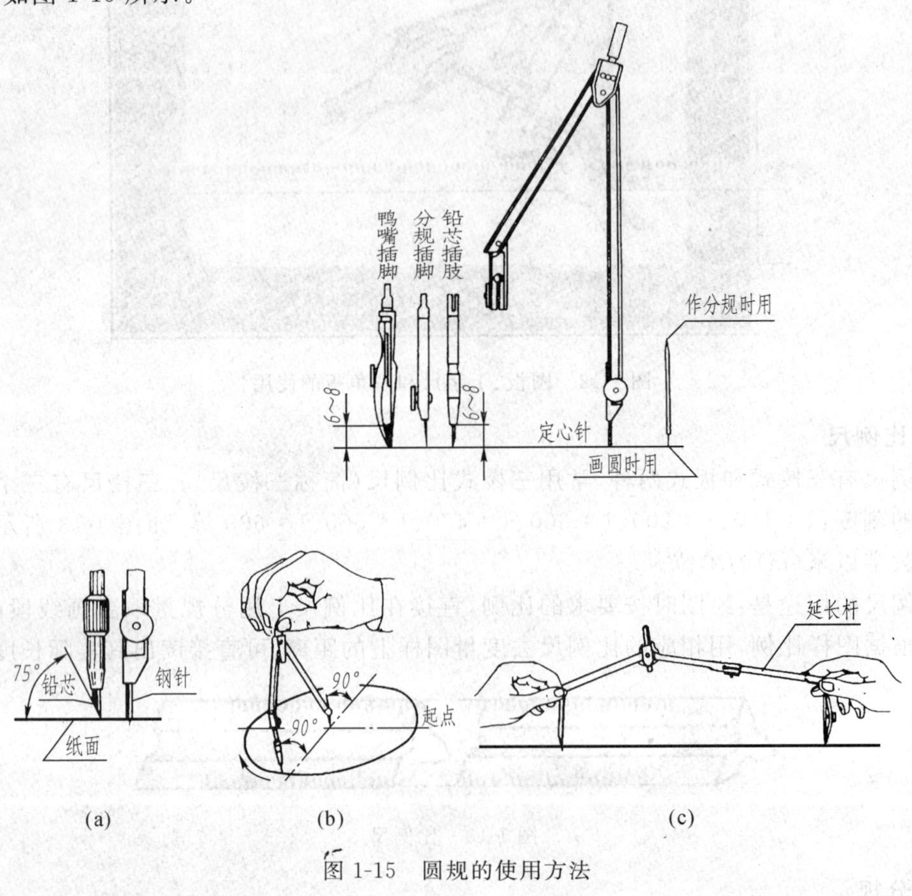

图 1-15　圆规的使用方法

5. 铅笔

铅笔是绘图过程中用来画线的工具,铅笔根据铅芯软硬程度不同分为 H～6H、HB 和 B～6B共 13 种规格。H 前数字越大,表示铅芯越硬,画出的线条越淡。B 前数字越大,表示铅芯越软,画出的线条越黑,HB 表示铅芯软硬适中。

画图时建议用 H 或 2H 铅笔画细线,用 HB 或 B 或 2B 铅笔画粗实线,用 HB 或 H 铅笔写字,画圆的铅芯应比画线的相应铅芯软一号。

削铅笔时,应从没有标号的一端削起,以保留铅芯硬度的标号。铅笔常用的削制形状有圆锥形和矩形,圆锥形用于画细线和写字,矩形用于画粗实线,如图 1-16 所示。

6. 曲线板

曲线板是绘制非圆曲线的常用工具。如图 1-17 所示。

曲线板的使用方法如图 1-17 所示。先找出曲线上若干控制点,再按已求出的各点徒手轻轻勾描出曲线。然后选择曲线板上的适当部位,让其与所画曲线上至少四个点相吻合,再沿着曲线板的边缘自第 3 点起画至第 5、6 点的中间。继续移动曲线板,使之与曲线上自第

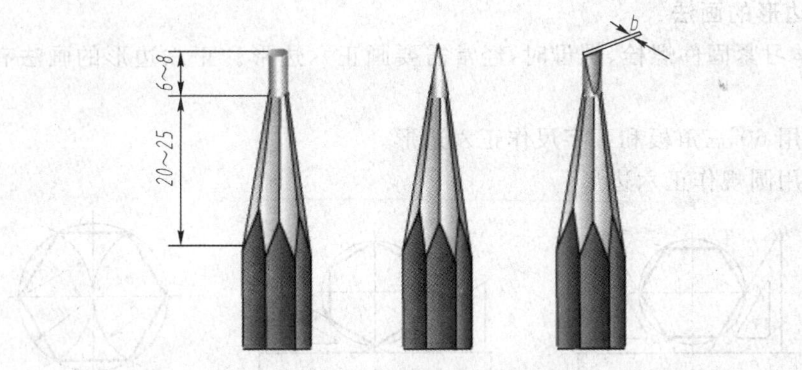

图 1-16　铅笔铅芯的削制形状

5 点起至第 8 点吻合，再接前段画至第 5、6 点中间。如此延续直至画完整段曲线。

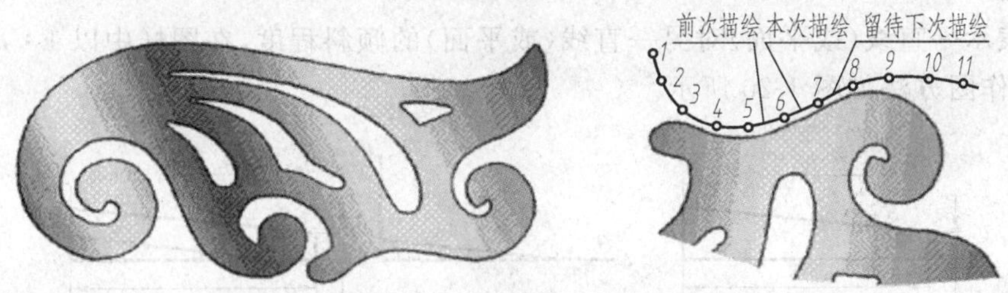

图 1-17　曲线板及其使用

7. 其他工具

除了上述工具之外，绘图时还需要准备测量角度用的量角器、铅笔刀、橡皮、固定图纸用的绘图透明胶纸、擦图片、砂纸（磨铅笔用）以及清除图画上橡皮屑的小毛刷等。

1.3　几何作图

工程图样的图形是由直线、圆弧和其他曲线所组成的几何图形。因此，熟练掌握几何图形的作图方法，是提高绘图速度和保证图面质量的基本技能之一。

1. 平行线和垂直线

作任意角度的一系列平行线及垂直线可用两块三角板配合完成，如图 1-18 所示。

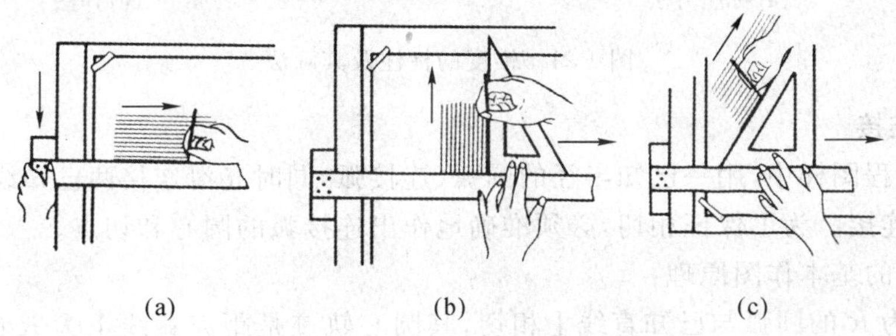

图 1-18　平行线和垂直线的画法

2. 正六边形的画法

在后面学习紧固件螺栓、螺母时，经常需要画正六边形。正六边形的画法有两种，如图 1-19 所示。

画法一：用 60°三角板和丁字尺作正六边形。

画法二：用圆规作正六边形。

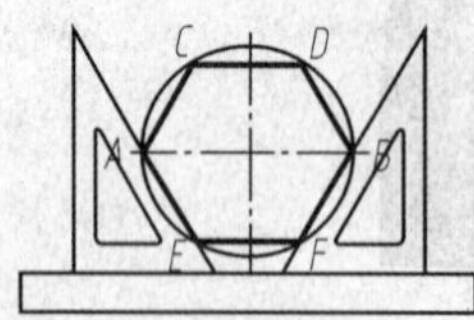

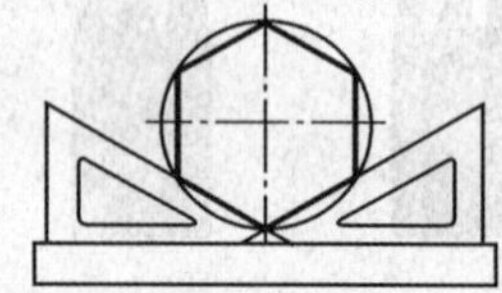
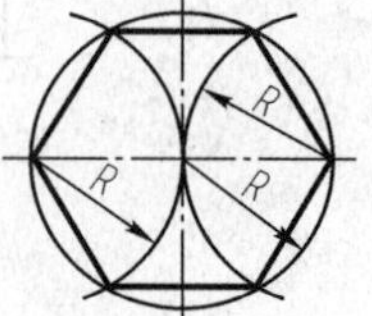

图 1-19 正六边形的画法

3. 斜度

斜度表示一直线（或平面）对另一直线（或平面）的倾斜程度，在图样中以 $1:n$ 的形式标注，斜度的作图方法如图 1-20 所示。

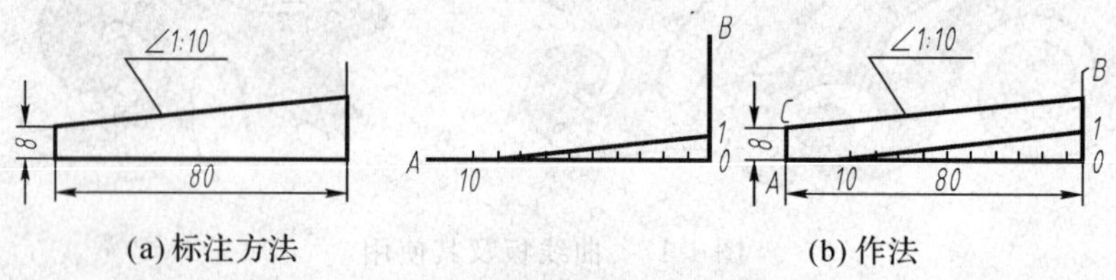

(a) 标注方法 (b) 作法

图 1-20 斜度的标注及其画法

4. 锥度

锥度表示正圆锥的底圆直径与圆锥高度之比，在图样中以 $1:n$ 的形式标注，锥度的作图方法如图 1-21 所示。

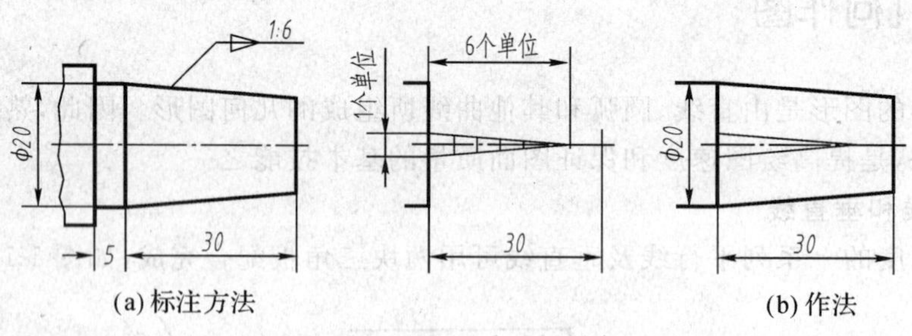

(a) 标注方法 (b) 作法

图 1-21 锥度的标注及其画法

5. 圆弧连接

在绘制工程图样中，用一已知半径的圆弧（连接弧）同时光滑连接两已知线段（直线或圆弧）称为圆弧连接。为了保证相切，必须准确地作出连接弧的圆心和切点。

圆弧连接的基本作图原理：

(1) 半径为 R 的圆弧与已知直线Ⅰ相切，其圆心轨迹是距离直线Ⅰ为 R 的两条平行线Ⅱ、Ⅲ，当圆心为 O 时，由 O 向直线Ⅰ作垂线，垂足 K 即为切点，如图 1-22(a) 所示。

(2) 半径为 R 的圆弧与已知圆弧（圆心为 O_1、半径为 R_1）相切，其圆心轨迹是已知圆弧

的同心圆，此同心圆半径 R_2 视相切情况（外切或内切）而定。当两圆弧外切时，$R_2 = R_1 + R$，如图 1-22(b)；当两圆弧内切时，$R_2 = |R_1 - R|$，如图 1-22(c)。当圆心为 O 时，连接圆心的直线 O_1O 与已知圆弧的交点 K 即为切点。

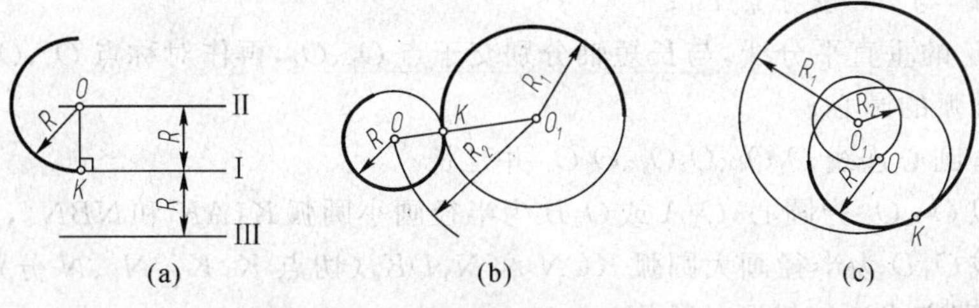

图 1-22　圆弧连接基本作图

实际作图时，可根据具体要求，作出两条轨迹线的交点就是连接弧的圆心，然后确定切点，完成圆弧连接。图 1-23 所示为几种常见的圆弧连接作图。

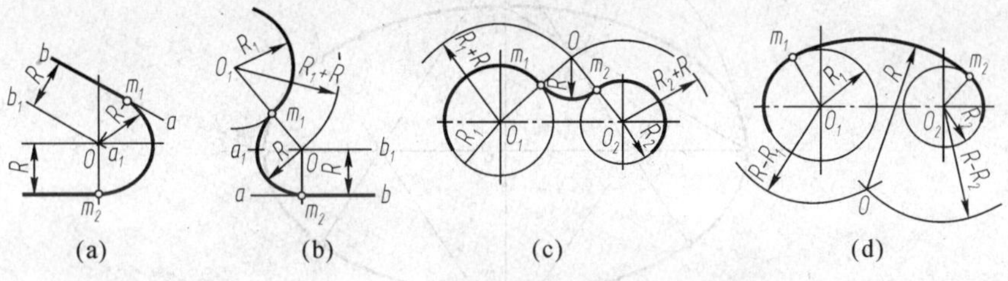

图 1-23　常见的圆弧连接作图

6. 椭圆的画法

椭圆为常见的非圆曲线，在已知长、短轴的条件下，通常采用同心圆法和四心圆法作椭圆。

(1)同心圆法作椭圆

同心圆法作椭圆，如图 1-24 所示，以 O 为圆心，分别以长短轴为半径画圆，由 O 作若干直线与两圆相交，自大圆交点作铅垂线，小圆交点作水平线，即可相应地求得椭圆上一系列点，然后用曲线板连成椭圆。

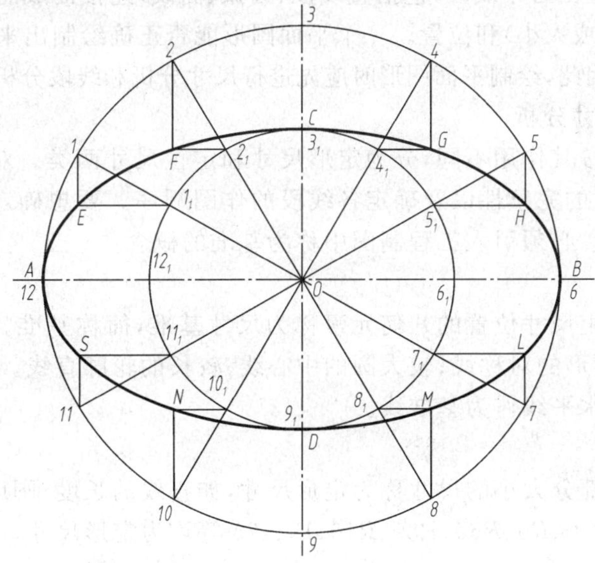

图 1-24　同心圆法作椭圆

(2)四心圆法作椭圆

作图步骤如下：

(1)连接 A、C，以 O 为圆心、OA 为半径画弧，与 CD 的延长线交于点 E，以 C 为圆心、CE 为半径画弧，与 AC 交于点 E_1；

(2)作 AE_1 的垂直平分线，与长短轴分别交于点 O_1、O_2，再作对称点 O_3、O_4；O_1、O_2、$O3$、$O4$ 即为四段圆弧的圆心；

(3)分别作圆心连线 O_1O_4、O_2O_3、O_3O_4 并延长；

(4)分别以 O_1、O_3 为圆心，O_1A 或 O_3B 为半径画小圆弧 K_1AK 和 NBN_1，分别以 O_2、O_4 为圆心，O_2C 或 O_4D 为半径画大圆弧 KCN 和 N_1DK_1(切点 K、K_1、N_1、N 分别位于相应的圆心连线上)，即完成近似椭圆的作图。

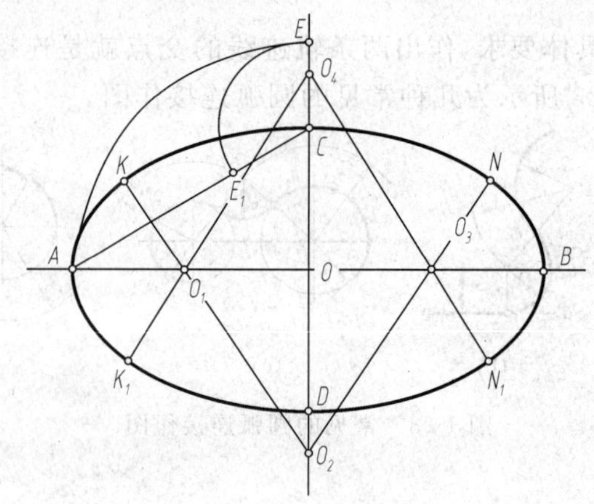

图 1-25 四心圆法作椭圆

1.4 平面图形的分析和画法

任何平面图形总是由若干线段(包括直线段、圆弧、曲线)连接而成的，每条线段又由相应的尺寸来决定其长短(或大小)和位置。一个平面图形能否正确绘制出来，要看图中所给的尺寸是否齐全和正确。因此，绘制平面图形时应先进行尺寸分析和线段分析，以明确作图步骤。

1. 平面图形的尺寸分析

平面图形的尺寸按其作用不同，分为定形尺寸和定位尺寸两类。对平面图形的尺寸进行分析，可以检查尺寸的完整性以及确定各线段的作图顺序。要想确定平面图形中线段的上下、左右的相对位置，必须引入工程制图中称为基准的概念。

(1)尺寸基准

在平面图形中确定尺寸位置的几何元素称为尺寸基准，简称基准。一般平面图形中常用作基准的有：对称图形的对称线；较大圆的中心线；较长的轮廓直线。图 1-26 中是以较大圆的中心线和较长的水平线作为基准线。

(2)定形尺寸

确定平面图形各部分大小的尺寸称为定形尺寸，如直线的长度、圆以及圆弧的直径或半径等。图 1-26 中的 $R40$、$R5$、$R65$、$R80$、$R10$、15、175 等均为定形尺寸。

(3)定位尺寸

确定平面图形中各个几何元素之间相对位置的尺寸称为定位尺寸，如图 1-26 中的 50、3、22、75 等均为定位尺寸。

2. 平面图形的线段分析

平面图形的线段，通常根据其定位尺寸的完整与否，可分为三类：

(1)已知线段　具有齐全的定形尺寸和定位尺寸的线段为已知线段，作图时可以根据已知尺寸直接绘出。即定形尺寸和定位尺寸齐全的线段，称为已知线段。

(2)中间线段　只给出定形尺寸和一个定位尺寸的线段为中间线段，其另一个定位尺寸可依靠与相邻已知线段的几何关系求出，称为中间线段，如图 1-26 中 $R80$ 等尺寸。

(3)连接线段　只知定形尺寸，定位尺寸全部未知的线段，称为连接线段，如图 1-26 中 $R65$、$R5$ 等尺寸。

仔细分析上述三类线段的定义，不难得出线段连接的一般规律：

在两条已知线段之间可以有任意个中间线段，但必须有而且只能有一条连接线段。通过对平面图形的尺寸与线段分析可知，在绘制平面图形时，首先应画已知线段，其次画中间线段，最后画连接线段。

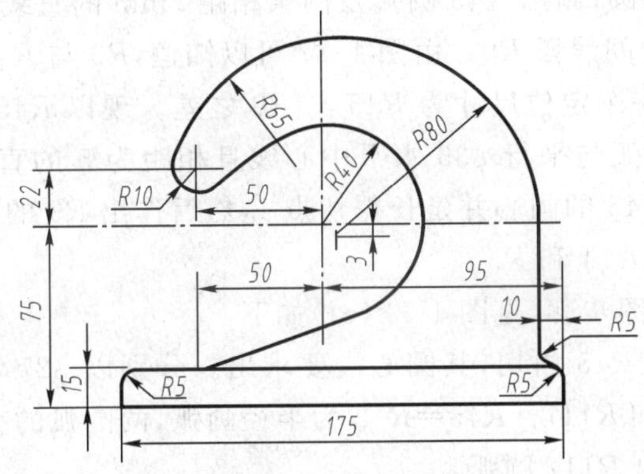

图 1-26　平面图形的尺寸分析

3. 平面图形的画法

(1)分析图形，通常根据所注尺寸确定哪些是已知线段，哪些是连接线段。并画出长度方向和高度方向的基准线。

(2)画出各已知的线段。

(3)画出中间线段。

(4)利用圆弧连接的作图方法，画出连接线段。

下面以图 1-27 的平面图形为例，说明平面图形的绘图步骤：

(1)分析

由平面图形及尺寸分析可知，该平面图形上、下、左、右都不对称，$\phi36$ 的水平中心线是宽度方向的尺寸基准，$\phi36$ 的垂直中心线为长度方向的尺寸基准。

定位尺寸：90、18 和 5。

已知线段：$\phi27$、$\phi36$、$\phi14$ 的圆，$R45$ 的圆弧及两条相距 7mm 的直线。

中间线段：已知圆弧 $R9$ 的一个定位尺寸 5，另一个定位尺寸需要求出，圆弧 $R9$ 为中间线段。

连接线段：$R117$、$R14$ 和 $R5$。它们分别与 $\phi27$ 和 $R45$、$\phi36$ 和 $R9$、$\phi27$ 和直线及 $\phi36$ 和直线相切，圆心需要作图求出。

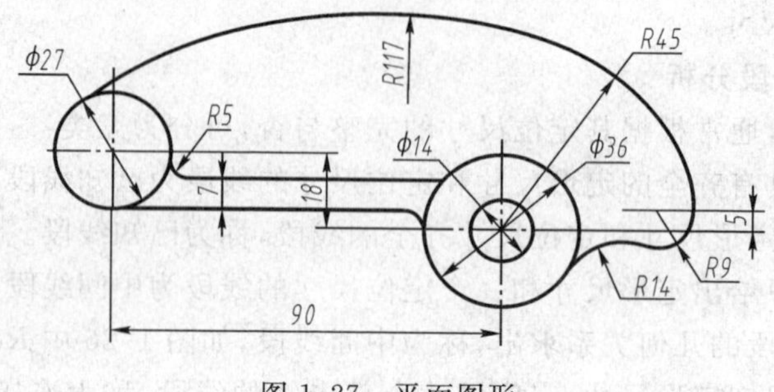

图 1-27 平面图形

(2)绘图步骤

①作出图形的基准线，首先画已知线段，即具有齐全的定形尺寸和定位尺寸，作图时，可以根据这些尺寸先行画出。

先画出尺寸基准线，然后根据定位尺寸 90 和 18 定出 $\phi27$ 圆心的位置。由已知尺寸 $\phi27$、$\phi36$、$\phi14$ 画出相应的圆；画出 $R45$ 圆弧及两条相距 7mm 的直线，如图 1-28(a)所示。

②按连接关系画出中间线段 $R9$。由图 1-27 可以知道，$R9$ 与 $R45$ 内切，并已知圆弧 $R9$ 的一个定位尺寸为 5，另一个定位尺寸为 $R45$ 与 $R9$ 之差。现以 $R45$ 的圆心为圆心，$R45-R9=R36$ 为半径画弧，该弧与平行 $\phi36$ 水平中心线且相距为 5 的直线相交于 a 点，a 点为 $R9$ 的圆心，连接 a 点和 $R45$ 的圆心并延长得切点 1，然后作出 $R9$ 的圆弧，见图 1-28(b)。

③画连接线段 $R117$、$R14$ 和 $R5$。

连接线段 $R117$ 的作图步骤(见图 1-28(c))如下：

由于 $R117$ 与 $\phi27$ 和 $R45$ 内切，其圆心需要求出。分别以 $\phi27$ 和 $R45$ 的圆心为圆心，$R117-R13.5=R105.5$ 和 $R117-R45=R72$ 为半径画弧，两圆弧的交点 b 为 $R117$ 的圆心。分别求出切点 2 和 3，作出 $R117$ 圆弧。

连接线段 $R14$ 与 $\phi36$ 和 $R9$ 外切，其作图步骤(见图 1-28(d))如下：

分别以 $\phi36$ 和 $R9$ 的圆心为圆心，$R18+R14=R32$ 和 $R9+R14=R23$ 为半径画弧，两圆弧的交点 c 为 $R14$ 的圆心。分别求出切点 4 和 5，作出 $R14$ 圆弧。

画连接线段 $R5$ 的作图过程见图 1-28(d)。

④检查无误后，擦去多余的作图线，整理图形，加深图线，标注尺寸，完成绘图，作图结果如图 1-27 所示。

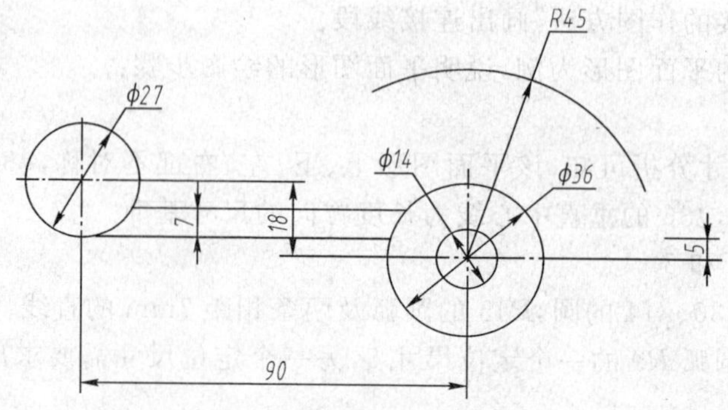

(a) 画尺寸基准线和已知尺寸

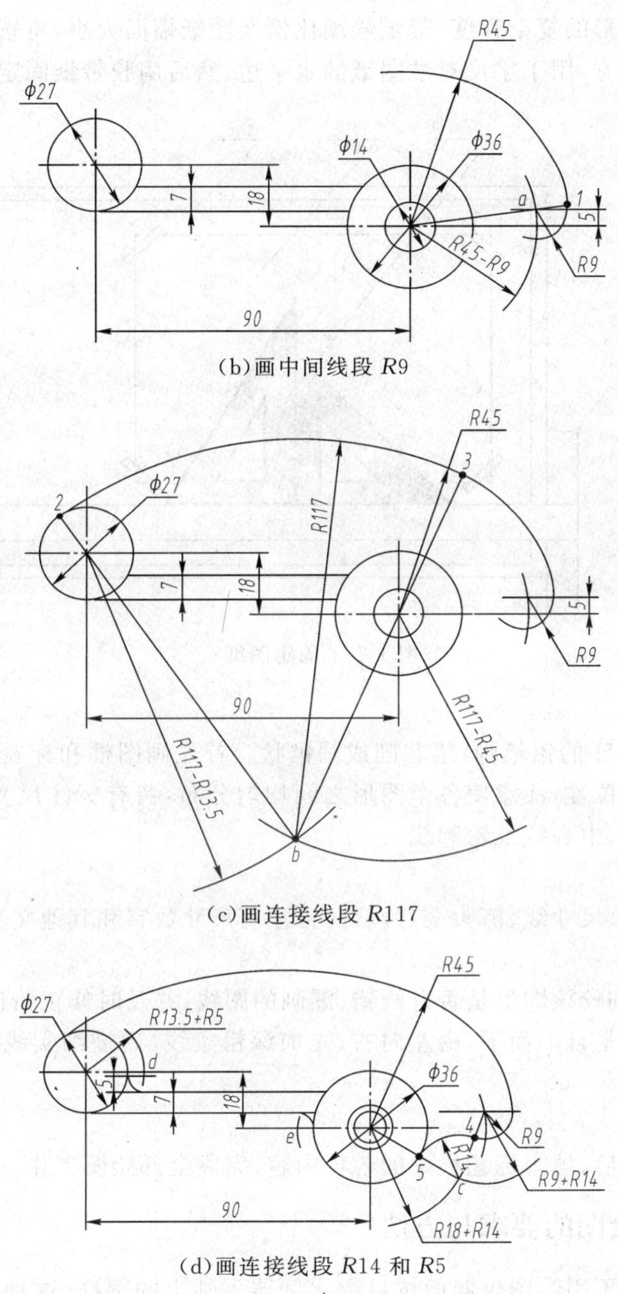

(b)画中间线段 $R9$

(c)画连接线段 $R117$

(d)画连接线段 $R14$ 和 $R5$

图 1-28　平面图形画法

1.5　绘图的方法和步骤

1.5.1　尺规绘图的方法及步骤

1. 绘图前的准备工作

准备绘图工具和仪器，首先将铅笔及圆规上铅芯按线型削好，然后将丁字尺、图板、三角板等擦干净。根据图形的复杂程度，确定绘图比例及图纸幅面大小，将选好的图纸按图1-29所示铺在图板的左下方，用丁字尺对准图纸的水平边，然后用胶带纸固定。

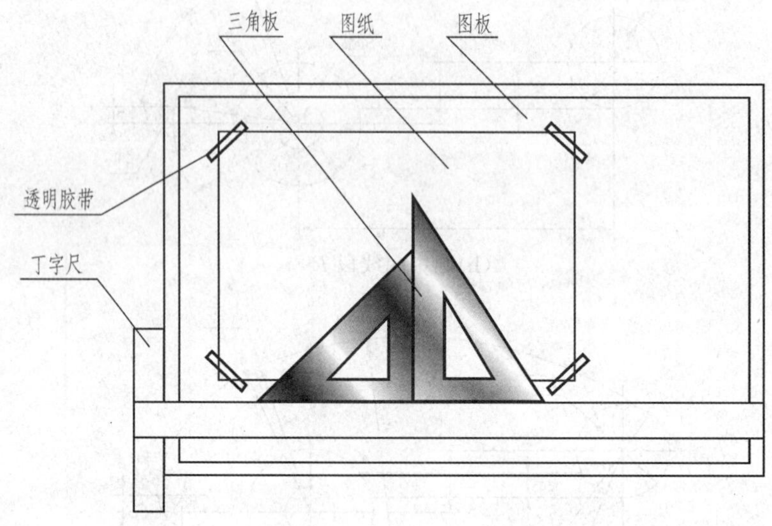

图 1-29 固定图纸

2. 画底稿图

底稿图用 H 或 2H 的铅笔画，铅芯削成圆锥状。首先画图框和标题栏，然后进行布图，定出它们在图纸上的位置，注意使各个图形之间均匀分布，留有标注尺寸、注写技术要求的余地。再依次画轴线、中心线及轮廓线。

3. 标注尺寸

首先将尺寸界线、尺寸线、箭头全部画好，再注写尺寸数字和其他文字说明。

4. 加深

在加深前，应仔细校核图形是否有画错、漏画的图线，并及时修正错误，擦去多余图线。

加深的顺序一般是自上而下，由左向右；先加深粗实线，后描细实线；先加深曲线，后加深直线。

5. 填写标题栏

经仔细检查图纸后，填写标题栏中的各项内容，完成全部绘图工作。

1.5.2 徒手绘图的要求与方法

徒手绘图是一种不用绘图仪器而按目测比例徒手画出的图样，这种图样称为草图或徒手图。这种图主要用于现场测绘、设计方案讨论或技术交流，因此，工程技术人员必须具备徒手绘图的能力。由于计算机绘图的普及，草图的应用也越来越广泛。仪器绘图、计算机绘图、徒手绘图已成为三种主要绘图手段。

徒手绘图的要求为：①画线要稳，图线要清晰；②目测尺寸要准，各部分比例匀称；③绘图速度要快；④标注尺寸无误，字体工整。

1. 直线的画法

画直线时手腕靠着纸面，沿着图线方向移动，眼睛要注意终点方向，便于控制绘图线，并将图线画直，画短线时，手腕运笔，画长线则以手臂动作。

画水平线时，为了便于运笔，可将图纸微微左倾，自左向右画线；画铅直线，应由上向下运笔画线；斜线一般不太好画，故画图时可以转动图纸，使所画的斜线正好处于顺手方向。

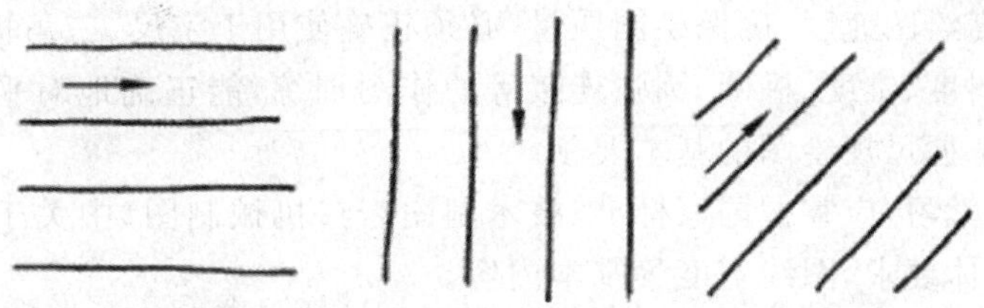

图 1-30　徒手画直线

2. 徒手画圆

画圆时，应先确定圆心的位置，过圆心画出两条中心线。当画小圆时，可在中心线上按半径目测定出四点，然后徒手连点，而对于较大的圆或圆弧，除按上述方法截取四点外，可过圆心增画两条 45°的斜线，在斜线上再定四个等半径点，然后过这八点画圆。如图 1-31 所示。

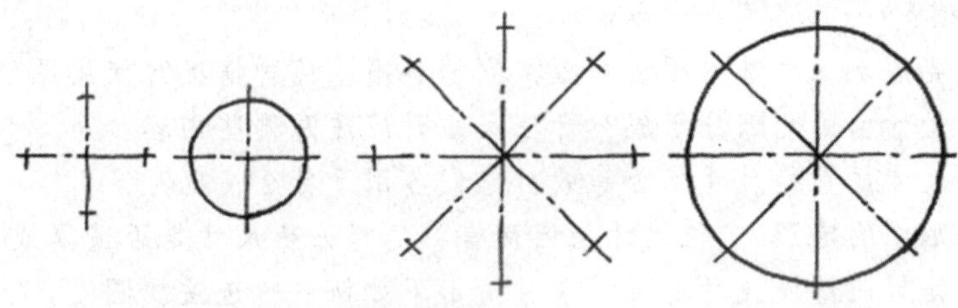

图 1-31　徒手画圆

画椭圆时，根据椭圆的长短轴，目测定出其端点位置，过四个端点画一矩形，徒手作椭圆与此矩形相切，如图 1-32 所示。

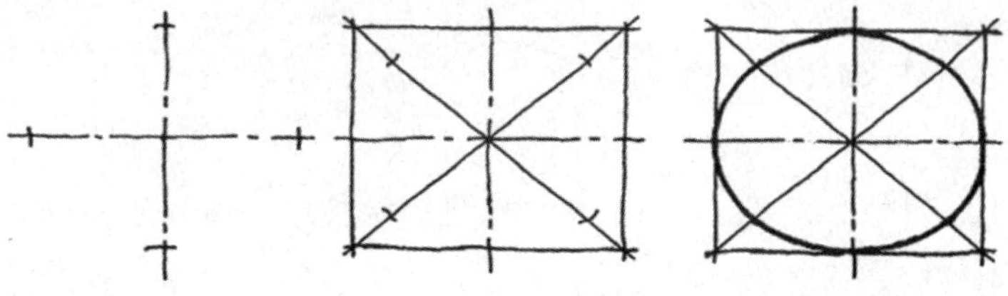

图 1-32　徒手画椭圆

本章小结

本章重点介绍了《技术制图》和《机械制图》国家标准的基本规定，基本的几何作图方法以及平面图形的分析方法和作图步骤。

(1)工程图样是交流技术思想的工具，是工程技术人员的共同语言，本章着重介绍了国家标准《技术制图》与《机械制图》中图纸幅面及格式、比例、字体、图线及画法等标准中的部分规定，这些规定是制图中最基本的规定，在学习和工作中必须严格遵守。

(2)在尺寸注法中，掌握标注尺寸的基本规则。尺寸由尺寸线、尺寸界限、尺寸数字和符号组成。掌握常见尺寸的标注方法。

(3)为了提高绘图速度，确保绘图质量，必须正确使用丁字尺、三角板、圆规等绘图工具。通过画多边形、斜度、锥度、椭圆、圆弧连接等的作图训练，能正确地对平面图形进行尺寸分析和作图，逐步掌握尺规绘图的基本要领。

通过本章的学习，应掌握国家标准《技术制图》与《机械制图》中关于图纸幅面及图框格式、常用比例、字体要求、图线宽度等基本内容。

复习思考题

1. 图纸的基本幅面有几种？不同代号的图纸幅面尺寸有何关系？A3 图纸幅面长、宽尺寸各为多少？

2. 图框格式有几种？尺寸是如何规定的？

3. 什么叫绘图比例？1：2 和 2：1 哪一个是放大比例，哪一个是缩小比例？绘图比例能否采用任意值？

4. 为什么要规定八种基本图线线型？它们各用于何种情况？使用图线应注意什么？

5. 图样的尺寸由哪几部分组成？标注尺寸时应注意哪些内容？

6. 注半径尺寸或直径尺寸是否等效？它们各用于什么情况？

7. 平面图形中的定形、定位尺寸指何而言？怎样分析尺寸是否遗漏或多余？

8. 圆弧连接可归结成几种情形？各种情形下如何用轨迹法找圆心，又如何定切点？

9. 圆弧连接的作图有哪些规律？

10. 图样尺寸的默认单位是什么，尺寸数字如何书写？

11. 什么是草图？一般在什么情况下使用？

12. 自行设计一个有圆弧连接内容的平面图形，并注出尺寸。

第2章 点、直线、平面的投影

本章学习导读

为了迅速而正确地表达出工程形体的视图，特别是画投影关系比较复杂的形体视图，就必须进一步分析组成形体的点、线、面等几何要素的投影规律和投影特性。

本章主要介绍点、直线和平面的投影以及点、直线和平面间的从属关系和相对位置的投影特性，为绘制立体的投影奠定基础。同时介绍投影变换的方法，为进一步提高图解能力和今后学习空间结构的设计和分析打好基础。

通过本章的学习，要掌握点、直线和平面的投影特性，两点的相对位置及重影点。直线上点的投影，平面上的直线和点的投影，一般位置直线求实长和对投影面的倾角，两直线的相对位置以及直线与平面、平面与平面的相对位置。

2.1 投影的基本知识

2.1.1 投影法基本概念(GB/T 16948－1997)

投影法就是投射线通过物体，向选定的面投射，并在该面上得到图形的方法。其中得到投影的平面(P)称为投影面，发自投射中心且通过物体上各点的直线称为投射线，投影面上的图形称为投影，如图2-1所示。

2.1.2 投影法分类

投影法一般可分为中心投影法和平行投影法两类。

1. 中心投影法

投射线相交于一点的投影法称为中心投影法，投射线的交点称为投影中心。如图2-1(a)所示。该投影法的特点是，物体距离投影面的距离不同时，得到的投影大小不同。因此，中心投影法不能够真实地反映物体的形状和大小，所以机械图样不采用这种投影法绘制。但中心投影法具有立体感强的特点，常用于绘制建筑物的外观图，也称为透视图。

2. 平行投影法

投射线相互平行的投影法(投射中心位于无限远处)称为平行投影法。平行投影法的特点是，物体的投影与物体距投影面的距离无关，形体平行于投影面的投影都能够真实地反映物体的形状和大小。

在平行投影法中，根据投射线是否垂直投影面，又分为两种：

(1)斜投影法——投射线倾斜于投影面的平行投影法。由此法得到的图形，称为斜投影图(斜投影)。

(2)正投影法——投射线垂直于投影面的平行投影法，见图 2-1(b)。由此法得到的图形，称为正投影图(正投影)。在机械制图中应用的是正投影法，本书后面各章节中所提到的投影，没有特殊说明均指正投影。

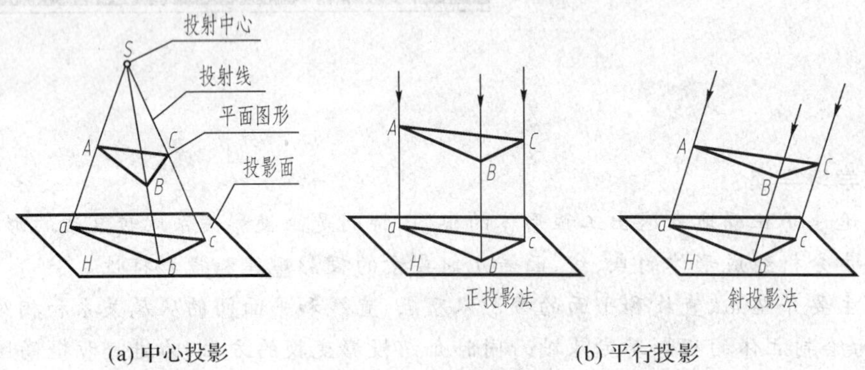

(a) 中心投影　　(b) 平行投影

图 2-1　投影法及分类

2.1.3　投影法应用

工程上投影法的应用见表 2-1，由于正投影法所得到的正投影图，能真实地表达空间物体的形状和大小，作图也比较方便，因此国家标准“图样画法”(GB/T 4458.1—2002)规定，机件的图样按正投影法绘制。

表 2-1　投影法应用与图例

投影法	投影图名	图　例	投影面数	特点与应用
中心投影法	透视图	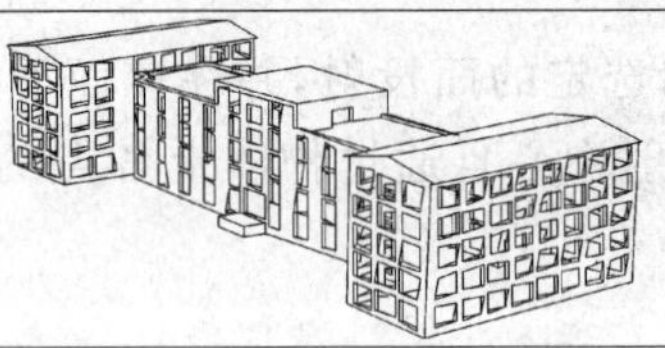	单个	近大远小特征，直观逼真，但作图复杂，度量性差。多应用于建筑等效果图。
平行投影法	轴测图	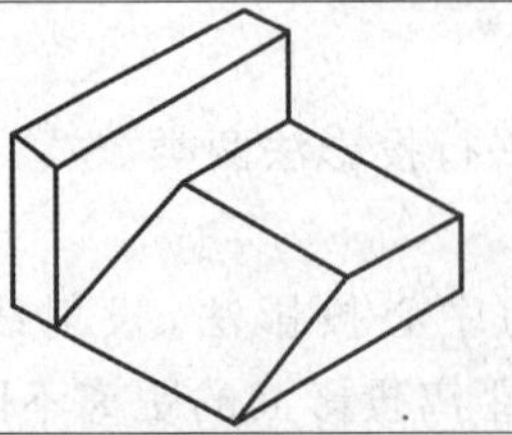	单个	直观性强，但没有透视图逼真，度量性差。多应用于工程辅助图样。
	工程图	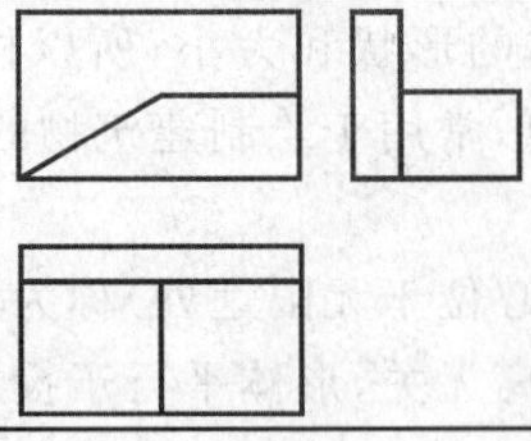	多个	度量性好，且作图容易，但直观性较差。主要应用于工程图样的绘制。

2.1.4　正投影的基本特性

正投影图度量性好、作图简便。正投影图具有平行性、从属性、定比性、真实性、积聚性和类似性等基本特性。

1. 实形性

当线段或平面图形平行于投影面时，其投影反映实长或实形，如图 2-2(a)、(b)所示。

2. 积聚性

当直线或平面图形垂直于投影面时，其投影积聚成点或直线，如图 2-2(c)所示。

3. 类似性

当直线或平面图形既不平行、也不垂直于投影面时，直线的投影仍然是直线，平面图形的投影是原图形的类似形(类似形的对应线段保持定比、边数、平行关系、凸凹、直曲不变)，且投影小于实长或实形，如图 2-2(d)、(e)所示。

4. 定比性

直线上两线段长度之比，与其投影长之比相等，如图 2-2(d)所示，$AC:CB=ac:cb$。

两平行线段的长度之比，与其投影的长之比相等。如图 2-2(f)所示，$AB:CD=ab:cd$。

5. 平行性

两相互平行的直线，其投影仍然平行，如图 2-2(f)所示。

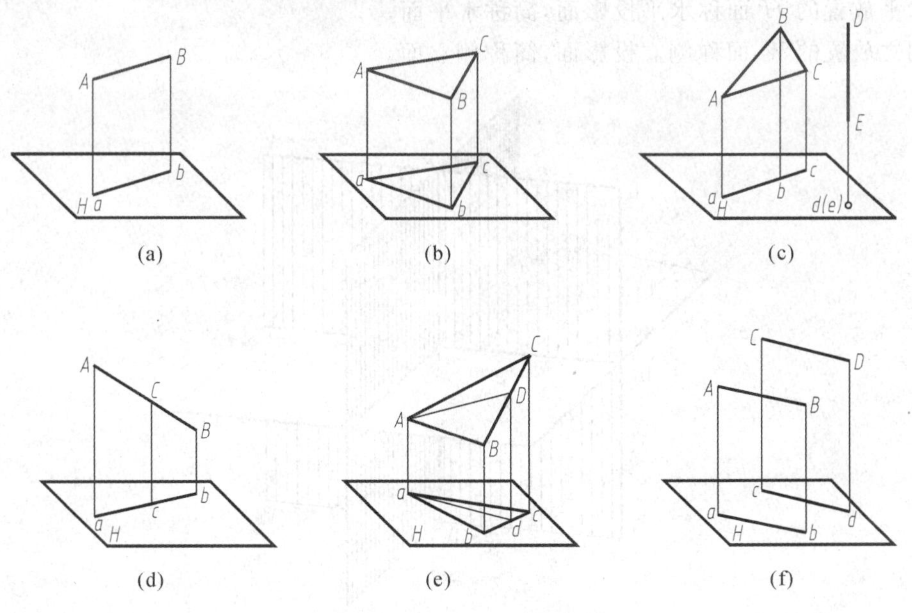

图 2-2　正投影的基本特性

2.1.5　投影与视图

1. 单面投影

点的投影仍为点。空间点 A 在投射线的作用下，在投影面 H 有唯一投影 a。反之，已知点 A 在 H 面的投影 a，不能唯一确定点 A 的空间位置。如图 2-3。

同样，物体的单面投影也无法确定空间物体的真实形状，因此，必须增加投影面的数量。

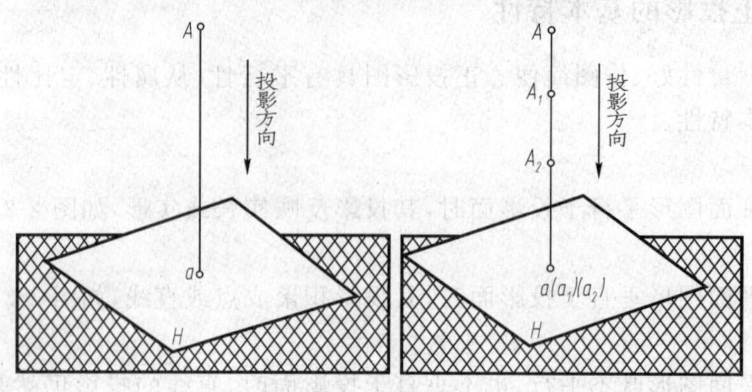

图 2-3 单面投影

2. 三面投影

建立如图 2-4 所示互相垂直的三投影面体系，三个相互垂直的投影面，分别称为 V 面、H 面、W 面，三投影面的交线 OX、OY、OZ 称为投影轴，三投影轴的交点 O 称为投影轴原点。三个互相垂直的平面把空间分为八个区域，称为分角。国家标准“图样画法”(GB/T 17451—1998)规定，技术图样优先采用第一角画法，本教材主要在第一角内讨论。

三个相互垂直的投影面 V、H 和 W 构成三面投影体系：

正立放置的 V 面称正立投影面，简称正立面；

水平放置的 H 面称水平投影面，简称水平面；

侧立放置的 W 面称侧立投影面，简称侧立面。

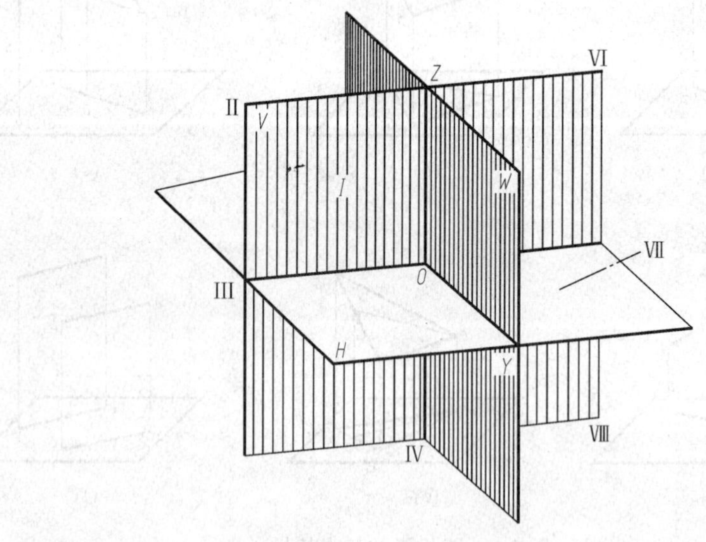

图 2-4 三面投影体系

如图 2-5(a)所示，将物体置于第一分角后，分别在三个投影面上得到投影。为了把物体的三面投影画在同一平面内，国家标准规定 V 面保持不动，H 面绕 OX 轴向下旋转 90°与 V 面共面，W 面绕 OZ 轴向右旋转 90°与 V 面重合。这样，V、H、W 面展开后得到了物体的三面投影。投影图大小与物体相对于投影面的距离无关，即改变物体与投影面的相对距离，并不会引起图形的变化。所以，在作图时一般不画出投影面的边界和投影轴，如图 2-5(b)所示。

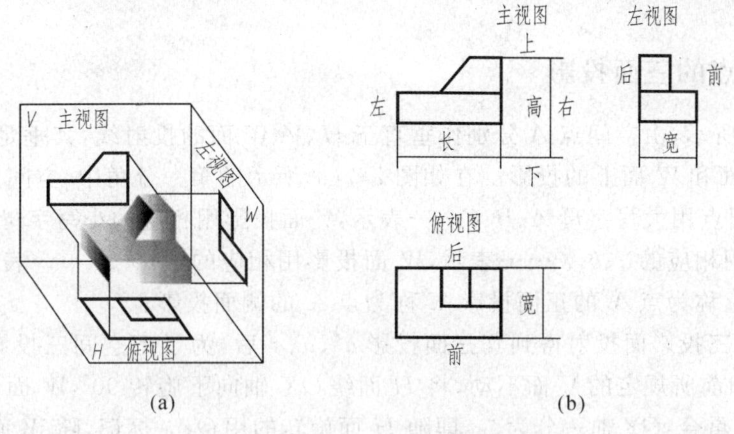

图 2-5　三面投影体系与三视图

3. 视图

(1)视图的概念

所谓视图实际上就是物体的多面正投影。物体在 V 、H 和 W 面上的三个投影，通常称为物体的三视图。其中，正面投影称为主视图；水平投影称为俯视图；侧面投影称为左视图。物体的三维空间尺寸长宽高反映在三视图中，如图 2-5(b)所示。

(2)三视图的方位关系

主视图上反映物体左右、上下方向；俯视图上反映左右、前后方向；左视图上反映上下、前后方向，如图 2-5(b)所示。

(3)三视图之间的投影关系

如图 2-6 所示，主视图反映物体的高度和长度；俯视图反映物体的长度和宽度；左视图反映物体的高度和宽度。由此可得出三视图之间的投影关系：

主、俯视图——共同反映物体的长度方向的尺寸，简称“长对正”；

主、左视图——共同反映物体的高度方向的尺寸，简称“高平齐”；

俯、左视图——共同反映物体的宽度方向的尺寸，简称“宽相等”。

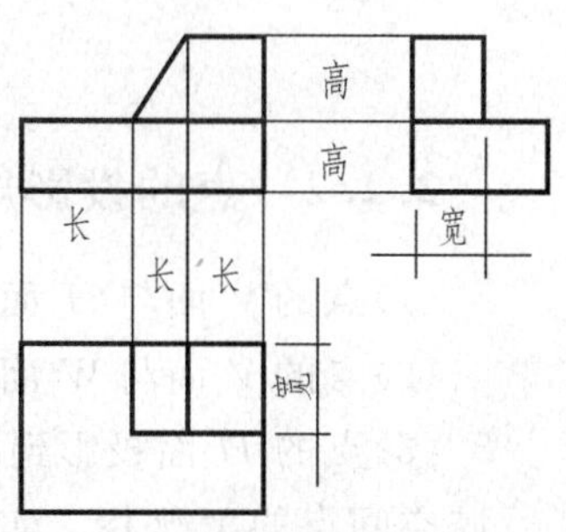

图 2-6　物体的投影关系

“长对正、宽相等、高平齐”反映了同一物体在三个视图上的投影关系，它是绘图和读图必须掌握的投影规律和要领。

2.2 点的投影

2.2.1 点的三面投影

如图 2-7 所示，由空间点 A 分别作垂直于 H、V、W 面的投射线，其垂足 a、a'、a'' 即为点 A 在 H 面、V 面和 W 面上的投影。在如图 2-7(a)所示的第一分角中，空间点及其投影的标记规定为：空间点用大写字母 A、B、C……表示，V 面投影用相应的小写字母 a'、b'、c'……表示，H 面投影用相应的 a、b 、c……表示，W 面投影用相应的 a''、b''、c''……表示。a 称为点 A 的水平投影；a' 称为点 A 的正面投影；a''称为点 A 的侧面投影。

将点 A 向三投影面投射得到其三面投影 a'、a、a''后，为了把空间三投影面的投影画在同一平面上，如前所规定的 V 面不动，将 H 面绕 OX 轴向下旋转 90°，W 面绕 OZ 轴向后旋转 90°，与 V 面重合，OY 轴一分为二，即随 H 面旋转的用 OY_H 标记，随 W 面旋转的用 OY_W 标记，便得到点 A 的三面投影图(图 2-7(b))。

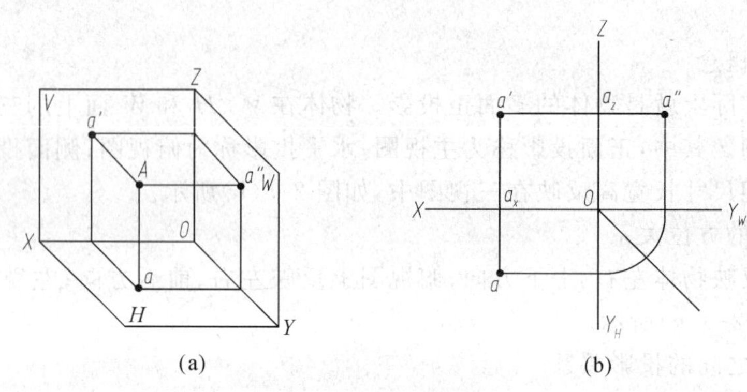

图 2-7 点的三面投影

2.2.2 点的投影规律

(1)点的 V 面与 H 面的投影连线垂直于 OX 轴，即 $a'a \perp OX$，反映空间点的 X 坐标；

(2)点的 V 面与 W 面投影连线垂直于 OZ 轴，即 $a'a'' \perp OZ$，反映空间点的 Z 坐标；

(3)点的 H 面投影到 OX 轴的距离等于点的 W 面投影到 OZ 轴的距离，即 $aa_X = a''a_Z$，反映空间点的 Y 坐标。实际上，上述点的投影规律也体现了三视图的“长对正、高平齐、宽相等”。

作图时，为了表示 $aa_X = a''a_Z$ 的关系，常用过原点 O 的 45°辅助线或用圆规作图将点的 H 面与 W 面投影关系联系起来，如图 2-7(b)。

点的一个投影由其中的两个坐标所决定：V 面投影 a' 由 A_x 和 A_z 确定，H 面投影 a 由 A_x 和 A_y 确定，W 面投影 a''由 A_y 和 A_z 确定。点的任意两个投影包含了点的三个坐标，由此可以得到：点的两面投影能唯一确定点的空间位置。因此，根据点的三个坐标值和点的投影规律，就能作出该点的三面投影图，也可以由点的两面投影补画出点的第三面投影。

例 2-1 已知点 $A(20,15,24)$，求点 A 的三面投影。

作图步骤见图 2-8：

1)画坐标轴。在三个投影轴上量取 $Oa_X=20$；$Oa_{YH}=15$；$Oa_Z=24$(如图 2-8(a))。

2)根据点的投影规律：点的投影连线垂直于投影轴。分别过 a_X 作 OX 轴的垂直线、过 a_Z 作 Z 轴的垂直线，两垂直线的交点得点 A 的 V 面投影 a'，过 a_{YH} 作 OY 轴的垂直线与 $a'a_X$ 的延长线相交得点 A 的 H 面投影 a(如图 2-8(b))。

3)过原点 O 作 $\angle Y_HOY_W$ 的平分线(如图 2-8(b))。

4)延长 a_{YH} 与平分线相交，再过交点作垂直于 Y_W 轴的直线。

5)过 a' 作 Z 轴的垂线与垂直 Y_W 轴的直线相交于 a''，即为 A 的 W 面投影(如图2-8(c))。

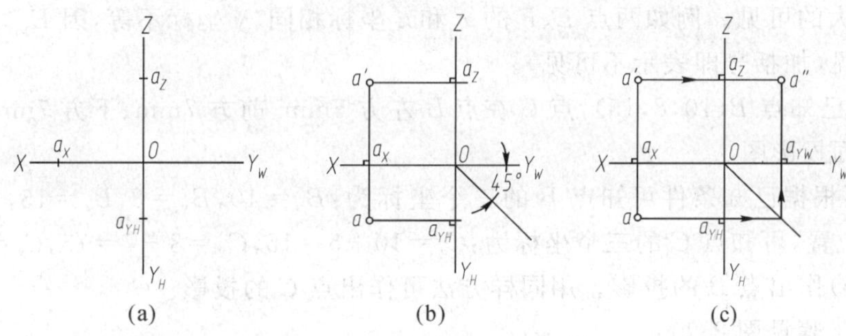

图 2-8　求作点的投影

2.2.3　点的相对位置及重影点

空间两点上下、左右、前后的相对位置可根据它们在投影图中的各组同面投影来判断；也可以通过比较两点的坐标来判断它们的相对位置，即 x 坐标大的点在左方，y 坐标大的点在前方，z 坐标大的点在上方。如图 2-9。

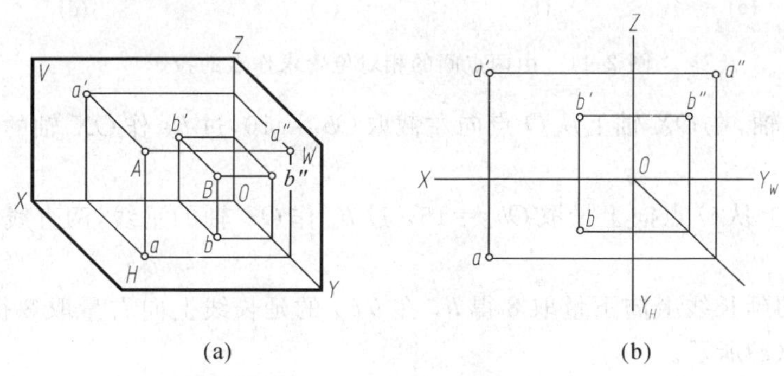

图 2-9　两点间的相对位置

如图 2-9 所示的空间点 A、B，由 V 面投影可判断出 A 在 B 的左方、上方，由 H 面投影可判断出 A 在 B 的左方、前方，由 W 面投影可判断出 A 在 B 的前方、上方，因此，由三面投影或两投影就可以判断点 A 在点 B 的左、前、上方。

当空间两点位于垂直于某个投影面的同一投射线上时，两点在该投影面上的投影重合，称为重影点。如图 2-10 所示，重影点要判别可见性，其方法是：比较两点不相同的那个坐

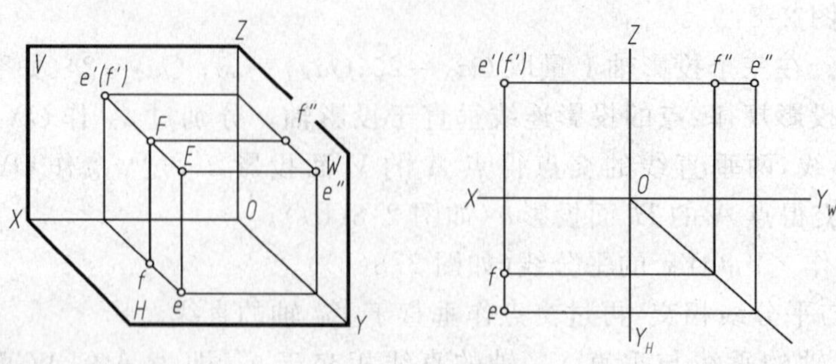

图 2-10 重影点

标,其中坐标大的可见。例如两点 E、F 的 x 和 z 坐标相同,y 坐标不等,因 $E_y>F_y$,因此,e' 可见,f' 不可见(加括号即表示不可见)。

例 2-2 已知点 $B(10,8,15)$,点 C 在点 B 左方 5mm、前方 7mm、下方 7mm 的位置,作点 B、C 的三面投影图。

(1)分析:根据已知条件可知点 B 的三个坐标为:$B_x=10$,$B_y=8$,$B_z=15$,根据点 C 相对于点 B 的位置,可知点 C 的三个坐标为:$C_x=10+5=15$,$C_y=8+7=15$,$C_z=15-7=8$。由 $B(10,8,15)$ 作出点 B 的投影。用同样方法可作出点 C 的投影。

(2)作图步骤见图 2-11:

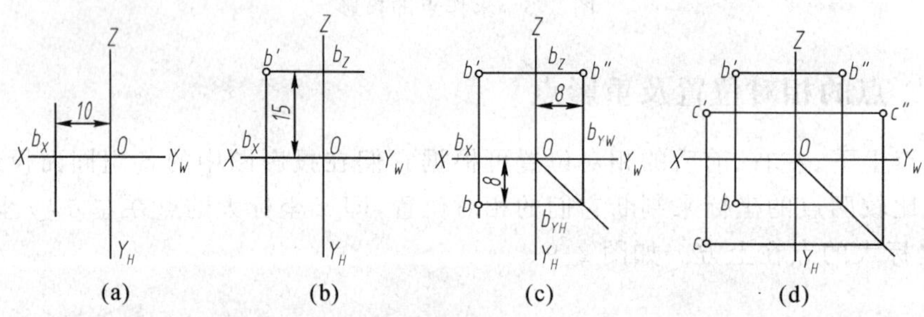

图 2-11 由两点间的相对位置求作点的投影

1)作出投影轴,在 OX 轴上从 O 点向左截取 $Ob_X=10$,过 b_X 作 OX 轴的垂线,如图2-11(a)所示。

2)在 OZ 轴上从 O 点向上量取 $Ob_Z=15$,过 b_Z 作 OZ 轴的垂线,两直线相交于 b',如图 2-10(b)所示。

3)在 $b'b_X$ 的延长线上向下量取 8 得 b,在 $b'b_Z$ 的延长线上向右量取 8 得 b'',或由 b'、b 求 b'',如图 2-11(c)所示。

4)用同样方法作出点 C 的三面各投影 c、c'、c'',如图 2-11(d)所示。

2.3 直线的投影

直线的投影一般仍为直线。由几何学知道,空间两点决定一直线,因此要作直线的投影,只需作出直线段上两点的同面投影(两点在同一投影面上的投影称为同面投影),然后连线两点的同面投影,即得到空间直线的投影,如图 2-12 所示。

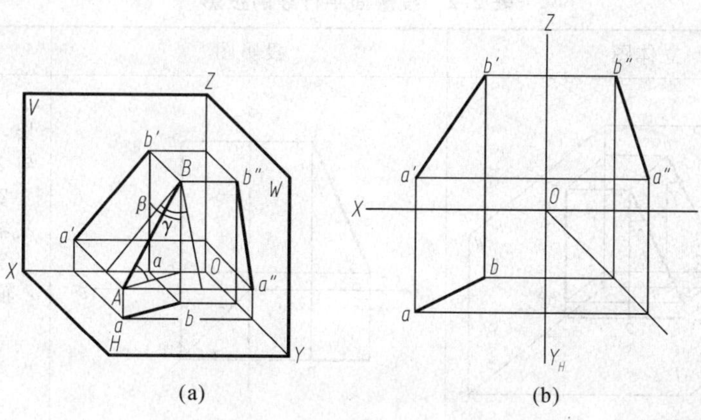

(a)　(b)

图 2-12　直线的投影

2.3.1　一般位置直线的投影

一般位置直线对三个投影面都倾斜，其三面投影仍为相对于投影轴倾斜的直线。直线对 H、V、W 面的倾角用 α、β、γ 来表示，则 $ab=AB\cos\alpha<AB$，$a'b'=AB\cos\beta<AB$，$a''b''=AB\cos\gamma<AB$。

因此，一般位置直线具有以下投影特性：三个投影都倾斜于投影轴，都小于实长，却不反映与投影面的真实倾角。

2.3.2　特殊位置直线的投影特性

特殊位置直线可分为投影面平行线（平行于某个投影面）和投影面垂直线（垂直于某个投影面）。

投影面平行线包括：正平线：$/\!/V$，与 H、W 倾斜；水平线：$/\!/H$，与 V，W 倾斜；侧平线：$/\!/W$，与 V、H 倾斜。

投影面垂直线包括：正垂线：$\perp V$，$/\!/H$、W；铅垂线：$\perp H$，$/\!/V$、W；侧垂线：$\perp W$，$/\!/V$、H。

1. 投影面平行线的投影

投影面平行线的投影特性（正平线、水平线、侧平线）见表 2-2。

(a)直线在与其平行的投影面上的投影，反映该直线的实长及该直线与其他两个投影面的倾角；

(b)直线在其他两个投影面的投影分别平行于相应的投影轴，长度缩短。

表 2-2 投影面平行线的投影

名称	立体图	投影图	投影特性
正平线	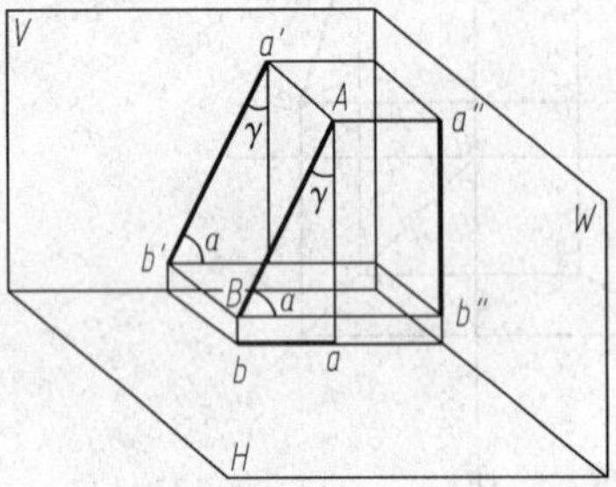	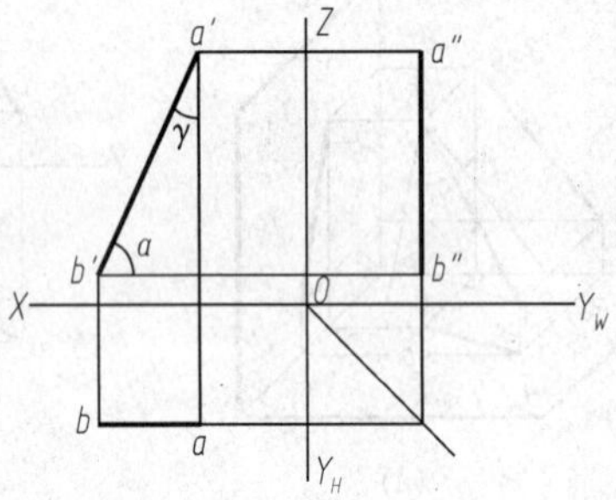	1. 正面投影反映实长，与 X 轴夹角为 α，与 Z 轴夹角为 γ 2. 水平投影平行 X 轴 3. 侧面投影平行 Z 轴
水平线	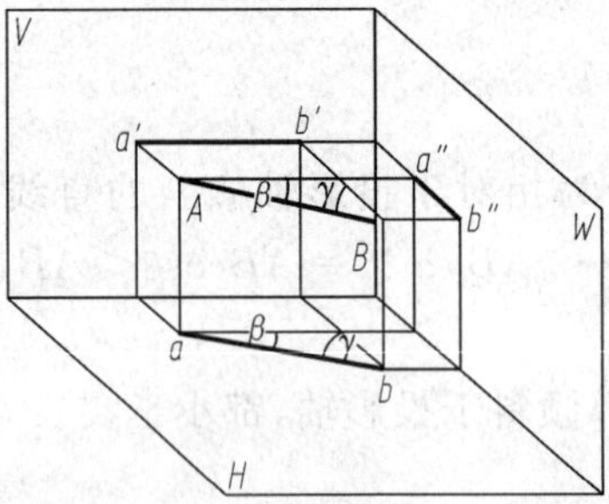	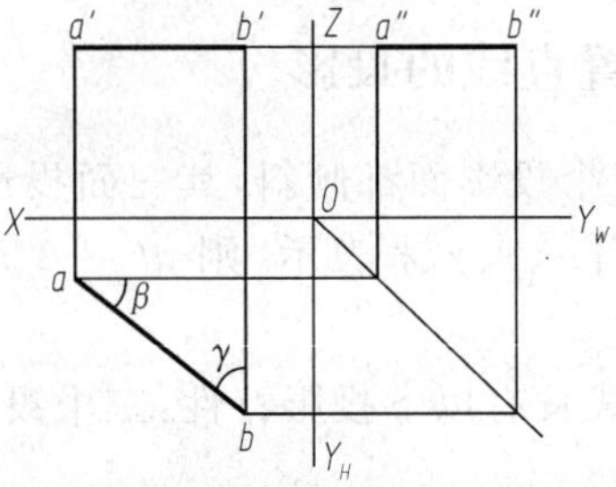	1. 水平投影反映实长，与 X 轴夹角为 β，与 Y 轴夹角为 γ 2. 正面投影平行 X 轴 3. 侧面投影平行 Y 轴
侧平线	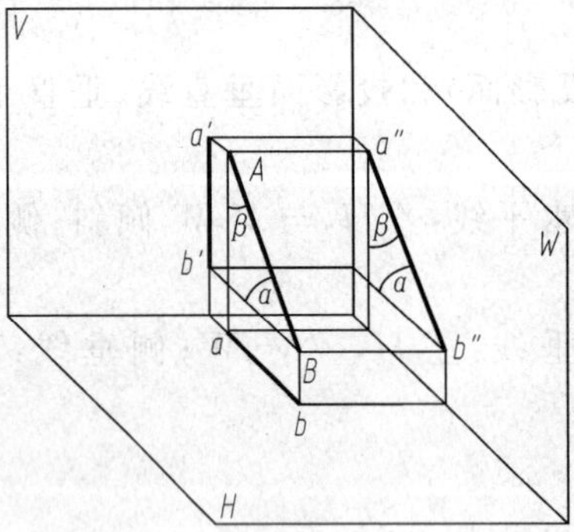	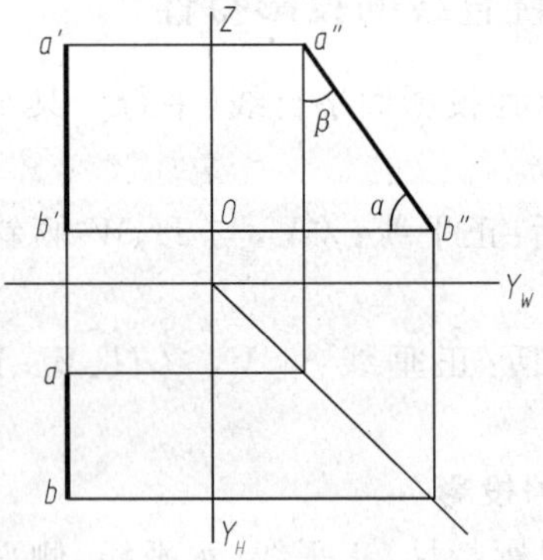	1. 侧面投影反映实长，与 Y 轴夹角为 α，与 Z 轴夹角为 β 2. 正面投影平行 Z 轴 3. 水平投影平行 Y 轴

2. 投影面垂直线的投影

投影面垂直线的投影特性（正垂线、铅垂线、侧垂线）见表 2-3。

(a)直线在与其垂直的投影面上的投影积聚成一点；

(b)直线在其他两个投影面的投影分别垂直于相应的投影轴，且反映该线段的实长。

表 2-3 投影面垂直线的投影

名称	立体图	投影图	投影特性
正垂线	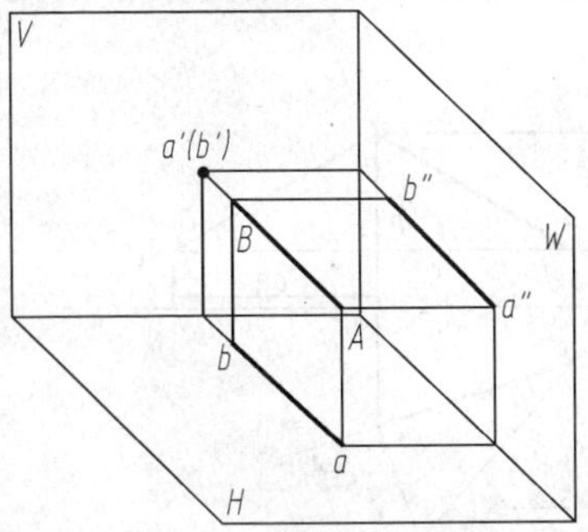 V a′(b′) b″ B W a″ A b a H	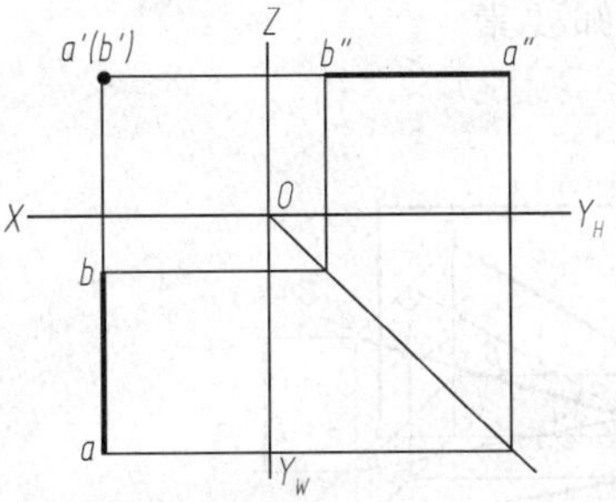 Z a′(b′) b″ a″ X O Y_H b a Y_W	1. 正面投影积聚为一点 2. 水平投影和侧面投影都平行于 Y 轴，并反映实长
铅垂线	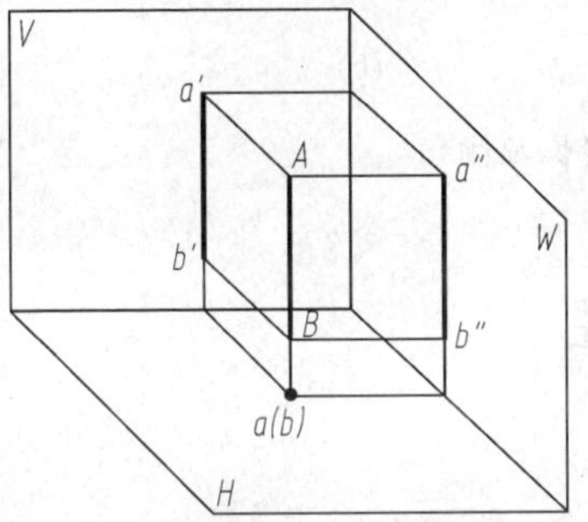 V a′ A a″ W b′ B b″ a(b) H	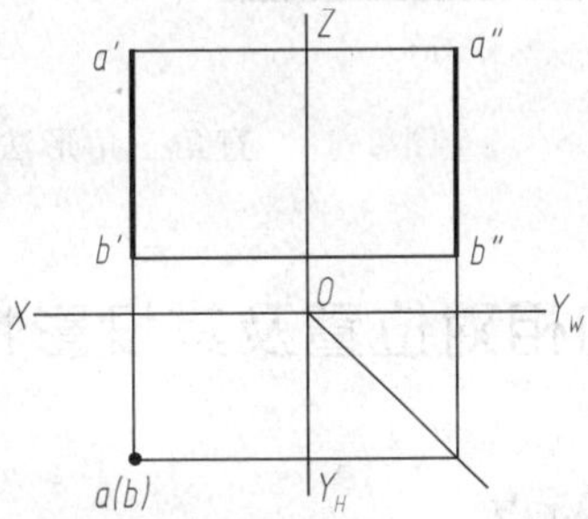 Z a′ a″ b′ b″ X O Y_W a(b) Y_H	1. 水平投影积聚为一点 2. 正面投影和侧面投影都平行于 Z 轴，并反映实长
侧垂线	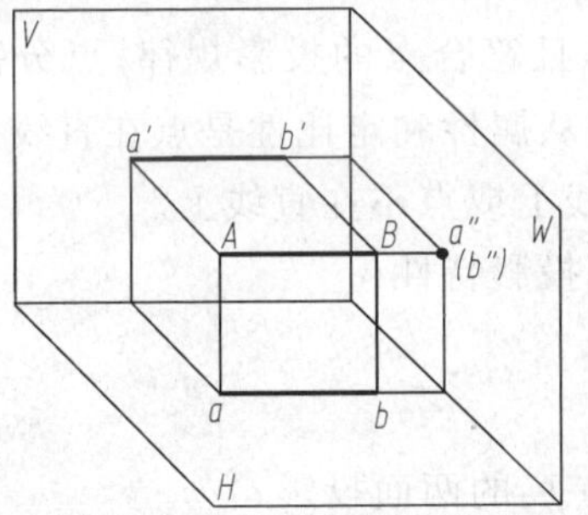 V a′ b′ A B a″ (b″) W a b H	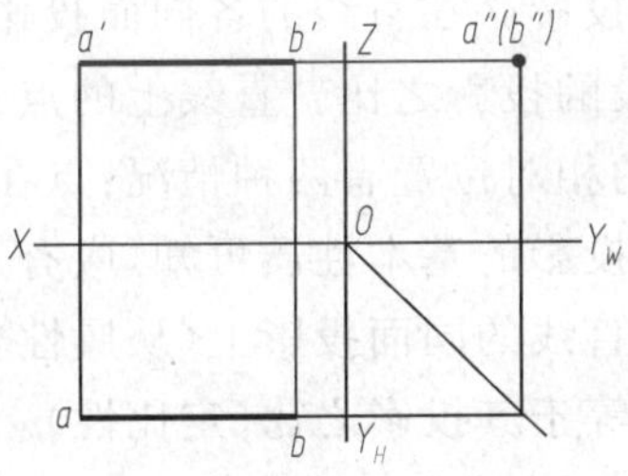 a′ b′ Z a″(b″) X O Y_W a b Y_H	1. 侧面投影积聚为一点 2. 正面投影和水平投影都平行于 X 轴，并反映实长

2.3.3 直角三角形法求直线实长及对投影面的倾角

一般位置直线的三面投影均不反映实长及倾角的真实大小，能否根据直线的投影求其实长及倾角的真实大小呢？实际应用中，可用直角三角形法求得。如图 2-13 所示，AB 为一般位置的直线，过 A 作 $AB_0 /\!/ ab$，则得一直角三角形 ABB_0，在直角三角形 ABB_0 中，两直角边的长度为 $BB_0 = Bb - Aa = Z_B - Z_A = \Delta Z$，$AB_0 = ab$，$\angle BAB_0 = \alpha$。

可见只要知道直线的投影长度 ab 和对该投影面的坐标差 ΔZ，就可求出 AB 的实长及倾角 α，作图过程如图 2-13(b)所示：

1)过 b 作 B_0b 垂直 ba，取 $B_0b = \Delta Z$；直角三角形的斜边 B_0a 就是直线 AB 的实长，B_0a 与 ba 的夹角 α 就是 AB 与 H 面的倾角 α。

2)过 a' 作 $/\!/ X$ 轴的直线与 bb' 交于 b_0，使 $b_0A_0 = ab$；连 $b'A_0$，即为 AB 的实长，$\angle b'A_0b_0$ 为 AB 与 H 面的倾角 α。

同样，可以利用直线的 V 面投影及直线的两端点的 Y 坐标差所构成的直角三角形，求出直线的实长及直线与 V 面的倾角 β，利用 W 面投影长及直线两端点的 X 坐标差，求出直线实长及直线与 W 面的倾角 γ。即利用直角三角形法，只要知道四个要素中的两个要素，即可求出其他两个未知要素。

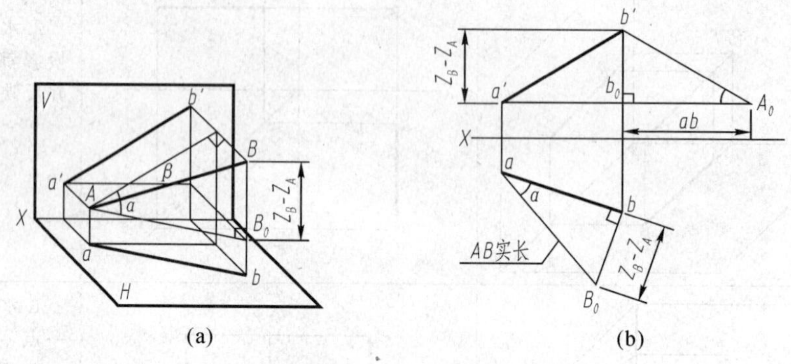

图 2-13　直角三角形法求实长及倾角

2.4　点、线的相对位置及其投影特性

2.4.1　直线上的点

直线上的一点，其投影必在直线的各同面投影上，且符合点的投影规律；点分割线段之比等于点的投影分线段的投影之比。直线上的点具有从属性和定比性是点在直线上的充分必要条件。点与直线的相对位置有两种情况：点在直线上或点不在直线上。

点在直线上，由正投影的基本性质可知，应有下列投影特性：

(1)点的投影必在直线的同面投影上(从属性)。

(2)点分线段之比等于其投影之比(定比性)。

例 2-3　如图 2-14，作出分线段 AB 为 2∶3 的点 C 的两面投影 c'、c。

(1)分析：根据直线上点的投影特性，可先将直线的任一投影分成 2∶3，得到分 AB 为 2∶3的点 C 的一个投影，利用从属性，求出点 C 的另一投影。

(2)作图步骤见图 2-14：

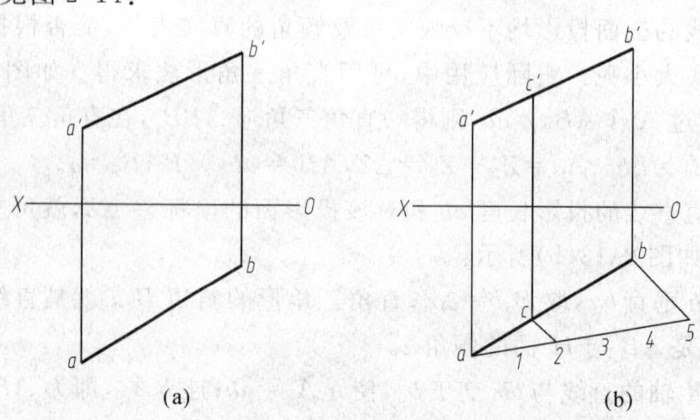

图 2-14　求直线上点的投影

1)过 a 任意作一直线，并在其上量取 5 个单位长度；

2)连 $5b$，过 2 分点作 $5b$ 的平行线，交 ab 于 c；

3)过 c 作投影连线，交 $a'b'$ 于点 c'。

2.4.2　两直线的相对位置

空间两直线的相对位置有相交、平行和交叉三种情况。交叉两直线不在同一平面上，所以称为异面直线。相交两直线和平行两直线在同一平面上，所以又称它们为共面直线。

两直线的相对位置投影特性见表 2-4。根据投影图可判断两直线的相对位置。如两直线处于一般位置，一般由两面投影即可判断，若直线处于特殊位置，则需要利用三面投影或定比性等方法判断。

表 2-4　两直线的相对位置投影特性

名称	立体图	投影图	投影特性
平行两直线	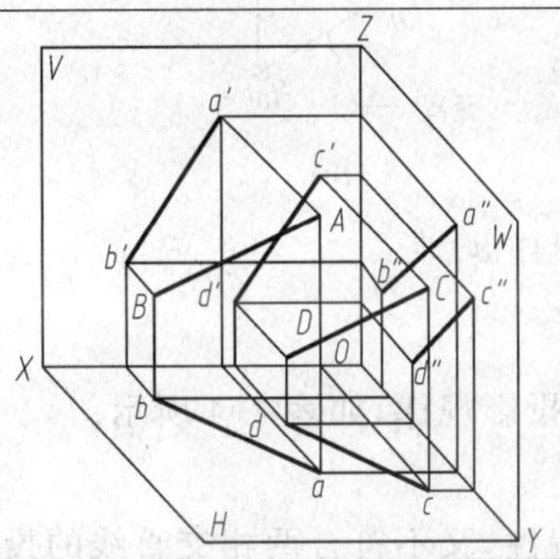	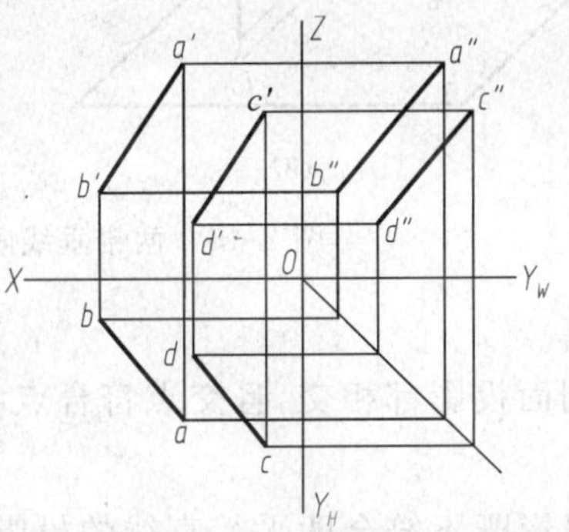	平行两直线的同面投影分别相互平行，且保持定比性。
相交两直线	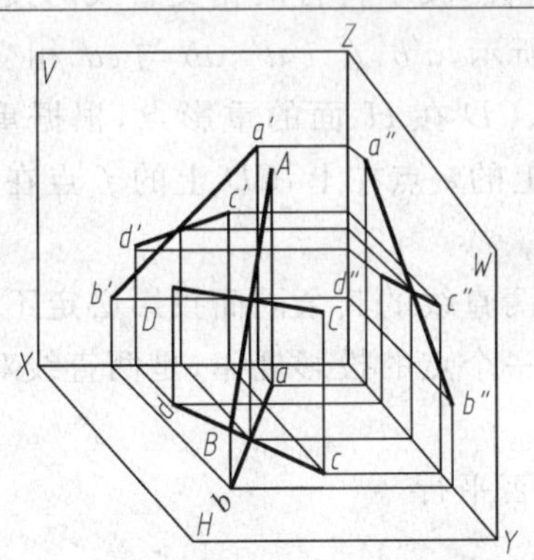	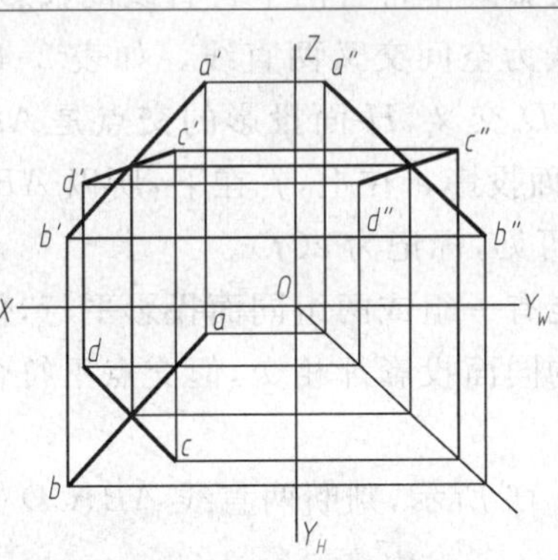	相交两直线的同面投影分别相交，且交点符合点的投影规律。
交叉两直线	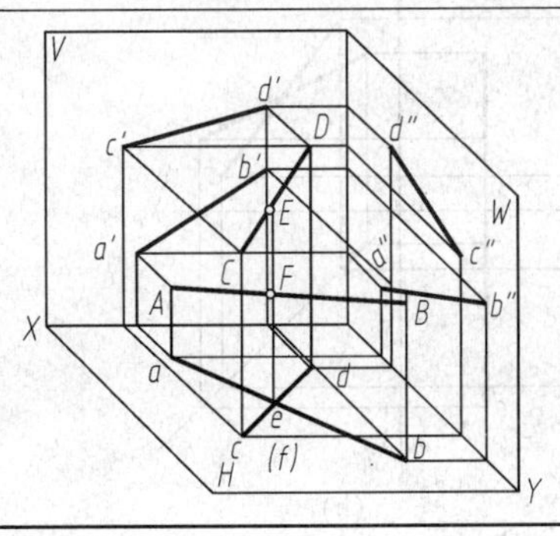	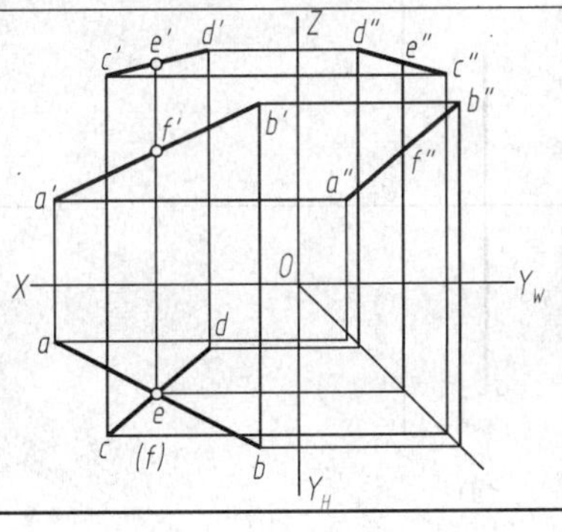	既不符合平行两直线的投影特性，又不符合相交两直线的投影特性。

1. 平行两直线

平行两直线的投影特性满足平行性和定比性。

由表 2-4 可知两直线 AB、CD 均为一般位置直线，且其两组同面投影平行，就可以断定这两直线平行，且其投影长 $ab:cd=a'b':c'd'=a''b'':c''d''$；

如果两直线是同一投影面的平行线，只有当它们在平行的投影面上的投影平行时，才可判断其相互平行；同一投影面的两垂直直线，其积聚投影的连线即为两者距离的实长，如图 2-15 所示。

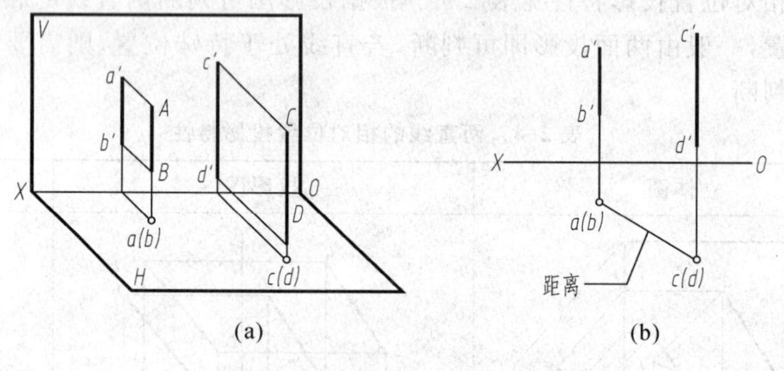

图 2-15　两铅垂线间的距离

2. 相交两直线

相交两直线的同面投影都相交，且交点符合点的投影规律，如表 2-4 所示。

3. 交叉两直线

如果两直线的投影既不符合两平行直线的投影特性，又不符合两相交直线的投影特性，则可断定这两条直线为空间交叉两直线。如表 2-4 所示，$a'b' \parallel c'd'$，ab 与 cd 相交，因此，空间两直线 AB 与 CD 交叉，H 面投影的交点是 AB、CD 在 H 面的重影点，根据重影点可见性的判别方法，V 面投影 e' 在上，f' 在下，所以 AB 上的 e 点在上，CD 上的 f 点在下，即水平投影 e 可见，f 不可见，标记为 $e(f)$。

交叉两直线可能有一组或两组同面投影平行，但两直线的其余同面投影必定不平行；也可能在三个投影面的同面投影都相交，但交点不符合一个点的投影规律，是两直线对不同投影面的重影点。

例 2-4　如图 2-16 所示，判断两直线 AB、CD 是否平行。

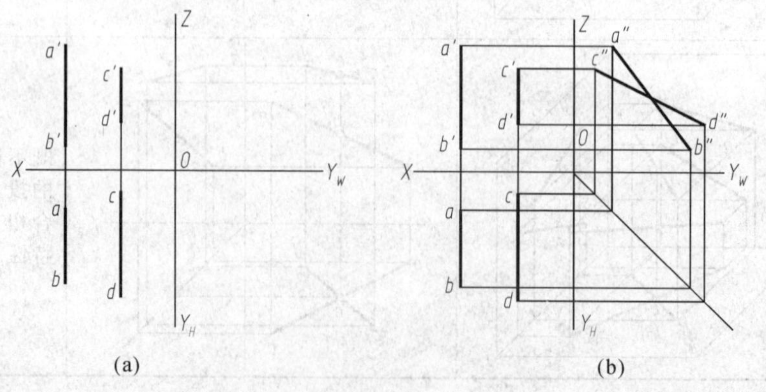

图 2-16　判断两直线是否平行

由 AB、CD 的两面投影可知，AB、CD 都是侧平线，要判断其是否平行，有两种方法：

1）补画出两直线的侧面投影，如图 2-16(b)，$a''b''$ 与 $c''d''$ 不平行，所以 AB 与 CD 不平行。

2）如果两直线同向，且满足定比性，两直线就平行，如图 2-16(a)，AB 与 CD 虽然同向，但 $a'b' : c'd'$ 不等于 $ab : cd$，因此也可判断 AB 与 CD 不平行。

2.4.3　直角投影定理

相交两直线的投影通常不能反映两直线夹角的实形，如果两直线垂直（垂直相交或垂直交叉），其中一条直线是某一投影面平行线时，两直线在该投影面上的投影垂直。这种投影特性称为直角投影定理。以两直线垂直相交，其中一直线是水平线为例，证明如下（见图 2-17）。

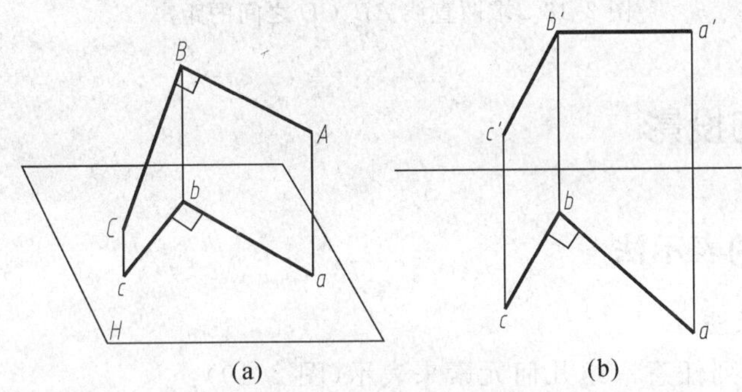

(a)　(b)

图 2-17　直角投影定理

已知：$AB \perp BC$、$BA /\!/ H$ 面，如图 2-17(a)所示。

证明：因 $BA /\!/ H$ 面，而 $Bb \perp H$ 面，故 $BA \perp Bb$，所以 $BA \perp$ 平面 BbC，又因 $BA /\!/ ba$，故 $ba \perp$ 平面 BbC。所以 $ab \perp bc$，即 $\angle abc = 90°$，如投影图 2-17(b)所示。

直角投影定理的逆定理仍成立，如果两直线的某一投影垂直，其中有一直线是该投影面的平行线，那么空间两直线垂直。

直角投影定理常被用来求解有关距离问题。

例 2-5　求两直线 AB、CD 之间的距离（图 2-18）。

(1)分析：

直线 AB 是铅垂线，CD 是一般位置直线，若求两直线之间的距离，须求出两直线的公垂线。因为与铅垂线垂直的直线是水平线，如图 2-18(a)中的 EF，所以根据直角投影定理，$EF \perp CD$，则 $ef \perp cd$。

(2)作图步骤见图 2-18(b)：

1）过直线 AB 的 H 面投影 $a(b)$ 向 cd 作垂线交于 f，并求出 f'。

2）过 f' 作 $e'f' /\!/ OX$，$e'f'$ 和 ef 即为公垂线 EF 的两投影。

3）水平线 EF 的 H 面投影 ef 即为两直线之间的距离。

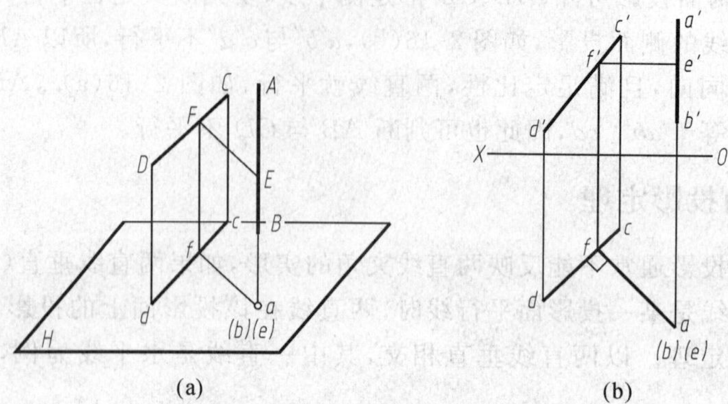

图 2-18 求两直线 AB、CD 之间的距离

2.5 平面的投影

2.5.1 平面的表示法

1. 几何元素表示法

空间平面可用下列任意一组几何元素来表示(图 2-19)：

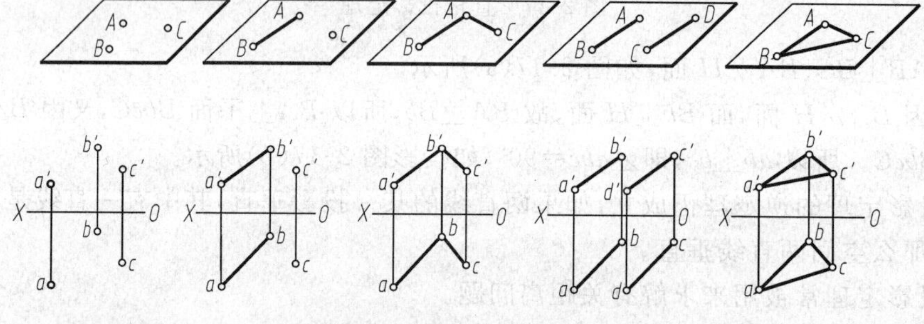

图 2-19 平面的表示法

不在同一直线上的三点；

一直线和直线外一点；

相交两直线；

平行两直线；

任意平面图形。

2. 迹线表示法

为了使平面的空间位置比较明显和表示方便起见，也常用平面与投影面的交线，即平面的迹线来表示平面。

图 2-20(a)中，一般位置平面 P 与投影面的交线为 P_H、P_V 和 P_W，其中 P_H 称为平面 P 的水平迹线，P_V 称为平面 P 的正面迹线，P_W 称为平面 P 的侧面迹线。P_H、P_V 和 P_W 又两两相交得交点 P_X、P_Y 和 P_Z，P_X、P_Y 和 P_Z 称为迹线集合点。

因为迹线是空间平面与投影面的交线，所以它既是投影面内的一直线，也是某个平面内的一直线。如图 2-20(a)中的 P_H 便是既在 H 面内又在 P 平面内的一直线。由于迹线在投影面内，便有一个投影和它本身重合，另外两个投影便与相应的投影轴重合。如图 2-20(a)中的 P_H，其水平投影即与 P_H 重合，正面投影和侧面投影分别与 X 轴和 Y 轴重合。在投影图上，通常只将迹线与自身重合的那个投影画出，并用符号标记，凡和投影轴重合的，则省略标记，见图 2-20(b)。

为了说明简便起见，凡用上述五组几何元素所表示的平面称为非迹线平面，凡用迹线表示的平面称为迹线平面。显而易见，平面的迹线表示法和几何元素表示法的本质是一样的。实质上用迹线表示平面可以认为是用几何元素表示平面的特殊情况，是用在不同投影面上的相交直线表示的，如图 2-20(a)所示的平面 P 就是一个三边位于不同投影面上的三角形平面。

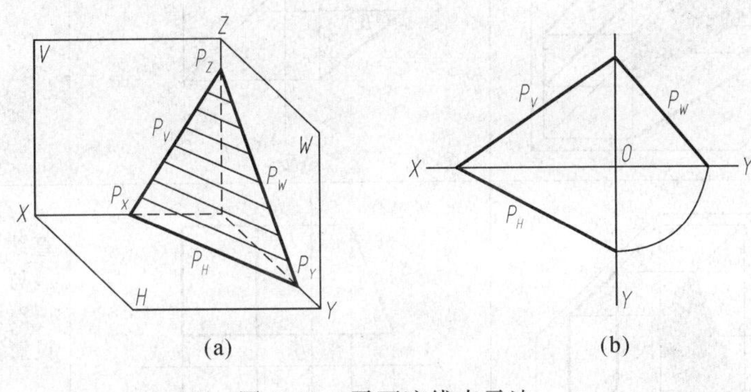

图 2-20　平面迹线表示法

2.5.2　各种位置平面的投影特性

根据平面在三投影面体系中所处的位置，可将平面分为三类：一般位置平面、投影面垂直面、投影面平行面。

投影面垂直面和投影面平行面又称特殊位置平面。规定平面对 H、V、W 面的倾角分别用 α、β、γ 来表示。所谓平面的倾角，是指平面与某一投影面所成的二面角。

1. 一般位置平面——与三个投影面都倾斜的平面

一般位置平面的投影如图 2-21 所示，由于△ABC 对 V、H、W 面都倾斜，因此其三面投影都是三角形，为原平面图形的类似形，且面积比原图形小。

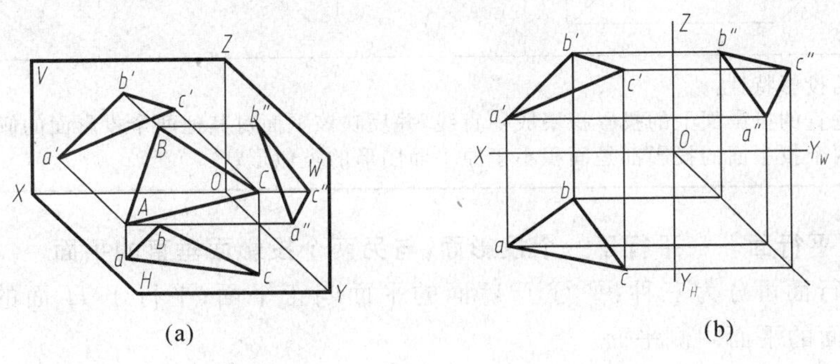

图 2-21　一般位置平面的投影

2. 投影面垂直面——垂直于一个投影面，与另两个投影面倾斜的平面

投影面垂直面可分为三种：垂直于 V 面的平面叫正垂面；垂直于 H 面的平面叫铅垂面；垂直于 W 面的平面叫侧垂面。

投影面垂直面的投影特性见表 2-5。

表 2-5 投影面垂直面的投影

名称	立体图	投影图	投影特性
铅垂面	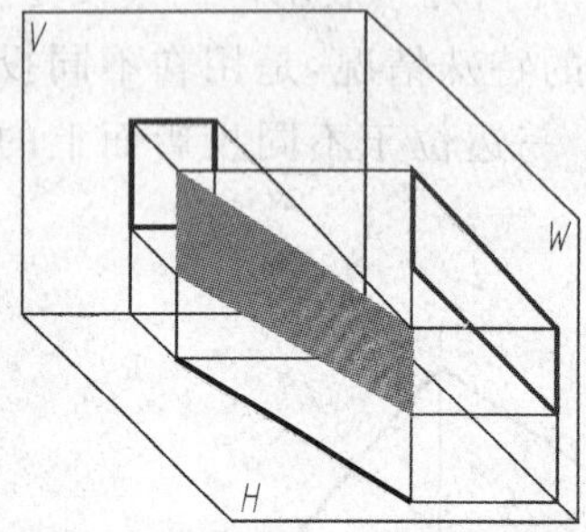	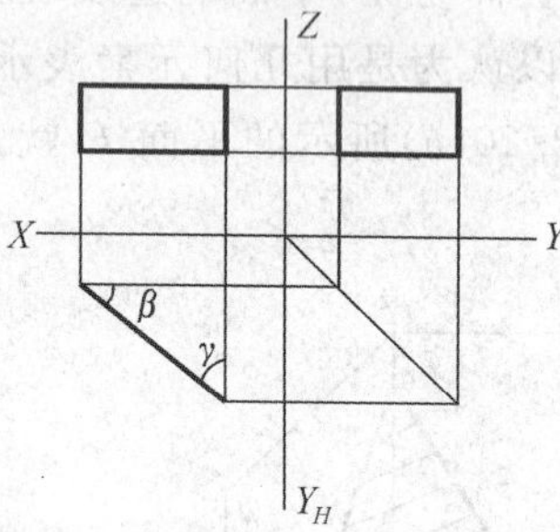	1. 水平投影积聚成直线，与 X 轴夹角为 β，与 Y 轴夹角为 γ。 2. 正面投影和侧面投影具有类似性。
正垂面	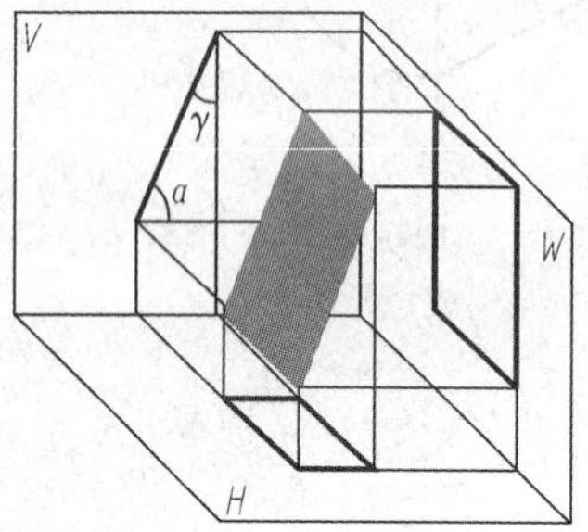	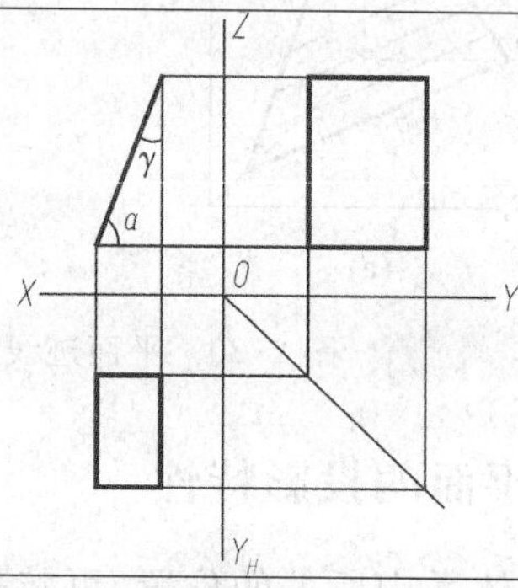	1. 正面投影积聚成直线，与 X 轴夹角为 α，与 Z 轴夹角为 γ。 2. 水平投影和侧面投影具有类似性。
侧垂面	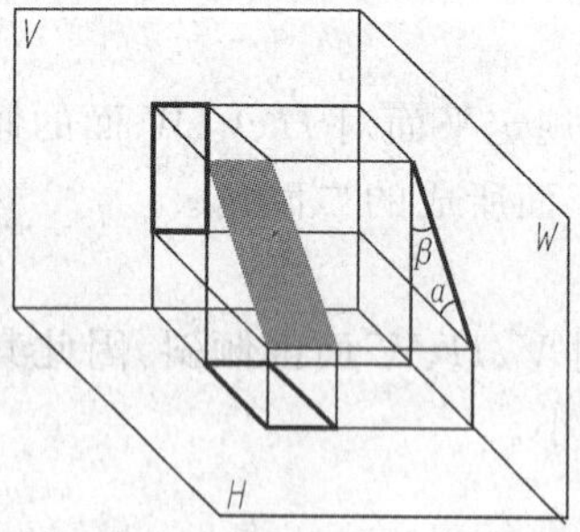	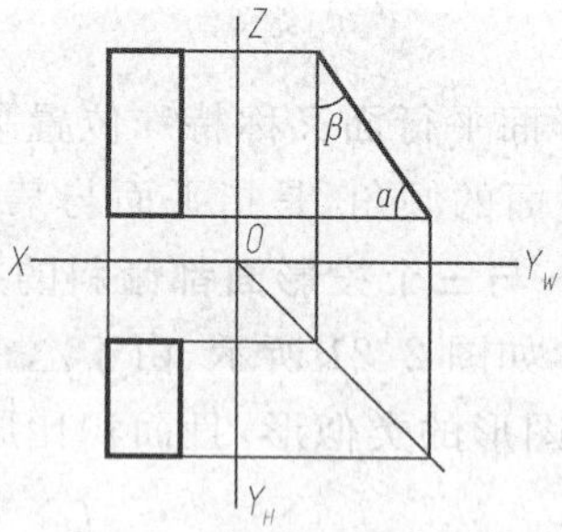	1. 侧面投影积聚成直线，与 Y 轴夹角为 α，与 Z 轴夹角为 β。 2. 正面投影和水平投影具有类似性。

投影面垂直面的投影特性：

1)平面在与其垂直的投影面上的投影积聚成一直线，并反映该平面对其他两个投影面的倾角；

2)平面在其他两个投影面的投影都是面积小于原平面图形的类似形。

3. 投影面平行面——平行于一个投影面，与另两个投影面垂直的平面

投影面平行面可分为三种：平行于 V 面的平面叫正平面；平行于 H 面的平面叫水平面；平行于 W 面的平面叫侧平面。

投影面平行面的投影特性见表 2-6。

表 2-6　投影面平行面的投影

名称	立体图	投影图	投影特性
正平面	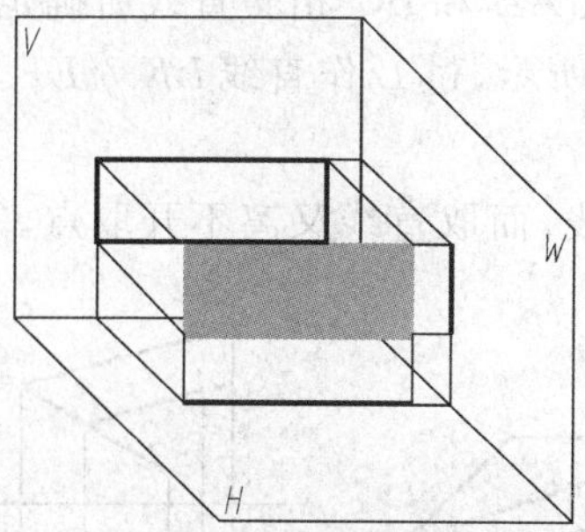 V W H	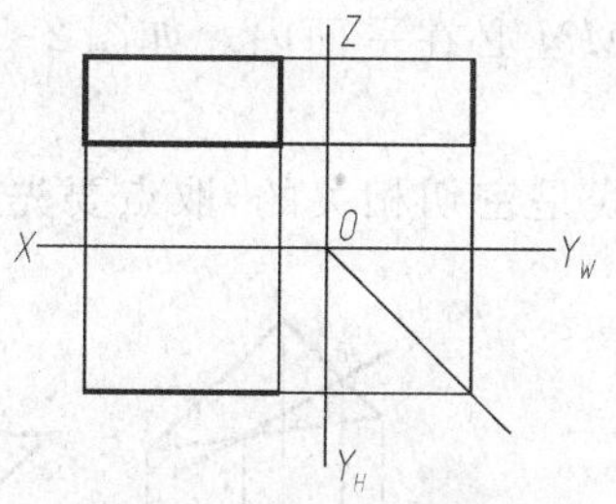 Z X O Y_W Y_H	1. 正面投影反映实形。 2. 水平投影积聚成平行于 X 轴的直线。 3. 侧面投影积聚成平行于 Z 轴的直线。
水平面	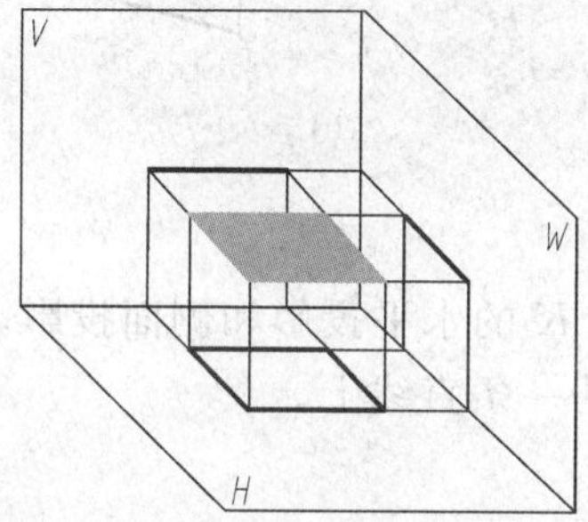 V W H	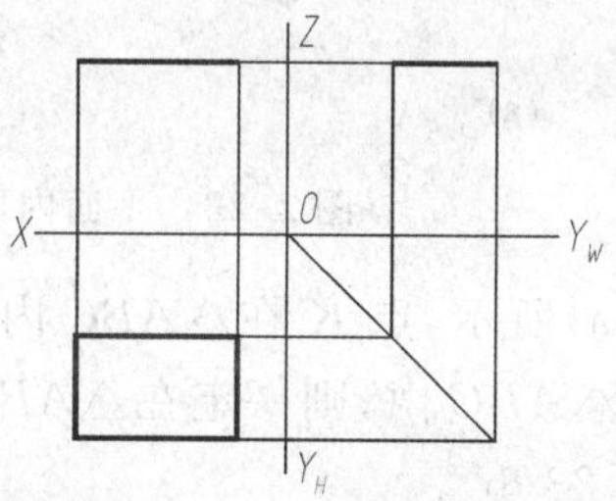 Z X O Y_W Y_H	1. 水平投影反映实形。 2. 正面投影积聚成平行于 X 轴的直线。 3. 侧面投影积聚成平行于 Y 轴的直线。
侧平面	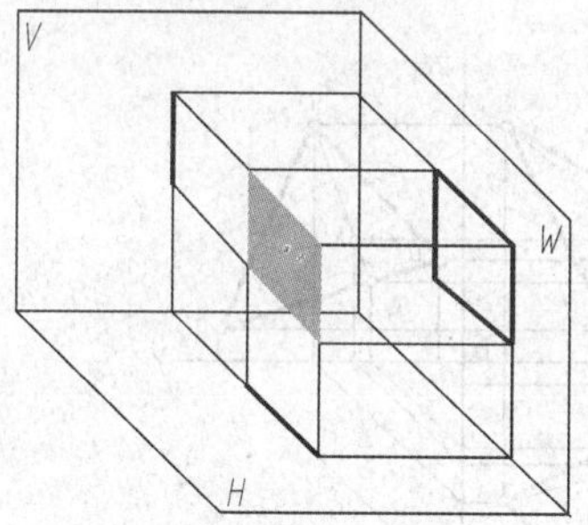 V W H	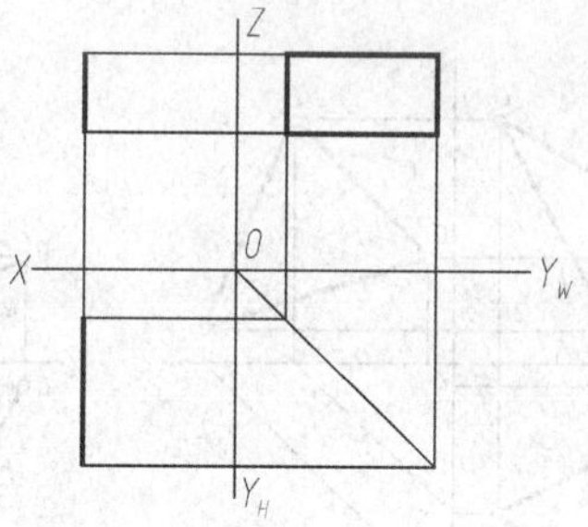 Z X O Y_W Y_H	1. 侧面投影反映实形。 2. 正面投影积聚成平行于 Z 轴的直线。 3. 水平投影积聚成平行于 Y 轴的直线。

投影面平行面的投影特性：
1)平面在与其平行的投影面上的投影反映平面实形；
2)平面在其他两个投影面的投影都积聚成平行于相应投影轴的直线。

2.6　平面上的直线和点

2.6.1　平面内取点和直线

点属于平面的几何条件是：点必须在平面内的一条直线上。因此要在平面内取点，必须过点在平面内取一条已知直线。如图 2-22 所示，在△ABC 所确定的平面内取一点 M，点 M 取在已知直线 AB 上，即在 $a'b'$ 上取 m'，在 ab 上取 m，因此点 M 必在该平面内。

直线属于平面的几何条件是:该直线必通过此平面内的两个点或通过该平面内一点且平行于该平面内的另一已知直线。

依此条件,可在平面内取直线,如图 2-22(a)所示,在 AB 和 BC 相交直线所确定的平面内取两点 M 和 N,直线 MN 必在平面内。如图 2-22(b)所示,过 L 作直线 $LK\parallel EF$,则直线 KL 必在该平面内。

在平面内取点和直线是密切相关的,取点要先取直线,而取直线又离不开取点。

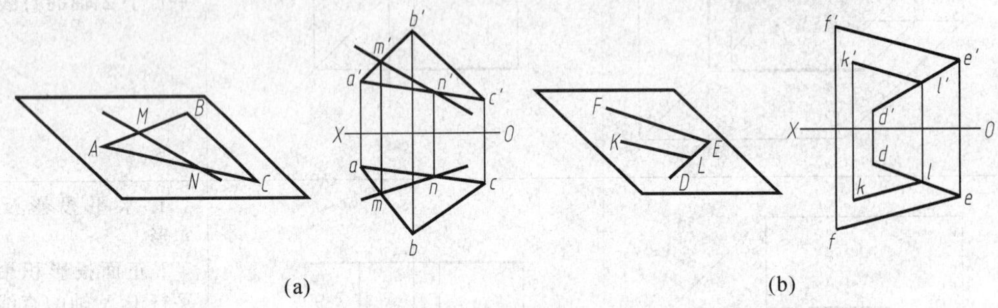

图 2-22　平面内取直线

例 2-6　如图 2-23(a)所示,点 K 在△ABC 内,求点 K 的水平投影和侧面投影。

(1)分析:若点 K 在△ABC 内,则一定在△ABC 上的一条直线上。

(2)作图步骤见图 2-23(b):

1)连 $c'k'$,并延长与 $a'b'$ 相交于 d';

2)由 d' 作出 d,连 cd,则 CD 为△ABC 上的一条直线,在 cd 上作出 k,同理,作出 k''。

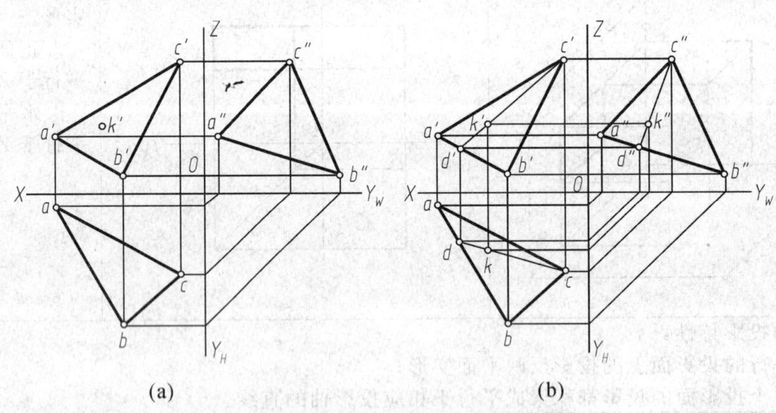

图 2-23　在平面内求点

2.6.2　平面内的投影面平行线

既在给定平面内,又平行于投影面的直线,称为该平面内的投影面平行线。它们既具有投影面平行线的投影特性,又符合直线在平面内的条件。在图 2-24 中,AD 在△ABC 内,$ad\parallel OX$ 轴即 $AD\parallel V$ 面,故 AD 为△ABC 平面内的正平线。同理,AB 为该平面内的水平线。

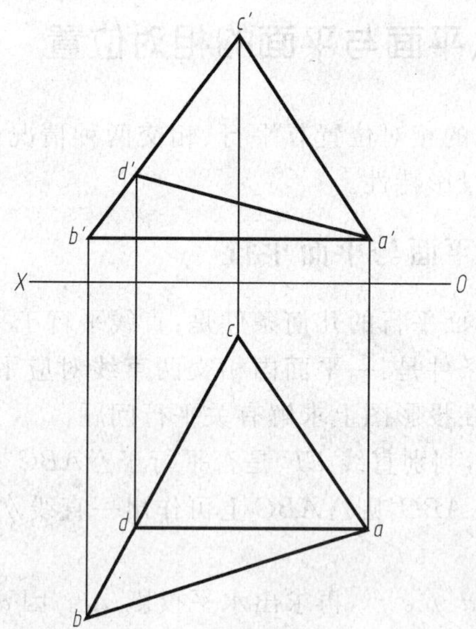

图 2-24　平面内投影面平行线

例 2-6　如图 2-25 所示，已知三角形 ABC 的两面投影，在三角形 ABC 平面上取一点 K，使 K 点在 A 点之下 15mm，在 A 点之前 20mm，试求 K 点的两面投影。

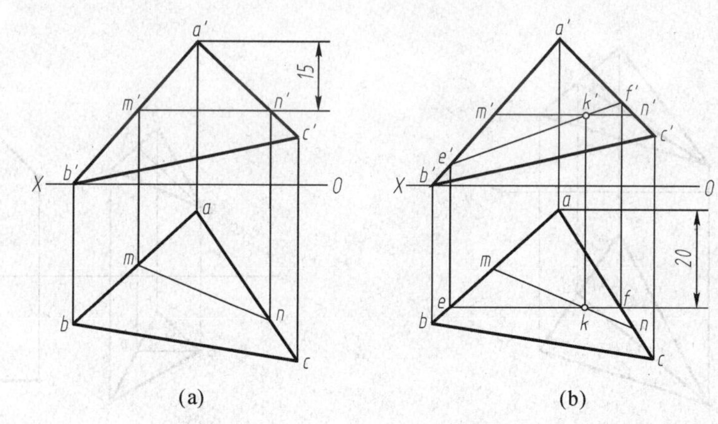

图 2-25　平面上取点

解　(1)分析：由已知条件可知 K 点在 A 点之下 15mm，之前 20mm，我们可以利用平面上的投影面平行线作辅助线求得。K 点在 A 点之下 15mm，可利用平面上的水平线，K 点在 A 点之前 20mm，可利用平面上的正平线，K 点必在两直线的交点上。

(2)作图步骤见图 2-25：

1)从 a' 向下量取 15mm，作一平行于 OX 轴的直线，与 $a'b'$ 交于 m'，与 $a'c'$ 交于 n'；

2)求水平线 MN 的水平投影 m、n；

3)从 a 向前量取 20mm，作一平行于 OX 轴的直线，与 ab 交于 e，与 ac 交于 f，则 mn 与 ef 的交点即为 k；

4)由 e、f 求 e'、f'，则 $e'f'$ 与 $m'n'$ 交于 k'，k' 即为所求。

2.7 直线与平面、平面与平面的相对位置

直线与平面、两平面之间的相对位置有平行、相交两种情况，特殊情况是垂直相交。下面分别讨论上述各种情况的投影特性。

2.7.1 直线与平面、平面与平面平行

由几何学可知，直线与平面平行的几何条件是：直线平行于平面内的某一直线。

平面与平面平行的几何条件是：一平面内相交两直线对应平行于另一平面内的两相交直线。利用上述几何条件可在投影图上求解有关平行问题。

例 2-7 如图 2-26 所示，判别直线 EF 是否平行于$\triangle ABC$ 。

解 (1)分析：若 $EF /\!/ \triangle ABC$，则$\triangle ABC$ 上可作出一直线$/\!/ EF$。

(2)作图步骤见图 2-26：

先作一辅助线 AD，使 $a'd' /\!/ e'f'$，再求出水平投影 ad。因 ad 不平行 ef，所以 EF 不平行 AD，也就是说在$\triangle ABC$ 内不能作出一条直线平行于直线 EF，故 EF 不平行$\triangle ABC$。

例 2-8 如图 2-27 所示，过已知点 D 作正平线 DE 与$\triangle ABC$ 平行。

解 (1)分析：过点 D 可作无数条直线平行于已知平面，但其中只有一条正平线，故可先在平面内取一条辅助正平线，然后过点 D 作直线平行于平面内的正平线。

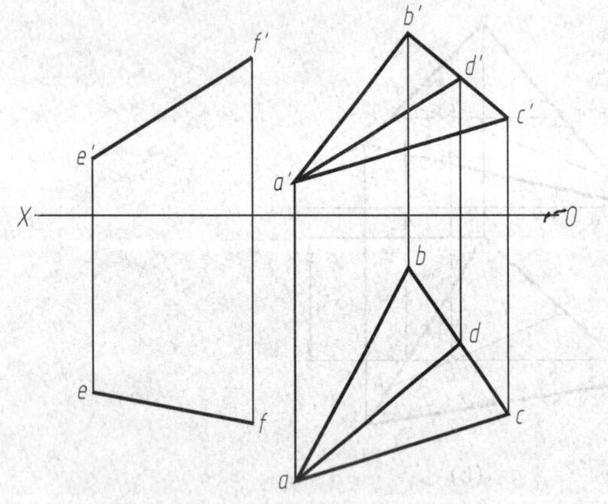

图 2-26 判别直线与平面是否平行

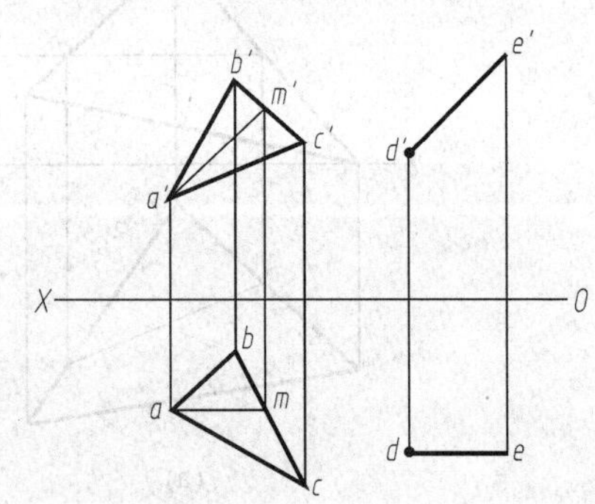

图 2-27 过已知点作正平线与平面平行

(2)作图步骤见图 2-27：

先过平面内的点 A 作一正平线 AM($am /\!/ OX$)；

再过点 D 作 DE 平行于 AM，即 $de /\!/ am$，$d'e' /\!/ a'm'$，则 DE 即为所求。

例 2-9 如图 2-28 所示，过点 D 作平面$/\!/ \triangle ABC$ 。

解 (1)分析：只要过点 D 作相交两直线分别平行于$\triangle ABC$ 内任意两相交直线即可满足题目要求。

(2)作图步骤见图 2-28：

先过点 D 作 $DE /\!/ AB$，即作 $de /\!/ ab$，$d'e' /\!/ a'b'$；再过点 D 作 $DF /\!/ BC$，即作 $df /\!/ bc$，$d'f' /\!/ b'c'$，则平面 DEF 即为所求。

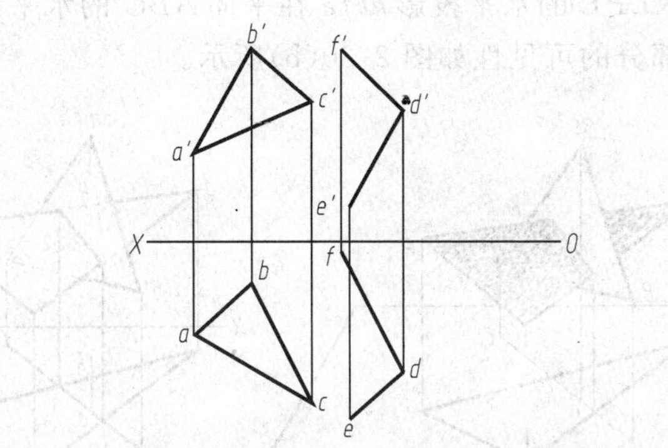

图 2-28　过点作平面平行于已知平面

2.7.2　直线与平面、平面与平面相交

直线与平面相交、平面与平面相交其关键是求交点和交线，并判别可见性。其实质是求直线与平面的共有点、两平面的共有线。同时，它们也是可见与不可见的分界点、分界线。

1. 特殊位置情况

(1)一般位置直线与投影面垂直面相交

当直线或平面对投影面处于垂直位置时，由于它在该投影面上的投影具有积聚性，所以交点或交线至少有一个投影可以直接确定，其他投影可以运用平面上取点、取直线或在直线上取点的方法确定。

如图 2-29(a)，一般位置直线 DE 与铅垂面△ABC 相交，交点 K 的 H 面投影 k 在△ABC 的 H 面投影 abc 上，又必在直线 DE 的 H 面投影 de 上，因此，交点 K 的 H 面投影 k 就是 abc 与 de 的交点，由 k 作 $d'e'$上的 k'，如图 2-29(b)所示。交点 K 也是直线 DE 在△ABC 范围内可见与不可见的分界点。由图 2-29(c)可以看出，直线 DE 在交点右上方的一段 KE 位于△ABC 平面之前，因此 $e'k'$为可见，$k'd'$被平面遮住的一段为不可见。也可利用两交叉直线的重影点来判断，$e'd'$与 $a'c'$有一重影点 $1'$和 $2'$，根据 H 面投影可知，DE 上的点Ⅰ在前，AC 上的点Ⅱ在后，因此 $1'k'$可见，另一部分被平面遮挡，不可见，应画虚线。

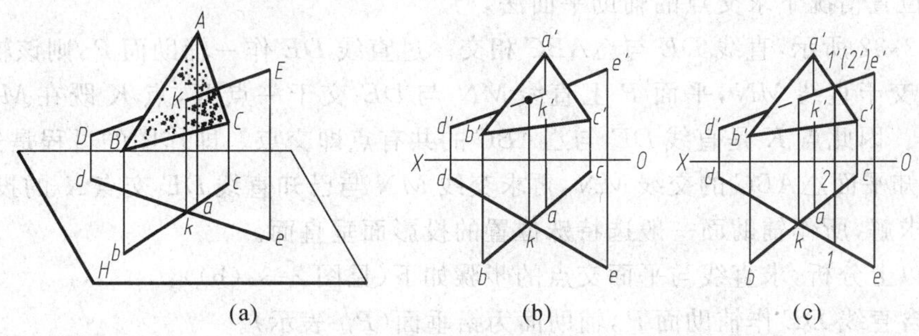

(a)　(b)　(c)

图 2-29　一般位置直线与投影面垂直面相交

(2)一般位置平面与投影面的垂直面相交

如图 2-30 所示，△ABC 是铅垂面，△DEF 是一般位置平面，在水平投影上，两平面的共有部分 kl 就是所求交线的水平投影，由 kl 可直接求出 $k'l'$。V 面投影的可见性可以从 H

面投影直接判断：平面 $KLFE$ 的水平投影 $klfe$ 在平面 ABC 的水平投影 abc 之前，因此 $k'l'f'e'$ 可见，画实线，其余部分的可见性如图 2-30(b)所示。

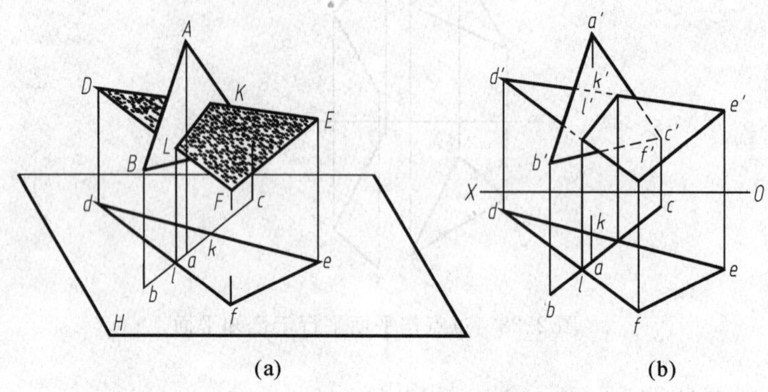

图 2-30 投影面的垂直面与一般位置平面相交

(3)两投影面的垂直面相交

如图 2-31 所示，两铅垂面相交，其交线是铅垂线。两铅垂面的 H 面积聚投影的交点就是铅垂线的投影，由此可求出交线的 V 面投影，并由 H 面投影直接判断可见性。

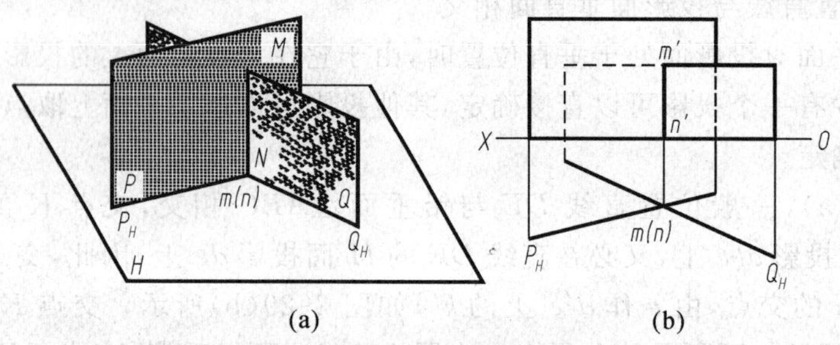

图 2-31 两铅垂面相交

2.* 一般位置情况

当直线和平面都处于一般位置时，则不能直接用积聚性来直接求出交点的投影。此处介绍一般位置情况下求交点的辅助平面法。

如图 2-32 所示，直线 DE 与△ABC 相交。过直线 DE 作一辅助面 P，则该辅助面 P 与△ABC 相交于直线 MN，平面 P 上直线 MN 与 DE 交于一点 K，点 K 既在 MN 上，又在△ABC 上。因此点 K 是直线 DE 与△ABC 的共有点即交点。即作图的过程是先求辅助平面 P 与已知平面△ABC 的交线 MN，再求交线 MN 与已知直线 DE 交点 K 的投影，为了利用积聚性求解，所作辅助面一般选特殊位置的投影面垂直面。

根据以上分析，求直线与平面交点的步骤如下(见图 2-32(b))：

1)包含直线 DE 作辅助面 P，辅助面为铅垂面(P_H 表示)。

2)求辅助面 P 与已知平面△ABC 的交线 MN，由 mn、$m'n'$表示。

3)求交线 MN 与直线 DE 的交点 K，点 K 即是直线 DE 与平面△ABC 的交点。

4)利用重影点判别可见性，完成作图。

求两一般位置平面的交线，可转化为求直线与平面交点的方法。即在任一平面上取两直线，作出该两直线与另一平面的交点，两交点的连线即为两平面的交线。

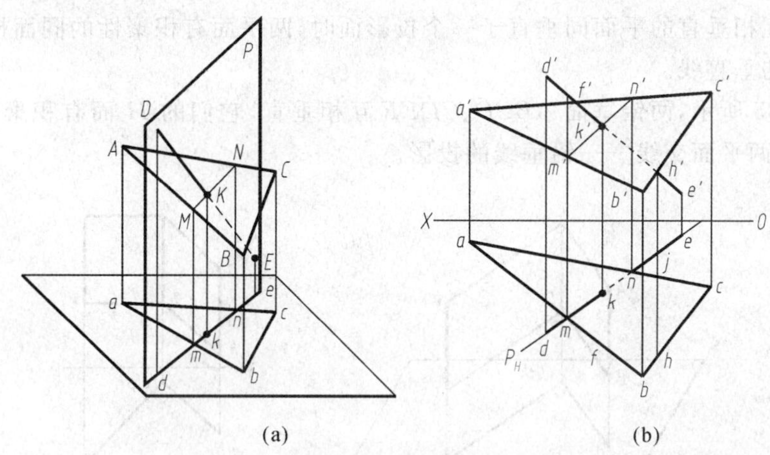

图 2-32　辅助平面法求直线与平面交点

2.7.3* 直线与平面、平面与平面垂直

1. 直线与平面垂直

直线与平面垂直的几何条件是：一直线如果垂直于一平面上任意两相交直线，则直线垂直于该平面，且直线垂直于平面上的所有直线。

当平面为投影面垂直面时，如果直线和该面垂直，则直线必平行该平面所垂直的投影面，并且直线在该投影面的投影，也必垂直平面的投影。如图 2-33(a)所示，平面 $CDEF$ 为铅垂面，直线 $AB \perp CDEF$ 面，则 AB 为水平线，$ab \perp cdef$，如图 2-33(b)所示。

同理，与正垂面垂直的直线是正平线，它们的正面投影互相垂直；与侧垂面垂直的直线是侧平线，而且两者的侧面投影互相垂直。

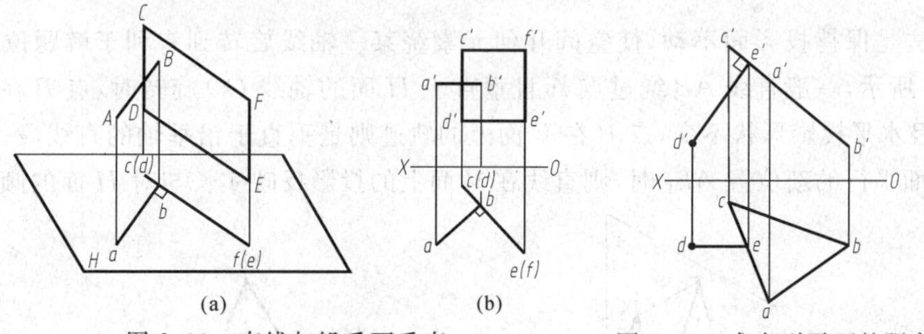

图 2-33　直线与铅垂面垂直　　图 2-34　求点到平面的距离

例 2-10　如图 2-34 所示，求点 D 到正垂面 ABC 的距离。

解　(1)分析：求点到平面的距离，是从点向平面作垂线，点与垂足的距离即为点到平面的距离。

(2)作图步骤见图 2-34：

由 d' 作线 $d'e' \perp a'b'c'$，交点为 e'。由 d 作直线 $/\!/ OX$ 轴，求出 e，故 $d'e'$ 即为点 D 到正垂面 $\triangle ABC$ 的距离实长。

2. 平面与平面垂直

当两个互相垂直的平面同垂直于一个投影面时，两平面有积聚性的同面投影垂直，交线是该投影面的垂直线。

如图 2-35 所示，两铅垂面 $ABCD$、$CDEF$ 互相垂直，它们的 H 面有积聚性的投影垂直相交，交点是两平面交线——铅垂线的投影。

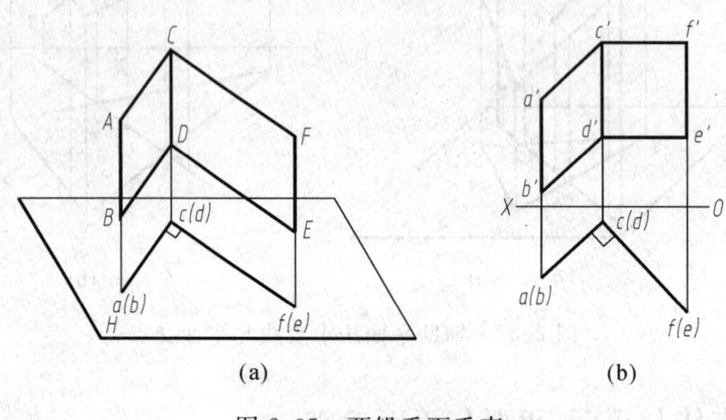

图 2-35 两铅垂面垂直

2.8* 投影变换

当直线或平面与投影面处于特殊位置时，则其投影反映某种特性(如实长、实形、倾角等)；并且可方便解决某些度量和定位问题(如求距离、交点、交线等)。投影变换就是研究如何通过改变空间几何元素对投影面的相对位置或改变投射方向来简化解题的方法。常用的方法有旋转法、换面法。

2.8.1 旋转法简介

旋转法是保持投影面不动，使空间几何元素绕某一轴线旋转到有利于解题位置的方法。如图 2-36 所示，一般直线 AB 绕过点 A 且垂直于 H 面的轴线 OO 旋转时，点 B 在 H 面上的轨迹是圆且水平投影形状不变，点 B 在 V 面上的轨迹则是垂直于铅垂轴的直线段。当直线旋转到与 V 面平行的新位置 AB_1 时，则直线在 V 面上的投影反映实长与对 H 面的倾角 α。

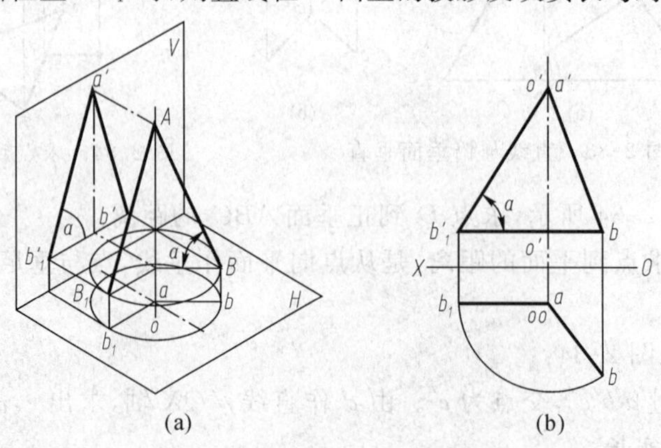

图 2-36 旋转法的基本概念

具体作图见图 2-36(b)所示，已知直线 AB 的两面投影 ab、$a'b'$，将水平投影 ab 绕铅垂轴 OO 旋转到与 OX 轴平行的新位置，成为 ab_1，再求出其正面投影 $a'b'_1$。则 $a'b'_1$ 反映实长，$a'b'_1$ 与 OX 轴的夹角反映直线 AB 对 H 面的倾角 α。

2.8.2　换面法

当几何元素在原投影体系中不处于特殊位置时，则可以保留一个投影面，用一个垂直于被保留的投影面的新投影面更换另一投影面，组成新的两面投影体系，使几何元素处于有利于解题的特殊位置，这种作图方法称为换面法。

1. 新投影面的选择原则

(1)新投影面应使空间几何元素处有利于解题的位置；

(2)新投影面必须垂直被保留的投影面。

下面以点的投影来讨论点在换面法中的作图规律。

2. 换面法的作图规律

如图 2-37 所示，空间点 A 在 V/H 两面体系中的投影是 a' 和 a，用一个新投影面 V_1 来代替 V 面，则 V_1 面与 H 面组成新的投影体系 V_1/H。V_1 面与 H 面的交线为 O_1X_1 轴，按正投影原理作出点 A 在 V_1 面的新投影 a'_1。将新投影体系展开，点在新投影面上的投影规律可归纳如下：

1)点的新投影和保留投影的连线垂直于新投影轴 O_1X_1，即 $a'_1a \perp O_1X_1$。

2)点的新投影到新投影轴的距离等于被换的旧投影到旧投影轴的距离，即 $a'_1a_{x1} = a'a_x$。

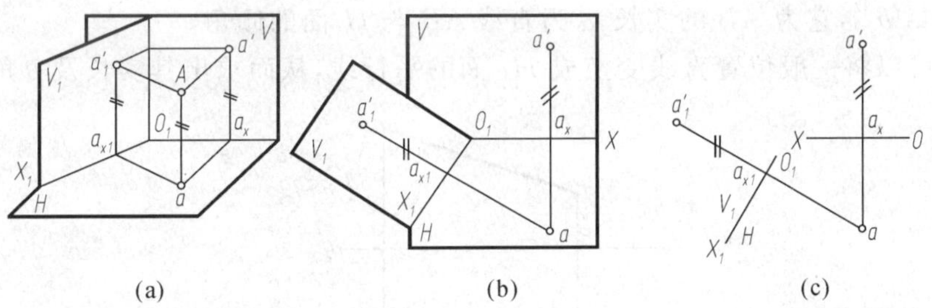

图 2-37　点的一次换面(更换 V 面)

根据以上分析，可得出由 V/H 体系换成 V_1/H 体系时，点的投影作图步骤如下：

1)选适当位置作新投影轴 O_1X_1；

2)由保留的投影 a 作 O_1X_1 的垂线，交 O_1X_1 于 a_{x_1}；

3)在垂线上截取 $a'_1a_{x_1} = a'a_x$，a'_1 是点 A 在 V_1 面上的投影。

同样，也可以用 H_1 面来替换 H 面，作图方法与上述相同。

工程中有些实际问题，往往通过一次变换并不能得到解决，需要进行二次或多次变换。图 2-38 表示点的二次换面的情况，有两点要特别注意：

1)在变换时投影面必须交替变换，即 $V/H \rightarrow V_1/H \rightarrow V_1/H_2$……，或 $V/H \rightarrow V/H_1 \rightarrow V_2/H_1$。

2)求点的两次换面后的新投影的方法和一次换面完全相同，但新、旧投影面的概念要随变换过程而改变。

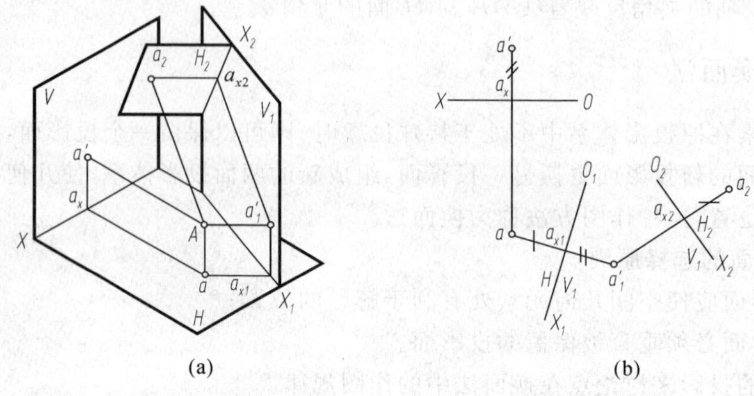

图 2-38 点的二次换面(更换 H 面)

3. 换面法的基本作图

(1)一般位置直线变换成新投影面平行线

如图 2-39 所示，AB 是一般位置直线，为了求直线 AB 的实长及与 H 面的倾角 α，要将一般位置直线变换成 V_1 面的平行线，通过一次换面即可达到目的。其具体作图步骤如下(如图 2-39 所示)：

1)在适当位置作 $O_1X_1 /\!/ ab$；

2)按点的投影规律，求出 a_1' 和 b_1'；

3)连接 $a_1'b_1'$，它为 AB 的实长，α 为直线 AB 与 H 面的倾角。

同样也可以将一般位置直线变换成 H_1 面的平行线，从而求出其实长及 β 角。

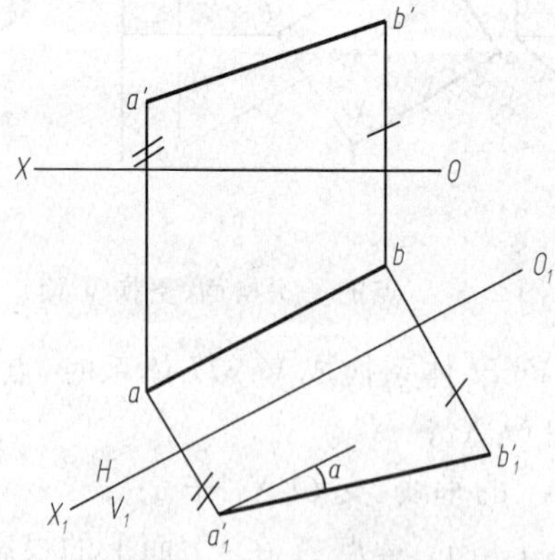

图 2-39 一般位置直线变换成新投影面平行线

(2)一般位置直线变换成新投影面垂直线

因为和一般位置直线垂直的平面与 V、H 面都倾斜，不符合新投影面的选择原则，故将一般位置直线变换成投影面的垂直线，需要经过两次变换。作法是：先将一般位置直线变换成新投影面的平行线，然后再将新投影面的平行线变换成第二个新投影面的垂直线，如图 2-40 所示。

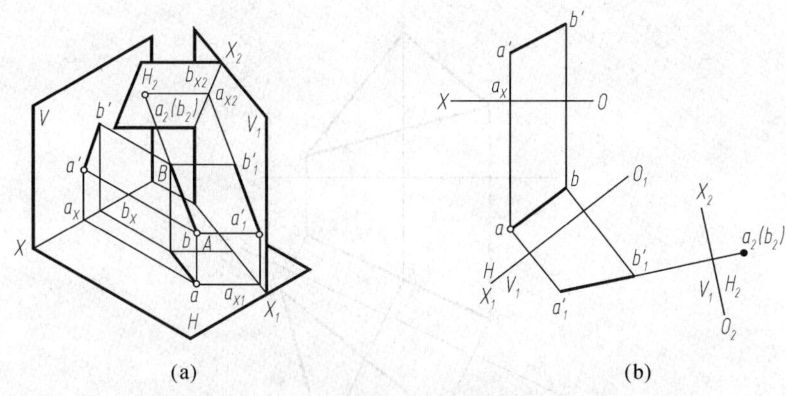

(a)　　(b)

图 2-40　一般位置直线变换成新投影面垂直线

(3)一般位置平面变换成新投影面垂直面

如图图 2-41(a)所示，如果要将一般位置的$\triangle ABC$平面变换成V_1面的垂直面，应先在$\triangle ABC$内作一条水平线，如AD，使V_1面垂直于AD，那么V_1面就垂直于$\triangle ABC$，$\triangle ABC$在V_1面的投影积聚成一直线。新投影轴O_1X_1垂直于$\triangle ABC$平面内水平线AD的水平投影ad。

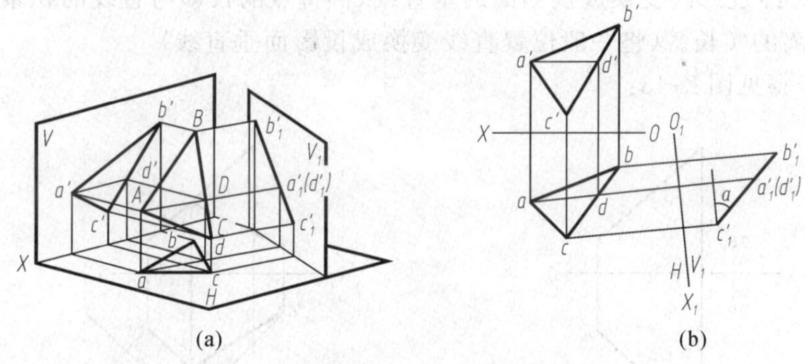

(a)　　(b)

图 2-41　一般位置直线变换成新投影面垂直面

作图步骤如下：

1)先作$\triangle ABC$内的水平线：作$a'd' \parallel OX$，再求出ad。

2)使$O_1X_1 \perp ad$，求出A、B、C的新投影a_1'、b_1'、c_1'，并连成一直线，就是$\triangle ABC$在V_1面的积聚投影。$a_1'b_1'c_1'$与O_1X_1轴的夹角是$\triangle ABC$对H面的倾角α。

当然，也可以将$\triangle ABC$变换成H_1面的垂直面，这时应先在$\triangle ABC$平面内取一正平线作辅助线，新轴垂直于正平线的正面投影。

(4)投影面垂直面变换成新投影面平行面

如图 2-42 所示，要将铅垂面$\triangle ABC$变换成投影面平行面，可设立V_1面平行于$\triangle ABC$平面，那么V_1面必垂直于H面，$\triangle ABC$在V_1面的辅助投影就反映其实形，新轴平行于$\triangle ABC$的积聚投影bc。

同样，也可将铅垂面变换成H_1面的平行面。

结合上面的分析可知，若要将一般位置平面变换成投影面平行面，需要经过两次换面。

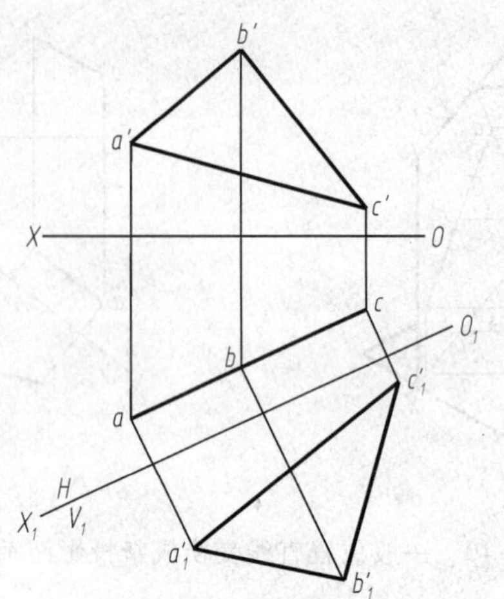

图 2-42 投影面垂直面变换成新投影面平行面

4. 应用举例

例 2-12 求点 A 到直线 BC 的距离，并求垂线的两面投影（图 2-43）。

(1)分析：

将直线 BC 经过二次变换成投影面的垂直线，再将点的投影与直线的积聚投影相连，即是点到直线距离的实长。（将一般位置直线变换成投影面垂直线）

(2)作图步骤见图 2-43：

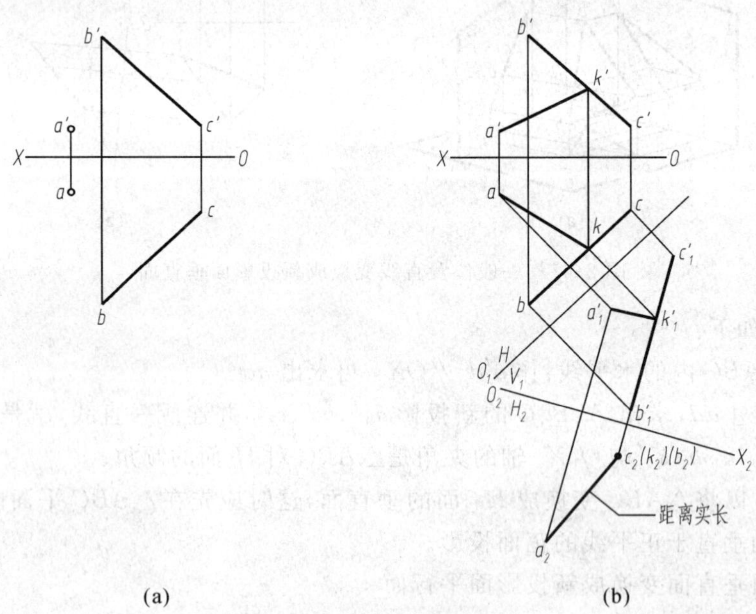

图 2-43 求点到直线的距离

1)作 $O_1X_1 /\!/ bc$，求出 a_1' 及 b_1'、c_1'；

2)作 $O_2X_2 \perp b_1'c_1'$，求出 a_2 及 b_2、c_2；

3)K 为垂足，k_2 与 b_2、c_2 重影，a_2、k_2 就是点 A 到 BC 距离的实长。BC 为 H_2 面的垂直

线，那么 AK 为 H_2 的平行线，因此 $a_1'k_1' /\!/ O_2X_2$，求出 AK 的各投影，即为所求。

例 2-13　求△ABC 的实形(图 2-44)。

分析　平面图形只有在平行的投影平面上反映实形，△ABC 是一般位置平面，它与原投影体系中的任何投影面都不平行也不垂直，因此要将△ABC 变换成投影面的平行面。将一般位置平面变换成投影面的平行面，要经过两次变换，第一次把一般位置平面变换成投影面垂直面，第二次把投影面垂直面变换成投影面平行面。如图 2-44 所示，首先将△ABC 变为 V_1 面的垂直面，再变为 H_2 面的平行面。也可将△ABC 变为 H_1 面的垂直面，再变为 V_2 面的平行面，作图步骤见图 2-44。

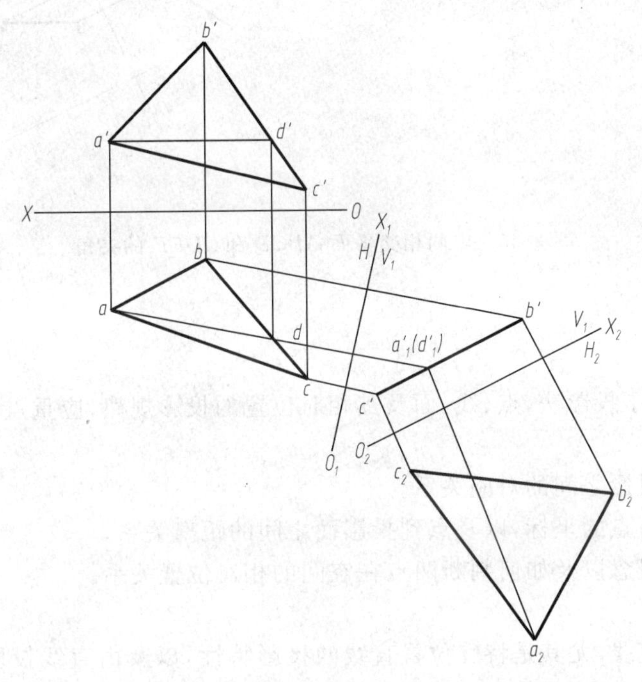

图 2-44　求△ABC 的实形

例 2-14　已知由四个梯形平面组成的料斗，求料斗的两邻面平面 $ABCD$ 和 $CDEF$ 的夹角 θ(图 2-45)。

(1)分析：

如图 2-45(a)所示，当两相交平面 $ABCD$ 和 $CDEF$ 垂直于平面 P 时，交线 CD 必垂直于平面 P，两平面在 P 面上有积聚性的投影之间的夹角即 θ。如果将 CD 经两次换面成垂直线时，则两平面 $ABCD$ 和 $CDEF$ 的投影积聚成两直线，两直线之间的夹角 θ 即为所求。

(2)作图步骤见图 2-45(b)：

1)作 $O_1X_1 /\!/ cd$，作出 c_1'、d_1'、a_1'、e_1'，$c_1'd_1'$ 为 CD 的 V_1 面投影。

2)作 $O_2X_2 \perp c_1'd_1'$，作出 c_2、d_2、a_2、e_2，$c_2(d_2)$ 为 CD 的 H_2 面投影，两直线 a_2c_2、e_2c_2 之间夹角 θ 即为所求。

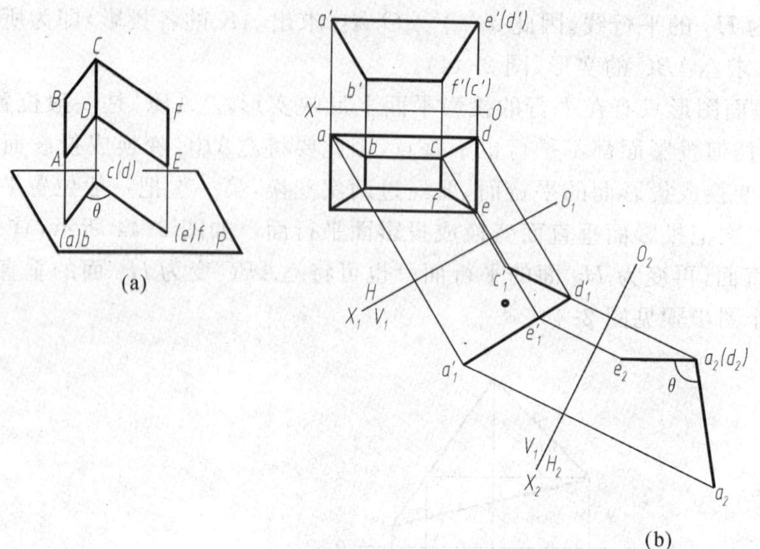

图 2-45 求两相交平面 $ABCD$ 和 $CDEF$ 的夹角

本章小结

本章重点介绍了投影法，点、线、面及其相对位置的投影规律，应重点掌握如下内容：

一、点的投影

(1)点的三面投影之间的对应关系。

(2)点的投影与点的坐标，以及点到投影面之间的距离关系。

(3)重影点的概念以及如何判断两点在空间的相对位置关系。

二、直线的投影

(1)各种位置直线，尤其是特殊位置直线的投影特性，以及由直线投影想象出它的空间位置的方法。

(2)直线上点的投影特性，由投影图判断点与直线相对位置(直线为一般位置时及直线为特殊位置时)的方法。

(3)两直线相交、平行、交叉、垂直时的投影特性，由投影图判断两直线相对位置的方法。用重影点判断两交叉直线相对位置的方法。

(4)直角投影定理

利用直角投影定理，可完成过点作投影面平行线的垂线，或与其相关的求点到直线距离，求直角三角形、等腰三角形等平面图形投影的作图问题。

三、平面的投影

(1)各种位置平面，尤其是特殊位置平面的投影特性，以及由平面投影想象出它的空间位置的方法。

(2)在平面内作直线和找点的作图方法。

四、直线与平面及两平面的相对位置

学习时要特别注意如何运用立体几何中直线与平面及两平面相对位置关系的几何原理来作图。

(1)由点作直线平行于已知平面的作图方法。

(2)由点作直线垂直于已知平面的作图方法。

(3)由点作平面平行于已知平面的作图方法。

(4)由点作平面垂直于已知平面的作图方法。

(5)由点作平面垂直于已知直线的作图方法。

(6)求直线与平面的交点及判别可见性的方法。

①一般位置直线与特殊位置平面相交。

②特殊位置直线与一般位置平面相交。

(7)求两平面的交线及判别可见性的方法。

①一般位置平面与特殊位置平面相交。

②两个特殊位置平面相交。

*五、投影变换

两种常用的投影变换方法:换面法和旋转法(简单介绍),这两种方法都是将几何元素与投影面之间的相对位置关系,由一般位置变换为特殊位置。

点的变换规律是投影变换的作图基础,必须正确、熟练地掌握。

必须正确、熟练地掌握换面法的 4 个基本问题的变换过程及作图方法。

(1)把一般位置直线变换成投影面平行线。

(2)把一般位置直线变换成投影面垂直线。

(3)把一般位置平面变换成投影面垂直面。

(4)把一般位置平面变换成投影面平行面。

复习思考题

1. 投影法有哪几类,其特点各是什么?简述正投影的基本特性。

2. 说出三投影面体系中投影面、投影轴、投影图的名称。

3. 三投影面体系是怎样展开的,三个正投影图之间有怎样的投影关系?

4. 点、直线、平面的正投影规律各是什么?如果一平面,其两个投影均为线框,另一投影积聚为直线,那么它是哪类平面?

5. 直线上点的投影具有哪两个特性?

6. 比较直角三角形法、换面法求线段实长及倾角的异同。

7. 空间两直线的相对位置分哪三种情况,它们的投影有何特性?

8. 说说直角投影定理及其应用。

9. 点和直线在平面内的几何条件是什么?欲在平面内取点和直线可理解为“定点先定线,取线先找点”,你是怎么理解的?

10. 试述换面法的特点和辅助投影面的选择原则。更换投影面时,点的新旧投影的变换规律是什么?

11. 试述直线与平面平行、平面与平面平行、直线与平面垂直、平面与平面垂直的几何条件。

12. 怎样判断直线与平面图形同面投影重合处的可见性?

第 3 章　立体的投影

本章学习导读

工程上所采用的立体，根据其功能的不同，在形状和结构上也千差万别，但按照立体各组成部分的几何性质来分，则所有的立体可分为平面立体和曲面立体两大类。

由平面围成的立体称为平面立体，如棱柱、棱锥等。部分或全部表面为曲面的立体则称为曲面立体，曲面立体根据其构成形式的不同，分为由回转曲面构成的回转体和含有非回转曲面的非回转体。由于回转体结构简单、制作方便，因而在工程上采用的曲面立体，绝大部分都是回转体，如圆柱体、圆锥体、圆球体、圆环体等。以上这些工程上经常使用的单一立体通常称为基本立体，它们是构成工程形体的基本要素，也是绘图、读图时进行形体分析的基本单元。

学完本章，要求能够熟练掌握基本立体表面取点和线的方法；掌握截交线和相贯线投影作图的方法和步骤；熟悉特殊平面截切圆柱、圆锥、球的截交线以及圆柱与圆柱正交、圆柱与圆锥和球正交的相贯线的空间形状及其投影；难点是切割体截交线和相贯体相贯线的画法。

3.1　平面立体的投影及其表面取点

3.1.1　基本平面立体的三面投影图

1. 棱柱的形状特点及投影

棱柱是最常见也是应用最多的平面立体，它有一组相互平行的棱线，其表面由一组棱面与上下底面组成。通常可用棱线的数量来区别不同的棱柱，如四棱柱、六棱柱。若棱柱所有的棱边都垂直于底面且底面为正多边形，则称为正棱柱；若棱柱的棱边倾斜于底面，则称为斜棱柱。图 3-1 所示为一些常见的棱柱。

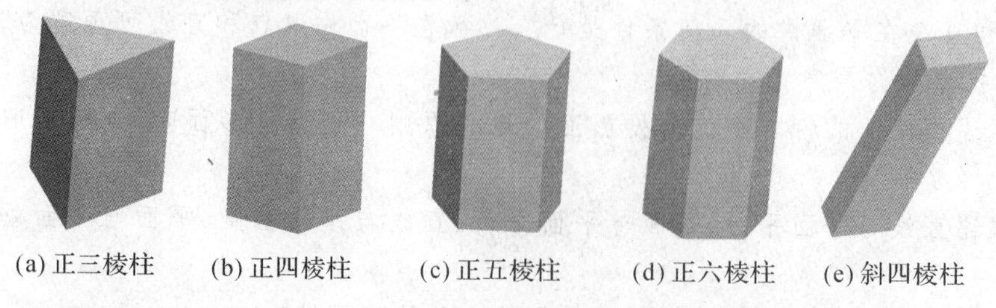

(a) 正三棱柱　(b) 正四棱柱　(c) 正五棱柱　(d) 正六棱柱　(e) 斜四棱柱

图 3-1　常见的棱柱

例 3-1 作出图 3-2 所示正六棱柱的三面投影。

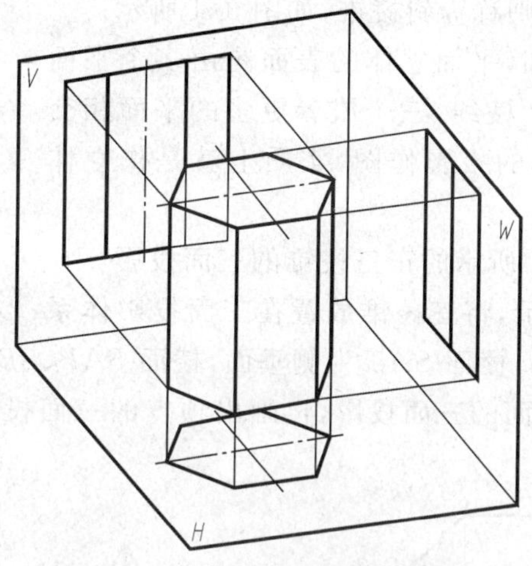

图 3-2 正六棱柱三面投影的形成

分析

正六棱柱的顶面、底面为水平面，其水平投影面为反映实形的正六边形，正面与侧面投影积聚为直线；棱柱有六个侧棱面，前后棱面为正平面，其正面投影反映实形，水平投影及侧面投影积聚为直线；棱柱的其他四个侧棱面均为铅垂面，水平投影积聚为线，正面投影与侧面投影为类似形；六个棱面的水平投影积聚为正六边形。

作图：

1)先画出反映六棱柱主要形状特征的投影，即水平投影的正六边形，再画出正面、侧面投影中底面基线和对称中心线，如图 3-3(a)；

2)按投影关系及六棱柱的高度画出六棱柱的正面投影和侧面投影，如图 3-3(b)。

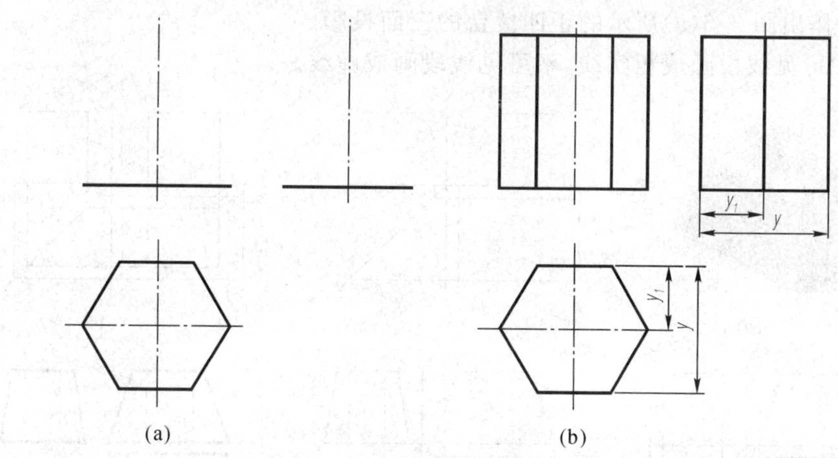

图 3-3 正六棱柱三面投影的作图步骤

2. 棱锥的形状特点及投影

棱锥由一组棱面和底面组成，所有的棱面都交于锥顶。常用底面多边形的边数来区别不同的棱锥，如底面为三角形，称为三棱锥。若棱锥的底面为正多边形，且锥顶在底面上的投影与底面的形心重合，则称为正棱锥；若锥顶在底面上的投影与底面的形心不重合，则称为斜棱锥，如图 3-4 所示。

(a) 正棱柱　　(b) 斜棱柱

图 3-4　棱柱

由平面立体的投影可知，平面立体的表面是由多个平面构成的。两个平面相交产生棱线，三个或者更多的平面相交产生顶点。因此，平面立体的投影作图，实质上就是作立体表面上的点、线、面的投影。

例 3-2　作出图 3-5(a)所示的正三棱锥的三面投影。

分析　如图 3-5(a)所示，将三棱锥放置在三面投影体系中，使其底面△*ABC*∥*H* 面，棱面 *SAC* 为侧垂面，棱面 *SAB*、*SBC* 为一般位置平面。

作图：作图时先画出底面的三面投影，再画出顶点的三面投影，最后画出各棱线的三面投影，如图 3-5(b)所示。

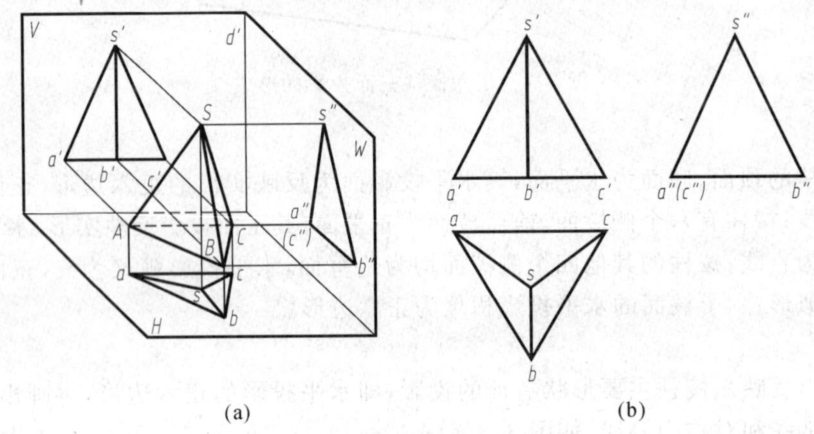

(a)　　(b)

图 3-5　正三棱锥的三面投影

例 3-3　作出图 3-6(a)所示的正四棱台的三面投影。

投影图中可见线段画成粗实线，不可见线段画成虚线。

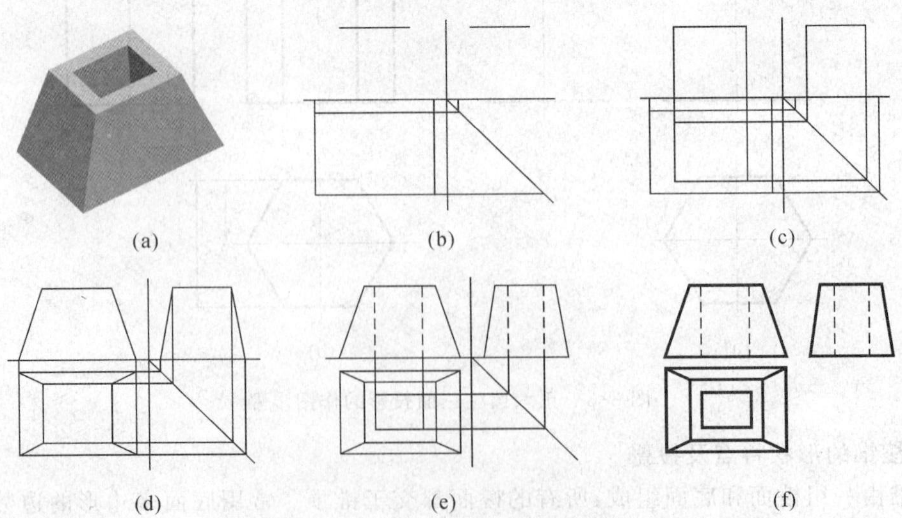

(a)　(b)　(c)

(d)　(e)　(f)

图 3-6　作平面立体的三面投影

分析　如图 3-6(a)所示为正四棱台中间挖去一个长方体。

作图：

1)作出正四棱台的三面投影，如图 3-6(b)、3-6(c)、3-6(d)所示。

2)作出内部长方体的三面投影，由于在正面投影和侧面投影中，长方体不可见，所以画虚线，如图 3-6(e)所示。

3)检查后，加粗轮廓线。

3.1.2　平面立体表面取点、取线

求作平面立体表面上的点、线的投影，必须根据已知投影分析该点、线属于哪个表面，并利用在平面上求作点、线的原理和方法进行作图，其可见性取决于该点、线所在表面的可见性。为进一步掌握较复杂的工程形体的表达方法，下面将学习立体表面取点、取线的作图方法。

例 3-4　已知正六棱柱表面上点 A、B、C 的一个投影如图 3-7(a)所示，求作点的其他投影。

分析　根据题目的已知条件，点 A 在顶面上，点 B 在左前棱面上，侧面投影可见，点 C 在右后棱面上，正面投影不可见，利用表面投影的积聚性和投影规律可求出三点的其余投影。

作图：如图 3-7(b)所示。

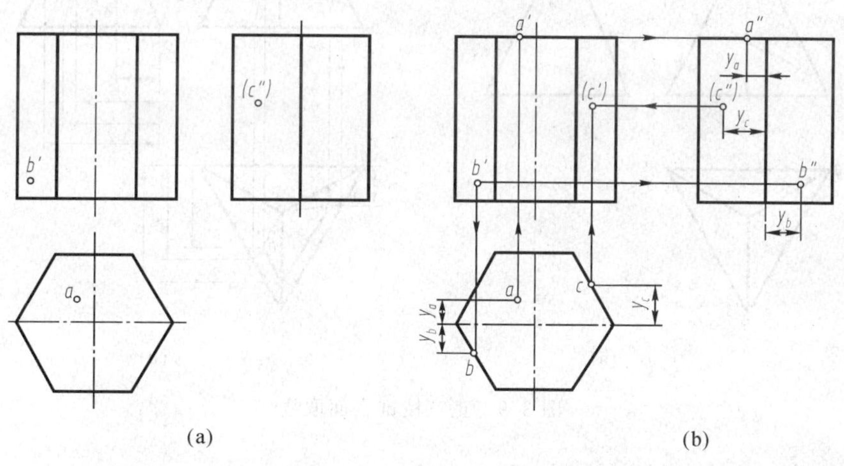

图 3-7　正六棱柱表面取点

例 3-5　已知五棱柱表面的折线段 AB 的正面投影(见图 3-8(a))，求其他投影。

分析　AB 实际上是一条折线，其中 AC 属于左前棱面，CB 属于右前棱面。可根据面内取点的方法作出点 A、B、C 的三面投影，连接各同面投影，即为所求。

作图：作图方法如图 3-8(b)所示。

判断可见性：由于右前面的侧面投影不可见，所以 $b''c''$ 画虚线。

例 3-6　如图 3-9(a)，求棱锥表面上的线 KN 的水平投影和侧面投影。

分析　KN 实际上是三棱锥表面上的一条折线 KMN，见图 3-9(b)。

作图：求出 K、M、N 三点的水平投影和侧面投影，连接同面投影即为所求投影。

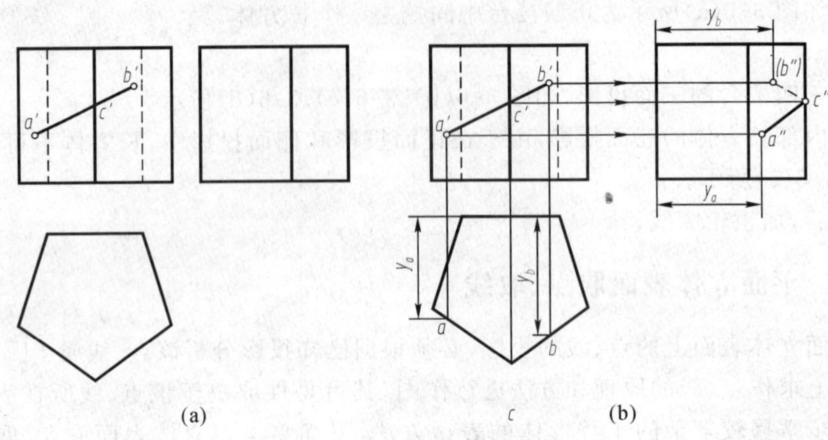

(a) (b)

图 3-8 正五棱柱表面取线

判断可见性：由于棱面 SBC 的侧面投影不可见，所以直线 KN 的侧面投影 $m''n''$ 不可见。

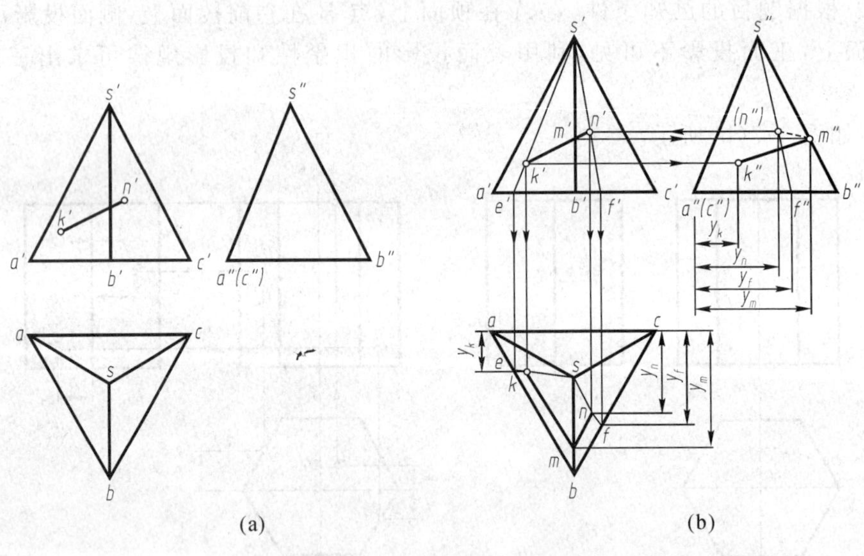

(a) (b)

图 3-9 正三棱锥表面取线

3.2 回转体的投影及其表面取点、取线

3.2.1 回转体的三面投影图

1. 回转体的形成及投影

回转体是由平面图形绕与其共面的轴线回转而成，其表面为回转曲面或回转曲面和平面，如图 3-10 所示，直线 $O-O$ 称为回转轴线，AB 称为母线，母线绕轴线回转形成的曲面称为回转曲面，母线在回转面上的任意位置称为素线。

从回转体的形成过程可知，母线上任意点的轨迹都是圆，我们把该圆称为纬圆。纬圆的

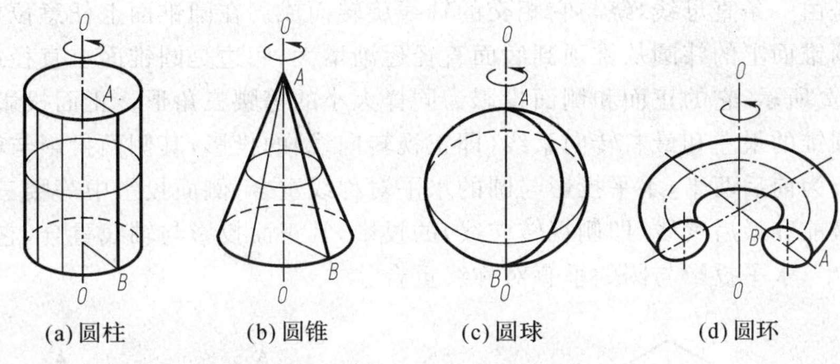

图 3-10　常见基本回转体

半径等于母线上该点到轴线的距离。显然，纬圆所在的平面一定垂直于回转轴线，因此纬圆可看成是垂直于回转轴线的平面与回转体表面的交线。

2. 基本回转体的三面投影

(1)圆柱的投影

圆柱的表面是圆柱面、顶面和底面。如图 3-11 所示，圆柱的顶面、底面是水平面，所以水平投影反映圆的实形，即投影为圆，其正面投影和侧面投影积聚为直线，直线的长度就等于圆的直径。由于圆柱的轴线垂直于水平面，圆柱面的所有素线都垂直于水平面，故其水平投影积聚为圆，与上下底面圆的投影重合。

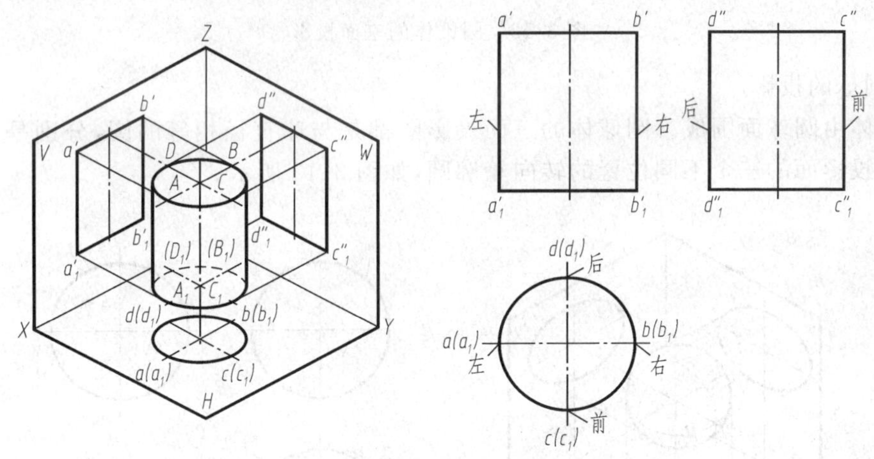

图 3-11　圆柱体的三面投影

在圆柱的正面投影中，前后两半圆柱面的投影重合为一矩形，矩形的左右两条竖线分别是圆柱最左、最右素线的投影，也就是圆柱前后分界的转向线的投影。在圆柱的侧面投影中，左右半圆柱面重合为一矩形，矩形的两条竖线分别是最前、最后素线的投影，也就是圆柱左右分界的转向线的投影。

需要注意，在画圆柱及其他回转体的投影图时一定要用点画线画出轴线的投影，在反映圆形的投影上还需用点画线画出圆的中心线。

(2)圆锥的投影

圆锥体的表面是圆锥面和底面。

圆锥面是由一条直母线，绕与它相交的轴线旋转而成。在圆锥面上任意位置的素线，均交于锥顶。圆锥面上的纬圆从锥顶到底面直径逐渐增大，底边是圆锥面上直径最大的纬圆。

如图 3-12 所示，它的正面和侧面投影为同样大小的等腰三角形。正面投影中等腰三角形的两腰是圆锥的最左和最右转向素线（即正视转向线）的投影，其侧面投影与轴线重合，它们将圆锥面分为前后两半，水平投影与圆的水平对称线重合；侧面投影中等腰三角形的两腰是圆锥面上最前和最后素线（即侧视转向线）的投影，其正面投影与轴线重合，它们将圆锥面分为左、右两半，水平投影与圆的垂直对称线重合。

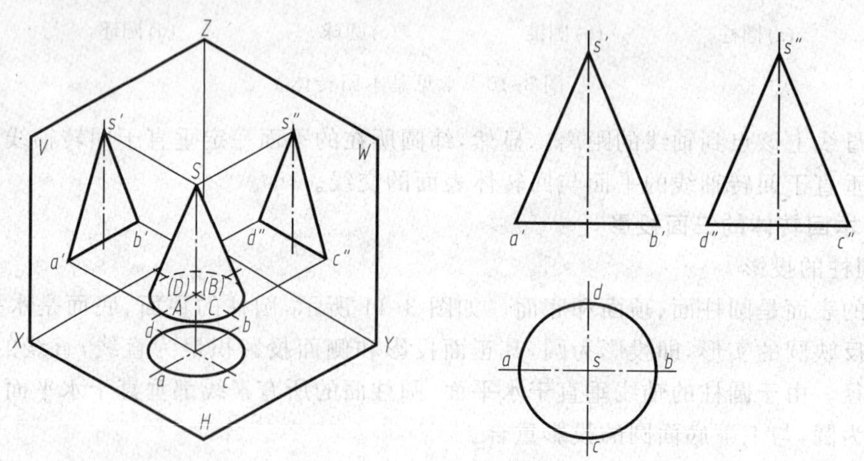

图 3-12 圆锥体的三面投影

（3）圆球的投影

圆球体由圆球面围成。圆球体的三面投影图都是与球直径相等的圆，分别是圆球上平行于相应投影面的三个不同位置的转向轮廓圆，如图 3-13 所示。

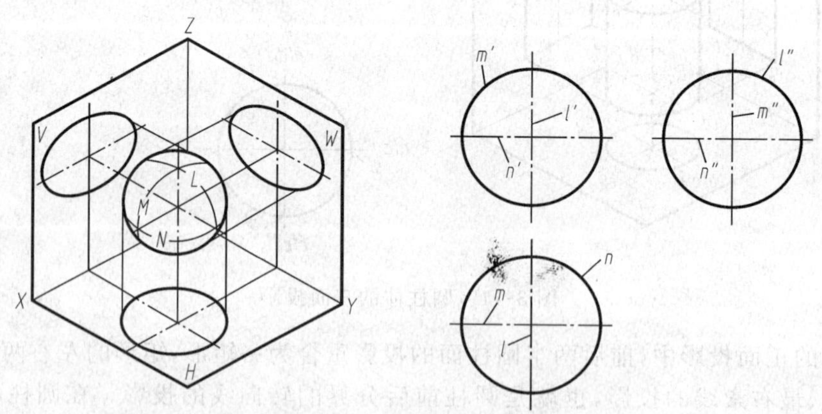

图 3-13 圆球的三面投影

正面投影圆 m' 是前、后两半球可见与不可见的分界线（正视转向线）M 的投影，M 的水平投影 m 在水平对称线上，M 的侧面投影在 m'' 在竖直对称线线上；水平面上的投影圆 n 是上、下两半球可见与不可见的分界线（俯视转向线）N 的水平投影，N 的正面投影 n' 和侧面投影 n'' 均在水平对称线上；侧面上的投影圆 l'' 是左、右两半球可见与不可见的分界线（侧视转向线）L 的侧面投影，L 的正面投影 l' 和水平投影 l 均在竖直对称线上。

（4）圆环的投影

圆环体的表面是圆环面。圆环面是由一圆母线，绕与它共面、但不过圆心的轴线旋转形成的，如图 3-14 所示。

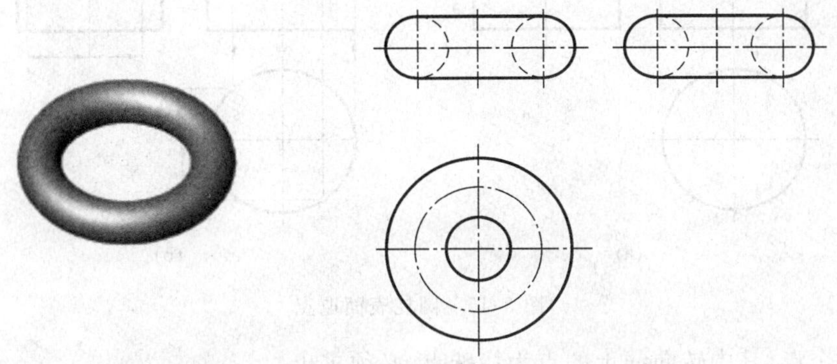

图 3-14　圆环的三面投影

3.2.2　回转体表面取点、取线

回转体的回转曲面上的点，可分为位于转向线上和位于回转曲面其他位置两种情况。

当点位于转向线上时（常称为回转面上的特殊点），与点位于直线上的投影一样，满足“从属性”，其投影一定位于转向线的投影上。作图时只要找到转向线的对应投影，就可根据“从属性”作出点在其他投影面上的投影。由转向线的投影特性可知，其一个投影是轮廓线，而另外两个投影则必定与轴线或对称中心线重合。

当点位于回转曲面的其他位置时（常称为回转面上的一般点），可根据曲面的几何性质，利用素线法或纬圆法求作回转曲面上点的投影。

素线法：首先作出经过该点的辅助素线，再根据点在素线上投影的“从属性”，作出点在其他投影面上的投影。

纬圆法：首先作出经过该点的纬圆，再根据点在纬圆投影的“从属性”，作出点在其他投影面上的投影。

1. 圆柱表面的点与线

例 3-7　如图 3-15(a)所示，已知圆柱体表 A、B、C 三点的正面投影，求作其余两面投影。

分析　根据三点可见性判断点 A 属于正面投影的转向线，且位于左半个圆柱面；点 B 属于左前半圆柱面；点 C 属于右后半个圆柱面。

作图：如图 3-15(b)所示。

1）利用点线从属关系作出 a、a''；

2）利用圆柱面水平面投影的积聚性，由 b'、c' 求得 b、c；再由 b'、c'、b、c 求得 b''、c''。

例 3-8　如图 3-16(a)所示，已知属于圆柱体表面的曲线 MN 的正面投影 $m'n'$，求其水平投影和侧面投影。

分析　根据题目所给的条件，MN 属于前半个圆柱面。因为 MN 为一曲线，故应求出

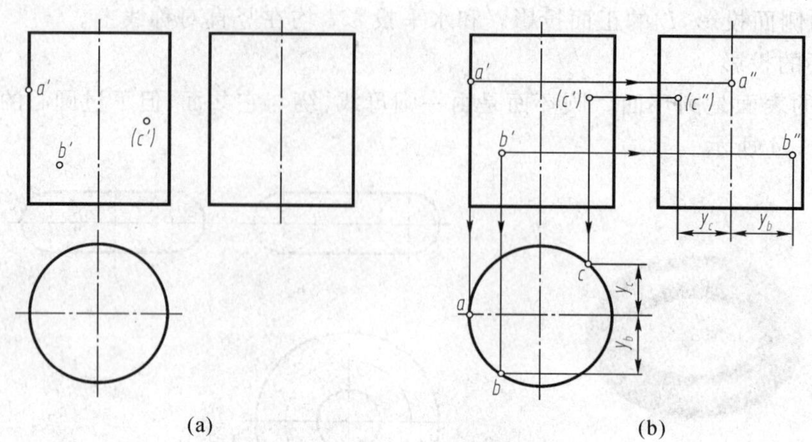

图 3-15　圆柱表面取点

MN 上若干个点，其中转向线上的点为特殊点，必须求出。

作图：

1)作特殊点Ⅰ、N 和端点 M 的水平投影 1、n、m 及侧面投影 1″、n''、m''，如图 3-16(b)所示；

2)作一般点Ⅱ的水平投影 2 和侧面投影 2″，如图 3-16(b)所示。

判断可见性：侧视外形素线上的点 1″是侧面投影可见与不可见的分界点，其中 m''1″可见，1″2″n''不可见，将侧面投影连成光滑曲线 m''1″2″n''。

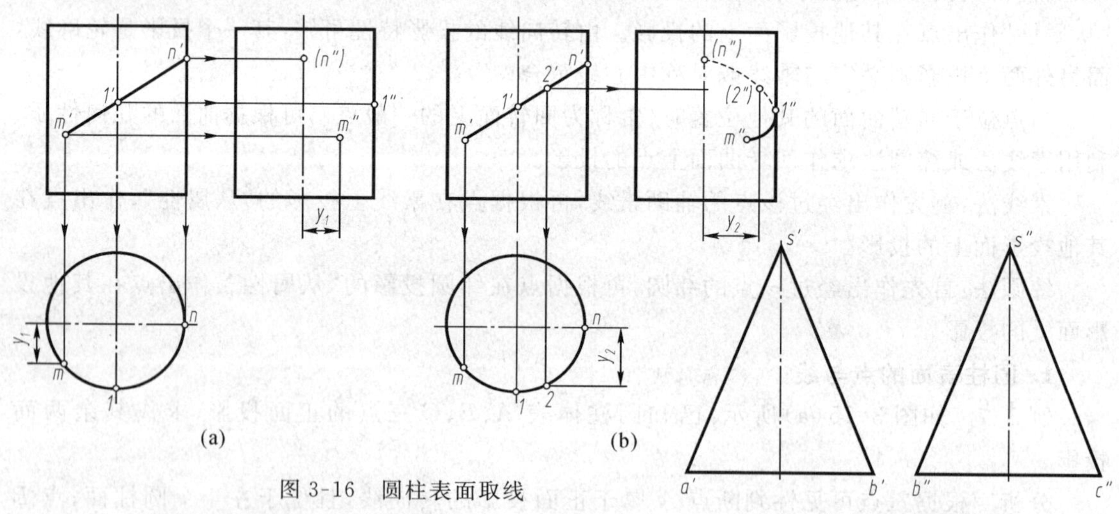

图 3-16　圆柱表面取线

2. 圆锥表面的点与线

例 3-9　如图 3-17，已知圆锥体表面上点 K 的水平投影 k，求其余投影。

在圆锥表面取点，可采取素线法与纬圆法。

分析　根据题目所给的条件，点 K 在圆锥面上，且位于主视转向线之前的右半部。

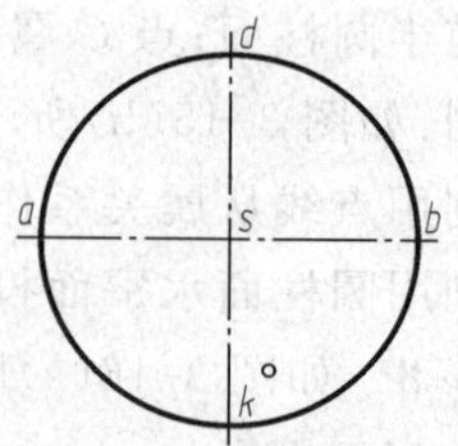

图 3-17　圆锥表面取点

作法一：以纬圆为辅助线。过 k 作纬圆 M 的水

平投影 m(圆周)与主视转向线 SA、SB 的水平投影交于 2 和 3，再作出其正面投影 $2'$、$3'$，并连线，即可求得 k'。由 k 和 k' 求出 k''，如图 3-18(a)所示。

作法二：以素线为辅助线。过 k 作 sk，延长与底圆交于 1，作出 $s'1'$、$s''1''$，即可求得 k'、k''。如图 3-18(b)所示。

判断可见性：因点 K 位于圆锥面的右前半部，故其正面投影 k' 可见，侧面投影 k'' 不可见。

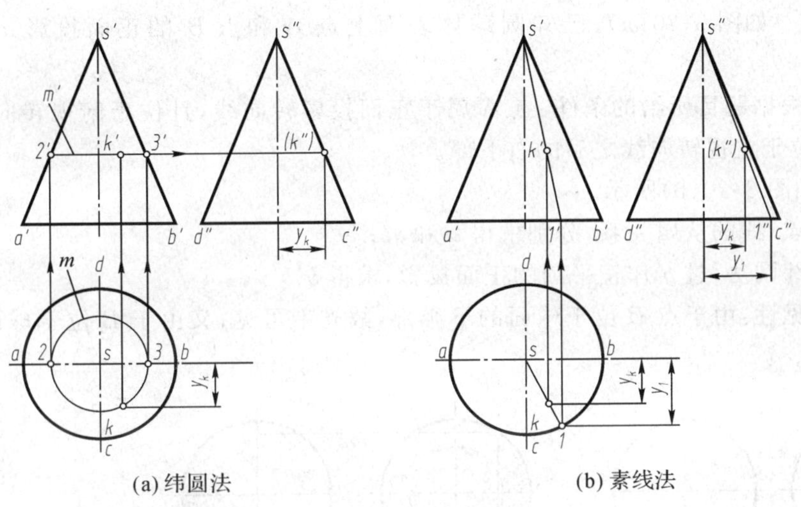

(a) 纬圆法　(b) 素线法

图 3-18　圆锥表面取点

例 3-10　如图 3-19(a)，已知圆锥表面上线段 SNM 的正面投影，求 SNM 的其余两个投影。

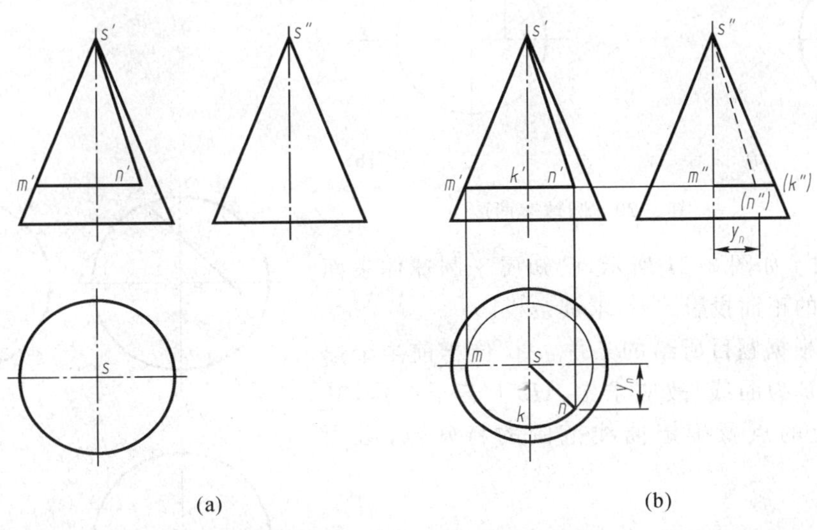

(a)　(b)

图 3-19　圆锥表面取线

分析　因 $m'n'$ 在正面投影图上是直线且垂直于轴线，所以 MN 为纬线。因 $s'n'$ 过圆锥的顶点，故 SN 为圆锥表面的一条素线。

作图：

1)求 M 的水平投影 m，再以 s 为圆心、sm 为半径画纬圆，过 n' 向水平方向投影，其投影连线与纬圆的交点即是 N 的水平投影 n，由 n'、n 求出 n''。纬圆的侧面投影由投影规律作出。因 $m'n'$ 可见，所以 mn 位于圆锥水平投影中心线的前半侧，如图 3-19(b)所示。

2)连 sn、$s''n''$，即为素线的水平投影和侧面投影。

3. 圆球表面的点与线

例 3-11　如图 3-20(a)，已知圆球体表面上点 A 和点 B 的正面投影 a'、b'，求其余投影。

分析　根据题目所给的条件，点 A 属于正面投影转向线，且位于俯视转向线之上的左半部；点 B 位于主视转向线之后的右下部。

作图：如图 3-20(b)所示。

1)根据点、线的从属关系，分别求得 a 和 a''；

2)应用纬圆法，过 b' 作正平圆的正面投影，求得 b、b''。

判断可见性：由于点 B 位于球面的下半部，故 b 不可见；又由于 B 位于球面的右半部，故 b'' 不可见。

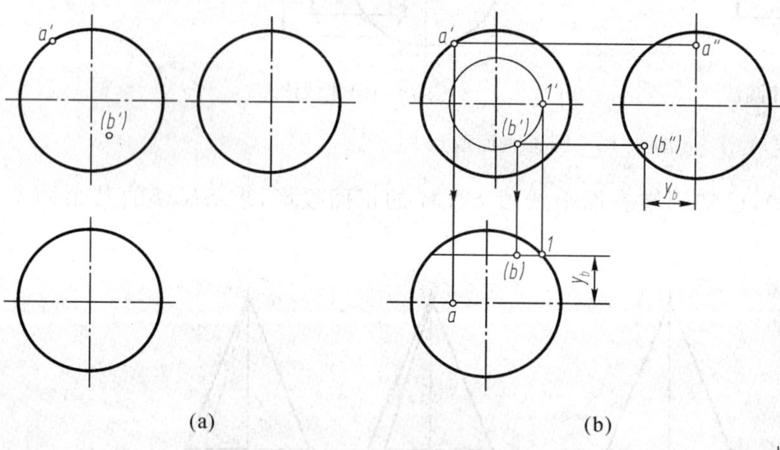

图 3-20　圆球表面取点

例 3-12　如图 3-21 所示，已知属于圆球体表面的曲线 AE 的正面投影 $a'e'$，求其余投影。

分析　根据题目所给的条件，AE 位于前半个球面。因为 AE 为曲线，故应求出 AE 上若干个点，其中转向线上的点及确定曲线范围的特殊点，必须作出。

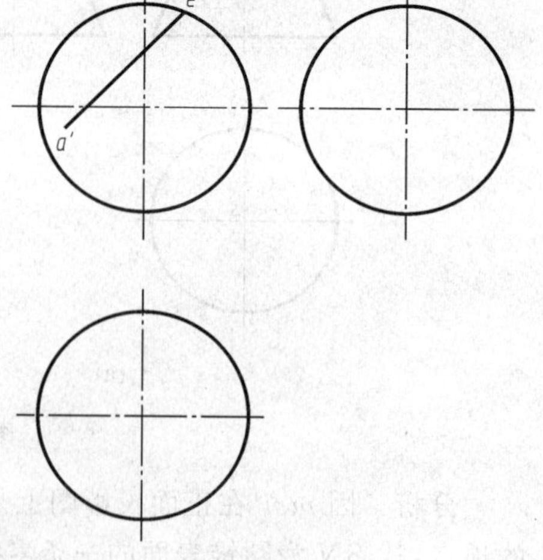

图 3-21　圆球表面取线

作图：

1)求特殊点Ⅰ、Ⅱ、Ⅲ及端点 A、E 的水平投影 1、2、3、a、e 和侧面投影 1″、2″、3″、a''、e''，其中 2、a 及 2″、a'' 由过该点的辅助水平纬圆求得，如图 3-22(a)所示。

2)求一般点的投影：利用过点Ⅳ的水平圆求得

4、4″，如图 3-22(b)所示。

判断可见性：E 点位于正面投影的转向线上，且在右半球，所以 e'' 不可见。

将各点的同面投影依次光滑连线，得水平投影 $a1234e$ 和侧面投影 $a''1''2''3''4''e''$。

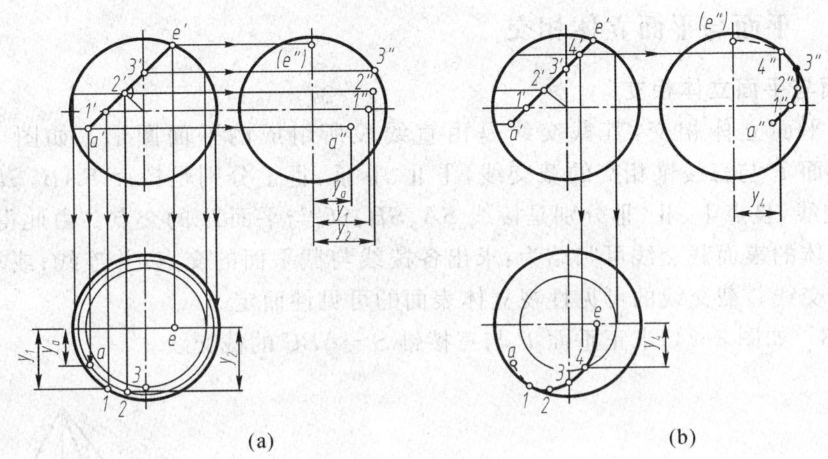

图 3-22　圆球表面取线

3.3　切割体的投影

3.3.1　概　述

在图样上要正确地表达物体，需要研究平面与立体表面相交的问题。如图 3-23 所示，截割立体的平面称为截平面，截平面与立体表面的交线称为截交线，截交线所围成的图形称为截断面。

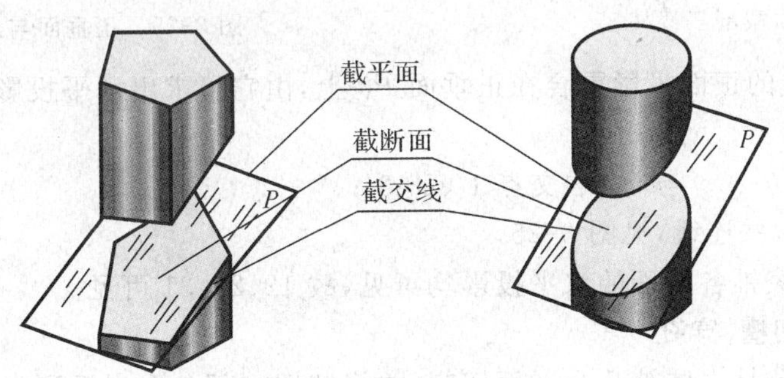

图 3-23　立体的截交线

1. 截交线的性质

(1)立体是由表面所围成，且占有一定的空间，故截交线一定是封闭的平面图形。

(2)截交线是截平面与立体表面的公有线，截交线上的点是截平面与立体表面的公有点。

2. 求截交线的一般方法

截交线既然是截平面与立体表面的交线，可用以下方法求作。

(1)求出立体各棱线(平面立体)或素线(曲面立体)与截平面的交点;

(2)利用三面共点的原理,选取适当的辅助平面求出交点。

根据立体表面的性质,求出若干交点后,顺次连成直线段或曲线,即为截交线。

3.3.2 平面与平面立体相交

1. 平面与平面立体相交

平面与平面立体相交,其截交线是由直线段所组成的平面图形。如图 3-24 所示,ⅠⅡⅢ是平面 P 与三棱锥相交的截交线,ⅠⅡ、ⅡⅢ、ⅢⅠ分别是棱面 SAB、SBC、SCA 与平面 P 的交线,且点Ⅰ、Ⅱ、Ⅲ分别是棱线 SA、SB、SC 与平面 P 的交点。由此得出,求作平面与平面立体的表面截交线可归结为:求出各棱线与截平面的交点,并连线;或求出各棱面与截平面的交线。截交线的可见性视立体表面的可见性而定。

例 3-13 如图 3-24,求正垂面 P 与三棱锥 $S-ABC$ 的截交线。

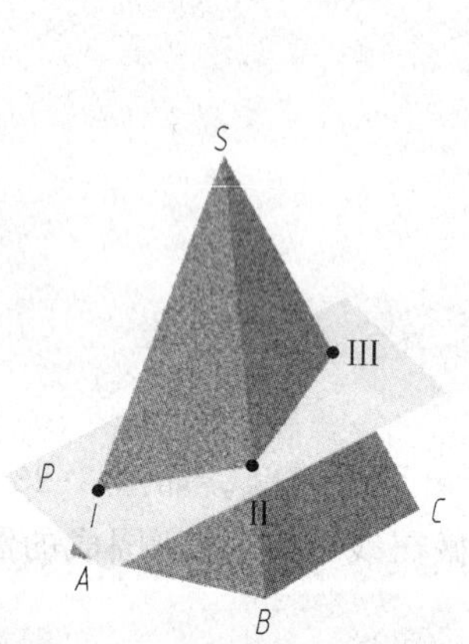

图 3-24 平面截割三棱柱

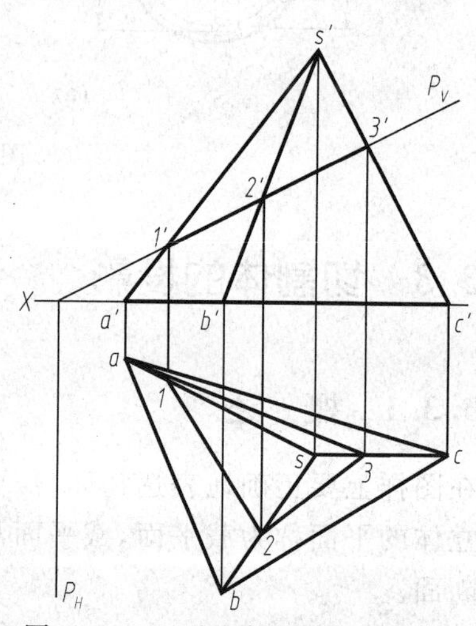

图 3-25 正垂面与三棱柱相交

分析 截交线的正面投影重合在正垂面 P_V 上,由它可求出水平投影。

作图:

1)求出 $s'a'$、$s'b'$、$s'c'$ 与 P_V 的交点 1′、2′、3′;

2)求出 1、2、3,并连线,见图 3-25。

判断可见性:棱锥各棱面的水平投影均可见,故 12、23、31 可见。

2. 平面立体切槽、穿孔

立体上的槽、孔是立体被几个平面切割,并将被切割部分取出后所形成的。图 3-26(a)所示是带槽口的六棱柱;图 3-26(b)所示是带缺口的三棱柱。因此,求作立体上槽口或孔的投影,实质是求截交线的投影。

例 3-14 如图 3-27,已知带槽口的六棱柱的正面投影和水平投影,求其侧面投影。

分析 如图 3-27(a)、(b)所示,槽口是由两个侧平面 P、Q 和一个水平面 R 组成。由于 P_V 有积聚性,交线 AB、A_1B_1 的正面投影与其重合;由于六棱柱棱面的水平投影有积聚性,交线 AB、A_1B_1 的水平投影与它重合且积聚为两点。平面 Q 的分析与平面 P 相同。同理,R_V 有积聚性,交线 BE、EC、B_1E_1、E_1C_1 的正面投影与 R_V 重合,水平投影与棱面的水平投

(a)　(b)

图 3-26　立体切槽、穿孔

影重合。

作图:如图 3-27(c)所示。

1)画出六棱柱的侧面投影;

2)根据各已知点的两面投影求其侧面投影;

3)画出 P、R 和 Q、R 的交线的侧面投影;

4)完善棱线的投影:六棱柱前、后棱线在 E、E_1 点以上一段被截掉,故侧面投影中 e''、e_1'' 以上一段不画棱线,轮廓线为 $a''b''$、$a_1''b_1''$,补画左侧面前后两条棱线的侧面投影。

判断可见性:由于 BB_1、CC_1 在棱柱内部,$b''b_1''$ 与 $c''c_1''$ 重合,且不可见。

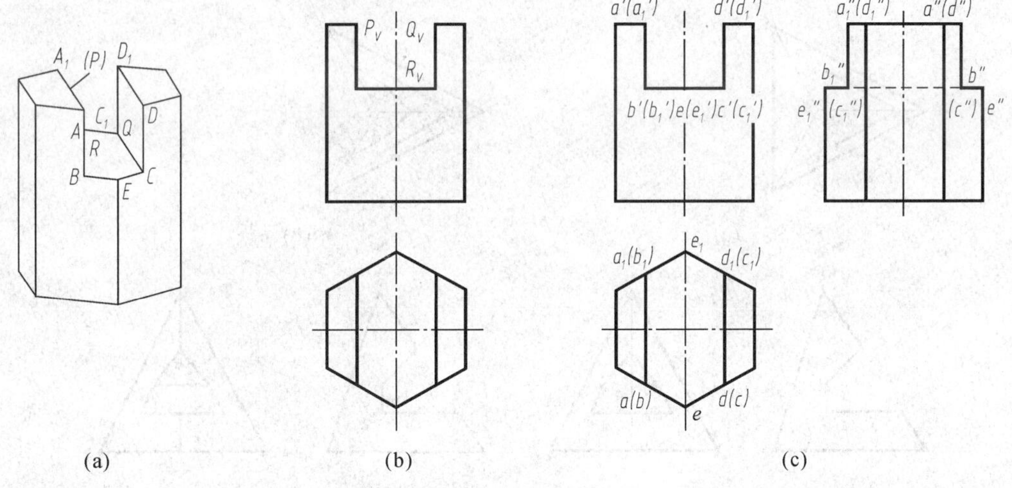

(a)　(b)　(c)

图 3-27　正六棱柱切槽

例 3-15　如图 3-28,已知带缺口的三棱锥 $S-ABC$ 的正面投影,补充完整其水平投影和侧面投影。

分析　如图 3-28(a)、(b)所示,缺口是由平面 P、Q、R 组成,P 为水平面且与底面 ABC 平行,它与三棱锥表面的交线ⅠⅣ、ⅠⅥ分别平行于底面的 AB、AC 线段,正面投影重合在 P_V 上。Q 为侧平面,它与三棱锥的交线ⅢⅣ,ⅤⅥ的正面投影重合在 Q_V 上。R 为正垂面,它与三棱锥的交线ⅡⅢ、ⅡⅤ的正面投影重合在 R_V 上。

作图:

1)求 14、16 及 $1''4''$、$1''6''$:由 $1'$ 求得 1;过 1 作 $14 /\!/ ab$、$16 /\!/ ac$;由 $1'4'$、$1'6'$ 及 14、16 求得

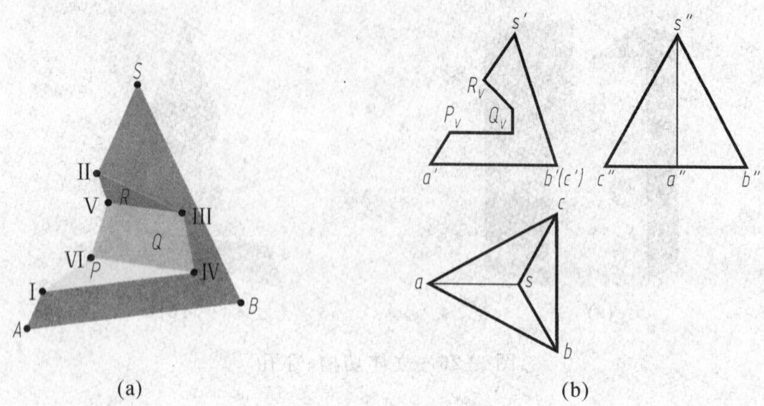

(a) (b)

图 3-28 三棱锥切槽

1″4″、1″6″，见图 3-29(a)；

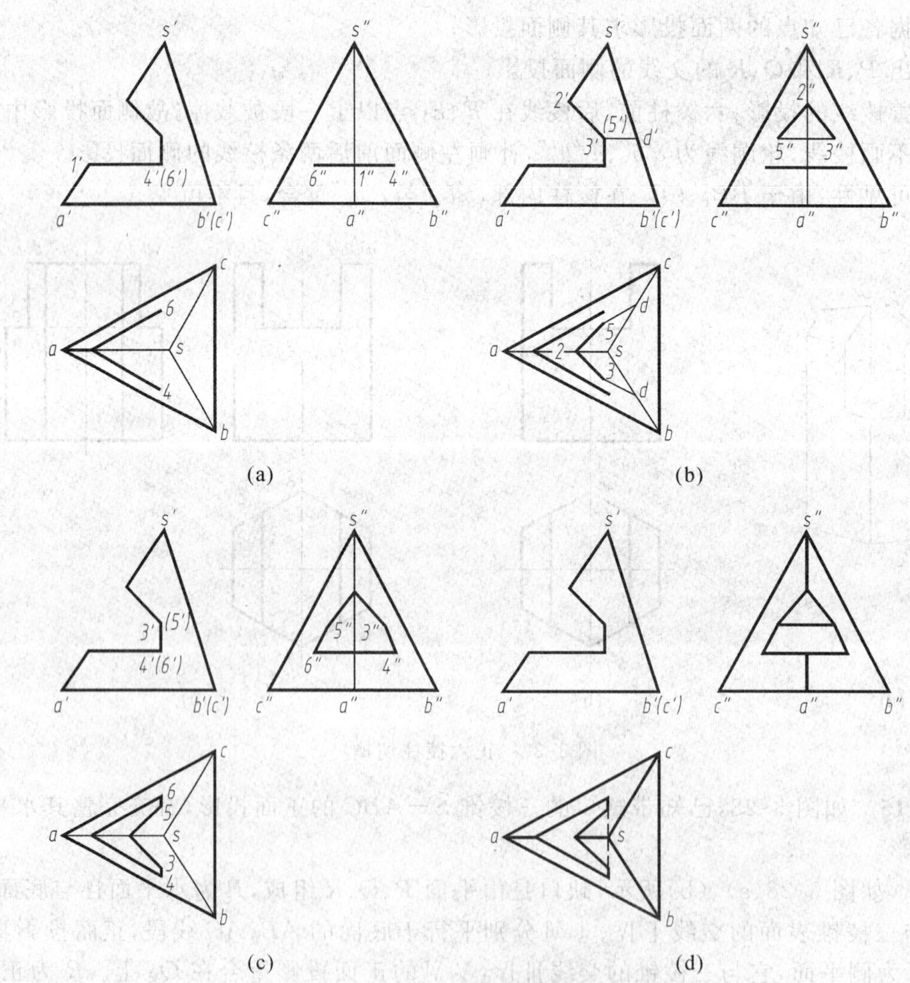

图 3-29 三棱锥切槽

2)求 23、25，2″3″、2″5″：由 2′求得 2、2″；过 3′作 3′d′∥a′b′，3′d′与 s′b′、s′c′交于 d′，求出

d；过 d 作线平行于 ab、ac 得出 3、5，并求出 3″、5″，连 23、25，2″3″、2″5″，见图 3-29(b)；

3)求 34、56，3″4″、5″6″：连点即得 34、3″4″，56、5″6″，见图 3-29(c)；

4)求截平面之间的交线：R、Q 的交线ⅢⅤ的正面投影 3′5′为一点，求出水平投影 35 和侧面投影 3″5″；Q、P 的交线ⅣⅥ的正面投影 4′6′为一点、水平投影 46 有部分与 35 重合，侧面投影 4″6″与 1″4″、1″6″重合；

5)完善轮廓线的投影：棱线 SA 的ⅠⅡ段被截去，故 12 之间、1″2″之间不画线。

判断可见性：交线ⅢⅤ在棱锥内部，水平投影 35 不可见，侧面投影 3″5″可见；交线ⅣⅥ水平投影与 35 重合部分不可见，其余部分 34、56 可见。

3.3.3 平面与曲面立体相交

1. 平面与曲面立体相交

平面与曲面立体相交，可以看成是平面与构成曲面立体的转向轮廓线、素线、纬圆等几何要素相交，其实质是求曲面立体表面上的点和线的问题。

常见的曲面立体有圆柱、圆锥、圆球等，因不同曲面立体的形成方式及投影特征有所不同，故下面分别讨论。

(1)平面与圆柱体相交

根据截平面与圆柱轴线所处的位置不同，其截交线有三种情况，具体图例见表 3-1。

表 3-1　平面与圆柱的交线

截交线	圆	矩形	椭圆
立体图	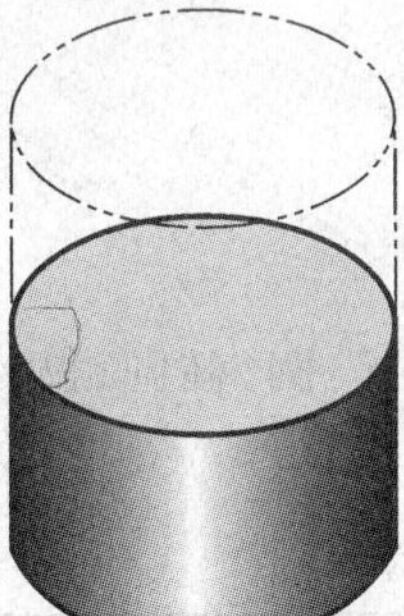	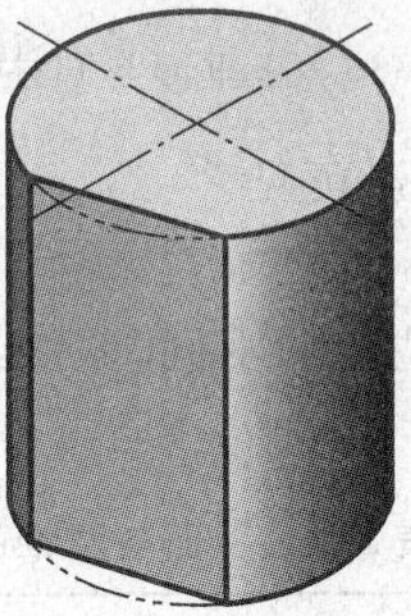	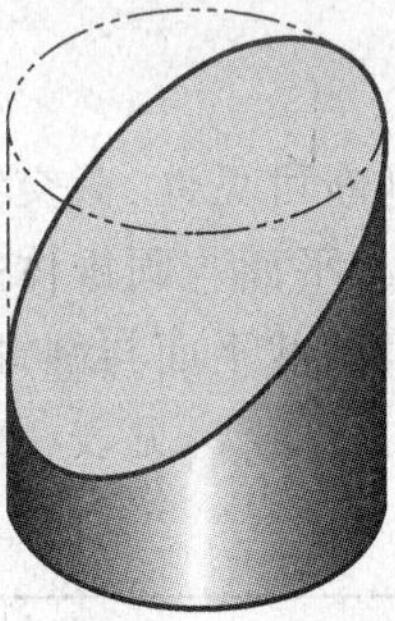
投影图	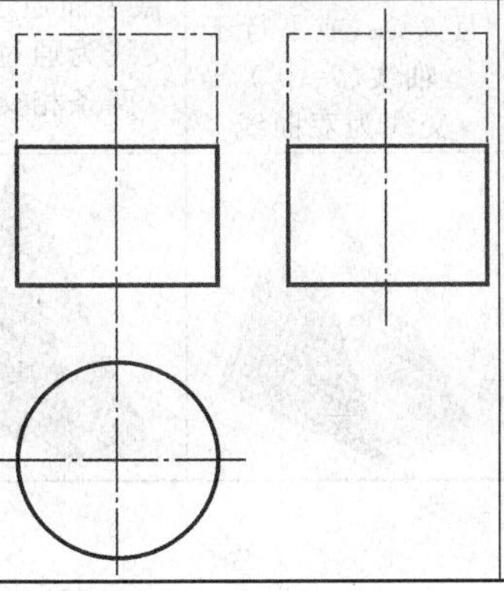	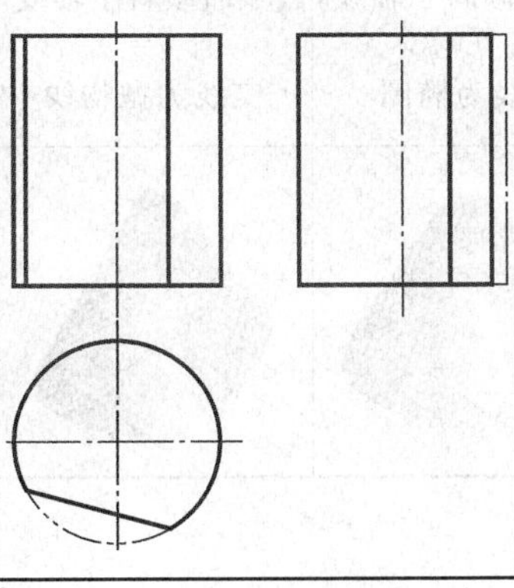	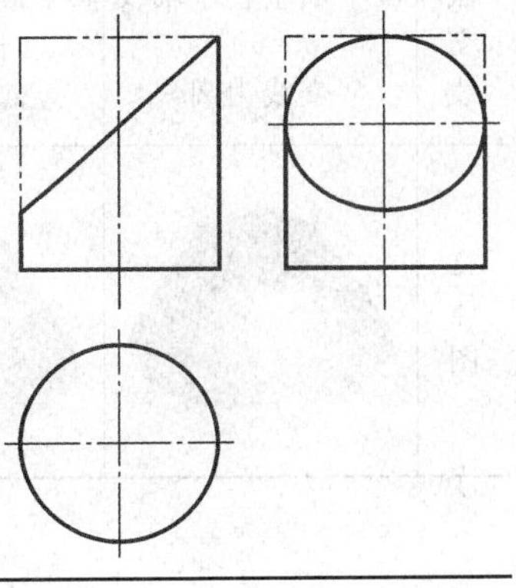

例 3-16 求作正垂面与圆柱体表面的截交线，见图 3-30。

分析 如图 3-30(a)、(b)所示，截平面倾斜于圆柱轴线，截交线为椭圆，其正面投影重合在 P_V 上，水平投影重合在圆柱面的水平投影圆周上，因而只需求侧面投影。

作图：如图 3-30(c)所示。

1)转向线上的点：主视转向线上的点 A、B 的侧面投影，由 a'、a，b'、b 求得 a''、b''。a''、b'' 为侧面投影中椭圆短轴的两端点，点 A 为椭圆的最低点、最左点；点 B 为椭圆的最高点、最右点。侧视转向线上的点 C、D，由 c'、c，d'、d 求得 c''、d''。c''、d''为侧面投影中椭圆长轴的两端点，点 C 为最前点，点 D 为最后点。

2)一般点：定出 $1'$、$2'$、$3'$、$4'$和 1、2、3、4，用圆柱表面上求作点的投影的方法可得 $1''$、$2''$、$3''$、$4''$。

3)将所求各点顺次连成光滑曲线。

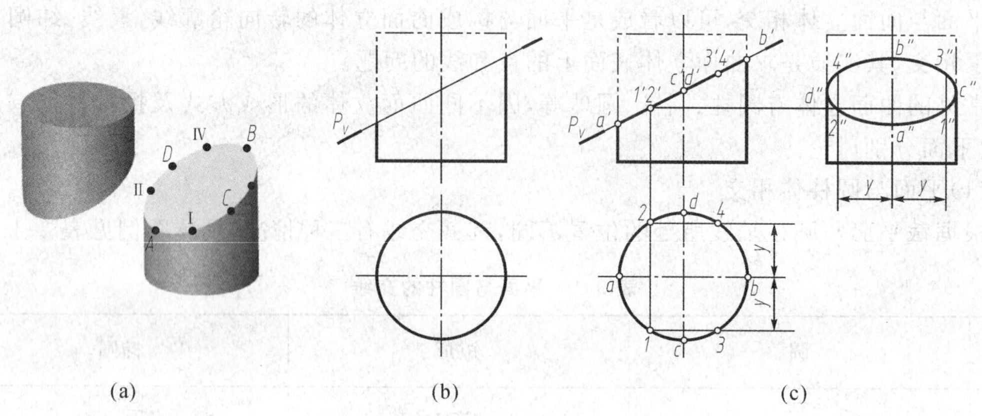

图 3-30 正垂面与圆柱体表面相交

判断可见性：截交线的侧面投影可见。

(2)平面与圆锥体表面相交

根据截平面与圆锥轴线所处位置的不同，截交线有 5 种情况：圆、椭圆、抛物线、双曲线及相交二直线，见表 3-2。

表 3-2 平面与圆锥面的交线

截交线	截平面垂直于轴线($\theta=90°$)，交线为圆	截平面倾斜于轴线，且 $\theta>\phi$，交线为椭圆	截平面倾斜于轴线，且 $\theta=\phi$，交线为抛物线	截平面倾斜于轴线，且 $\theta<\phi$，或平行于轴线($\theta=0°$)交线为双曲线	截平面通过锥顶，交线为通过锥顶的两条相交直线
立体图	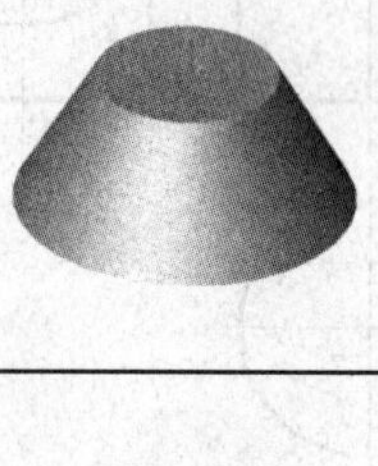	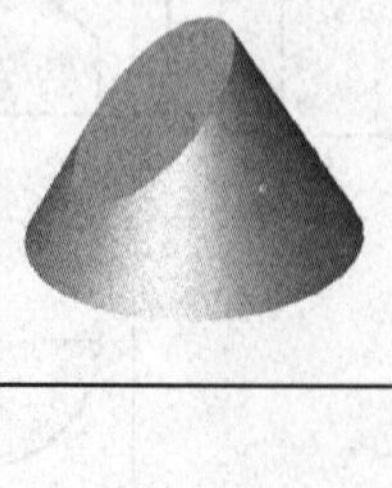	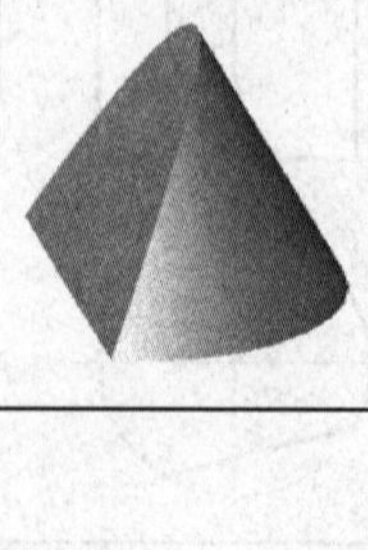	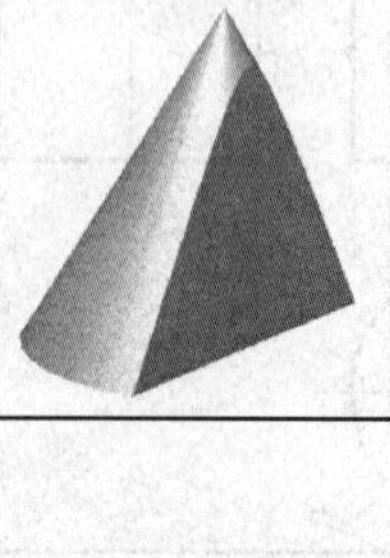	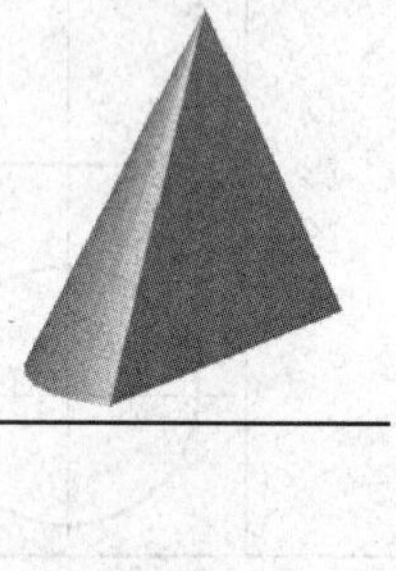

续表

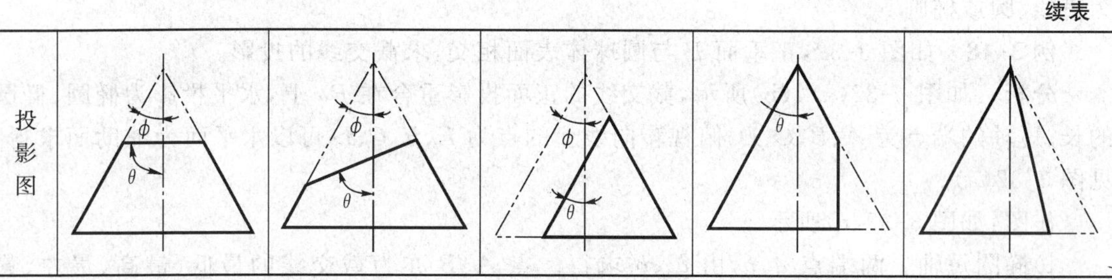

例 3-17　如图 3-31，正垂面与圆锥体表面相交，求截交线的投影。

分析　图 3-31(a)、(b)中由截平面与圆锥轴线所处的位置知，截交线为椭圆。其正面投影重合在 P_V 上；水平投影、侧面投影均为椭圆。点 A、B、C、D 为椭圆长、短轴的端点，点 E、F 为侧视转向线上的点，如图 3-31(a)所示。上述各点可用水平面或过锥顶的投影面垂直面为辅助面求出。

作图：如图 3-31(c)所示。

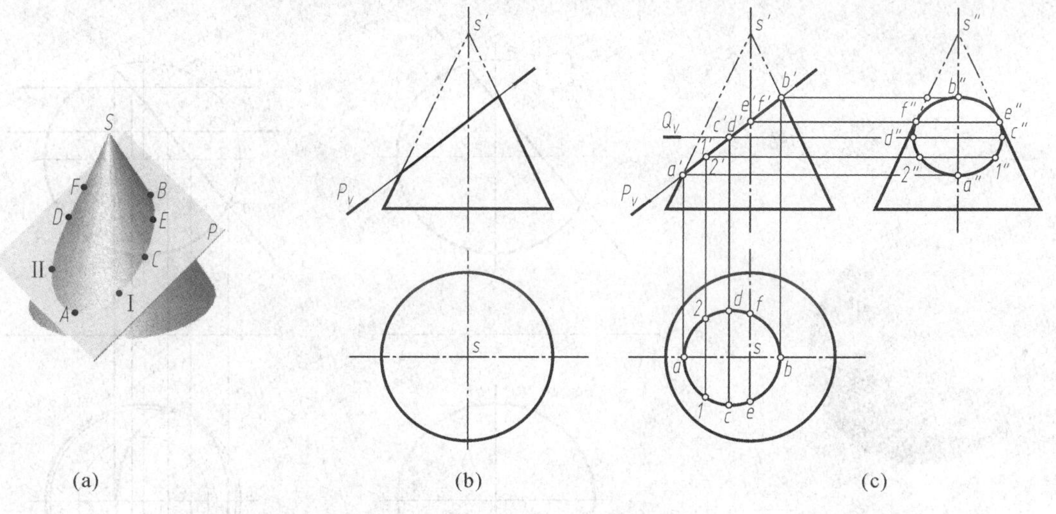

图 3-31　正垂面与圆锥体表面相交

1)椭圆轴上两端点 A、B 的其余投影，由 a'、b' 可求得 a、b 及 a''、b''。a、b 为水平投影中椭圆长轴的两端点，a''、b'' 为侧面投影中椭圆短轴的两端点。

2)椭圆轴上另外两端点 C、D 的正面投影 c'、d' 位于 $a'b'$ 中点处，重合为一点，其余投影 c、d 和 c''、d'' 以水平面为辅助面可求得。c、d 为水平投影中椭圆短轴的两端点，c''、d'' 为侧面投影中椭圆长轴的两端点。点 C 为椭圆的最前点，点 D 为最后点。

3)侧视转向线上的点 E、F，由 e'、f' 求出 e''、f'' 及 e、f。

4)求出一般点 Ⅰ$(1,1',1'')$、Ⅱ$(2,2',2'')$。

5)将各点依次连成光滑曲线。

判断可见性：截交线的水平、侧面投影均可见。

(3)平面与圆球体表面相交

平面与圆球体表面相交，其截交线均为圆，根据截平面所处位置的不同，圆的投影可能为直线、圆或椭圆。

例 3-18 如图 3-32，正垂面 P 与圆球体表面相交，求截交线的投影。

分析 如图 3-32(a)、(b)所示，截交线的正面投影重合在 P_V 上，水平投影为椭圆，椭圆的长、短轴的端点为 A、B、C、D，俯视转向线上的点为 E、F，C、D 可以水平面为辅助面求得，见图 3-32(a)。

作图：如图 3-32(c)所示。

1)椭圆短轴上两端点 a、b，由 a'、b' 求得。点 A、B 亦为截交线的最低、最高、最左、最右点。

2)椭圆长轴上两端点的正面投影 c'、d' 在 $a'b'$ 的中点处。过 $c'd'$ 作水平面 Q，可求得 c、d。点 D、C 亦为截交线的最前、最后点。

3)求俯视转向线上的点 E、F：由 e'、f' 直接求得 e、f。

4)求一般点：在正面投影的 $a'b'$ 之间，任作一水平面 Q_1，可求得 1′、2′及 1、2。

5)将各点依次连成光滑曲线。

判断可见性：截交线的水平投影可见。

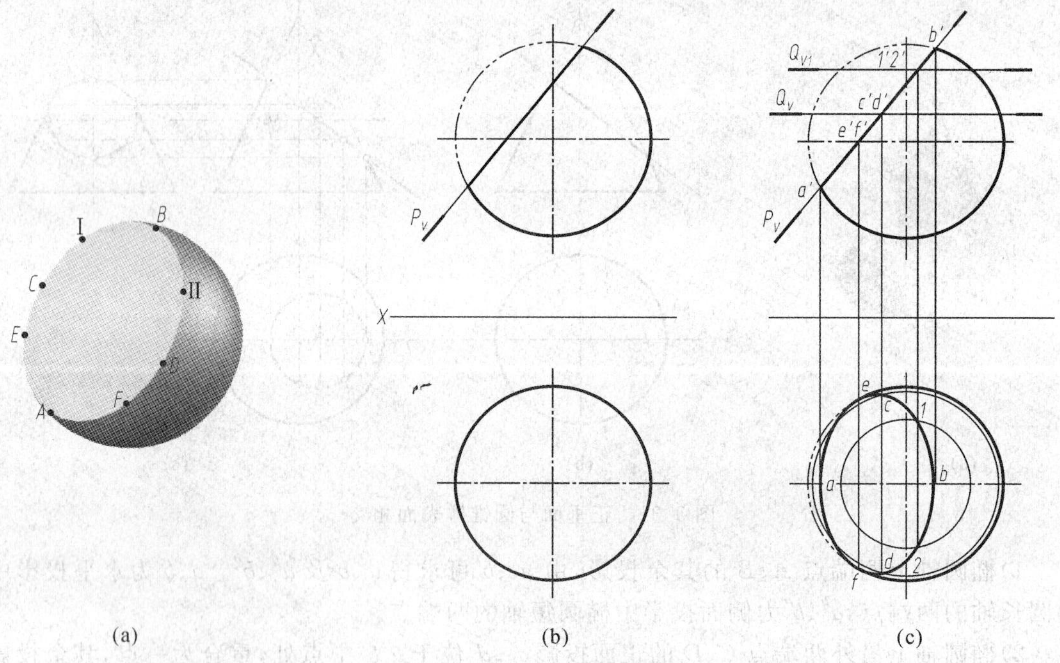

图 3-32 正垂面与圆球体表面相交

3.4 相贯体的投影

3.4.1 概 述

两相交的立体称为相贯体，其表面的交线称为相贯线(如图 3-33)。按照立体的类型，常见的相贯体有以下三种：(1)平面立体与平面立体相贯；(2)平面立体与回转体相贯；(3)回转体与回转体相贯。由于前两种情况可归结为切割体的问题，所以本节着重介绍两回转体相贯的性质和相贯线画法。

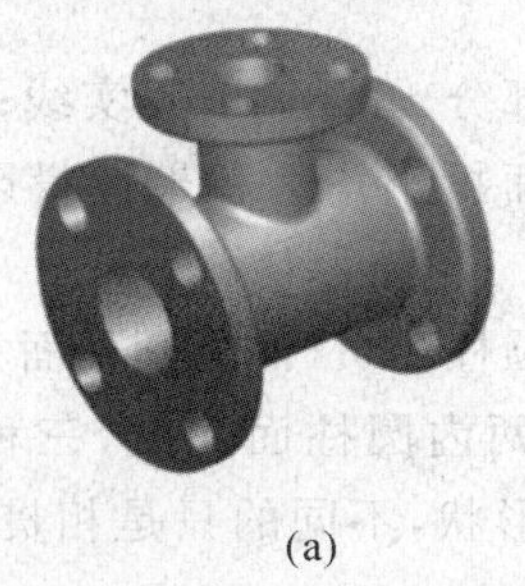

(a)

(b)

图 3-33 相贯线

两回转体的相贯线有以下性质：

(1)相贯线上的点是两回转体表面的共有点，相贯线也就是两回转体表面的共有线。求画相贯线的实质就是求出两回转体表面的一系列公有点。

(2)由于立体有一定范围，所以相贯线一般是封闭的空间曲线，也可能是平面曲线或直线。

3.4.2 利用形体表面投影的积聚性求作相贯线

当相交两回转体表面的某一投影有积聚性时，相贯线在该投影面上的投影与其重合，相贯线的其余投影，可用回转体表面上求作点的投影方法，求得若干点后，光滑连线得到。

例 3-19 求轴线正交的两圆柱相贯线，见图 3-34(a)、(b)。

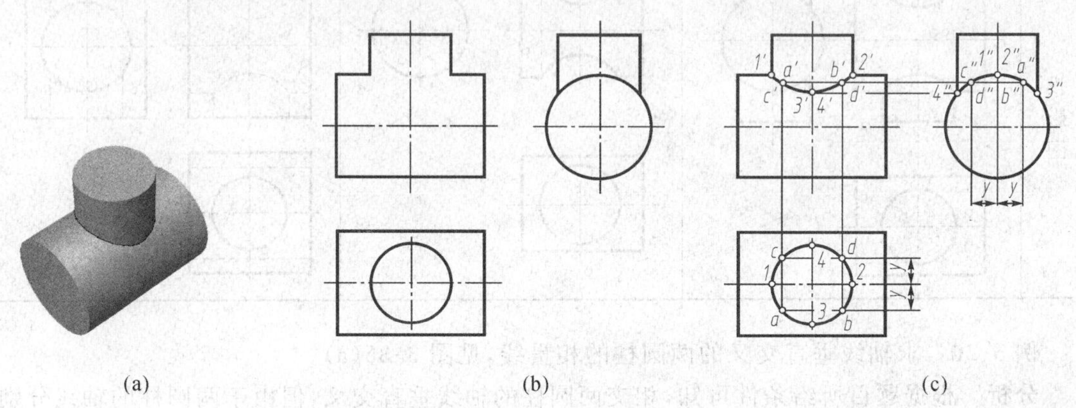

图 3-34 轴线正交的两圆柱的相贯线

分析 根据题目所给条件可知直立圆柱其圆柱表面的水平投影(圆周)有积聚性，相贯线的水平投影重合在此圆周上。水平圆柱其圆柱表面的侧面投影(圆周)也有积聚性，相贯线的侧面投影重合在此圆周上，为直立圆柱投影范围内的一段弧。因此只需求相贯线的正面投影。

作图：如图 3-34(c)所示。

1)求转向线上的点：由 1、2、3、4 及 1″、2″、3″、4″可求出 1′、2′、3′、4′(3′与 4′重合)。其中点Ⅰ、Ⅱ为最高点及最左、最右点；点Ⅲ、Ⅳ为最低点及最前、最后点。

2)求一般点:在水平投影上任取 a、b,其侧面投影为 a''、b'',由此便可求出 a'、b'。用相同步骤还可求出其余中间点,如 c'、d'、c、d、c''、d''。

3)依次将各点连成光滑曲线。

判断可见性:正面投影以主视转向线为分界线,可见部分 $1'a'3'b'2'$ 画实线;不可见部分 $2'd'4'c'1'$ 与可见部分重合,则虚线不画。水平投影和侧面投影均为积聚性投影,不判断可见性。

两圆柱相贯时,存在着虚、实圆柱的情况,即有实、实圆柱相贯(两外圆柱面相交),实、虚圆柱相贯(外圆柱面与内圆柱面相交),虚、虚圆柱相贯(两内圆柱面相交)三种形式,如表3-3所示。由表可见,圆柱的虚实变化并不影响相贯线的形状,不同的只是相贯线及转向线的可见性。

表 3-3 两圆柱正交的三种情况

相交形式	两外圆柱面相交	外圆柱面与内圆柱面相交	两内圆柱面相交
立体图	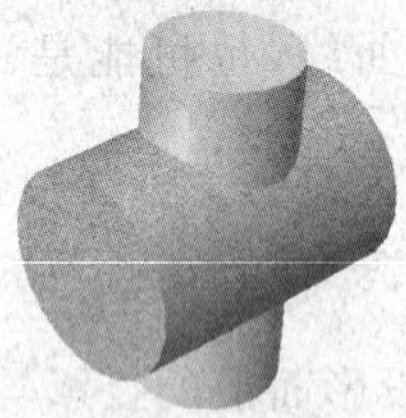		
投影图	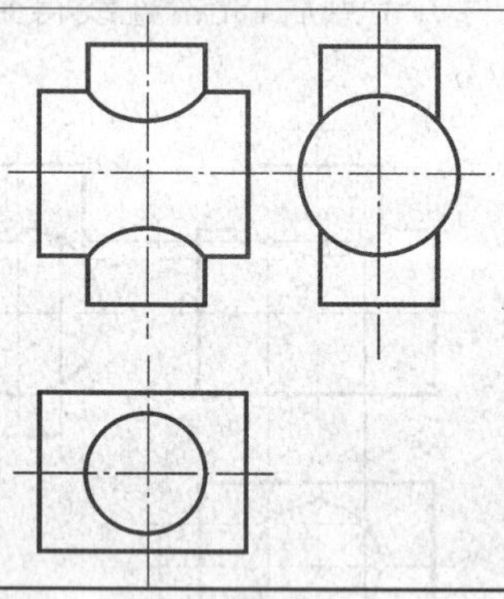	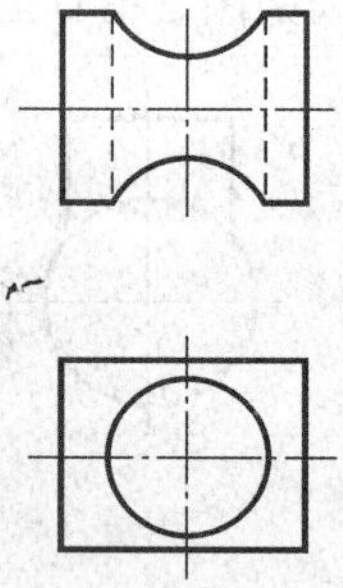	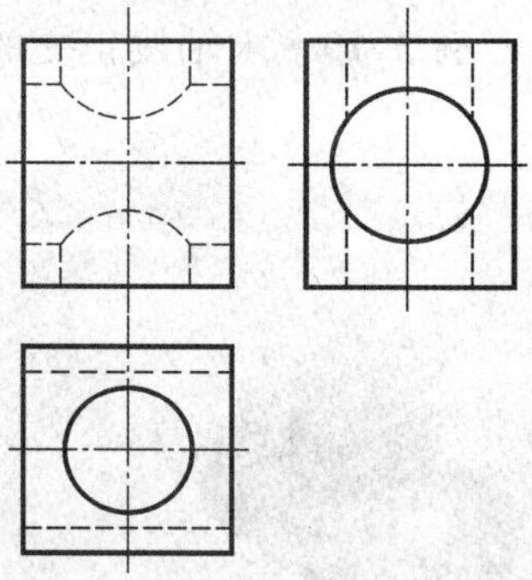

例 3-20 求轴线垂直交叉的两圆柱的相贯线,见图 3-35(a)。

分析 根据题目所给条件可知,相交两圆柱的轴线垂直交叉,但由于两圆柱的轴线分别垂直于水平面和侧面,因而与例 3-19 分析结果相同,相贯线的水平投影和侧面投影分别重合在直立圆柱有积聚性的水平投影——圆和水平圆柱有积聚性的侧面投影——圆上,因此只需求其正面投影。

作图:

1)求转向线上的点:图 3-35(b)中,直立圆柱转向线上的点,其水平投影分别为 1、2、3、4,侧面投影为 $1''$、$2''$、$3''$、$4''$,由此可求出其正面投影 $1'$、$2'$、$3'$、$4'$。其中Ⅰ为最左点,Ⅱ为最右点,Ⅲ为最前和最低点,Ⅳ为最后点;水平圆柱转向线上的点的水平投影为 5、6,侧面投影为 $5''$、$6''$,由此可求出正面投影 $5'$、$6'$,此两点为最高点。

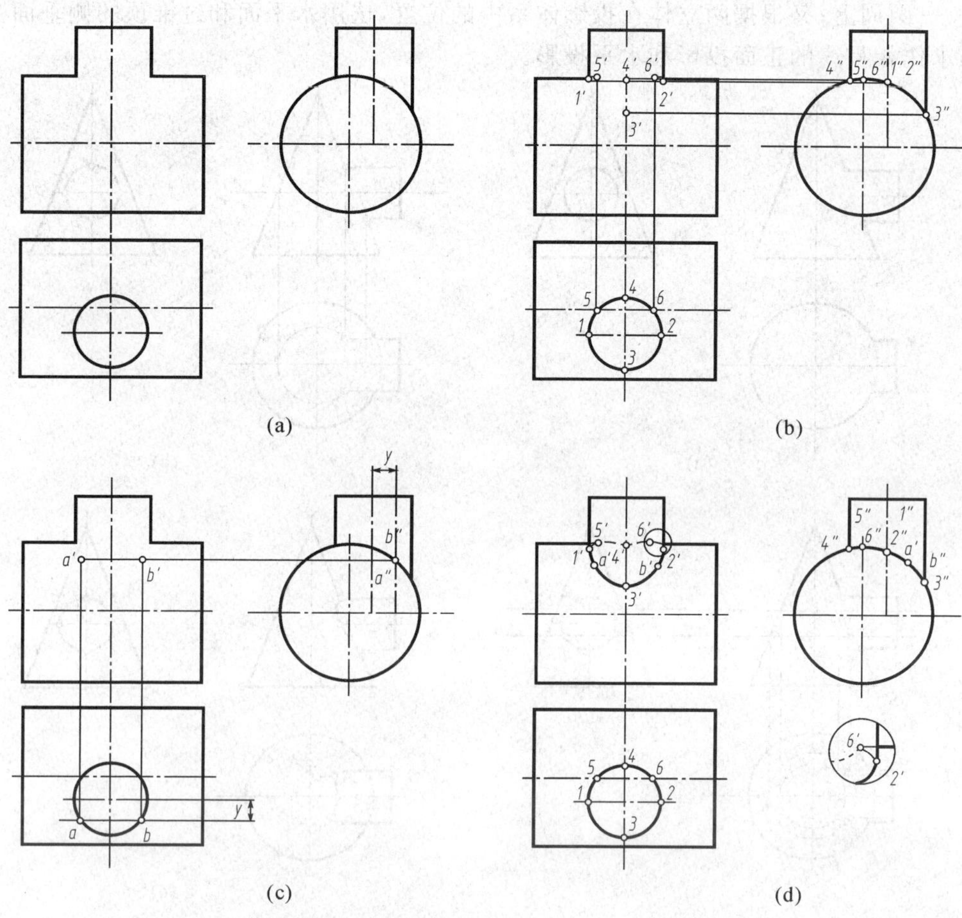

图 3-35　轴线垂直交叉的两圆柱的相贯线

2)求一般点:图 3-35(c)中,在水平投影上任意确定两点 a、b,其侧面投影为 a''、b'',由此可求出 a'、b'。

3)将各点依次连成光滑曲线。

4)完善转向线的投影:由于水平圆柱主视转向线与直立圆柱的贯穿点是Ⅴ、Ⅵ(5′、6′,5、6,5″、6″),故水平圆柱的主视转向线要画到 5′、6′;同理,直立圆柱的主视转向线是Ⅰ、Ⅱ(1′、2′,1、2,1″、2″),故直立圆柱的主视转向线要画到 1′、2′,如图 3-35(d)所示。

判断可见性:根据正面投影的可见性,由于直立圆柱的主视转向线位于水平圆柱主视转向线的前面,故以 1′、2′分界,1′3′2′可见,画成实线;2′6′4′5′1′不可见,画成虚线。

3.4.3　用辅助平面法求相贯线

除上述利用两相贯体表面投影积聚性求相贯线外,在很多情况下需要利用辅助平面法求相贯线。所谓辅助平面法就是根据三面共点的原理,利用辅助平面求出两回转体表面上若干公有点,从而画出相贯线投影的方法。

例 3-21　求轴线正交的圆锥与圆柱的相贯线,见图 3-36(a)。

分析　由于圆柱的轴线垂直于侧面,相贯线的侧面投影重合在圆柱面有积聚性的侧面投影——圆周上；又根据两立体在投影体系中的位置，选用水平面和过锥顶的侧垂面为辅助平面，求作相贯线的正面投影和水平投影。

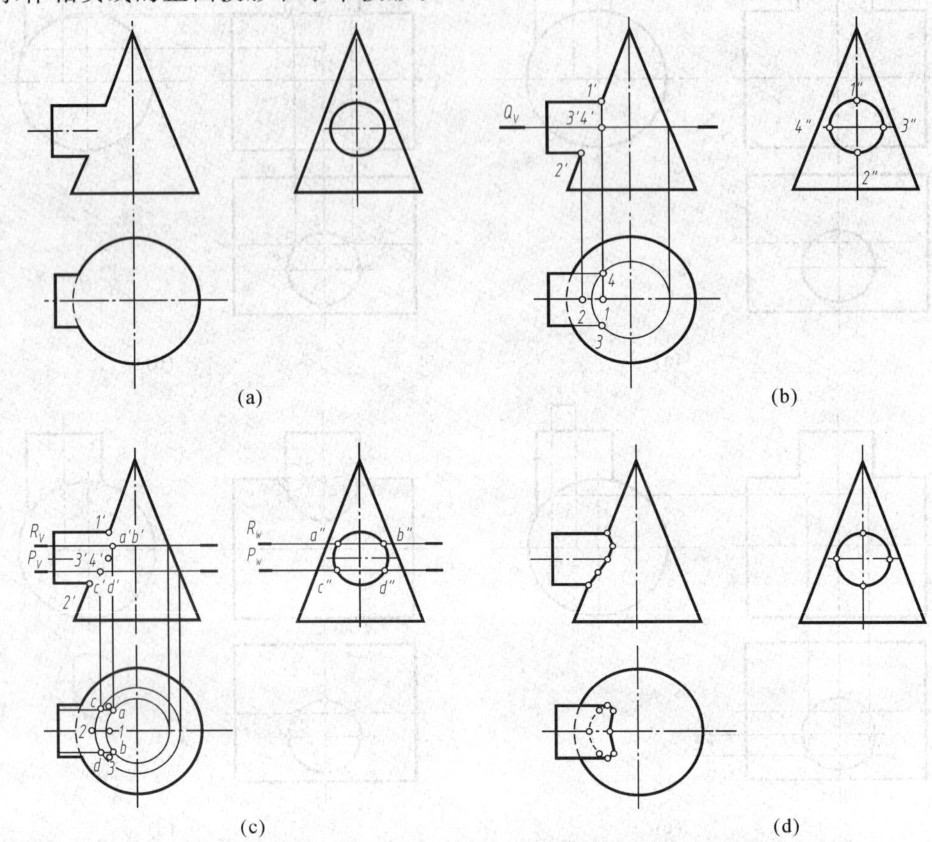

图 3-36 轴线正交的圆锥与圆柱的相贯线

作图：

1)求转向线上的点，见图 3-36(b)。

圆柱与圆锥主视转向线上的贯穿点Ⅰ、Ⅱ，利用水平圆柱侧面投影的积聚性可直接求得其正面投影 1′、2′和侧面投影 1″、2″，由 1′、2′及 1″、2″可求出 1、2。点Ⅰ是最高点，点Ⅱ是最低点。

圆柱俯视转向线上的贯穿点Ⅲ、Ⅳ，其侧面投影为 3″、4″，包含俯视转向线作水平面 Q 为辅助面，求得水平投影 3、4 和正面投影 3′、4′。点Ⅲ是最前点，点Ⅳ是最后点。

2)求中间点，见图 3-36(c)，在相贯线的有效范围内，任作水平面 R 为辅助面，R 与圆柱的截交线为两直线，与圆锥的截交线为水平圆，在水平投影中得出交点 a、b，其侧面投影为 a''、b''，由此可求得 a'、b'；同理，用水平面 P 为辅助面，可求得 c'、d'、c、d、c''、d''；

3)将各点连成光滑曲线，见图 3-36(d)。

4)完善转向线的投影：在水平投影中，由于水平圆柱的俯视转向线的贯穿点是Ⅲ、Ⅳ，圆柱的俯视转向线画至点 3、4 处。

判断可见性：正面投影，以主视转向线为分界线，可见部分 $1'b'3'd'2'$ 画实线；不可见部分 $2'c'4'a'1'$ 与可见部分重合。水平投影，以水平圆柱的主视转向线贯穿点的水平投影 3、4 分界，$3b1a4$ 可见，$3d2c4$ 不可见。

本例也可用在圆锥表面上求作相贯线共有点的投影的方法，求出相贯线的水平投影和正面投影。

例 3-22　求圆柱与半球的相贯线，见图 3-37(a)。

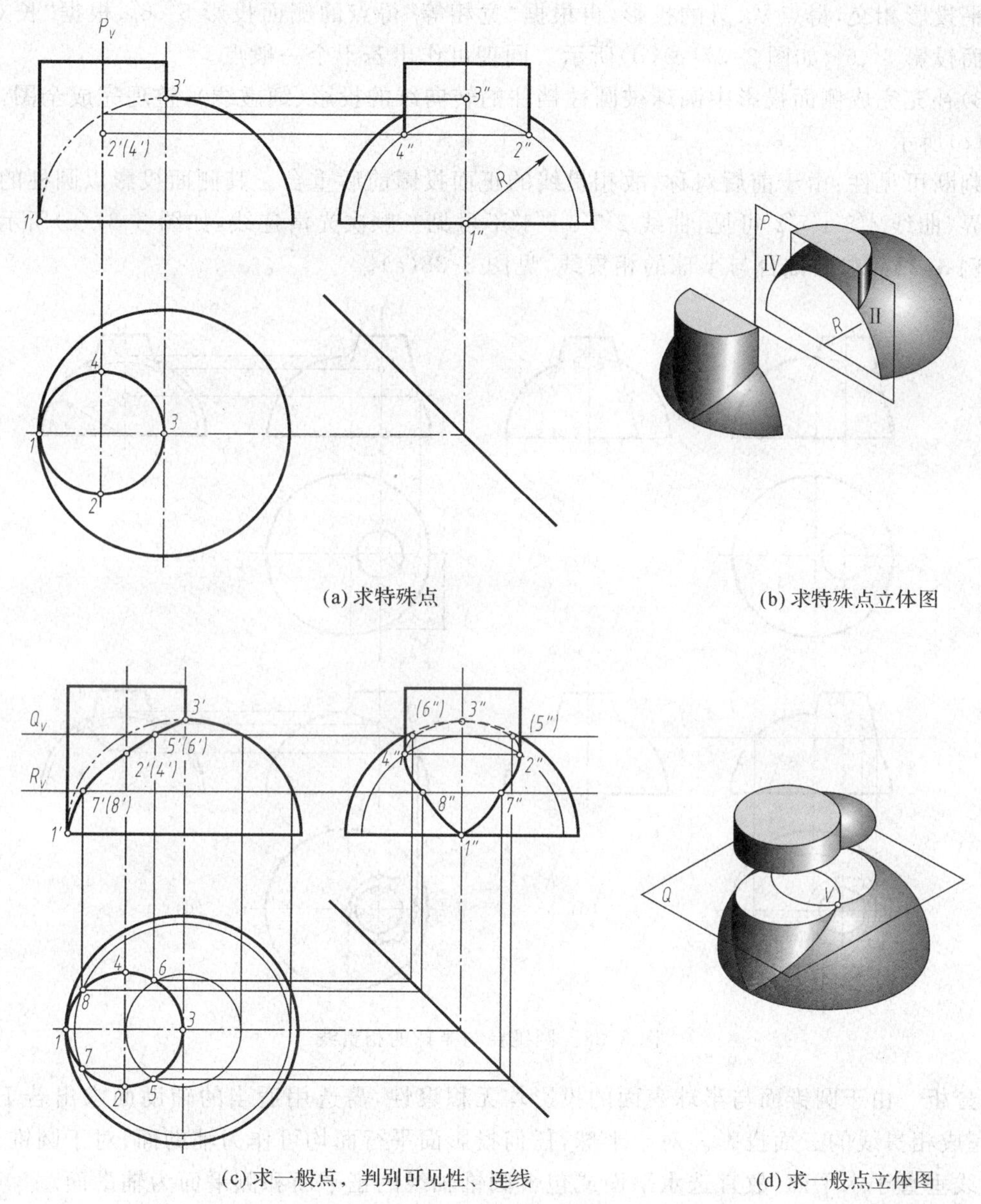

(a) 求特殊点　　(b) 求特殊点立体图

(c) 求一般点，判别可见性，连线　　(d) 求一般点立体图

图 3-37　轴线正交的圆锥与圆柱的相贯线

分析　由于圆柱的轴线垂直于水平面，相贯线的水平投影重合在圆柱面有积聚性的水平投影——圆周上。对于本例所示圆柱与半圆球的相对位置关系及其在投影体系中的位置，可选投影面平行面作为辅助面，求作相贯线的正面投影和侧面投影。

作图：

1)作特殊点：从水平投影可知，点Ⅰ、Ⅲ正好处于转向线上，可直接得到。点Ⅱ、Ⅳ处于圆柱转向线上，过圆柱轴线作辅助侧平面 P，截球体得到半径为 R 的半圆弧，半圆弧与圆柱的转向线相交，得点Ⅱ、Ⅳ的投影，如图 3-37(a)、(b)所示。

2)求一般位置点：作辅助水平面 Q，与圆球相交得水平位置的圆，水平位置的圆与圆柱的水平投影相交，得点Ⅴ、Ⅵ的投影，再根据“宽相等”得点的侧面投影 5″、6″，根据“长对正”得正面投影 5′、6′，如图 3-37(c)(d)所示。同理可作出若干个一般点。

3)补充完成侧面投影中圆球被圆柱挡住的转向线的投影(细虚线)，整理完成全图，如图 3-37(c)所示。

判断可见性：由于前后对称，故相贯线的正面投影前后重合。其侧面投影以圆柱的转向线为界，曲线 4″8″1″7″2″可见，曲线 2″5″3″6″4″不可见。顺次光滑连线，如图 3-37(c)所示。

例 3-23 求圆锥台与半球的相贯线，见图 3-38(a)。

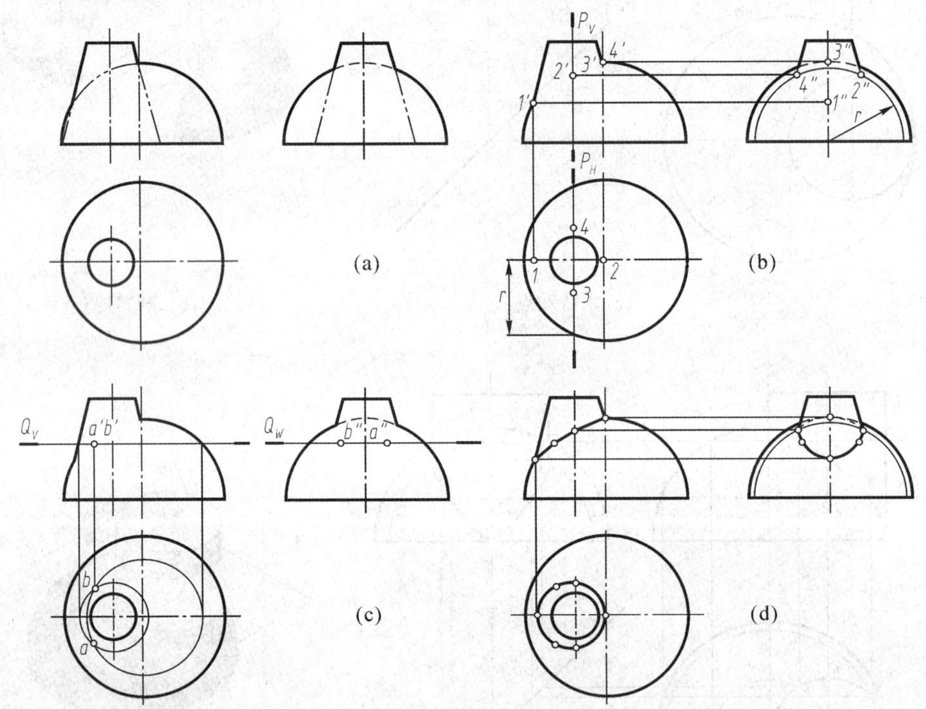

图 3-38 圆锥台与半球的相贯线

分析 由于圆锥面与半球表面的投影均无积聚性，需选用适当的辅助面求出若干共有点，完成相贯线的三面投影。对于半球，任何投影面平行面均可作为辅助面；对于圆锥台，因其轴线垂直于水平面，故宜选水平面或包含圆锥轴线的正平面和侧平面为辅助面。

作图：

1)求转向线上的点，见图 3-38(b)。

圆锥台和半球主视转向线上的贯穿点Ⅰ、Ⅱ，其正面投影为 1′、2′，由它可直接求出 1、2 及 1″2″。

圆锥台侧视转向线上的贯穿点Ⅲ、Ⅳ，选包含侧视转向线的侧平面 P 为辅助面，求出其侧面投影为 3″、4″，由它可求出 3′、4′及 3、4。

2)求一般点，见图 3-38(c)，任作一水平面 Q 为辅助面，它与圆锥台、半球的截交线均为圆。水平投影中，两圆交于 a、b，即为中间点 A、B 的水平投影。由于 A、B 属于 Q，故可在 Q_V 上求出 a'、b'，在 Q_W 上求出 a''、b''。

3)依次将各点连成光滑曲线，见图 3-38(d)。

4)完善转向线的投影，见图 3-38(d)，半球的侧视转向线是完整的，但被圆锥台遮挡部分，应画成虚线。圆锥台的侧视转向线画至 3″、4″处。

判断可见性：正面投影以主视转向线为分界线，可见部分 $1'a'3'2'$ 与不可见部分 $2'4'b'1'$ 重合；水平投影均可见；侧面投影，由于圆锥台位于半圆球的左半部，故侧面投影的可见性应以圆锥台侧视转向线的贯穿点Ⅲ、Ⅳ的侧面投影 3″、4″分界，$4''b''1''a''3''$ 可见，$3''2''4''$ 不可见。

通过以上的例子，可总结出求相贯线的一般方法和步骤：

(1)分析立体的构成方式、基本形状、空间位置(即为何种基本立体，处于何种空间位置)；

(2)分析两立体的相对位置和相对大小(即两立体是贯入还是互贯，其轴线是否相交、垂直，从而判断相贯线的性质及形状)；

(3)求相贯线上的特殊位置点(如棱线、转向线上的共有点及极限位置点)；

(4)求相贯线上的一般点(主要用辅助平面法，求适量的一般点，使相贯线的作图准确完整)；

(5)判断可见性，顺次光滑连接各交点，即得相贯线的投影；

(6)补充完成立体上未参与相贯的棱线、转向线的投影，整理并完成全图。

3.4.4 相贯线的特殊情况

1. 具有公共回转轴的两回转体相贯

当具有公共回转轴的两回转体相贯时，相贯线为垂直于公共回转轴线的圆，如图 3-39 所示。

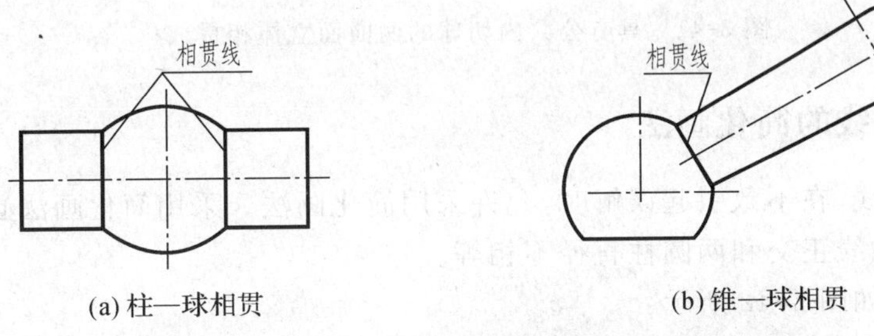

(a) 柱—球相贯　　(b) 锥—球相贯

图 3-39 具有公共回转轴的两回转体相贯

2. 轴线相互平行的两圆柱相贯及共锥顶的两圆锥相贯

当轴线相互平行的两圆柱相贯或共锥顶的两圆锥相贯时，相贯线为直线。如图 3-40 所示。

3. 具有公共内切球的两回转体相贯

当具有公共内切球的两回转体相贯时，相贯线为椭圆，如图 3-41 所示。

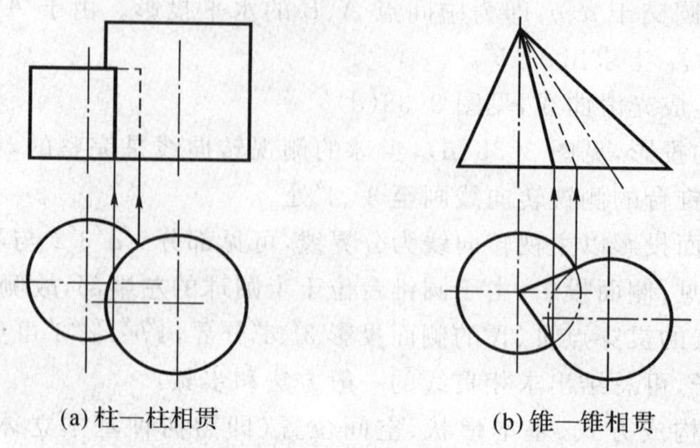

(a) 柱—柱相贯　　(b) 锥—锥相贯

图 3-40　轴线相互平行的两圆柱相贯及共锥顶的两圆锥相贯

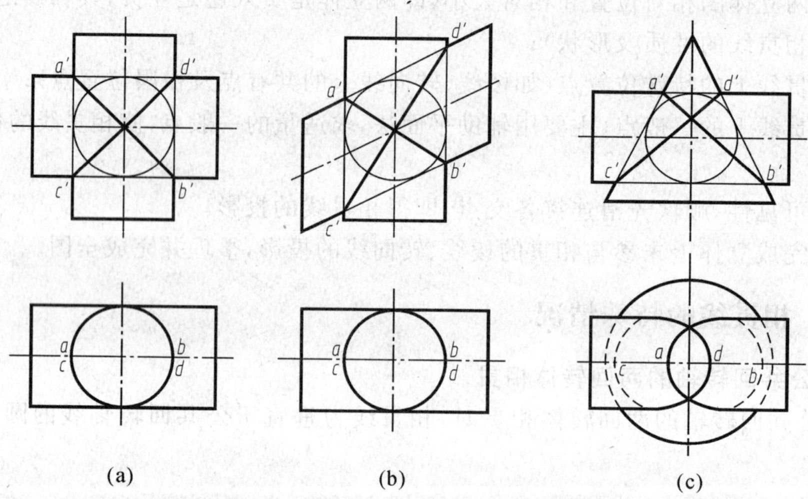

(a)　　(b)　　(c)

图 3-41　具有公共内切球的两曲面立体相贯

3.4.5　相贯线的简化画法

两圆柱的相贯线，在不致引起误解时，允许采用简化画法。采用简化画法必须满足以下两个条件：两圆柱轴线正交和两圆柱直径不相等。

简化作图方法如图 3-42 所示：

(1)以相贯线上的特殊点 a'(或 c')为圆心，以相贯两圆柱中较大圆柱的半径 R 为半径画弧，其圆弧与小圆柱轴线的交点即为圆心 o'(o'应位于大圆柱外)；

(2)以 o'为圆心，R 为半径，画圆弧 $a'b'c'$，即为两圆柱采用简化画法画出的相贯线。

该相贯线与小圆柱轴线的交点 b'(d')应与相贯线上的另外两个特殊点 B、D 的投影对应。

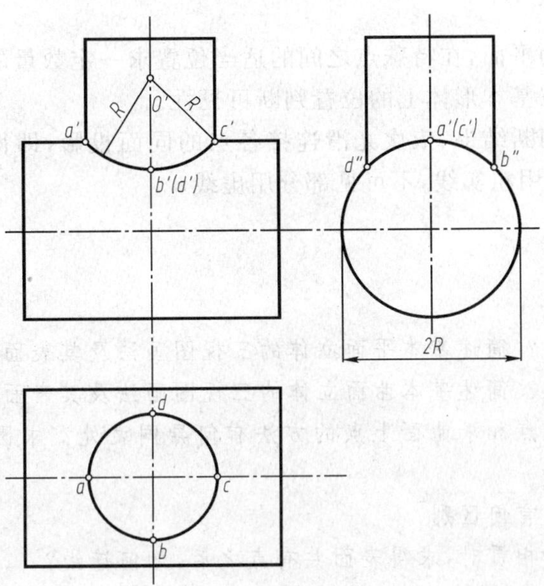

图 3-42　两正交直径不等圆柱相贯线的简化画法

本章小结

本章主要介绍了立体的投影画法(包括平面立体和回转体)，详细讲述了切割体和相贯体的理论及其投影画法。本章重点在于掌握对表面交线的分析方法和相应的基本作图方法。

一、基本几何体

机器零件可以看作由基本几何体组合而成，基本几何体根据其组成表面的性质可分为平面立体和回转体。

二、表面交线的形成和性质

基本几何体被平面截割，表面就会产生截交线；两个基本几何体相交，表面就会产生相贯线。表面交线的性质有两个：

1. 截交线一般是封闭的平面曲线或平面折线；相贯线一般是封闭的空间曲线，特殊情况下可为平面曲线。

2. 表面交线是平面与立体表面或两立体表面的共有线，交线上的点是共有点。

根据表面交线的性质，在本章学习时，需要注意观察各种零件上常见的截交线和相贯线的实例。了解交线的形状和变化趋势；掌握求交线的基本方法——表面取点法、辅助素线法和辅助平面法。

三、求表面交线的方法和步骤

根据表面交线的性质，求表面交线通常是利用立体投影的积聚性或利用辅助面法求表面交线的共有点。

求表面交线的作图步骤：

1. 分析形体的表面性质，根据基本形体的投影，求出表面交线的特殊点，以确定表面交线的范围。

2. 选择适当的辅助平面，在特殊点之间的适当位置求一定数量的一般点。

3. 根据表面交线在基本形体上的位置判断可见性。

4. 根据可见性的判断结果，依次光滑连接各点的同面投影，即得表面交线的投影。表面交线投影的可见部分用粗实线，不可见部分用虚线。

复习思考题

1. 平面立体的定义？简述基本平面立体的三视图画法及其表面取点。

2. 曲面立体的定义？简述基本曲面立体的三视图画法及其表面取点。

3. 试比较求平面上点和求曲面上点的方法有何异同之处？求圆锥表面上的点有哪几种方法？

4. 截交线与相贯线有何区别？

5. 在求两平面立体相贯时，求得表面共有点之后，如何连线？

6. 截交线是怎样形成的？为什么平面立体的截交线一定是平面多边形(封闭)？多边形的顶点、直线是平面立体上的哪些几何元素与截平面的交点和交线？

7. 怎样的点是曲面立体截交线、相贯线上的特殊位置点？为什么要求出这些点？怎样的点是曲面立体截交线、相贯线上的一般位置点？

8. 试述求截交线的步骤。

9. 用辅助平面法求相贯线的原理是什么？选用辅助平面的原则是什么？

10. 如何判别两立体相贯线投影的可见性？它与判别立体表面上点、线的可见性有何不同？

11. 什么是特殊相贯线？特殊相贯线画法与一般相贯线有何不同？

12. 求作立体相贯的视图时应着重检查哪些内容？

第4章　组合体的视图及尺寸标注

本章学习导读

任何复杂物体都可以看成是由一些基本形体组合而成，这些基本形体包括棱锥、棱柱等平面立体和圆柱、圆锥、圆球以及圆环等曲面立体。由基本形体组成的复杂立体，称为组合体。组合体其实是由零件（或其局部）抽象而成的几何模型，与机器零件不同之处在于略去了一些局部的、细微的工程结构，如螺纹、圆角、导角、凸台和坑槽等，只保留其主体结构。

本章在学习制图的基本知识和正投影理论的基础上，着重介绍组合体画图和看图的基本方法，以及组合体尺寸标注等问题，为进一步学习零件图的绘制与阅读打下基础。

本章重点是绘制和阅读组合体视图，难点是读组合体视图。

4.1　三视图的形成及其投影规律

4.1.1　三视图的形成

在画法几何学中，物体在 V、H 和 W 三投影面体系中的正投影，称为物体的三面投影。而国家标准《机械制图》中规定：将物体向投影面投影所得的图形，称为视图。因此，在三面投影体系中的正面投影称为主视图，水平投影称为俯视图，侧面投影称为左视图，通常把这三个视图合称为“三视图”，如图 4-1 所示。按图示位置配置视图时，一律不标注视图的名称。

为了学习视图的作图规律，培养形体分析及想象能力，常采用三视图进行学习及练习，在实际的表达中，一个物体需要用几个视图来表达，应根据需要而定。

4.1.2　三视图的投影规律

从图 4-1(b)可以看出：

主视图反映机件的上下、左右位置关系，即反映组合体的高度和长度；

俯视图反映机件的前后、左右位置关系，即反映组合体的宽度和长度；

左视图反映机件的前后、上下位置关系，即反映组合体的宽度和高度。

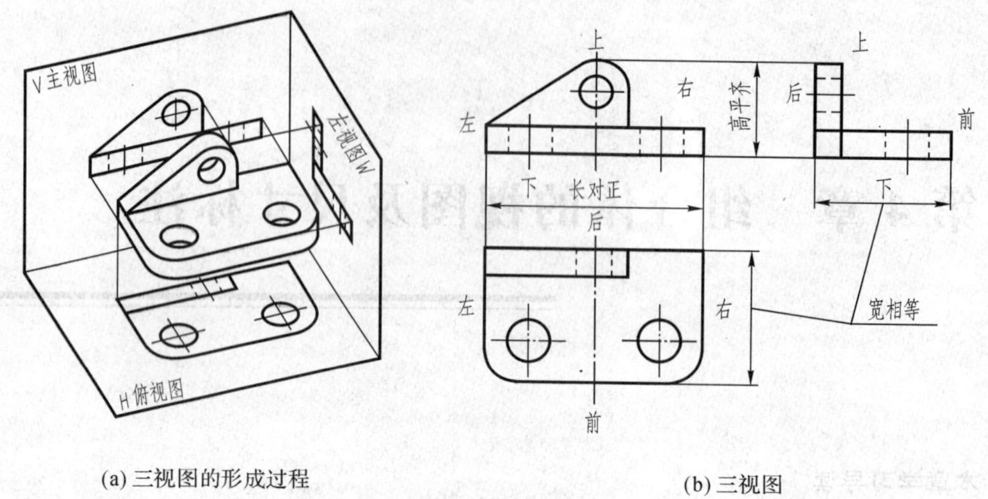

(a) 三视图的形成过程 (b) 三视图

图 4-1 三视图的形成及投影规律

由此,三视图的投影规律可以形象地概括为:主、俯视图长对正;主、左视图高平齐;俯、左视图宽相等。需要特别注意的是:在确定俯、左视图"宽相等"时,要区别组合体的前后位置关系,俯视图和左视图中,以远离主视图的一侧为前,反之为后。

4.2 组合体组合形式及其形体分析

4.2.1 组合体的三种构成方式

通常组合体的构成有叠加和挖切两种方式,叠加如同积木的堆积,挖切包括切割和穿孔。当同时含有叠加和挖切两种方法时称为综合式,所以,组合体的构成方式可分为叠加式、挖切式和综合式三种类型

1. 叠加式

有的组合体往往可以看成是由若干基本形体按照一定要求叠加而成。如图 4-2(b)所示的轴承座,可以认为是由Ⅰ、Ⅱ、Ⅲ、Ⅳ四块基本形体叠加而成。

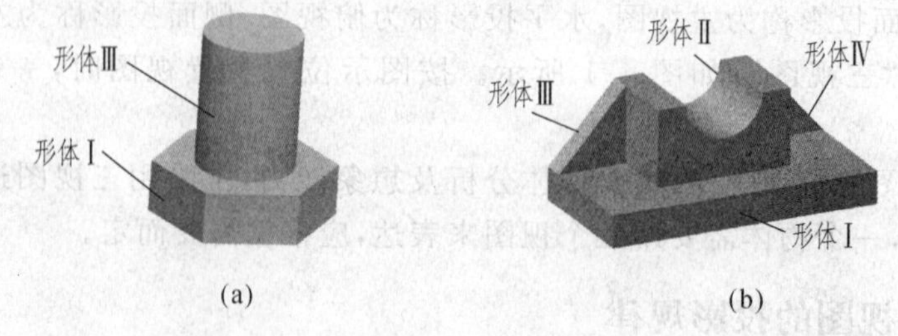

(a) (b)

图 4-2 叠加式

2. 挖切式

有的组合体也可以看成是从一个基础形体上切去若干基本形体而成。如图 4-3 所示。

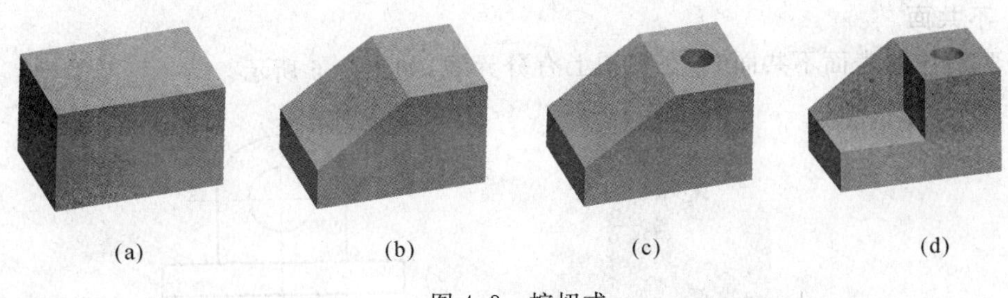

图 4-3　挖切式

3. 综合式

综合式是由叠加和切割这两种方式共同构成的。如图 4-4 所示。

图 4-4　综合式

4.2.2　组合体的表面连接形式

组合体中相邻表面的连接关系可分为四种：①共面；②不共面；③相切；④相交。

在对组合体进行表达时，必须注意其组合形式和各部分表面间的连接关系，在绘图时才能做到不多线和不漏线。同时，在看图时也必须注意这些关系，才能清楚组合体的整体结构形状。

1. 共面

当两形体的表面共面时，在视图上无分界线，如图 4-5 所示。

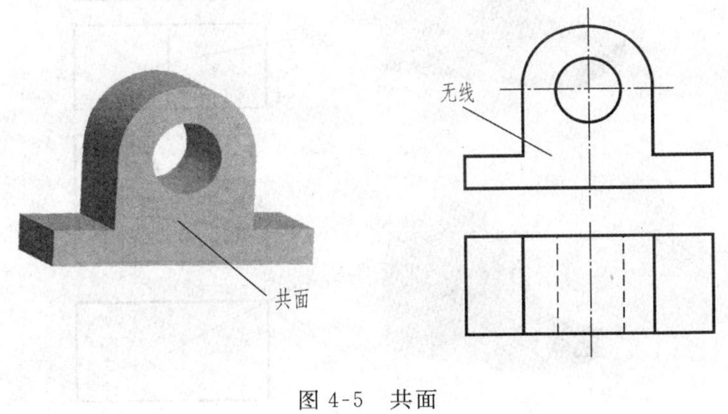

图 4-5　共面

2. 不共面

当两形体的表面不共面时，在视图上有分界线，如图 4-6 所示。

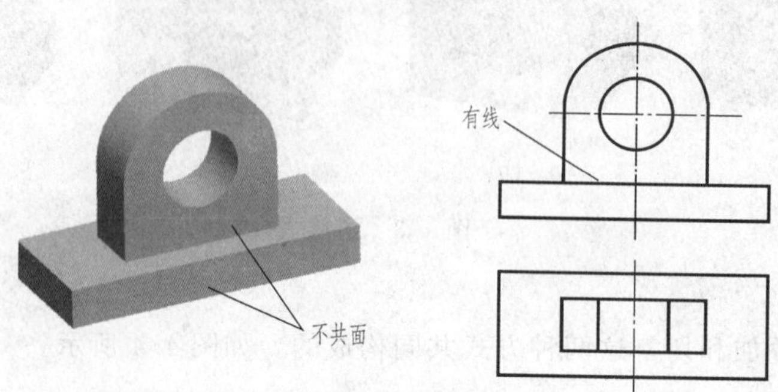

图 4-6 不共面

3. 相切

相切是指两形体的表面光滑过渡，当两形体的表面相切时，产生切线，但在视图上不画切线的投影，如图 4-7 所示。

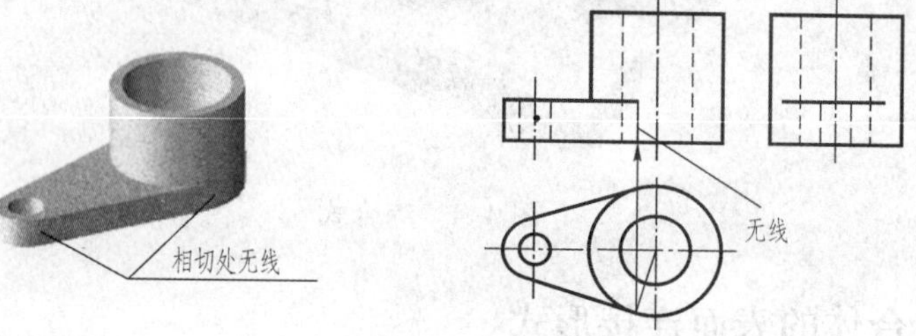

图 4-7 相切

画图时，当与曲面相切的平面或两曲面的公切面垂直于投影面时，在该投影面上的投影画出切线的投影，如图 4-8(a)所示，否则不应画出切线的投影，如图 4-8(b)所示。

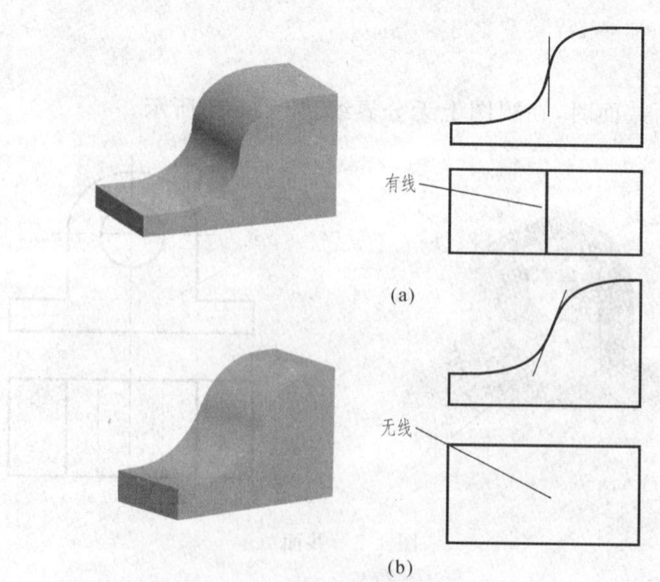

图 4-8 相切的特殊情况

4. 相交

相交是指两形体的表面相交所产生的交线(截交线或相贯线),应画出交线的投影,如图 4-9 所示。

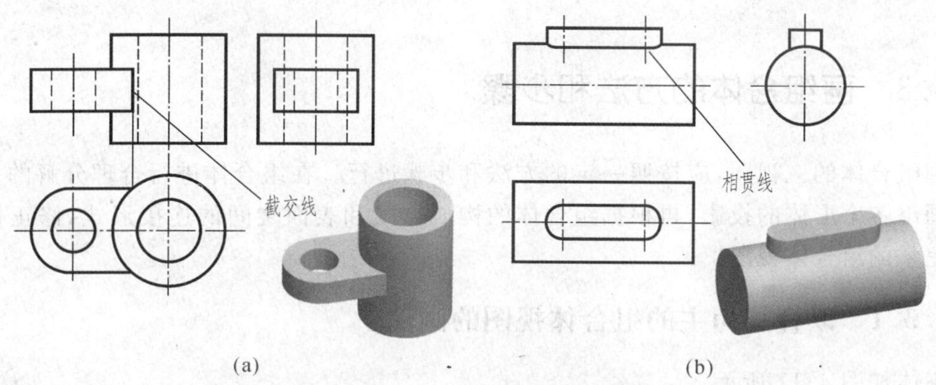

图 4-9　两表面相交

4.2.3　组合体的形体分析方法

1. 形体分析法

假想将复杂的组合体分解为若干简单的形体,并分析各部分的形状、组合形式、相对位置以及表面连接关系,这种方法称为形体分析法。利用形体分析的方法,可以把复杂的形体转换为简单的形体,便于深入分析和理解复杂形体的本质。这种方法将贯穿于一切工程图的绘制、阅读及尺寸标注的全过程。

如图 4-10(a)所示的支架零件,可分解成由图 4-10(b)所示的六个简单形体组成。支架的中间为一直立空心圆柱,肋和右上方的凸台均与直立空心圆柱相交而产生交线,肋的斜面与直立圆柱相交产生的交线是曲线(椭圆的一小部分)。前方的水平空心圆柱与直立空心圆柱垂直相交,两孔穿通,两圆柱外表面和内表面都产生交线。右上方的凸台顶面与直立空心圆柱的顶面共面,表面无交线;底板两侧面与直立空心圆柱相切,相切处无交线。

注意:组合体分解成几部分不是唯一的,以便于分析和理解为宜。

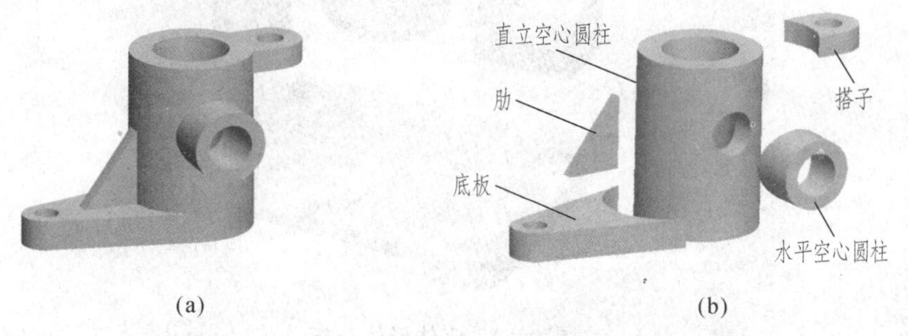

图 4-10　支架及形体分析

2. 线面分析法

在绘制或阅读组合体的视图时,对比较复杂的组合体通常在运用形体分析法的基础上,对不易表达或看懂的局部形体,还要结合线面投影特征进行投影分析。如分析形体的表面形状、形体表面交线、形体上线、面与投影面的相对位置及投影特性，来帮助表达或看懂这些局部的形状，这种方法称为线面分析法。

形体分析法着重在整体，线面分析法着重在细节和难点，在绘图和读图时，常常两者并用。

4.3 画组合体的方法和步骤

画组合体的三视图，应按照一定的方法和步骤进行。在组合体进行合理分解的基础上，依次画出各个形体的投影，再根据组合体的构成方式和表面之间的连接形式，修正视图，绘制出完整的组合体视图。

4.3.1 以叠加为主的组合体视图的画法

座体如图 4-11 所示。

图 4-11 座体直观图

1. 形体分析

应用形体分析法，可以把座体分解为 5 个基本构成体：底板Ⅰ、圆柱Ⅱ、挖去圆柱Ⅲ、U 形凸台Ⅳ和挖去圆柱Ⅴ，如图 4-12 所示。

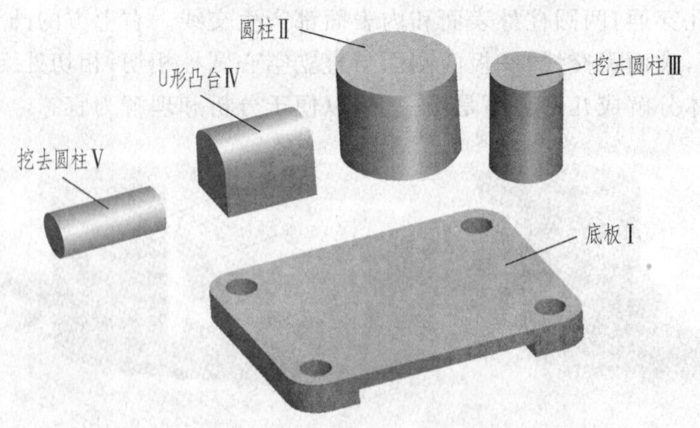

图 4-12 座体形体分析

2. 选择主视图

主视图是组合体三视图中最主要的视图，应尽可能在主视图中表达组合体主要的形体特征信息，一般从下述三个方面来选择主视图。

(1)自然摆放位置

主视图的投影方向应同组合体的自然安放位置一致。例如,带有底板的组合体,应将底板水平放置,同时应使组合体上主要的对称面、端面平行或垂直于投影面。在图 4-11 中,若将 E 向或 F 向作为主视图的投影方向,相当于将座体放倒后投影,这与座体的自然安放位置不一致,故 E 向、F 向不能作为主视图的投影方向。

(2)形状特征

主视图要尽量反映组合体的形状特征,在本例中确定了组合体的安放位置后,可以从 A、B、C、D 四个方向进行比较,如图 4-13 所示。可以看出 A 向和 C 向的视图较其他两个方向的视图能够更好地反映座体的形状和结构特征,可作为主视图的投影方向。

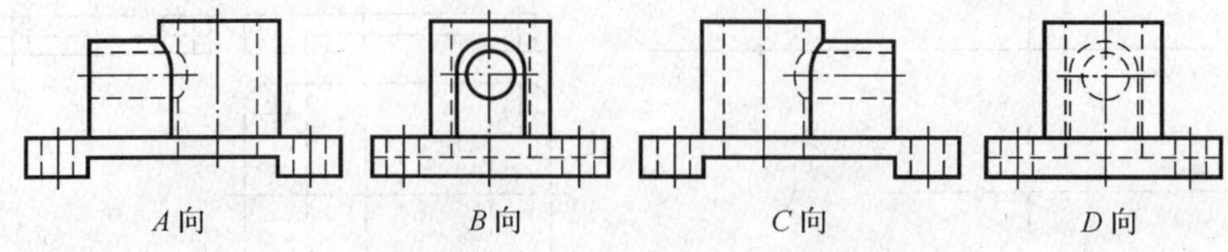

图 4-13　根据形状特征选取主视图

(3)兼顾其他视图的可见性

其他视图的方向取决于主视图的投射方向。在满足形状特征的条件下,还应考虑到其他视图的可见性。在本例中,选择 A 向或 C 向作为主视图的投射方向,都能较好地反映组合体的形状特征,但是,比较图 4-14(a)和(b)可以看出,图 4-14(a)所示左视图可见部分较多(虚线较少),因此,座体应当选 A 向作为主视图投影方向。

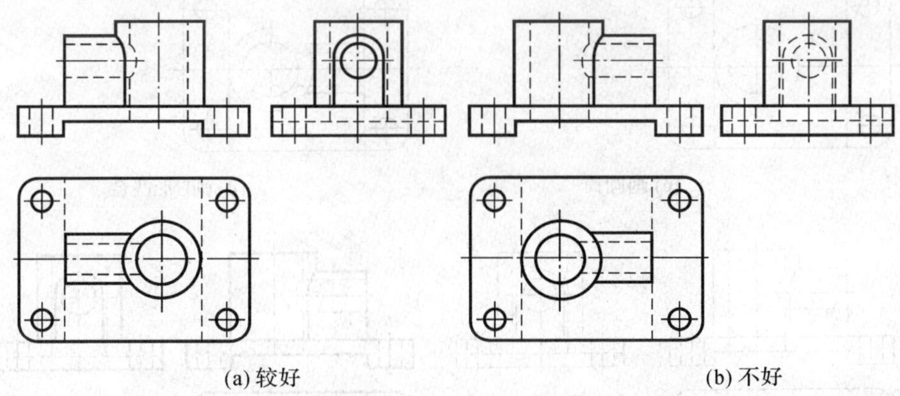

图 4-14　主视图投影方向对其他视图可见性的影响

3. 布置视图,确定各视图的基准线

根据组合体的大小和复杂程度,按标准选取合适的画图比例。视图在图纸上的位置,由作图基准线确定。各视图应有两个方向上的基准线,同时,还须考虑到各视图的最大轮廓尺寸和各视图间应留有标注尺寸的空间,使视图在图纸上布置均匀,美观大方。可以作为基准线的一般是组合体的底面、端面、对称平面和主要回转体轴线等的投影,如图 4-15(a)所示。

4. 分形体画图,按构成作出组合体表面交线的投影

按照组合体各构成形体的主次及形体间的相对位置,逐个画出各形体,先画形体的主要轮廓，后画细节。画某个形体时，应从反映形体特征的视图画起，同时将另外两个视图一起画出，即可以保证视图间的投影特征对应关系，也可以避免遗漏。如图图 4-15(b)所示的底板，应先画出其水平投影，再利用投影规律以及底板的高度尺寸，画出其他两视图。

画出相关的形体后，根据它们的构成关系，作出表面的交线。如图 4-15(e)所示，大圆筒与 U 形凸台外表面相交形成相贯线和截交线，应在主视图画出，同时擦去大圆筒最左轮廓素线包含在 U 形凸台内的部分；大圆筒的内表面与 U 形凸台孔之间的相贯线，也应在主视图中画出，同时大圆筒内表面穿过 U 形凸台孔的轮廓线也应擦掉。

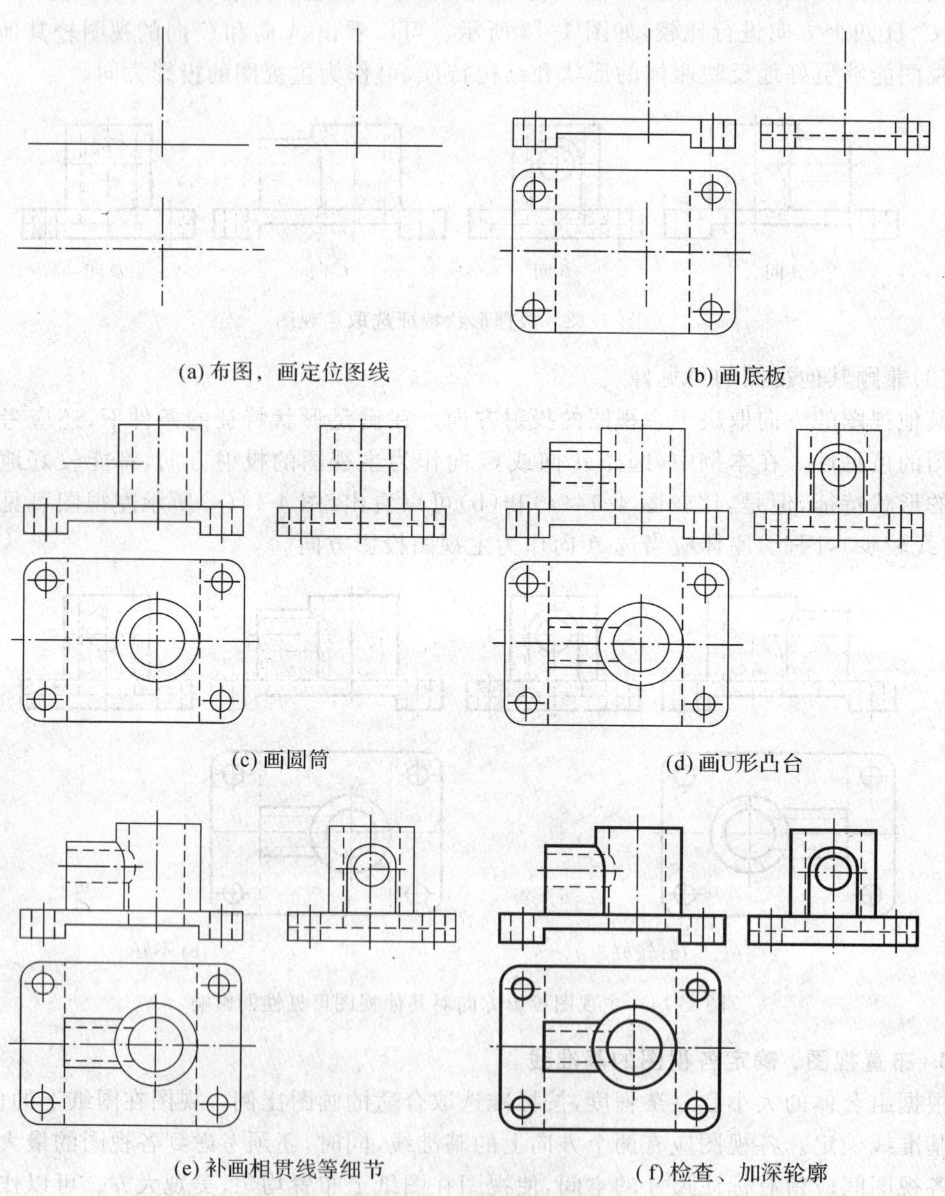

图 4-15 座体画图步骤

5. 检查、加粗轮廓

检查是否漏画或有多余的图线，形体间不同构成方式所产生的轮廓变化和表面连接方式，表面交线是否正确。加粗轮廓，做到线型规范。如图 4-15(f)所示。

画图时应注意以下几个问题：

1)画图时，不要画完一个视图后再画另一个视图，而是几个视图配合起来画，以便保证视图之间的投影关系，使作图既准又快；

2)对称图形和圆要画对称中心线，回转体要画轴线；

3)各形体之间的表面连接关系要表达正确；

4)由于形体分析是假想将组合体分解为若干基本形体，而事实上任何组合体都是一个不可分割的整体，因此画图时要注重组合体的整体性，避免多画或少画图线。

4.3.2　以挖切为主的组合体三视图的画法

画挖切为主的组合体三视图，应首先确定基础体(基础体一般可由该组合体的最大轮廓范围确定)，然后分析基础体是怎样被切割的。基础体上切割了几个简单体，对切割时不清楚的线和面采用线面分析法，根据切割面的投影特性(积聚性、实形性和类似性)，分析该组合体表面的性质、形状和相对位置后，进行画图。

以图 4-16 所示组合体为例，说明此类组合体绘图的方法和步骤。

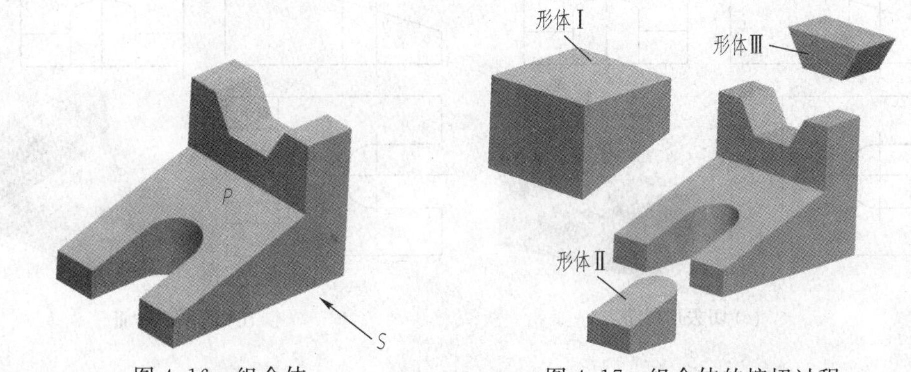

图 4-16　组合体　　图 4-17　组合体的挖切过程

1. 形体分析

图 4-16 所示组合体是由长方体经挖切形成。左上角切去形体Ⅰ，在左下角挖去形体Ⅱ，再在右上方中间挖去一个形体Ⅲ而形成，如图 4-17 所示。

2. 选择主视图

选择图 4-16 中箭头所指的方向为主视图的投影方向。

3. 画三视图

如图 4-18 所示。

1)选比例、定图幅；

2)布置视图位置；

3)画底图；

先画基础形体，即先画长方体的三视图，再分别画出切去形体Ⅰ、Ⅱ、Ⅲ后的投影。注意画图时，应从形体特征明显的投影开始画起。

4)检查、加深。

除检查形体的投影外，还要检查面的投影，特别是检查复杂斜面投影对应的类似形。如

图 4-16 中平面 P 按图示方向投影为一正垂面，则 P 面的主视图积聚为一直线，俯、左视图为类似形，如图 4-18(e)所示。

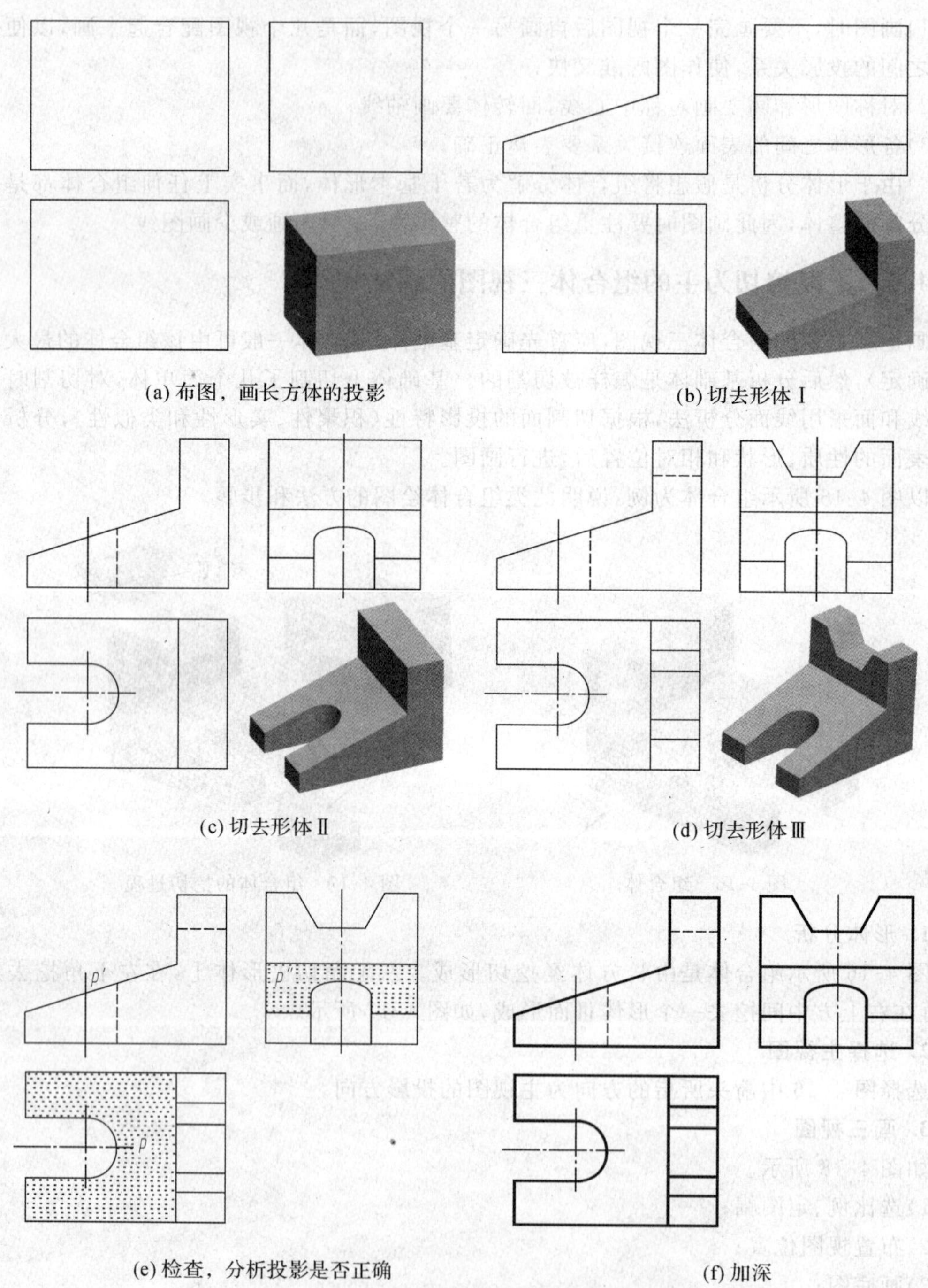

图 4-18 画组合体三视图的方法和步骤

4.4　组合体的尺寸标注

视图只能表达组合体的形状，各种形状的真实大小及其相对位置，要通过标注尺寸来确定。因此，尺寸标注与视图表达一样，是构成工程图样的重要内容。研究组合体的尺寸标注方法是零件尺寸标注的基础。

4.4.1　基本形体的尺寸标注

组合体是由基本体组成，要掌握组合体的尺寸标注，必须先掌握一些基本形体的尺寸标注。

1. 基本立体的尺寸标注

棱柱、圆锥、圆柱、圆球等基本几何体的尺寸是组合体的重要组成部分，图 4-19、图 4-20 是几种常见立体的标注示例。

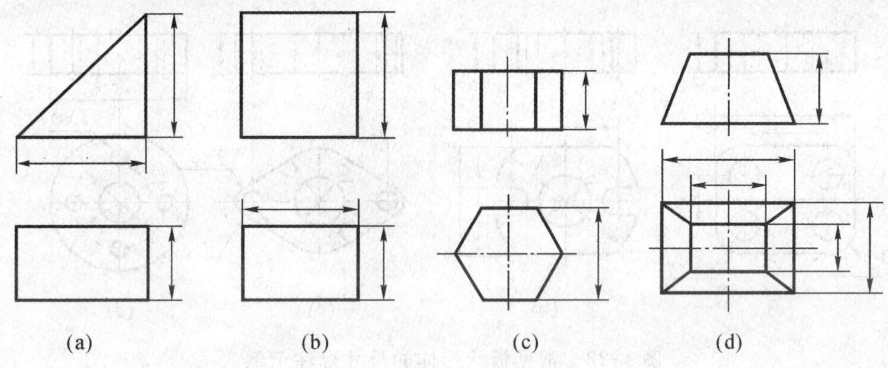

图 4-19　棱柱和棱台的尺寸标注

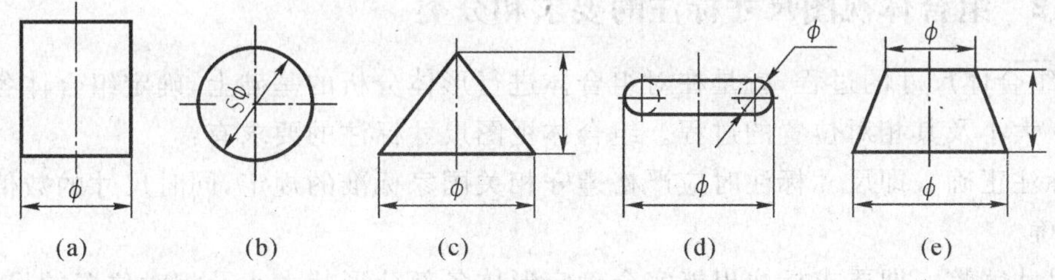

图 4-20　回转体的尺寸标注

2. 截交立体和相贯立体的尺寸标注

对具有截面和切口的立体，除了标注立体的定形尺寸外，还应标注截平面的位置尺寸。

标注两个相贯立体的尺寸时，注意要标注出产生相贯线的"原因"，即需注出两相贯立体的定形尺寸及它们之间的相对位置尺寸，而不应标注相贯线的尺寸，如图 4-21(c)、(d)中俯视图所注的尺寸是不需要的。

3. 常见板状形体的尺寸标注

图 4-22 给出了常见板状形体的尺寸标注示例。需要说明的是，有些尺寸的标注方法属规定标注方法或习惯标注方法，如图 4-22(a)所示的 4 个圆角，不管与孔是否同心，都需注

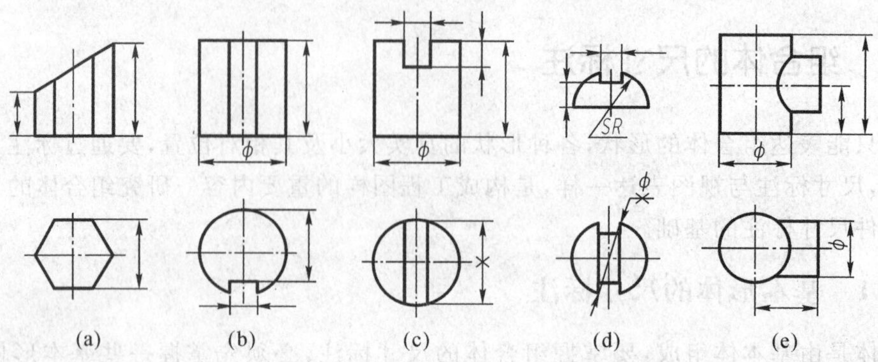

图 4-21 截切立体、相贯立体的尺寸标注示例

出底板的长度与宽度尺寸、圆角半径、4 个孔的长度与宽度方向的定位尺寸；如图 4-22(c)所示的板件，习惯上只注出圆柱孔轴线的定位尺寸和外端圆柱面的半径 R，而不再注总长度尺寸。

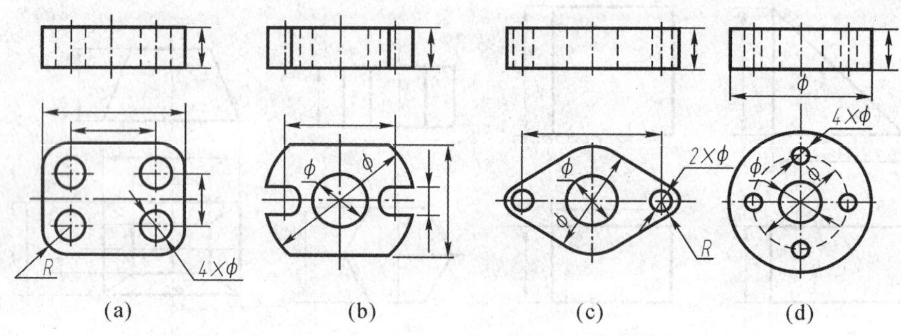

图 4-22 常见板状形体的尺寸标注示例

4.4.2 组合体视图尺寸标注的要求和分类

标注组合体尺寸的过程，就是在对组合体进行形体分析的基础上，确定组合体各组成部分的形状、大小及其相对位置的过程。组合体视图尺寸标注的要求有：

(1)标注正确 即尺寸标注时应严格遵守相关国家标准的规定，同时尺寸的数值及单位也必须正确。

(2)尺寸完整 即要求标注出能完全确定形体各部分形状大小及相对位置的尺寸，不得遗漏，也不得重复。

(3)布置清晰 即尺寸应标注在最能反映物体特征的位置上，且排布整齐、便于读图和理解。

形体分析法是进行组合体尺寸标注的基本方法。

组合体的尺寸根据其功能的不同分为定形尺寸、定位尺寸与总体尺寸三类。下面结合图 4-23 所示组合体的尺寸标注来说明。

1. 尺寸基准

尺寸本身是具有相对位置的量，确定各尺寸位置的几何元素称为尺寸基准，如圆心是圆的直径尺寸基准、对称中心线是对称几何要素的尺寸基准等。在三维空间中，应该有长、宽、高三个方向的尺寸基准，一般可选组合体（或基本形体）的对称面、较大的平面及回转体的轴线等作为尺寸基准，如图 4-23 选择组合体的底面作为高度方向的尺寸基准，前后对称面及底板的右端面分别作为宽度和长度方向的尺寸基准。

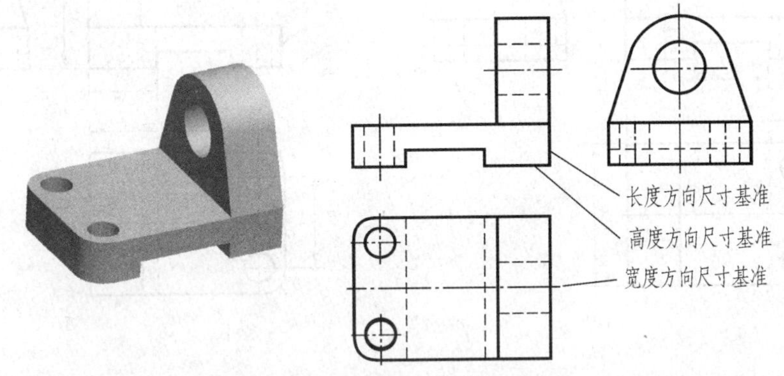

图 4-23　组合体的尺寸基准

2. 定形尺寸

确定组合体各组成部分形状大小的尺寸称为定形尺寸。标注组合体尺寸，仍按形体分析法将组合体分解为若干基本形体，注出各基本形体的定形尺寸，如图 4-24(a)所示。两个以上有规律分布的相同形体只需标注一次（如 2×ϕ9）。

3. 定位尺寸

确定组合体各组成部分相对位置的尺寸称为定位尺寸。它是同一方向组合体的尺寸基准和形体的尺寸基准之间的距离大小，如图 4-24(b)所示。

两个形体间应该有三个方向的定位尺寸，若两个形体间在某一方向处于叠加（或挖切）、共面、对称、同轴之一时，就可省略一个定位尺寸。

4. 总体尺寸

调整定形尺寸和定位尺寸，确定组合体的总长、总宽、总高的尺寸称为总体尺寸。

有时定形尺寸就反映了组合体的总体尺寸，不必另外标出。当组合体的端部不是平面而是回转面时，该方向一般不直接标注总体尺寸，而是由确定回转面轴线的定位尺寸和回转面的定形尺寸（半径或直径）来间接确定，如图 4-24(c)所示。

在具体的形体上，定形和定位并不是绝对的，有时定位尺寸同时具有定形功能，而有时定形尺寸又是定位尺寸。因此，在进行尺寸标注时，应以“正确、完整”为首要准则，而“清晰、合理”需在不断地学习和实践中逐步掌握和提高。

4.4.3　组合体尺寸标注的方法与步骤

1. 形体分析和初步考虑各基本体的定形尺寸

如图 4-23，经形体分析知道该组合体由支板和底板两部分组成。

2. 选定尺寸基准

如图 4-23，选择组合体的底面作为高度方向的主要尺寸基准，前后对称面及底板的右端面分别作为宽度和长度方向的主要尺寸基准。

3. 逐个地分别标注各基本形体的定位和定形尺寸

如图 4-24(a)所示逐个标出支板和底板的定形尺寸。如图 4-24(b)所示标出定位尺寸。

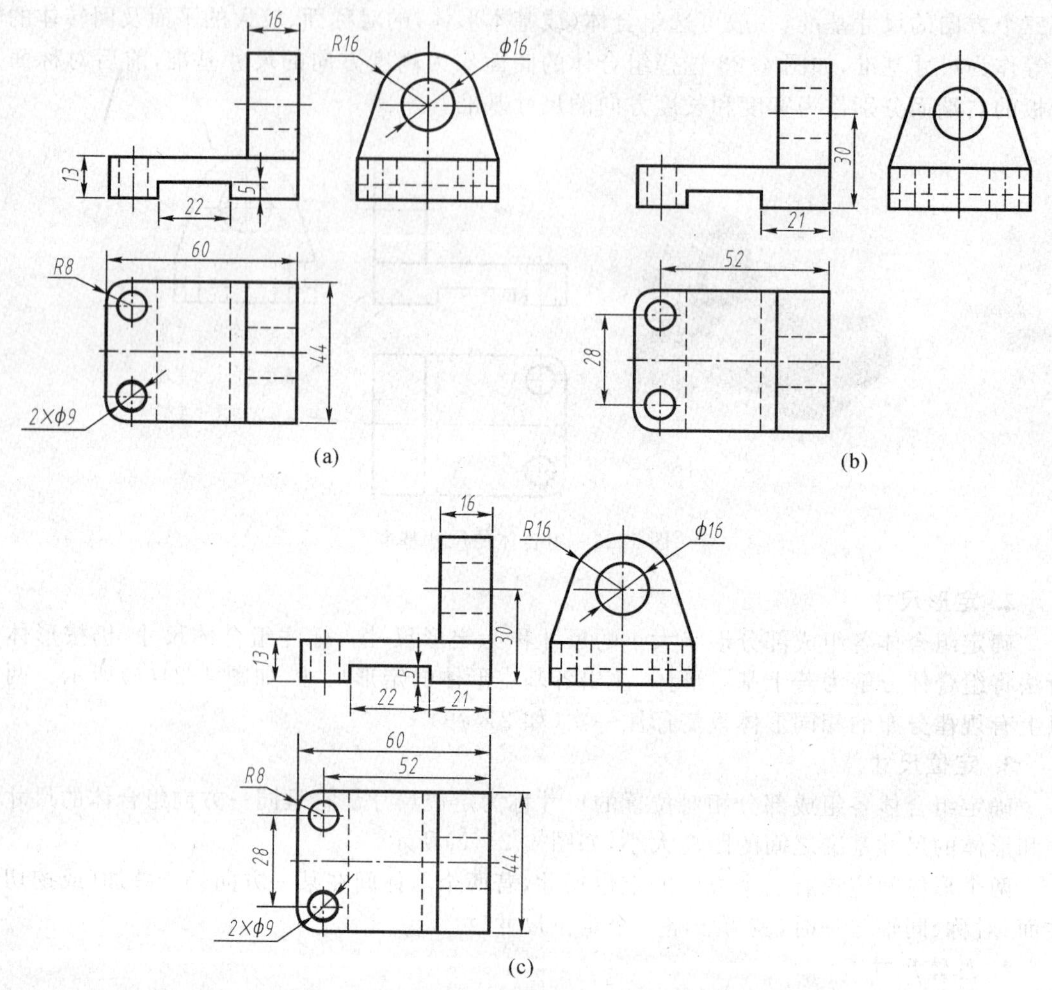

图 4-24 组合体的尺寸标注

4. 标注总体尺寸

如图 4-24(c)所示,整理定形定位尺寸,标注出组合体的总长、总宽、总高。

5. 检查

以"正确、完整、清晰"的原则检查标注的尺寸。

例 4-1 标注图 4-25(a)所示轴承座的尺寸。

(1)形体分析和初步考虑各基本体的定形尺寸

将轴承座分解为大圆筒、小圆筒、支撑板、底板和肋板,考虑每一形体的定形尺寸。

(2)选定尺寸基准

如图 4-25(b)所示,长度方向以底板的右端面为主要基准;宽度方向以对称平面为主要基准;高度方向以底板的底平面为主要基准。

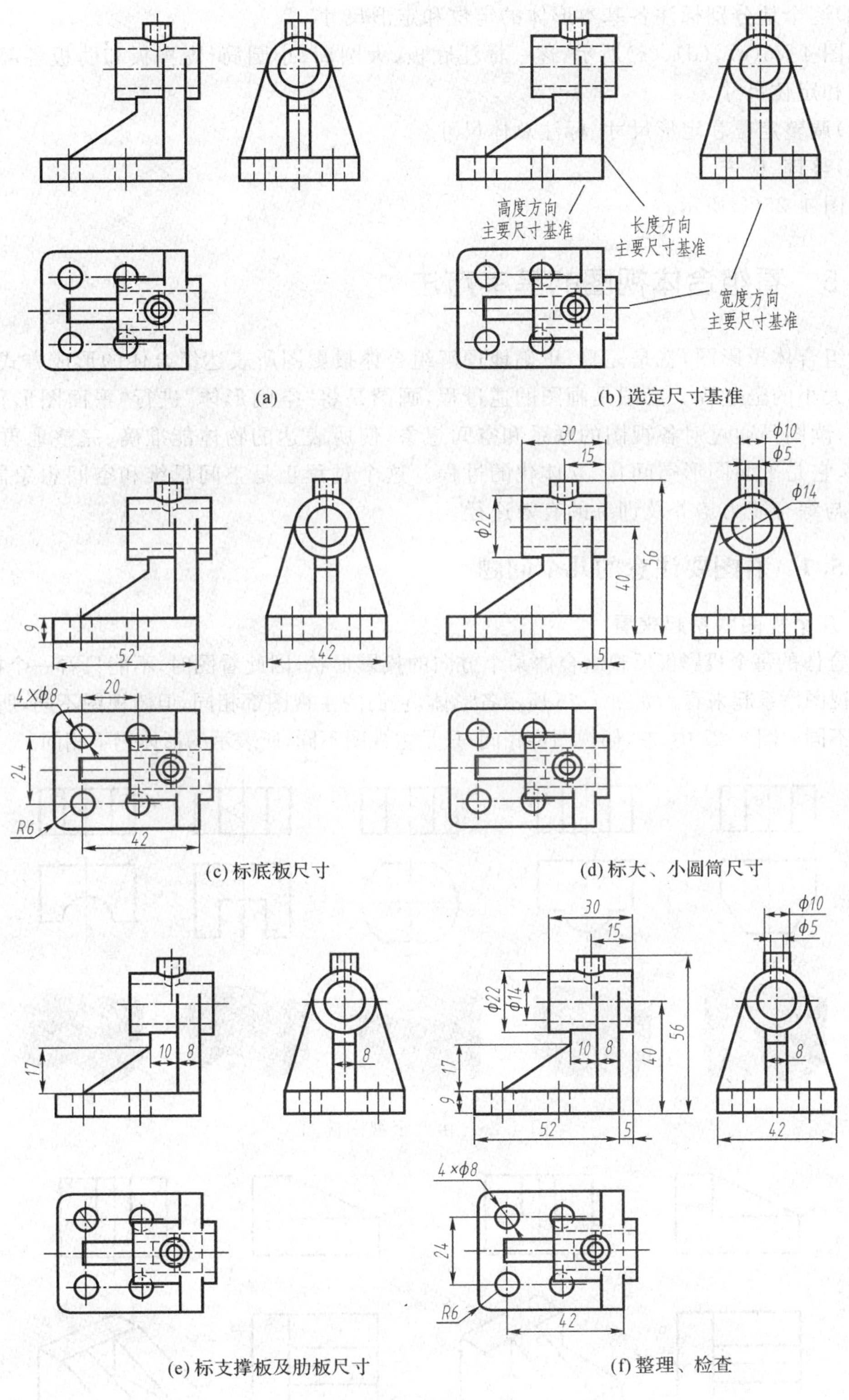

图 4-25　轴承座的尺寸标注

(3)逐个地分别标注各基本形体的定位和定形尺寸

如图 4-25(c)、(d)、(e)所示,逐一标注底板、大圆筒、小圆筒、支撑板和肋板各部分的定形尺寸和定位尺寸。

(4)调整定位和定形尺寸、标注总体尺寸

(5)整理、检查

如图 4-25(f)所示。

4.5 看组合体视图的基本方法

读组合体投影图,就是完整、正确地理解组合体投影图所表达组合体的形成方式、形状、结构及大小的全过程。读图是画图的逆过程,画图是将“空间形体”进行“平面图形化表现”的过程,读图是通过对各视图的联系和空间想象,使所表达的物体能准确、完整地再现出来的过程,它是平面图形空间化、立体化的过程。这个过程正是空间思维和空间想象能力、分析能力与综合能力培养及训练的有效途径。

4.5.1 看图要注意的几个问题

1. 几个视图联系起来看

组合体的每个投影仅反映组合体某个方向的投影形状,因此看图时,不能只看一个视图,要将几个视图联系起来看。如图 4-26 所示各形体,它们的主视图都相同,但俯视图不同,所表示的形体也不同。图 4-27 中,左、俯视图都相同,只是主视图不同,所表示的形体仍不相同。

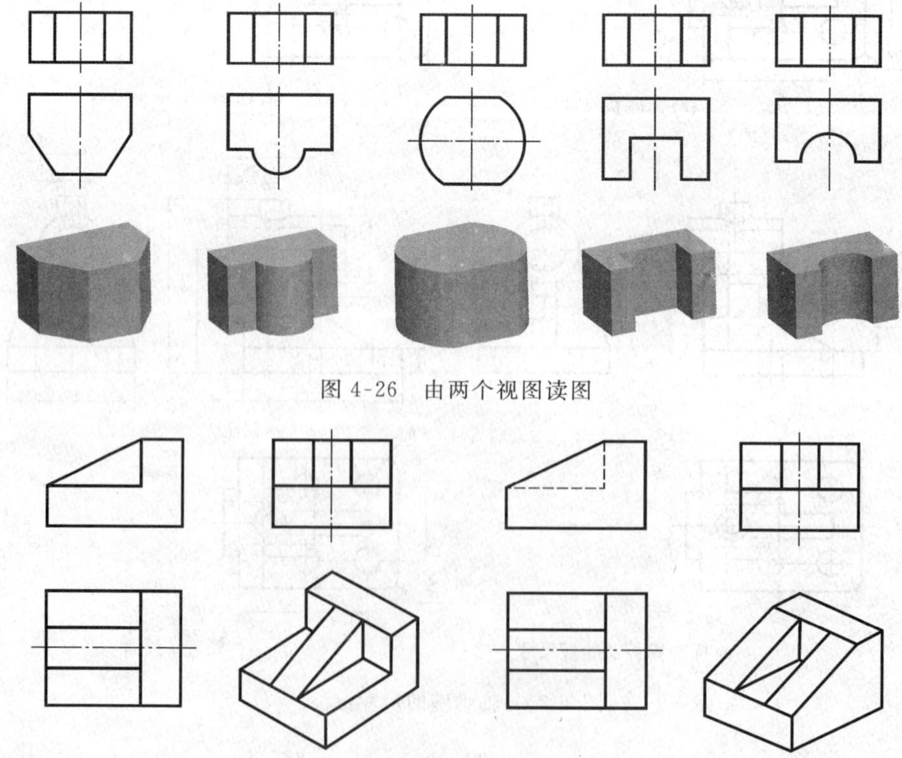

图 4-26 由两个视图读图

图 4-27 由三个视图读图

2. 抓住主要特征

将几个视图联系起来看的同时，还应注意从反映形状特征的视图入手。对组合体来说，组成组合体的各构成体的形状特征，并非总是集中反映在一个视图上，而往往分散在几个视图上。如图 4-28 所示支架，是由形体Ⅰ、Ⅱ、Ⅲ、Ⅳ叠加而成。形体Ⅰ、Ⅱ的形状特征反映在主视图上，形体Ⅲ的形状特征反映在俯视图上，形体Ⅳ的形状特征反映在左视图上。另外，各形体之间的相对位置还应善于找位置特征视图，如图中各形体之间的上下与左右位置关系反映在主视图中，前后位置在左视图中比较清楚。

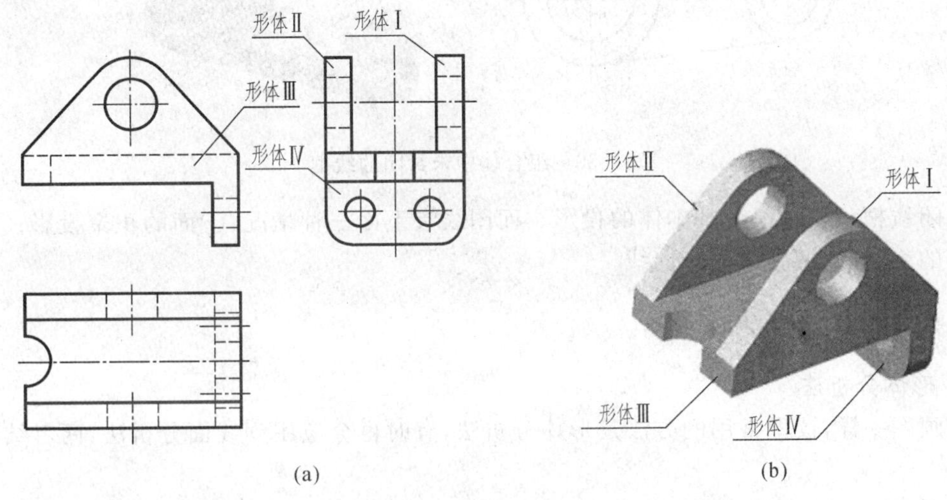

图 4-28　找特征视图

3. 了解视图中线框、图线的含义，判别形体表面的形状和位置

组合体的视图是组合体各形体表面投影的集合。视图中每一封闭的线框一般代表组合体上一个表面的投影，如图 4-29 所示的 P 面和 Q 面。若形体表面连接处为相切，则表示表面轮廓的线框不封闭，如图 4-30 所示的 $ABCD$ 面，在主、俯视图都是不封闭的线框。

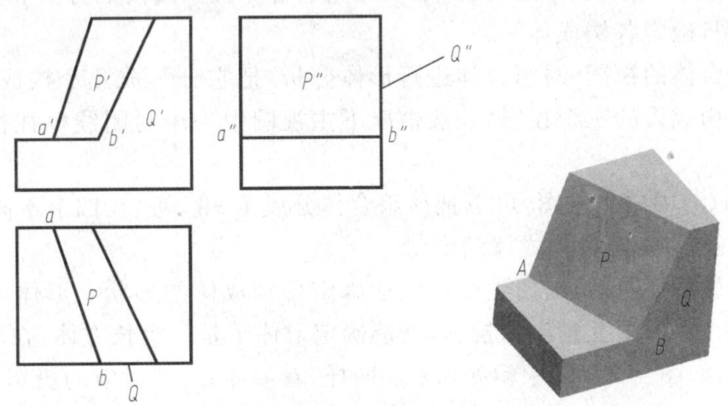

图 4-29　组合体中线框及图线的含义

在读图过程中，应用线面分析法去分析和构思时，应关注视图中图线和封闭线框。视图中每一个封闭线框一般对应一个面的投影，根据视图对应关系，对应这个面的其余投影就能确定这个面到底是平行面、垂直面、一般位置面，还是回转面。当然最简单的情况就是图中

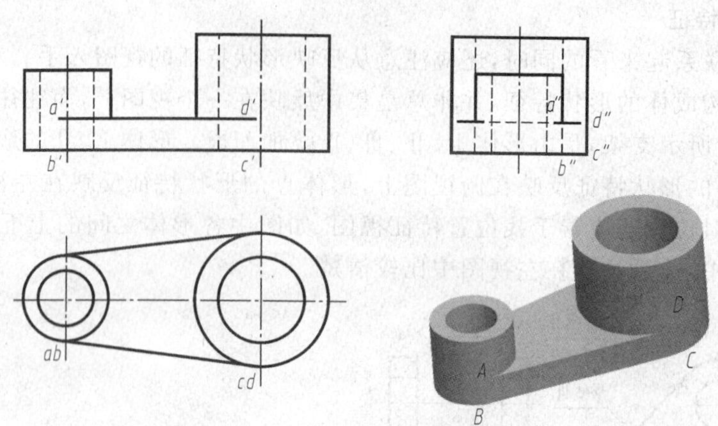

图 4-30　组合体中未封闭的线框

一个封闭线框只表示一个基本体的投影。而图线有下面三种情况：①面的积聚投影；②面与面之间的交线；③回转体的转向线。

4.5.2　看图方法

1. 形体分析法

和画图一样，读图常用的方法是形体分析法，有时也会应用到线面分析法，两者结合，相辅相成。

画图是在三维空间对组合体进行形体分析，而读图则是在平面视图上进行图形分析。根据基本形体及其常见组合形式，首先将一个反映形体特征的视图按照轮廓线构成的封闭线框分解成几个图形，它们就是各个简单形体表面的一个投影；然后按照投影规律找出它们在其他视图上对应的图形，想象出简单形体的形状；同时，根据图形特点分析出各个简单形体之间的相对位置即叠加、切割等组合方式，综合想象出整体三维形状。

下面以图 4-31 所示的轴承座为例，说明此类组合体视图阅读的方法和步骤。

(1)分析视图，确定各构成体

联系所给组合体的视图，对组合体进行形体分析，把它分解成几个构成体；再根据投影对应关系分出各构成体的三个投影，一般情况下主视图中一个封闭线框往往表示了一个基本体的投影。

根据图 4-31(a)中的主视图，可以把该组合体分成Ⅰ、Ⅱ、Ⅲ、Ⅳ四个不同的部分。

(2)抓特征视图，确定各构成体的形状

读图时要抓住特征视图，以便更快更准地确定各构成体的形状。形体Ⅰ的特征反映在主视图上，对应俯、左视图上相应的投影，就能确定形体Ⅰ是一个长方体，在其上部挖了一个半圆柱形状的槽，如图 4-31(b)中粗线所示。同样，看形体Ⅱ，其对应的投影如图 4-31(c)中粗线所示，是一块“L”字形板，其上有两个小孔。最后通过对投影可以找到形体Ⅲ、Ⅳ(左、右各一块)的其余两投影，如图 4-31(d)中粗实线所示，它们是两块三棱柱板。

(3)综合起来想象整体

在看懂各构成体的基础上，按各形体的相对位置组合起来，想出组合体的整体形状。从图 4-31(a)所示的主、俯视图上，可以清楚地看出各形体的相对位置，带半圆形槽的长方体

Ⅰ和两块三棱柱板Ⅲ、Ⅳ均在底板Ⅱ的上面，这三种形体的后部位于一个平面上。这样综合起来想象整体就能形成如图 4-31(d)中所示的整体形状。

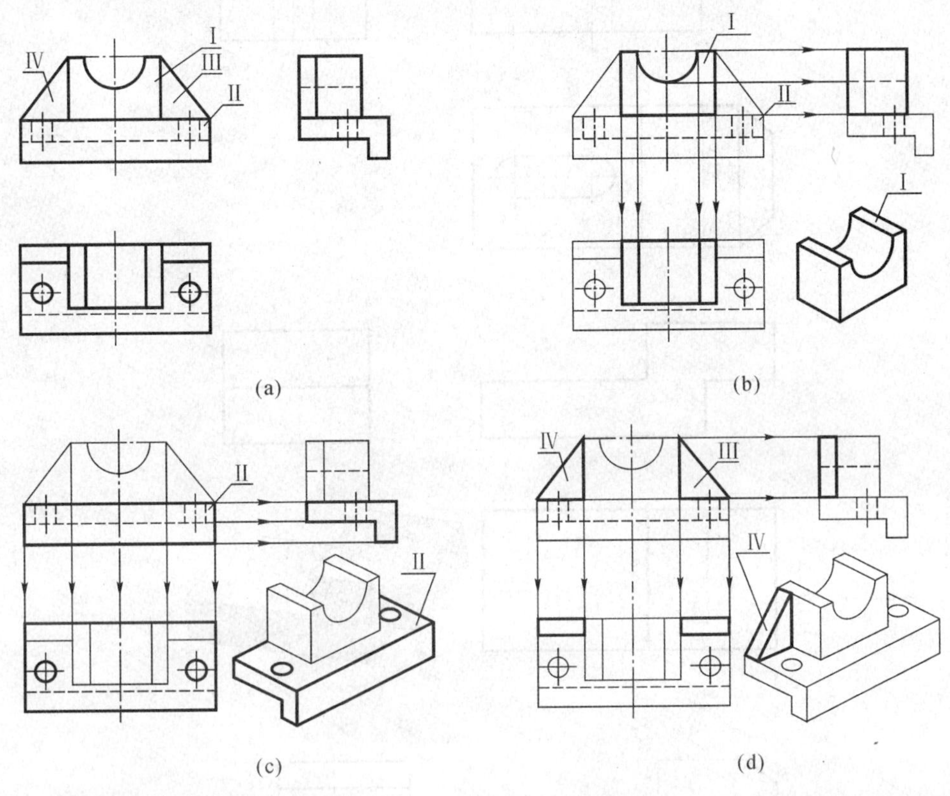

图 4-31　形体分析法读图

2. 线面分析法

对于形体清晰的组合体，用形体分析法读图即可。但对局部较难的地方，如形状复杂的斜面以及截交线和相贯线等，再采用线面分析法，根据线和面的投影特性（积聚性、实形性和类似性）分析面的性质、形状和相对位置，然后综合起来想象出组合体的整体形状。

下面以图 4-32 所示的压板为例，说明此类组合体视图阅读的方法和步骤。

(1)概括了解

由图 4-32(a)知，压板是一个切割式组合体，可以看成是由基础形体切割而成。

(2)形体分析

1)基础形体是一个“Z”字形板，见图 4-32(b)。

2)在基础形体的左边头部，由于主视图上有斜线，对应俯视图与左视图上的线框，水平投影 p 和侧面投影 p''，可确定 P 为正垂面，见图 4-32(c)。

3)在俯视图的前后有两条对称斜线，对应主视图与左视图上的四边形线框，正面投影 q' 和侧面投影 q''为类似的平面图形，可确定 Q 为铅垂面，见图 4-32(d)。

4)综合想整体，导块的形状如图 4-32(e)所示。

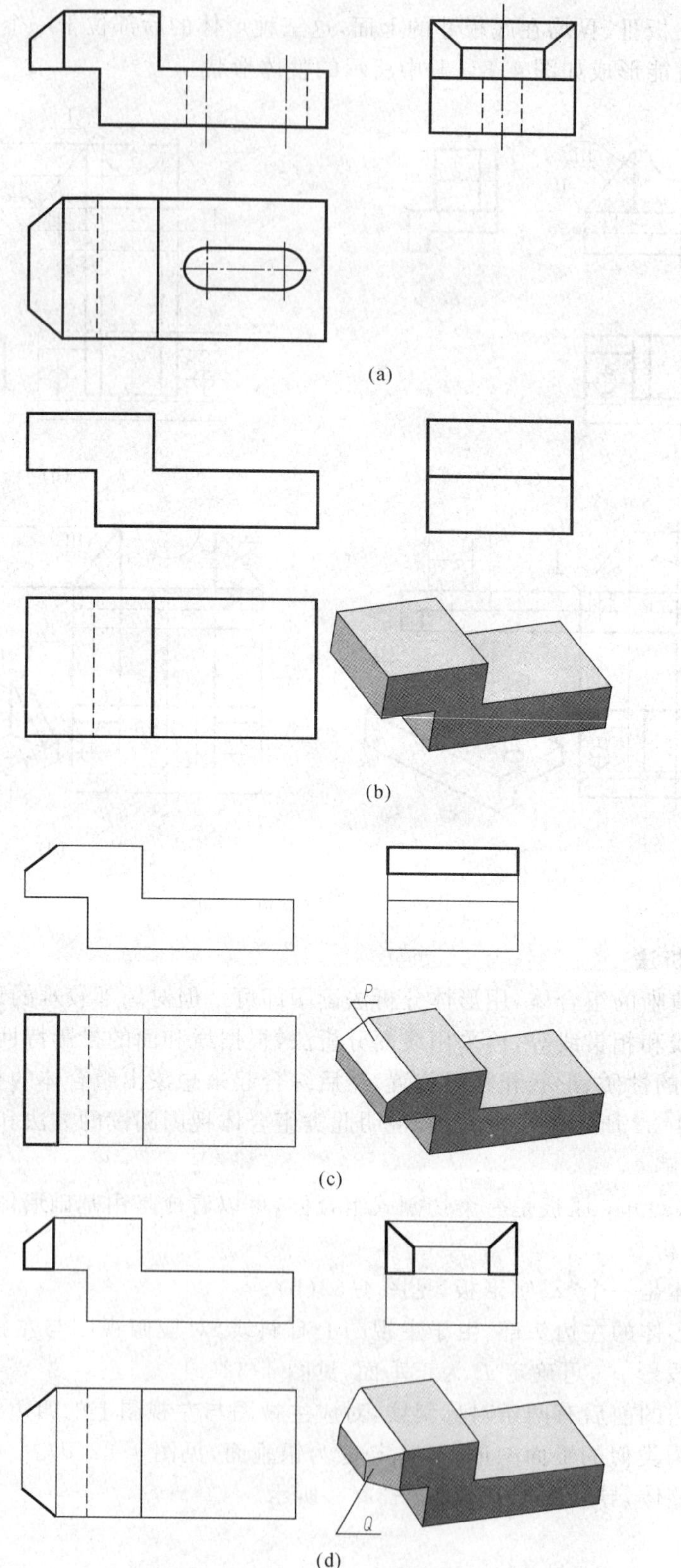

(a)
(b)
(c)
(d)

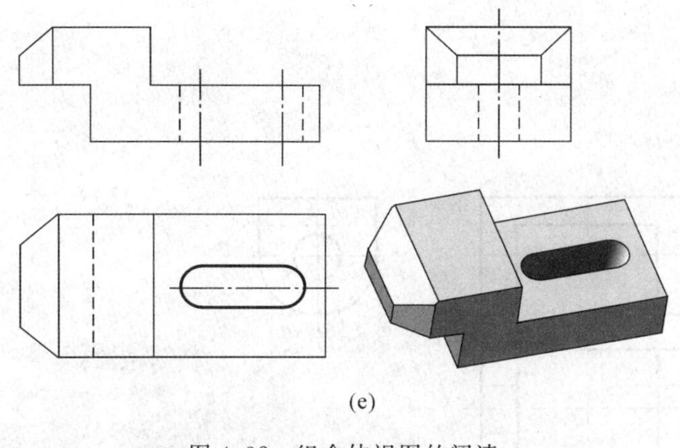

(e)

图 4-32　组合体视图的阅读

4.5.3　由二视图补画第三视图

例 4-2　已知支座的主、俯视图，如图 4-33(a)所示，补画其左视图。

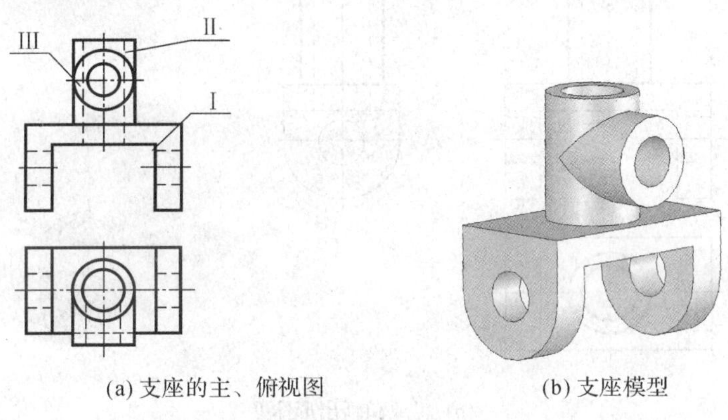

(a) 支座的主、俯视图　　(b) 支座模型

图 4-33　支座

1. 读视图，想象物体形状

从图 4-33(a)知，支座是由形体Ⅰ、Ⅱ、Ⅲ叠加而成的组合体。形体Ⅰ为一块板，其形状特征在主视方向，上有两圆柱孔；形体Ⅱ是圆管，其形状特征由主、俯视图共同确定；形体Ⅲ也是一圆管，其外圆柱面与形体Ⅱ的外圆柱面等径。从而构思出支架的形状如图 4-33(b)所示。

2. 补画左视图

1)补画形体Ⅰ的左视图，见图 4-34(a)。

2)补画形体Ⅱ圆柱的左视图，见图 4-34(b)。

3)补画形体Ⅲ圆柱的左视图，注意形体Ⅱ与形体Ⅲ相贯，外表面是特殊交线，内表面是一般交线，见图 4-34(c)。

4)检查，加深。见图 4-34(d)。

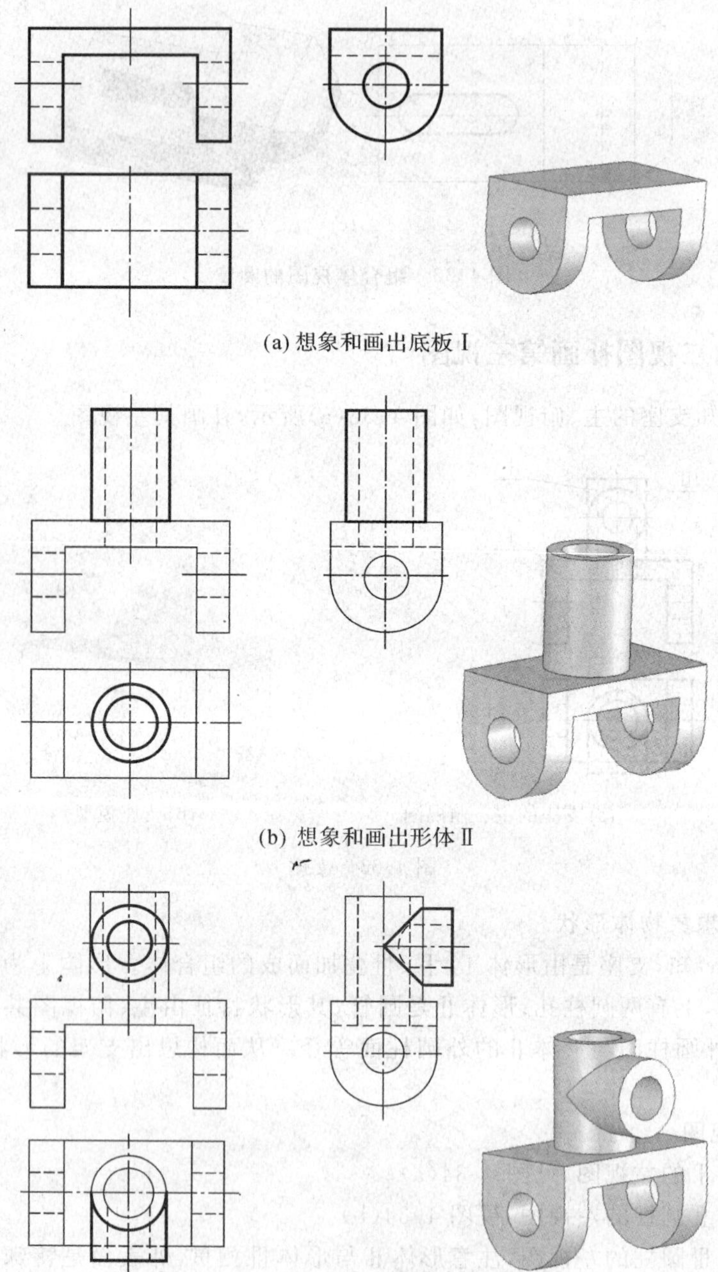

(a) 想象和画出底板Ⅰ

(b) 想象和画出形体Ⅱ

(c) 想象和画出形体Ⅲ

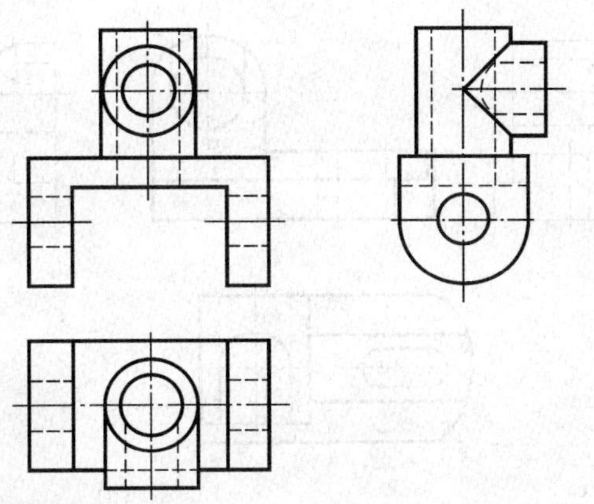

(d) 校核、加深

图 4-34　支架

例 4-3　如图 4-35(a)所示，根据所给的主、俯视图，读懂该组合体，补画其左视图。

从图 4-35(a)知，支座是由形体Ⅰ、Ⅱ、Ⅲ叠加而成的组合体。形体Ⅱ由一半圆柱和四棱柱叠加而成，其上有一圆柱孔，并且在半圆柱上开有一 U 形槽和内孔相通。形体Ⅲ也是一块板，其形状特征在俯视方向。形体Ⅲ叠加在形体Ⅰ的上面，其左端圆柱面与形体Ⅰ平齐，再开一长圆形通孔到下底面。从而构思出支架的形状如图 4-35(b)所示。

2. 补画左视图

1)补画形体Ⅰ、Ⅱ、Ⅲ的左视图，见图 4-35(c)。应注意形体Ⅲ叠加在形体Ⅰ的上面，其左端圆柱面 a 与形体Ⅰ的柱面 b 平齐，不画分界线。

2)补画形体Ⅱ半圆柱上 U 形槽的左视图，见图 4-35(d)。U 形槽和半圆柱相交，U 形槽的半圆柱面和形体Ⅱ的半圆柱相贯，外表面是一般交线 c，内表面是特殊交线 e；U 形槽的前方两侧平面切割形体Ⅱ的半圆柱，和半圆柱外表面产生截交线 d，与内孔正好相切，不应画切线。

3)检查，加深。见图 4-35(e)。

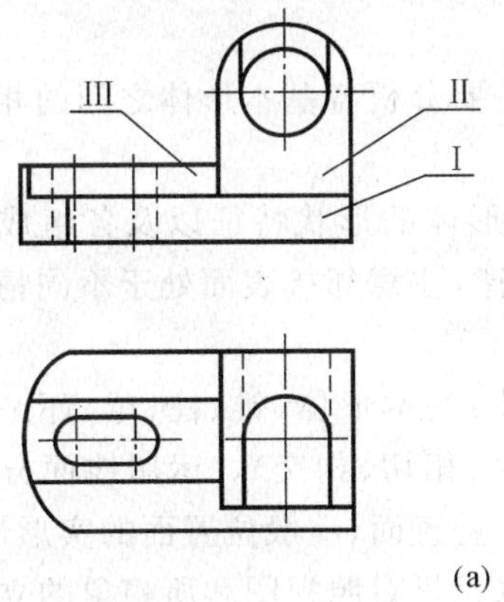

(a)

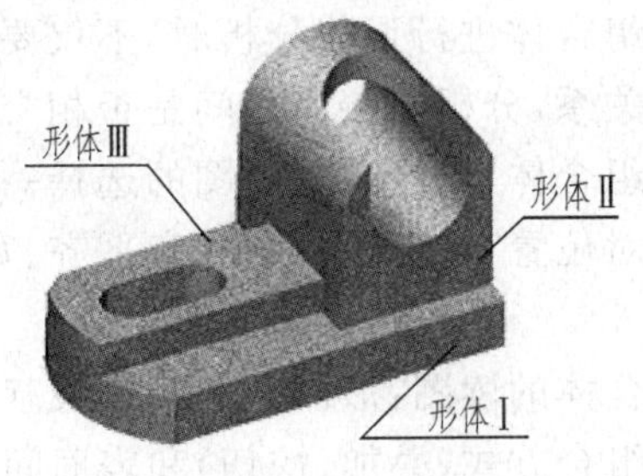

(b)

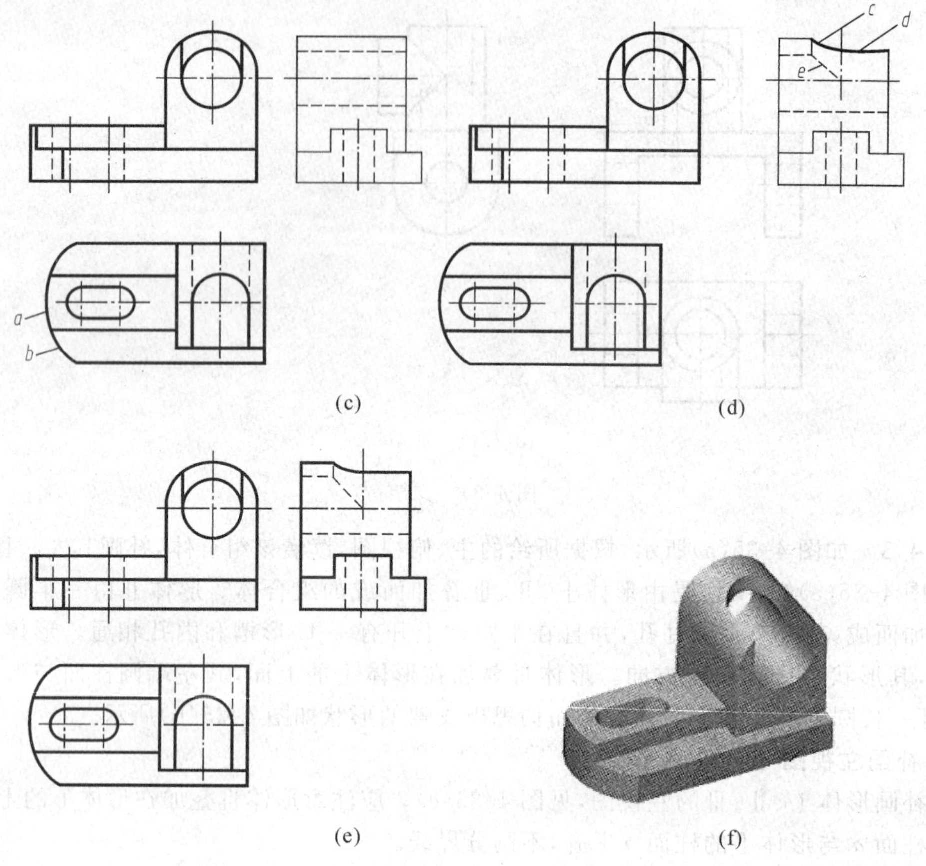

图 4-35 由二视图补画第三视图

本章小结

本章学习了三视图的形成规律，分析了组合体的构成形式，重点讲解了形体分析法和线面分析法进行组合体画图、尺寸标注、阅读的基本方法。

对组合体进行形体分析时，不仅要分析组合方式，还要分析各基本形体之间的相对位置和大小关系，分析邻接面之间是否相交、相切或共面。

画组合体三视图：主视图的选择一定要尽可能反映形体的形状特征以及各组成部分之间的相对位置，遵循“长对正、高平齐、宽相等”的投影规律，注意邻接表面处于不同情况时的画法。

组合体的读图：形体分析法是最基本的方法，应抓住：基本形体（锥、柱、球、环……）、形体间的组合方式（叠加、挖切）和表面间的位置关系（共面、相切、相交）。运用线面分析法应抓住：面、线的空间性质和投影规律，特别要注意平行面、垂直面、一般位置面的实形性、积聚性和类似性。读图时，按照看图要点和步骤，一定要注意反复对照视图和所想象的立体。

组合体的尺寸标注：基准选定后，一定要按照形体分析法分步骤标注定形尺寸、定位尺寸和调整整体尺寸，否则难以做到尺寸齐全。

要提高画图、看图能力必须不断练习、反复实践，多画、多看、多想，还可适当记忆一些常见的组合体。

复习思考题

1. 简述组合体三视图的投影规律。

2. 什么是组合体？什么叫组合体的形体分析法？什么叫线面分析法？

3. 组合体的组合形式有哪几种？各基本体表面连接关系有哪些？它们的画法各有何特点？

4. 当组合体的形体表面的平面与柱面相切或相交时，在画法上有何区别？

5. 画组合体时，如何选择主视图？怎样才能提高绘图速度？

6. 试述运用形体分析法画图、读图和尺寸标注的方法与步骤？怎样才能保证尺寸标注完整、清晰、正确？

7. 读组合体三视图要注意哪些要点？

8. 能否直接在截交线和相贯线上标注尺寸？为什么标注组合体的总体尺寸时要进行调整？

9. 什么时候用线面分析法？试述用线面分析法看图的方法和步骤。

第 5 章　轴测图

本章学习导读

轴测投影图能在一个投影面上同时反映物体的正面、侧面和顶面的形状，因此富有立体感。但零件上原来的长方形平面，在轴测投影图上变成了平行四边形，圆变成了椭圆，因此不能确切地表达零件原来的形状与大小，且作图较复杂，因此轴测投影图在工程上一般仅用作辅助图样。

学完本章，要求能够了解轴测投影图的形成，掌握轴间角、轴向伸缩系数及轴测投影的基本性质和轴测投影的基本作图方法。学会正等测和斜二测的画法。

利用轴测图具有立体感、容易看懂这一特点来帮助我们想象物体的空间形状。掌握轴测图的画法是我们快速了解空间物体形状的一个途径，是学习投影制图部分的辅助手段。

5.1　轴测图的基本知识

5.1.1　轴测图的形成

如图 5-1 所示，将物体连同其参考直角坐标系，沿不平行于任一坐标面的方向，用平行投影法将其投射在单一投影面 P 上所得到的图形称为轴测投影(轴测图)。

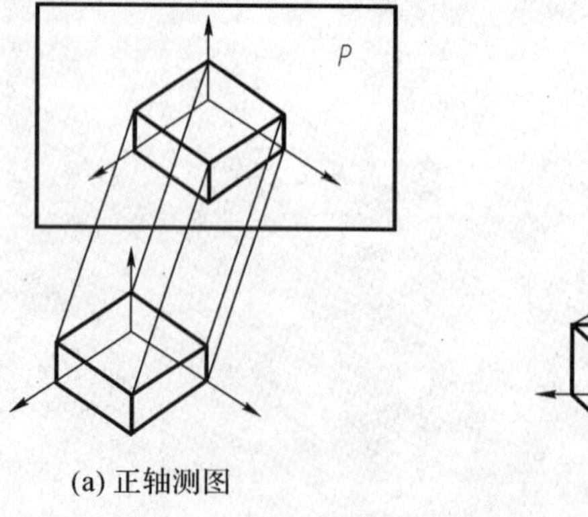

(a) 正轴测图

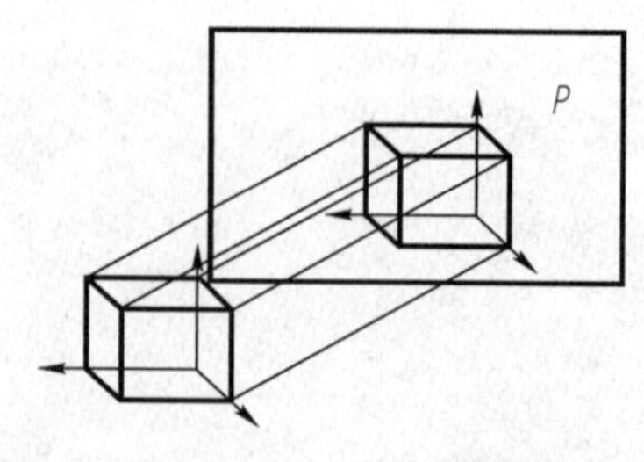

(b) 斜轴测图

图 5-1　轴测图的形成

由上可知，轴测图是一种能同时反映物体正面、侧面、水平面形状的单面投影图，它立体感强，广泛应用于一些技术书刊中的立体图、产品说明书中的插图、管路图、家具图以及电子产品的机框骨架结构图等。

5.1.2　轴测图的投影特性

轴测图是用平行投影法得到的，它具有下列特性：

(1)物体上互相平行的线段，在轴测图上仍互相平行。

(2)物体上两平行线段或同一直线上两线段长度之比值，在轴测图上保持不变。

(3)物体上平行于轴测投影面的直线和平面，在轴测图上反映实长和实形。

5.1.3　轴测图的轴间角和轴向伸缩系数

1. 轴间角

如图 5-2，确定立体位置的空间直角坐标轴 ox、oy、oz 的投影 OX、OY、OZ 称为轴测轴，轴测轴之间的夹角 $\angle XOY$、$\angle YOZ$、$\angle ZOX$ 称为轴间角。

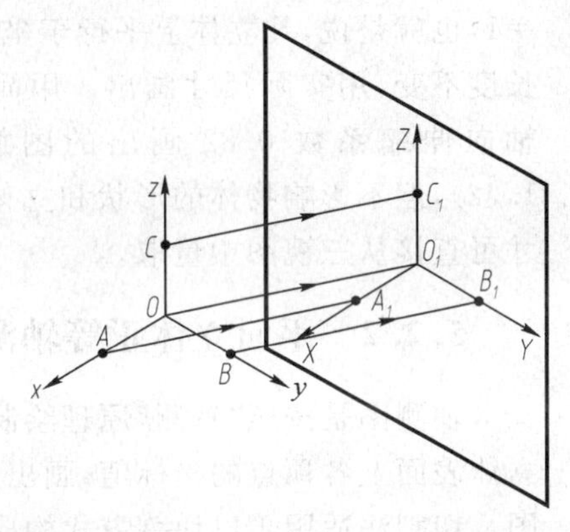

图 5-2　轴测轴、轴间角、轴向伸缩系数

2. 轴向伸缩系数

轴测轴上的线段与空间坐标轴上相应线段长度之比称为轴向伸缩系数。沿 X、Y、Z 轴三个方向的轴向伸缩系数分别用 p、q、r 表示，即

$$\begin{cases} p=\dfrac{O_1A_1}{OA} \\ q=\dfrac{O_1B_1}{OB} \\ r=\dfrac{O_1C_1}{OC} \end{cases}$$

有了轴间角和轴向伸缩系数，就可以根据立体的三视图来绘制轴测图。在绘制轴测图时，视图上所有点和线段的尺寸都必须沿坐标轴方向量取，并乘上相应的轴向伸缩系数，画到相应的轴测轴方向上去，“轴测”两字即由此而来。

5.1.4　轴测图的种类

1. 轴测图分正轴侧图和斜轴侧图两大类：

①正轴测图：投射线垂直轴测投影面得到的轴测图，如图 5-1(a)。

②斜轴测图：投射线倾斜轴测投影面得到的轴测图，如图 5-1(b)。

2. 空间坐标轴与轴测投影面成不同角度时，轴向伸缩系数也不同，可画出不同的轴测图。因此对这两类轴测图，根据轴向伸缩系数的不同，又可分为下列三种：

①当三个轴向伸缩系数相等时，称正(或斜)等轴测图，简称正(或斜)等测；

②当其中的两个轴向伸缩系数相等时，称正(或斜)二等轴测图，简称正(或斜)二测；

③当三个轴向伸缩系数都不等时；称正(或斜)三轴测图，简称正(或斜)三测。

国家标准推荐了三种作图比较简便的轴测图，分别是正等测、正二测、斜二测。本章介绍最常用的正等测轴测图和斜二测轴测图的画法。

5.2　正等轴测图

5.2.1　正等轴测图的轴间角和轴向伸缩系数

正等测的三个轴间角相等，都是 120°，如图 5-3，一般将 OZ 轴画成垂直方向。三根坐标轴的轴向伸缩系数相等，根据计算，$p=q=r=0.82$，即物体上的轴向尺寸为 100 时，轴测图上画成 82，这样作图很麻烦，为了简化作图，近似取 $p=q=r=1$，也就是说，凡立体上平行于坐标轴的直线，在轴测图上的长度不变，用实际尺寸画出。用简化系数画出的轴测图比用轴向伸缩系数 0.82 画出的图放大了 1.22 倍（$1/0.82\approx 1.22$），但不影响物体的形状和立体感，因此画正等测时，其尺寸可直接从三视图中量取。

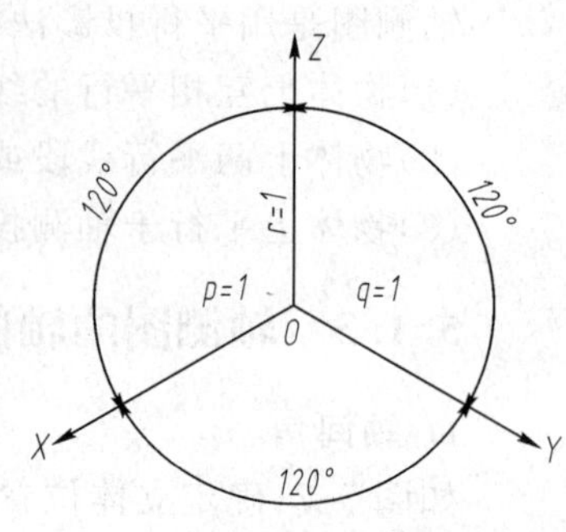

图 5-3　正等轴测图的轴间角

5.2.2　平面立体正等轴测图的画法

轴测图是按照“轴测”原理绘制的。其基本方法有坐标法和切割法。坐标法即根据平面立体表面上各顶点的坐标值，画出立体上各顶点的轴测图，连接各顶点，就完成立体的轴测图。切割法适用于以切割方式构成的平面立体，它以坐标法为基础，先用坐标法画出未切割的平面立体的轴测图，然后用截切的方法逐一画出各个切割部分。

例 1　画出图 5-4(a)所示六棱柱的正等轴侧图。

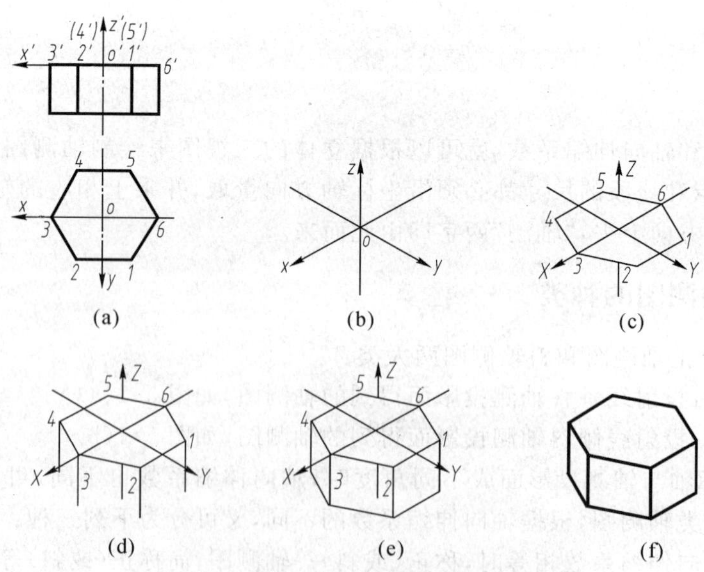

图 5-4　六棱柱的正等轴测图的画图过程

平面柱体的正等轴测图一般先画出柱体的一个底面，然后根据柱体的高度画柱体的棱线，最后连接棱线的端点得柱体的另一个底面。

作图步骤：

(1)选取坐标原点和坐标轴，对于柱体，为作图方便，一般将坐标原点取在上底面(图 5-4(a))，并标出六边形底面的各个顶点。

(2)画出轴测轴(图 5-4(b))。

(3)沿相应的轴测轴方向量取并确定六边形的六个顶点坐标，并按顺序连线(图 5-4(c))。

(4)沿 1、2、3、4 点向下画六棱柱的棱线，棱线长为六棱柱的高(看不见的棱线不必画出)(图 5-4(d))。

(5)连接棱线各点得棱柱的下底面，完成六棱柱的正等轴测图(图 5-4(e))。

(6)检查加深轴测图(图 5-4(f))。

例 2　画出图 5-5(a)所示立体的轴测图。

该立体由两个平面柱体上下叠加形成，下部是长方体上用正垂面切去一个角，上部是长方体上开了一个方槽。

作图步骤：

(1)选取坐标原点和坐标轴，这里将坐标原点选在立体的右、后、下的棱角上(图 5-5(a))。

(2)画出轴测轴，并画出下部长方体的轮廓(图 5-5(b))。

(3)画出用正垂面切去部分。量取 $AB=ab$、$CD=cd$，确定 B、C 两点，过 BC 做铅垂面(图 5-5(c))。

(4)画出上半部的长方体(图 5-5(d))。

(5)画出垂直正投影面的方槽(图 5-5(e))。

(6)擦去被遮挡和切割掉的图线，加深后即完成立体的正等轴测图(图 5-5(f))。

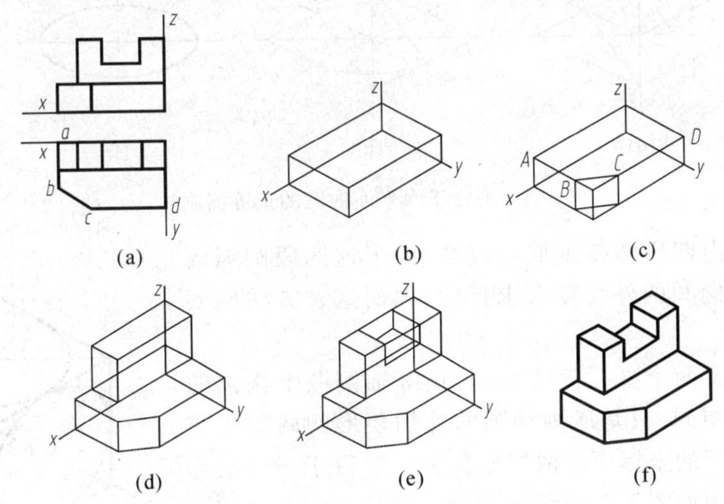

图 5-5　平面立体正等轴测图画法

5.2.3 回转体正等轴测图的画法

1. 平行于坐标面的圆的正等轴测图画法

从正等轴测图的形成知道，由于正等轴测投影的三根坐标轴都与轴测投影面成相等的倾角，所以三个坐标面也都与轴测投影面成相等倾角。因此，立体上凡是平行于坐标面的圆的正等轴测投影都是椭圆，下面以 5-6(a)所示的平行水平投影面的圆为例，介绍正等轴测图上椭圆的近似画法：

(1)画出该坐标面的两根坐标轴，并画出圆的外切正方形(图 5-6(b))。

(2)画出 X、Y 两轴测轴；同时以圆的直径 d 为边长，画出其邻边分别平行于 X、Y 两轴测轴的菱形(图 5-6(c))。

(3)连接 15、36 得 7、8 两点，如图 5-6(d)所示，5、6、7、8 四点为所画椭圆的四个圆心。1、2、3、4 四点为四段圆弧光滑连接的连接点。

(4)分别以 5、6 两点为圆心，以 15(或 36)为半径画出椭圆上两段大圆弧 14 和 23；再以 7、8 两点为圆心，以 17 (或 83)为半径画出椭圆上两段小圆弧 12 和 34(图 5-6(e))。

(5)加深椭圆(图 5-6(f))。

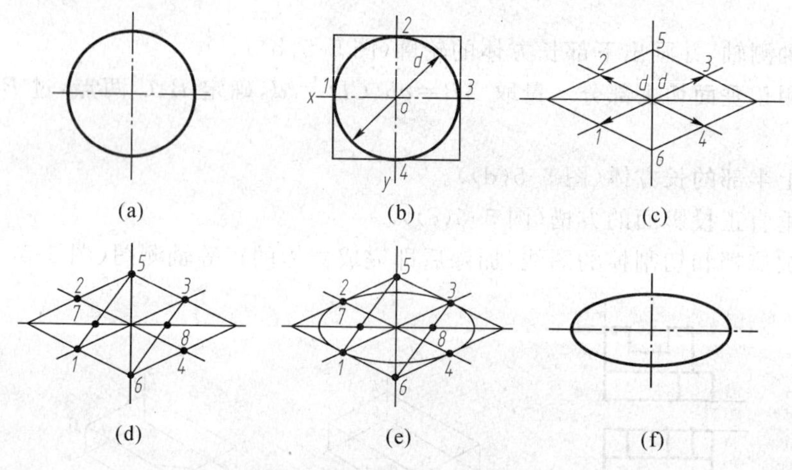

图 5-6 平行于水平面的圆的正等测画法

上述椭圆是由四段圆弧近似连成的，由于这四段圆弧的四个圆心是根据椭圆的外切菱形求得的，因而这种方法叫菱形四心法。

对于平行于另两个坐标面的圆，其正等轴测图上椭圆的画法与上述方法相同，只是所画椭圆的外切菱形的两邻边应分别平行圆所平行的坐标面的两根坐标轴。平行于三个坐标面圆的正等轴测图如图 5-7 所示。

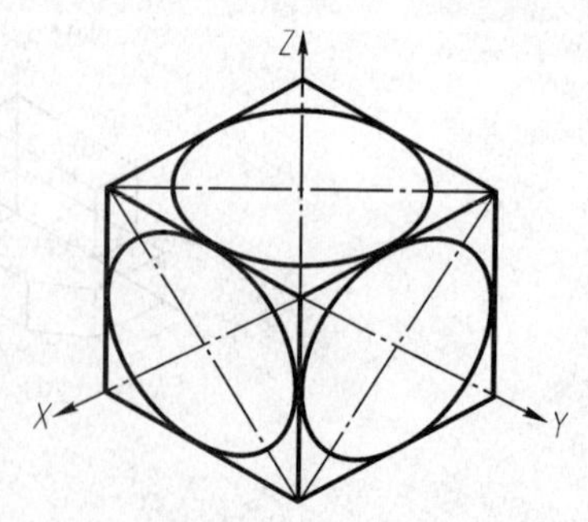

图 5-7 平行于坐标面的圆的正等测图

从图 5-7 看出，平行于三个坐标面的椭圆的投影特点如下。

(1)椭圆长、短轴方向：

平行于水平面的椭圆，其长轴垂直于 Z 轴，短轴平行于

Z 轴。

平行于正面的椭圆，其长轴垂直于 Y 轴，短轴平行于 Y 轴。

平行于侧面的椭圆，其长轴垂直于 X 轴，短轴平行于 X 轴。

(2)椭圆长、短轴的长度：

椭圆的长轴是圆上平行于轴测投影面的那条直径的投影，它的长度就等于圆的直径 d，短轴因与轴测投影面倾斜，它的长度等于 $0.58d$。当采用简化系数作图时，椭圆的长轴和短轴的长度均放大了 1.22 倍，即长轴≈$1.22d$，短轴≈$0.7d$。

2. 平行于坐标面的圆角的正等轴测图画法

平行于坐标面的圆角，实质上是平行于坐标面的圆的一部分，因此，可以用菱形四心法画圆的方法来画圆角，特别是电子产品中经常出现的 1/4 圆周的圆角，其所要画的椭圆弧就是上述菱形四心法中四段圆弧中的一段。其圆心的求法可以过角顶点分别沿两邻边量取距离为 R，得圆弧的两端点，再过这两点分别作点所在边的垂线，其交点即为所求圆心。

例 3　画出图 5-8(a)所示底板的正等轴测图。

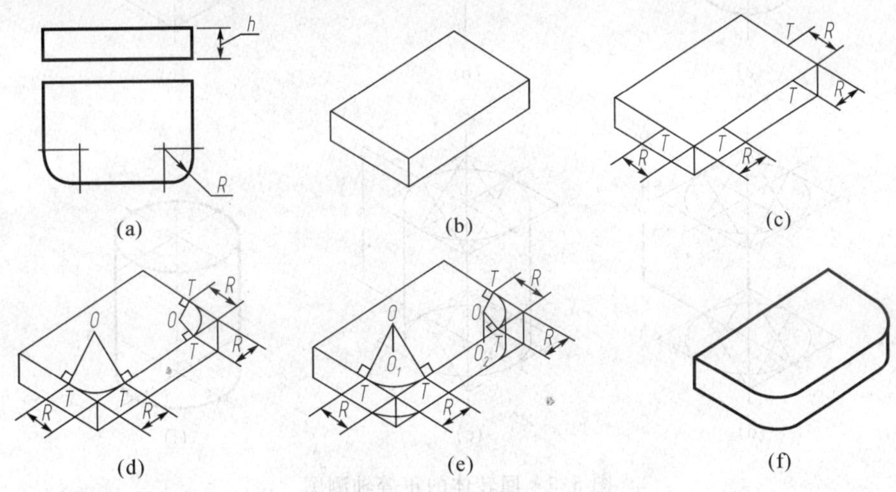

图 5-8　圆角的正等轴测图画法

作图步骤：

(1)首先画长方体的正等轴测图(图 5-8(b))。

(2)在底板上表面过两角顶(钝角和锐角)沿相应边量取 R 得两段圆弧的四个端点 T(图 5-8(c))。

(3)过此四点分别作点所在边的垂线，交点 O 为两段圆弧的圆心，完成底板上表面的圆角(图 5-8(d))。

(4)底板下表面上的圆角可通过移心法来解决，即将圆心 O 沿 Z 轴下移底板厚度 h，再用与上表面圆弧相同的半径分别画圆弧(图 5-8(e))。

(5)在右端锐角处画出上下两个小圆弧的外公切线，擦去作图线及多余的线，即完成底板的正等轴测图(图 5-8(f))。

例 4　画出图 5-9(a)圆柱体的正等轴测图。

作图过程：

(1)画出轴测轴(图 5-9(b))。

(2)先画上部底圆的外切正方形，然后沿 Z 轴向下移动距离 h(圆柱的高度)，画下部底圆的外切正方形(图 5-9(c))。

(3)用菱形四心法画出顶面和底面的椭圆(图 5-9(d))。

(4)画出椭圆的外公切线(图 5-9(e))。

(5)擦去作图线及被遮盖的线，完成圆柱体的轴测图(图 5-9(f))。

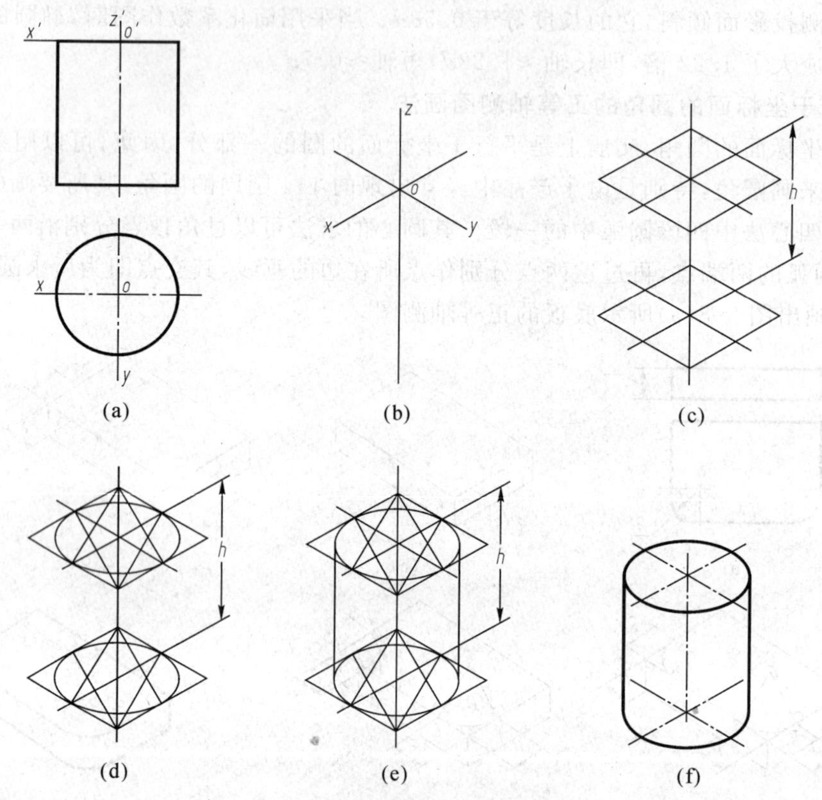

图 5-9 回转体的正等轴测图

5.3 斜二等轴测图

5.3.1 斜二测的形成、轴间角和轴向伸缩系数

当坐标面 XOZ 平行轴测投影面，并选择投射方向使轴测轴 Y 与水平方向夹角为 45°，轴向伸缩系数为 0.5，则得到我们通常所说的斜二等轴测图。

斜二等轴测图的轴间角如图 5-10 所示，$\angle XOZ=90°$，$\angle XOY=135°$，$\angle YOZ=135°$。

由于坐标面 XOZ 平行轴测投影面，该坐标面的轴测投影反映实形，因而轴向伸缩系数 $p=r=1$，Y 轴的轴向伸缩系数 $q=0.5$。

根据斜二测的投影特点，平行坐标面 XOZ 的圆和圆弧的轴测投影反映实形，画图简便，另两个坐标面上的圆和圆弧的轴测投影则为椭圆，作图麻烦。因此，斜二测一般用于表示相互平行的面内有较多的圆或圆弧的立体，并且将这些面置为平行 XOZ 坐标面。

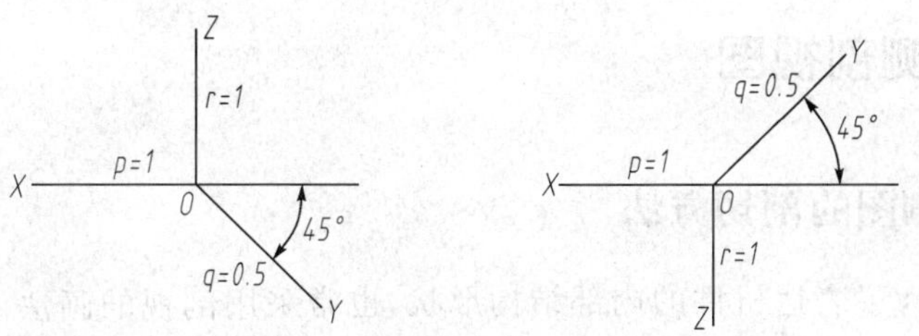

图 5-10　斜二测的轴间角与轴向伸缩系数

5.3.2　斜二测的画法

例 6　画出图 5-11(a)所示立体的斜二测。

作图步骤：

(1)选定坐标轴(图 5-11(a))。

(2)画出轴测轴及长方形底板，由于 Y 轴的轴向伸缩系数 $q=0.5$，所以平行 Y 轴的线段必须缩短一倍再画到轴测图上(图 5-11(b))。

(3)确定竖板前表面的圆心位置画圆和半圆弧(图 5-11(c))。

(4)沿 Y 轴将圆心平移 $b/2$ 的距离画后表面的圆弧(图 5-11(d))。

(5)完成其他可见轮廓线，并作前后表面半圆弧的公切线(图 5-11(e))。

(6)去掉多余线条，完成全图(图 5-11(f))。

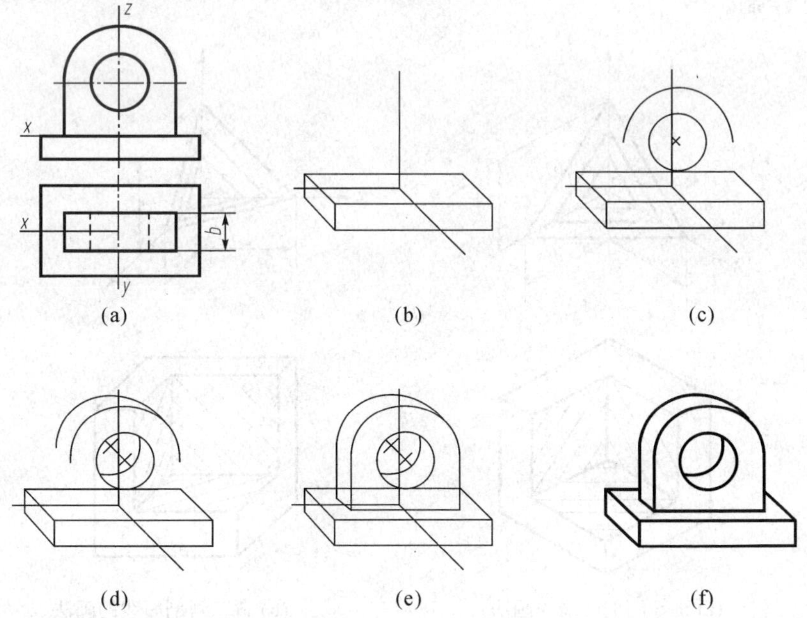

图 5-11　斜二测的画图步骤

5.4* 轴测剖视图

5.4.1 轴测图的剖切方法

在轴测图中，为了表达机件的内部结构形状，也常采用剖视的画法。这种剖切后的轴测图称为轴测剖视图。一般用两个互相垂直的轴测坐标面(或其平行面)剖切，能比较完整、清晰地显示出机件的内、外结构形状，如图 5-12(a)。尽量避免一个剖切平面剖切整个机件，如图 5-12(b)，和选择不恰当的剖切位置，如图 5-12(c)。

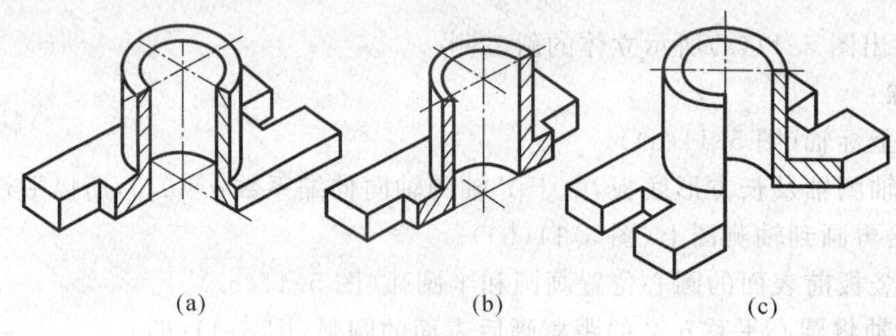

图 5-12 轴测图的剖切方法

用剖切平面剖切机件时，应在剖面上画出剖面线。正等测及斜二测图上剖面线方向按图 5-13 所示绘制。

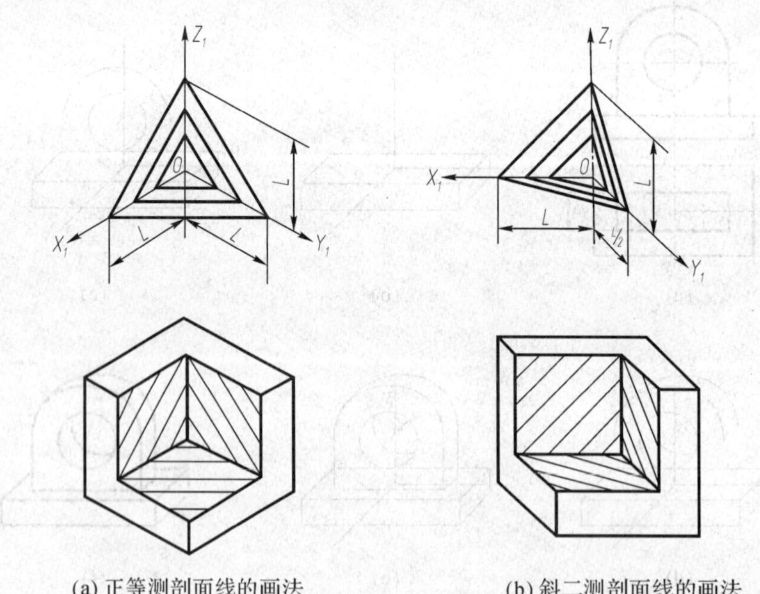

(a) 正等测剖面线的画法 (b) 斜二测剖面线的画法

图 5-13 轴测图的剖面线方向

5.4.2 轴测剖视图的画法

轴测剖视图一般有两种画法。

1. 先画整体，后作剖面

先把机件完整的轴测图画出，然后沿轴测轴方向用剖切平面切开，由外到内逐步画出剖切面与机件内、外表面的交线，再补画出剖切后内部可见的线、然后擦去多余的图线，并按规定的方向画出剖面线，完成作图，如图 5-14 所示。

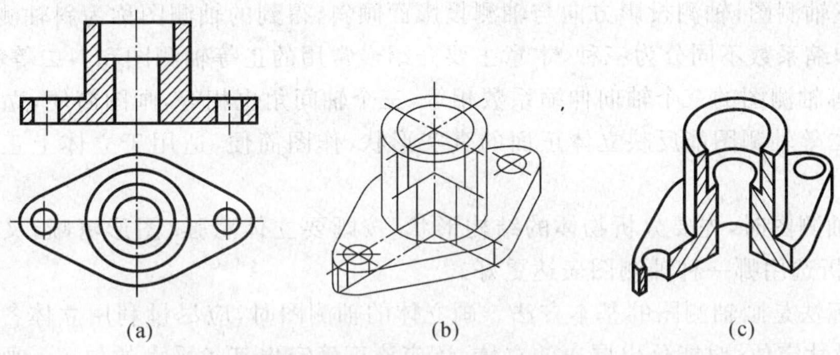

(a)　(b)　(c)

图 5-14　轴测剖视图的画法(一)

2. 先画剖面，后补外形

首先把剖切平面切割机件所得剖面的轴测图画出，然后再由近及远依次画出剖面后余下的机件外形轮廓及内部可见部分，如图 5-15 所示。

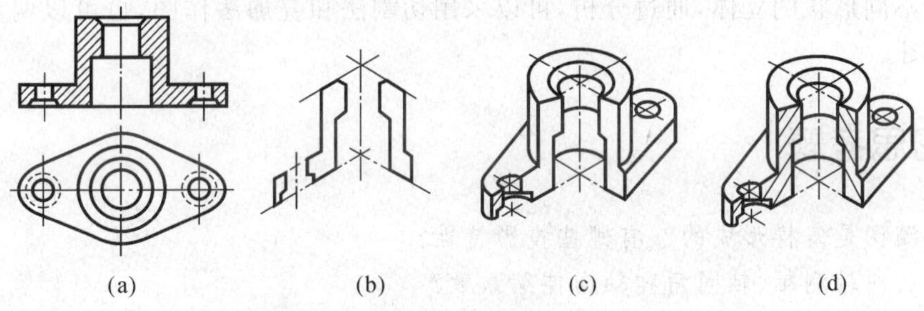

(a)　(b)　(c)　(d)

图 5-15　轴测剖视图的画法(二)

上述两种画法中，第一种方法先画整体，后作剖面，比较容易掌握。但画图过程中要擦去多余的作图线，影响速度和图面整洁。第二种方法由于剖面直接画出，故被切掉的部分可不必画，不但加快画图速度而且能保持图面整洁。但在画复杂机件时，较难想象，初学者不易掌握。

图 5-16 所示为斜二测图作剖切的图例。

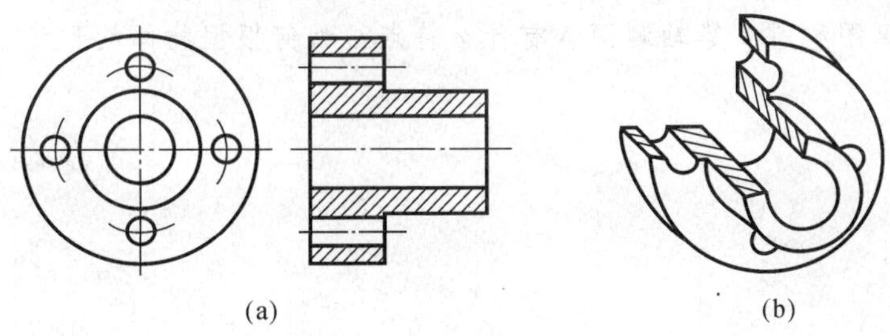

(a)　(b)

图 5-16　斜二测图的剖切

本章小结

轴测图是单面平行投影图，它分为两大类：轴测投影方向与轴测投影面垂直，得到的轴测图称为正轴测图；轴测投影方向与轴测投影面倾斜，得到的轴测图称为斜轴测图。每一类又按轴向伸缩系数不同分为三种，本章主要介绍最常用的正等轴测图和斜二等轴测图。

1. 正等轴测图的三个轴向伸缩系数相等，三个轴间角也相等，画图简便，立体感较强。

2. 斜二等轴测图能反映立体正面的真实形状，作图简便，适用于立体上正面形状复杂的物体。

3. 画轴测图时，先要分析物体的结构形状，按既要立体感强、图形清晰，又要作图简便的原则，分析选用哪一种轴测图表达更好。

4. 坐标法是画轴测图的基本方法。画立体的轴测图时，应尽量利用立体各组成部分的相对位置尺寸定位，对能分出层次的立体，还应该正确定出其各平面的位置。画有回转结构的立体时，要注意轴测图上椭圆长短轴的方向，以免出错。

5. 具体画图时，一般应先画出立体的主要轮廓线；然后再画出各部分的详细结构。要充分利用互相平行直线，在轴测图中仍互相平行；平行于投影轴的直线，在轴测图中仍平行于轴测轴的投影特性，采用从上到下、从前到后的顺序作图，以便提高作图效率。

6. 对不同形状的立体，通过分析，可以采用切割法和叠加法作图，也可以两者并用采用综合法作图。

复习思考题

1. 轴测图是怎样形成的？有哪些投影特性？

2. 什么叫轴测轴、轴间角和轴向伸缩系数？

3. 什么是正等轴测图？它的轴间角和各轴向伸缩系数分别为何值？它的简化伸缩系数为何值？

4. 什么是斜二等轴测图？它的轴间角和各轴向伸缩系数分别为何值？它的简化伸缩系数为何值？

5. 正等测投影中，位于或平行于坐标面的圆的轴测投影——椭圆的长轴和短轴的方向如何？

6. 如何画平行于坐标面圆的正等轴测图？

7. 正等轴测图和斜二等轴测图各有什么特点？如何根据物体的形状合理选用？

第 6 章　机件常用的表达方法

本章学习导读

在生产实际中，当机件的形状和结构比较复杂时，仅用前面所讲的三视图，往往不能完整、清晰地表达它们的形状结构。

本章根据国家标准《技术制图》中的规定，主要介绍视图、剖视图、断面图、局部放大图、简化画法等工程形体的常用表达方法及应用，使工程形体的表达方法更简单、方便、完整和清晰。

机件各种表达方法的重点是熟练掌握它们的画法和标注方法。

视图：着重于表达机件的外部形状；基本视图、向视图、局部视图和斜视图相辅相成，各有表达侧重点。

剖视：剖视的目的是为了表达机件的内部结构形状，所以剖切平面的位置和投影方向的选择，必须位于有利于表达内形真实情况之处。

断面图：主要是表达机件某一断面的形状特征。

其他表达方法是力求使视图更简捷、明了。

由于这部分内容的规定太多，在应用上应掌握各自的特点、表达侧重点的不同，并配合适当的练习，以加深对这些知识的理解，达到融会贯通。绘制机件图样时，要根据机件的结构特点，选用适当的表达方法，在完整、清晰地表达机件各部分形状和结构的前提下，力求制图简单，读图方便。

6.1　视　图

视图是用正投影法绘制的物体的投影，一般用于表达机件的外部形状。视图分基本视图、向视图、局部视图、斜视图四种。为便于读图和画图，在对机件结构表达清楚的前提下，视图一般只画机件的可见部分，必要时才画其不可见部分。

6.1.1　基本视图

在原有三个投影面的基础上，再增设三个投影面，组成一个正六面体，它的六个面称为基本投影面。机件向基本投影面投射所得的视图称为基本视图。即在原有主、俯、左三个视图的基础上，再在新增设的三个投影面上，从右向左投射得到右视图；从下向上投射得到仰视图；从后向前投射得到后视图。各投影面的展开方法如图 6-1(a)所示。展开后各视图的配置关系如图 6-1(b)所示。在同一张图纸内按图 6-1(b)配置视图时，不需标注视图名称。

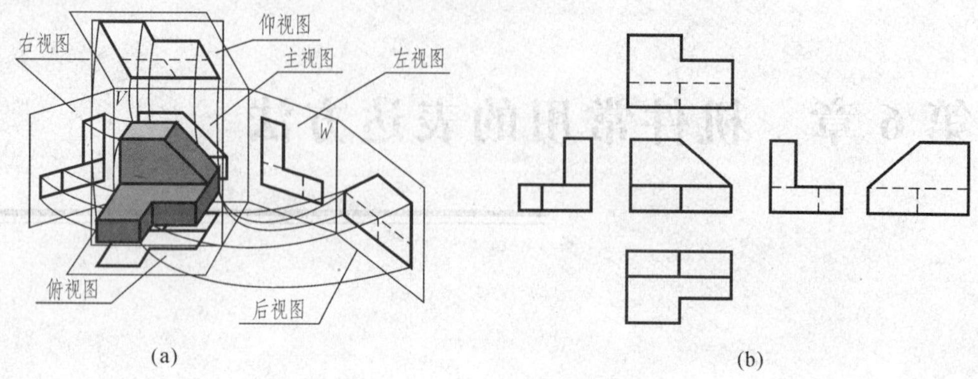

图 6-1 六个基本视图的形成和配置

基本视图的投影关系：主、俯、仰、后视图长相等；俯、左、仰、右视图宽相等；主、左、右、后视图高相等。

在表达立体时，并非六个视图都要画，应根据立体的形状结构选择基本视图，其中主视图是必需的，在表达清楚的前提下，尽量减少虚线。

6.1.2 向视图

向视图是可以自由配置的基本视图，当基本视图中的某些视图不能按图 6-1(b)所示位置配置时，在这些视图的上方用拉丁字母 A、B、C 表示向视图的名称，并在相应视图的附近用带相同字母的箭头表示该向视图的投射方向。如图 6-2，原来的右视图、仰视图和后视图分别成为 A 向、B 向和 C 向视图。

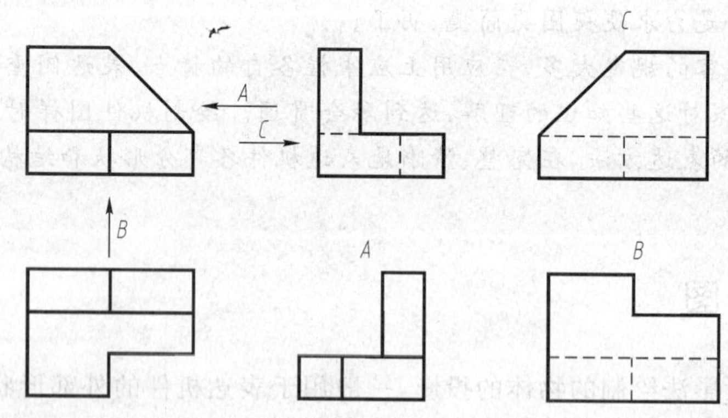

图 6-2 向视图及其标注

6.1.3 局部视图

将机件的某一部分向基本投影面投射所得的视图称为局部视图。如图 6-3 所示机件，采用主、俯两个视图已把机件的主体表达清楚，只有左边的 U 字形凸台和右边的半长圆形凸台这两个局部形状尚未表达清楚，如再用左、右两个基本视图虽然能表达清楚，但对已表达清楚的主体部分还要重复表达，就显得累赘，将它们画成图示的两个局部视图，可使表达更为简练、清晰。

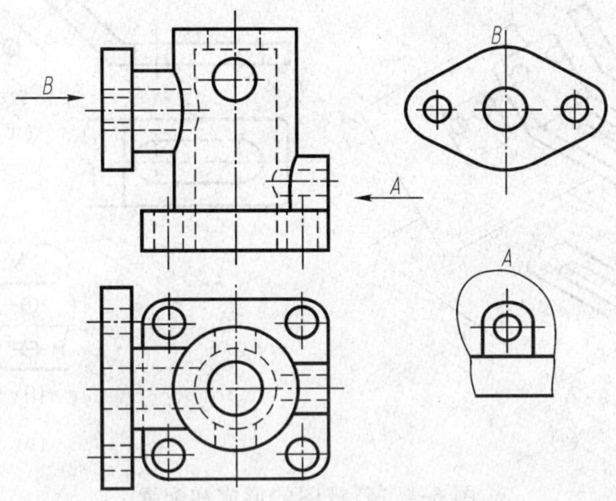

图 6-3　局部视图及标注

在画局部视图时，应注意以下几点：

① 局部视图可按基本视图的配置形式配置，这时不需标注，如图 6-3 中的 *B* 向视图可省略，也可按向视图的配置形式配置并加标注。

② 局部视图的断裂边界应以波浪线或双折线表示，波浪线必须画在机件实体上，如图 6-3 所示的局部视图 *A*；如果所表示的局部结构外形轮廓线呈完整的封闭图形时，波浪线省略不画，如图 6-3 中的局部视图 *B*。

6.1.4　斜视图

斜视图是将物体向不平行于任何基本投影面的平面（投影面垂直面）投射所得的视图。如图 6-4(a)所示，机件的右端部分与水平投影面倾斜，其水平投影不反映实形，画图、读图都不方便。为了简便、清晰地表达此倾斜部分，可增设一个平行于倾斜结构的辅助投影面。将此倾斜结构向辅助投影面作正投影，即得到斜视图。

斜视图一般按向视图的配置形式配置和标注，如图 6-4(b)所示。

① 在被投射部位用带字母的箭头指明投射方向（箭头应垂直于倾斜表面，字母不能倾斜），在斜视图上方标注相同的字母。

② 斜视图可以按箭头所指投影关系配置，如图 6-4(b)(Ⅰ)；也可布置在其他合适的地方，如图 6-4(b)(Ⅱ)；还可将斜视图旋转放正，旋转配置的斜视图名称要加注旋转符号，旋转符号是以字母高度为半径的圆弧线加指明旋转方向的箭头，其箭头端应该紧靠字母，旋转符号表示的旋转方向应与图形的旋转方向相同，如图 6-4(b)(Ⅲ)。

③ 斜视图只画出倾斜部分的局部形状，其断裂边界应用波浪线或双折线表示。

倾斜投影面的部分用斜视图表达清楚后，平行投影面的部分一般用局部视图表达，如图 6-4 中的俯视图。

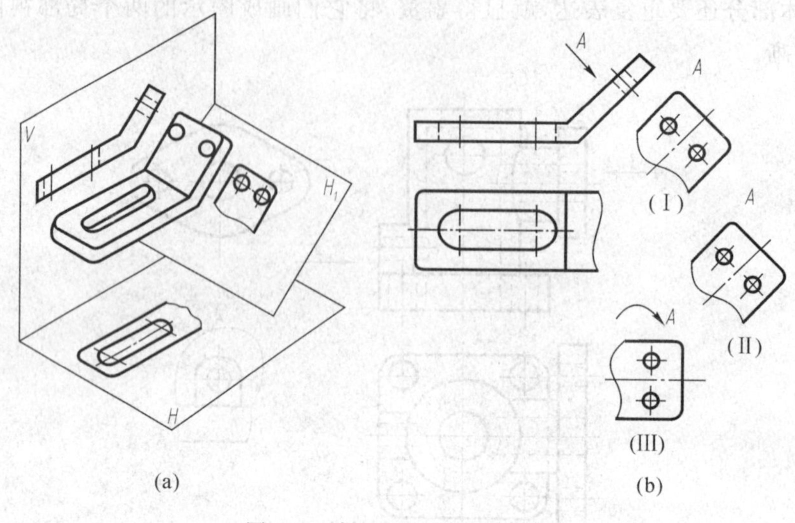

(a) (b)

图 6-4 斜视图的形成和配置

6.2 剖视图

当机件内部结构形状复杂时，在视图中必然会出现交错重叠的许多虚线，影响图形清晰，也给标注尺寸和读图带来困难，为了清晰地表达机件的内部形状，常采用剖视图。

6.2.1 剖视图的概念

假想用剖切面(一般是特殊位置平面即投影面平行面或投影面垂直面)剖开机件，将处在观察者和剖切面之间的部分移去(图 6-5(b))，而将其余部分向投影面投射所得到的图形，称为剖视图(简称为剖视)，如图 6-5(c)所示。它主要用于表达机件的内部结构形状，这样，原来表达机件内部结构的虚线变成了可见的粗实线 。

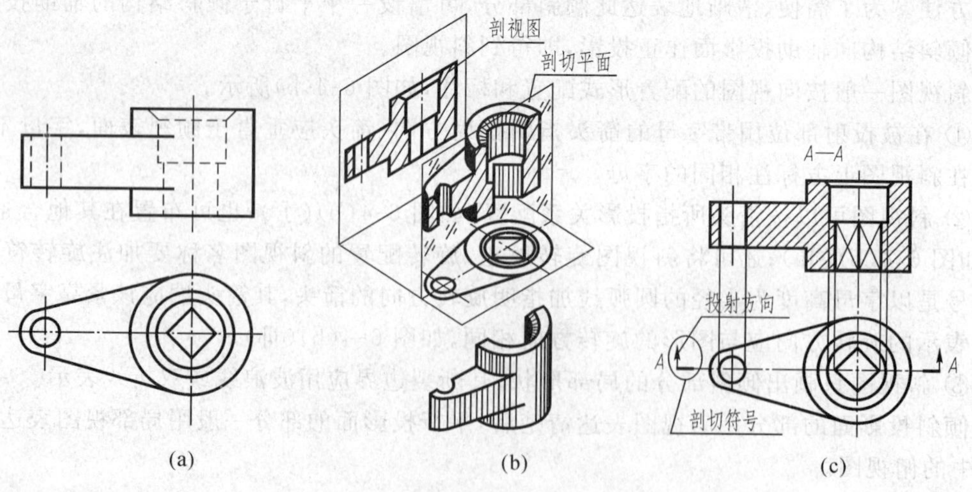

(a) (b) (c)

图 6-5 剖视图的形成和画法

6.2.2　剖视图的画法

1. 剖切面位置的确定

剖切面的位置要根据机件的结构形状确定，以使不可见的虚线在剖切后成为可见的粗实线，剖切位置多数情况通过机件内部结构的对称面或轴线。

2. 剖视图的画法

在剖视图中用粗实线画出机件被剖切后的断面轮廓线和剖切面后面的可见轮廓线，也就是说将剖切面后面部分的机件画成视图，机件被剖切到的剖面区域(剖切面与机体接触的部分)需画出剖面符号，常用的剖面符号见表 6-1。当不需要表示材料的类别时，可采用通用剖面符号来表示，通用剖面符号的画法与金属材料的剖面符号相同，即采用与水平方向成 45 度的平行细实线。

表 6-1　剖面符号

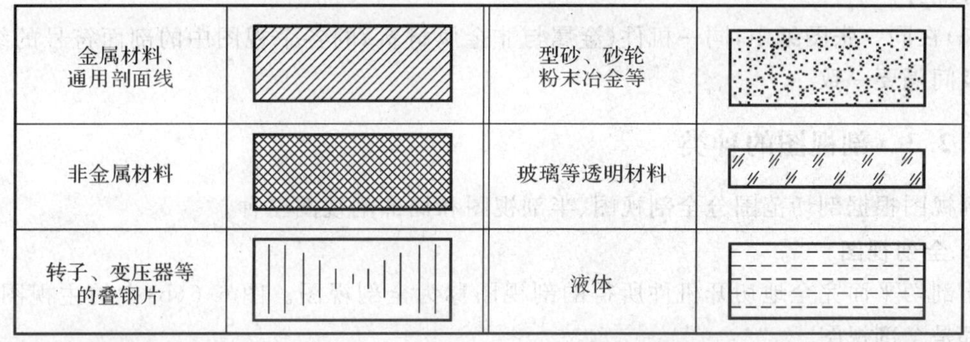

材料	剖面符号	材料	剖面符号
金属材料、通用剖面线		型砂、砂轮粉末冶金等	
非金属材料		玻璃等透明材料	
转子、变压器等的叠钢片		液体	

3. 剖视图的标注

读剖视图时，为了便于判断该剖视图的剖切位置和剖切后的投射方向，以便确定剖视图与视图之间的投影关系，需要进行标注。

(1)剖切符号由线宽(1～1.5)d 的粗短画和与之垂直的箭头组成。粗短画表示剖切面位置，尽可能不与图形的轮廓线相交，在它的起、迄、转折处标出相同的字母，箭头表示剖切后的投射方向，如图 6-5(c)。

(2)在剖视图上方，用与标注剖切位置相同的字母“×—×”标出剖视图的名称。

(3)标注的省略

①省略箭头：当剖视图按基本视图位置配置，中间又没有其他图形隔开时，可省去箭头，如图 6-6(b)中 A—A 剖视图。

②省略标注：当单一剖切面与机件对称面重合，且剖视图按投影关系配置，中间没有其他图形隔开时，可省略标注，如图 6-6(b)的主视图可以省略标注。

4. 几个注意的问题(如图 6-6 所示)

(1)剖视是假想的，因此在一个视图上采用剖视以后，在画其他视图时，机件仍然是完整的，若在一个机件上作几次剖切，则每一次剖切都应认为是对完整机件进行的。

(2)剖切面后面不属于剖面区域上的可见线条不要遗漏。

(3)在机件结构表达清楚的前提下，剖视图中的虚线一般省略不画。

(4)当剖切面过肋板对称平面纵向剖切时，肋板内不画剖面符号，用粗实线将肋板与邻

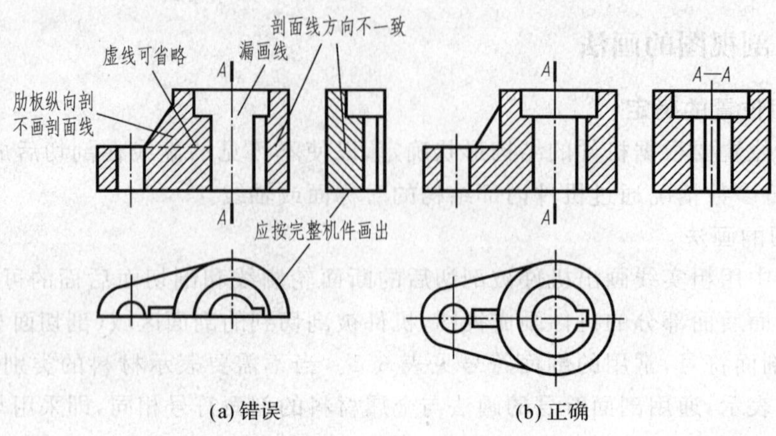

(a) 错误 (b) 正确

图 6-6 画剖视图应注意的问题

接部分隔开。

(5)在同一张图纸中,同一机件(金属与非金属材料)的各个视图中的剖面符号的线型、方向及间隔要一致。

6.2.3 剖视图的种类

剖视图根据剖切范围分全剖视图、半剖视图和局部剖视图三种。

1. 全剖视图

用剖切平面完全地切开机件所得的剖视图称为全剖视图。图 6-6(b)中的主视图和左视图都是全剖视图。

全剖视图的缺点是不能完整地表达机件的外部结构,所以它常用于表达外形结构简单内部结构复杂的机件。

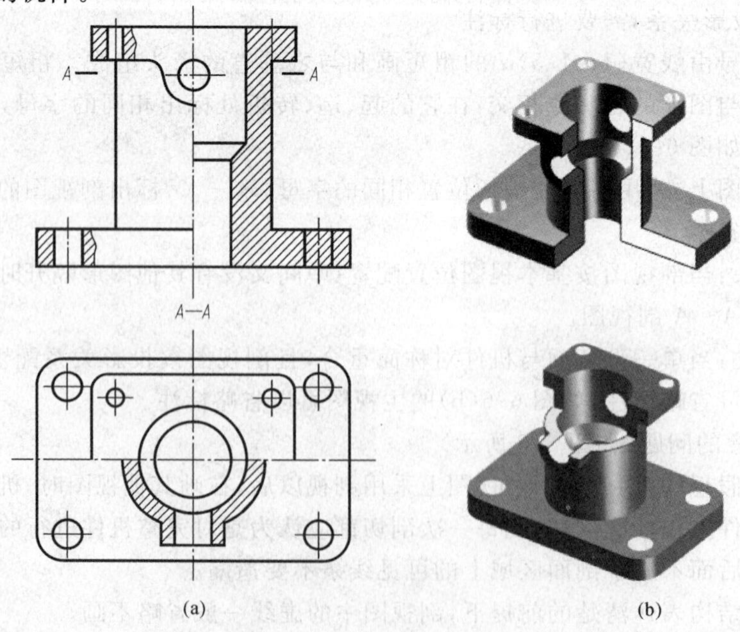

(a) (b)

图 6-7 半剖视图的画法

2. 半剖视图

当机件具有对称平面时,向垂直于对称平面的投影面上投射所得的图形,以对称中心线为界,一半画成剖视图,另一半画成视图,这种图形称为半剖视图。如图 6-7(a)所示立体的主视图和俯视图都是半剖视图。由于半剖视适用于对称的机件,因而我们从剖开的一边可以想象出整个机件内部的结构形状,从视图的一边可以想象出整个机件的外形,为了使图形更加清晰、简单,在表达外形的半个视图上,规定表达内部结构的虚线不画。

如果机件的形状接近于对称,且不对称部分另有图形表达清楚时,也可以画成半剖视图。如图 6-8 中的轮辐和键槽。

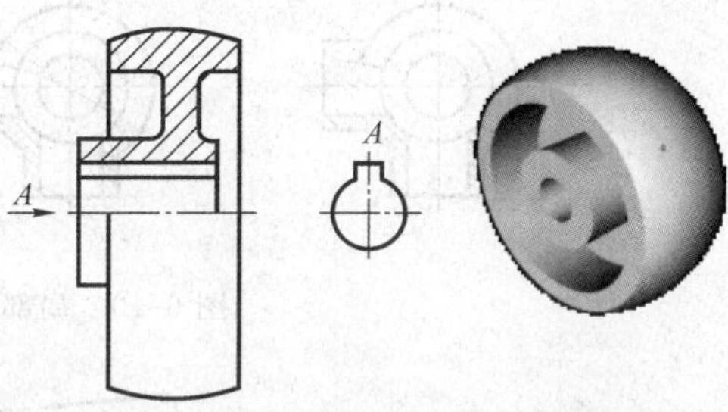

图 6-8　物体形状接近对称的半剖视图

半剖视图用于对称机件的内外结构都需要表达的场合。

画半剖视图应注意以下几点:

①视图和剖视图的分界线是点画线。

②半剖视图的标注方法和全剖视图相同。

3. 局部剖视图

假想用剖切平面局部剖开机件所得的剖视图称为局部剖视图。如图 6-9 所示机件,既不对称又要同时表达内外形状,用全剖视图或半剖视图都不适合。在主视图上用平行于正面的剖切平面,在机件左端局部地剖开小圆孔和小阶梯孔,在机件的右端局部地剖开大阶梯孔,在俯视图上用一水平剖切面局部地剖出水平圆柱孔,剖出部分用波浪线与视图隔开。

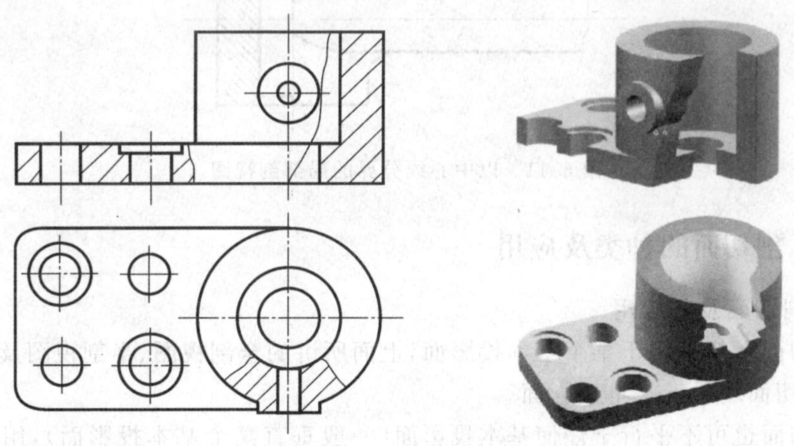

图 6-9　局部剖视图的画法

波浪线不可超出轮廓线、不应与其他图线重合或画在其他图线的延长线上。图 6-10 是波浪线不正确画法的图例。只有当被剖切的局部结构为回转体时,才允许该结构的中心线作为局部剖视图与视图的分界线,如图 6-11 所示。

局部剖视图是一种灵活的表达方法,任何机件都可根据需要采用,既能表达内部结构,同时又能表达外部形状,但在同一视图中局部剖视的数量不宜过多,以免显得支离破碎。

当局部剖的剖切位置清楚时,可以不加标注。

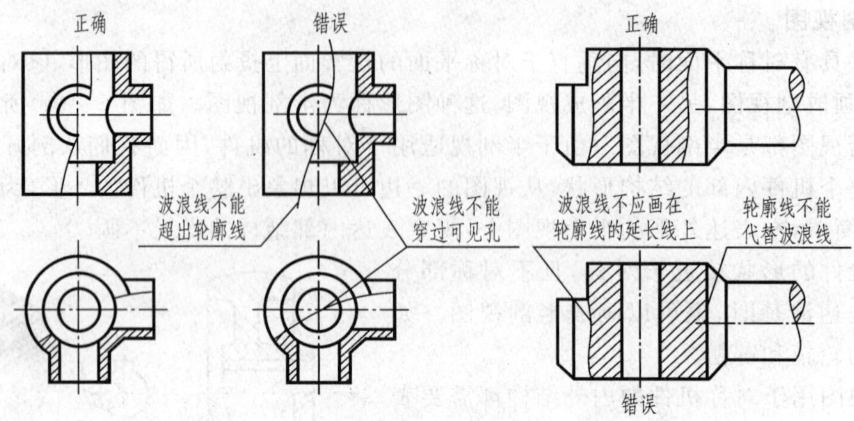

图 6-10 局部剖视图波浪线的正、误画法

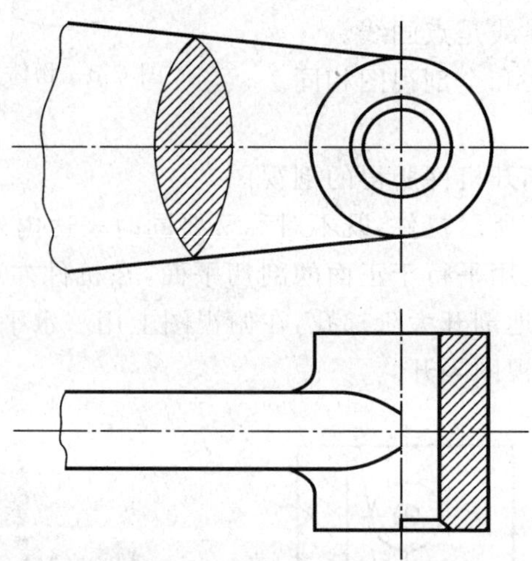

图 6-11 以中心线分界的局部剖视图

6.2.4 剖切面的种类及应用

1. 单一剖切面及其应用

单一剖切面一般平行于某个基本投影面，上面所讲的全剖视图、半剖视图及局部剖视图的例子，其剖切面均平行基本投影面。

单一剖切面也可不平行于任何基本投影面(一般垂直某个基本投影面)，用于表达机件上倾斜部分的内部结构，如图 6-12 所示的 A—A 剖视图。采用这种剖切方法获得的剖视图，必须按规定进行标注，其画法和图形位置的配置与斜视图相同，既可按箭头所指方向配置，并与基本视图保持投影关系，如图 6-12(Ⅰ)所示；也可自由配置在其他位置，如图 6-12(Ⅱ)所示；或者将图形旋转放正，这时应在剖视图名称旁加注旋转符号，其规定与斜视图相同，如图 6-12(Ⅲ)所示。

当机件上的倾斜结构与水平方向接近 45°，其剖视图上的轮廓线方向与剖面线方向接近一致时，应将剖视图上的剖面线画成与水平线成 30°或 60°的斜线，其间隔与方向仍与其他剖视图上一致，如图 6-12。

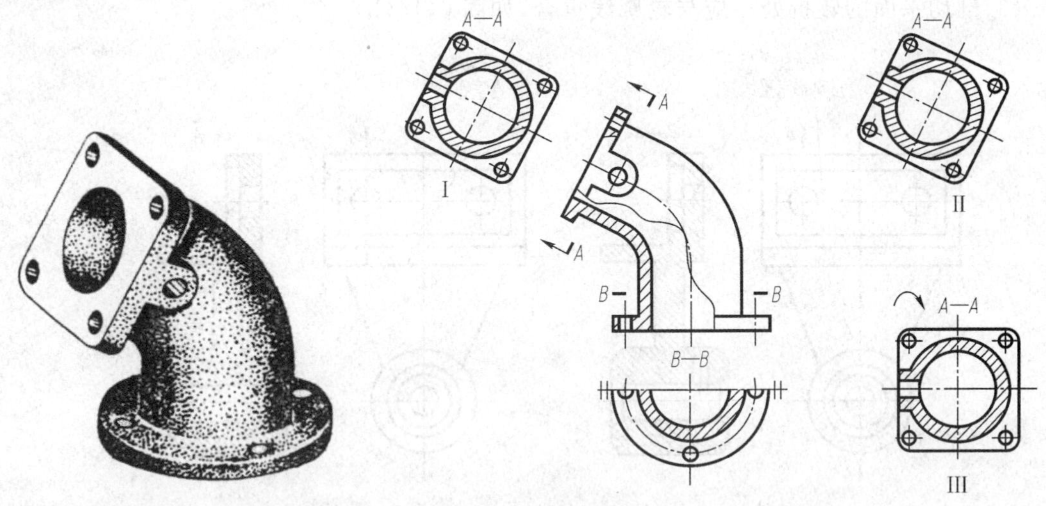

图 6-12　斜剖视图的画法

2. 几个平行的剖切平面及其应用

图 6-13(b)所示是用两个平行于侧投影面的剖切平面剖开机件所得到的全剖视图。这类剖视图必须标注，用带字母的粗短画(在转角处尽可能不与图形轮廓线相交)标明剖切平面的位置，用箭头指明投射方向(符合投影关系配置的剖视图可省略箭头)；在剖视图上方，用相同字母标出剖视图名称“×—×”。

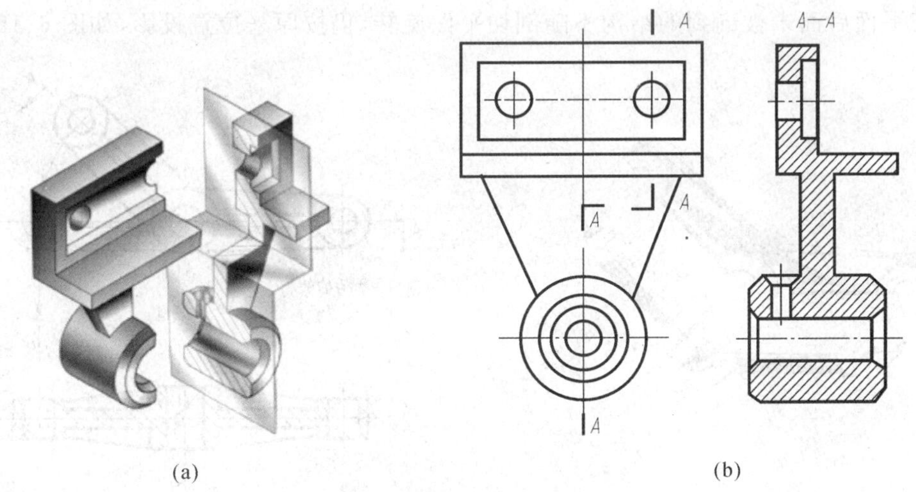

图 6-13　几个平行的剖切平面剖

画这一类剖视图时要注意下面几点(如图 6-14)：

(1)不允许在剖切平面的转折处出现不完整的结构要素，如图 6-14(a)。只有当所需表达的两要素具有公共轴线或对称中心线，剖切转折处才允许通过轴线或对称中心线，以中心线为界，两个要素各画一半。属于同一类的要素只需剖出其中一个即可。

(2)因为剖视是一种假想的表达方法，所以剖切平面转折处在剖视图上的投影不画，如

图 6-14(b)。

(3)剖切平面的转折处不应与轮廓线重合,如图 6-14(b)。

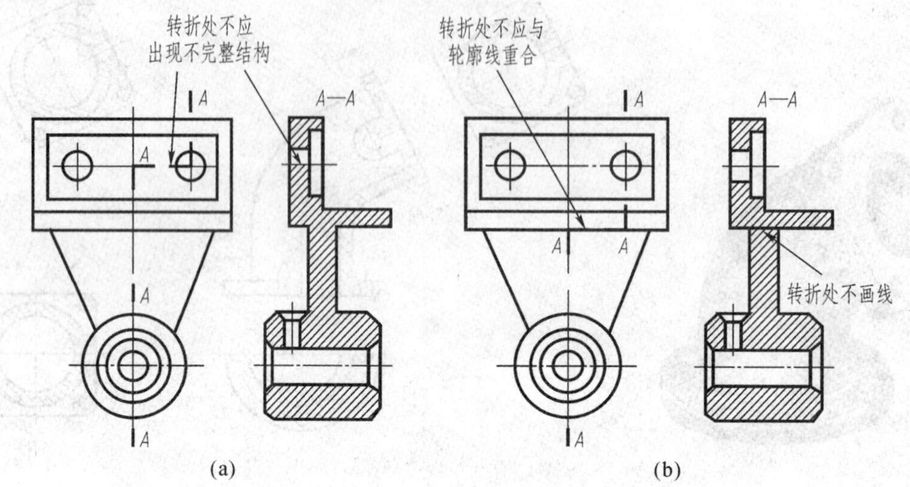

图 6-14 几个平行的剖切平面剖切应注意的问题

3. 几个相交的剖切平面(交线垂直于某一基本投影面)及其应用

采用这种剖切方法画剖视图时,先假想按剖切位置剖开机件,然后将不平行基本投影面的剖切平面剖开的结构旋转到与选定的投影面平行后再进行投影,如图 6-15 所示。

用这种方法得到剖视图必须用带字母的粗短画标明剖切平面的起始、相交和终止处,加箭头表示投影方向(符合投影关系配置的剖视图可省略箭头)。

剖切平面后面未被剖到的结构不随剖切平面旋转,仍按原来位置投影,如图 6-15(b)。

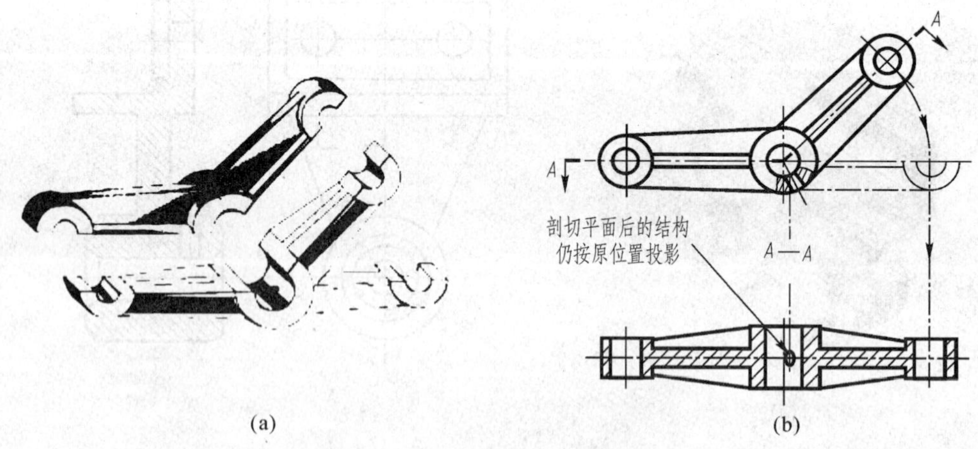

图 6-15 几个相交的剖切平面剖切

上述三种剖切平面和剖切方法既可单独使用,也可联合使用(如图 6-16);既可用于全剖视图,也可用于半剖视图和局部剖视图。

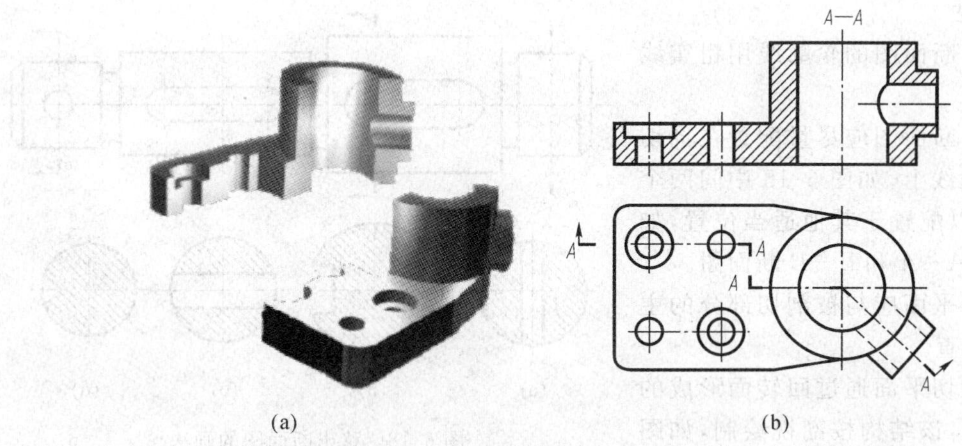

图 6-16　多种平面剖切形成的剖视图

6.3 断面图

6.3.1 断面图的概念

假想用剖切平面将机件某处切断，仅画出剖切平面与机件接触部分的图形，称为断面图（简称断面）。剖切平面应与被剖部分的轴线或主要轮廓线垂直，以反映断面的实形。如图6-17所示轴的表达方案。断面图常用来表示机件上某些局部的断面形状，如肋板、轮辐、轴上的键槽和小孔等。

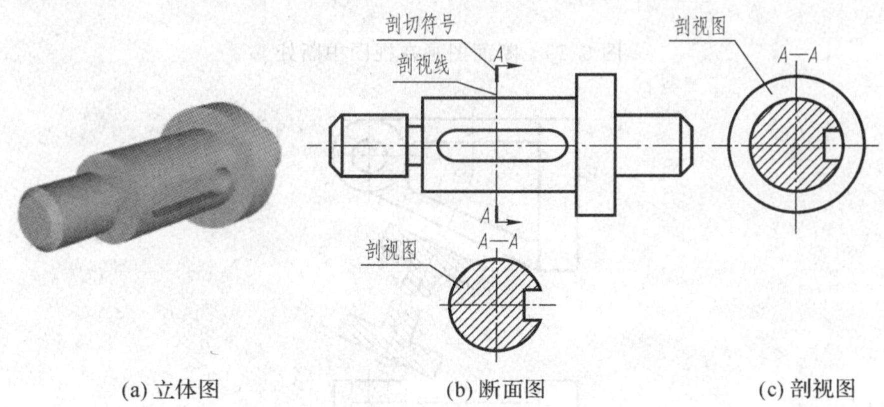

图 6-17　断面图的形成及与剖视图的区别

6.3.2 断面图的种类和画法

断面图按其在图样中配置位置的不同分移出断面图和重合断面图。

1. 移出断面图

画在视图外面的断面图称为移出断面图。

(1)画法

①移出断面图的轮廓线用粗实线绘制。

②移出断面图应尽量配置在剖切位置的延长线上，如图 6-18 中间两个断面，也可以配置于其他适当位置，如图 6-18 的 $A—A$ 和 $B—B$ 断面图。

③剖切平面应与被剖切部分的主要轮廓线垂直。

④当剖切平面通过回转面形成的孔或凹坑时，该结构按剖视绘制，如图 6-18 的 $A—A$ 和 $B—B$ 断面图；若剖切平面通过非圆孔，会导致断面图分离时也按剖视绘制，如图 6-18(c)的断面图。

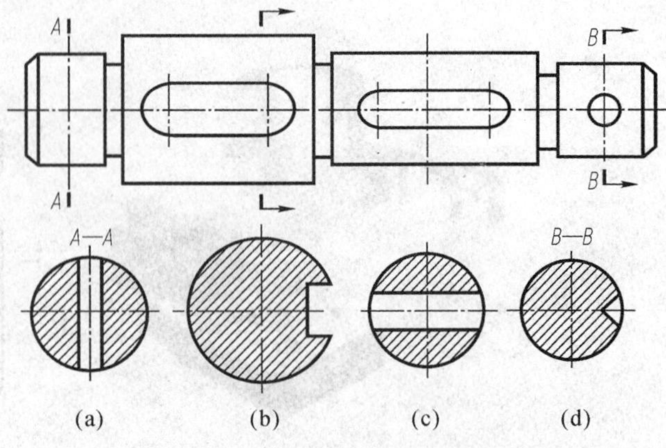

图 6-18　移出断面图的画法

⑤当断面图形对称时，可画在视图的中断处，如图 6-19。

⑥由两个或多个相交的剖切平面剖切得到的移出断面图，中间应用波浪线断开，如图 6-19。

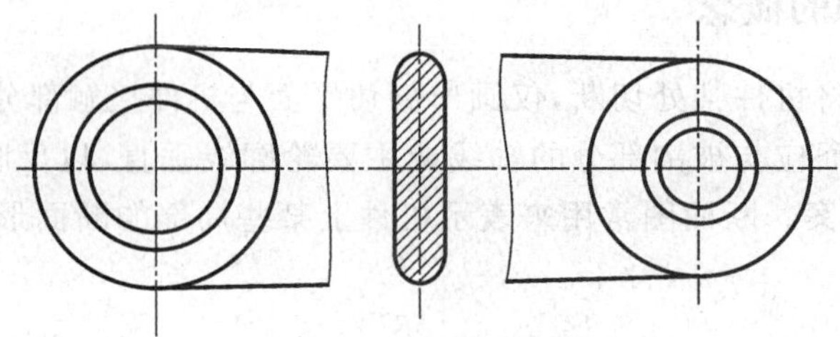

图 6-19　断面图画在视图中断处

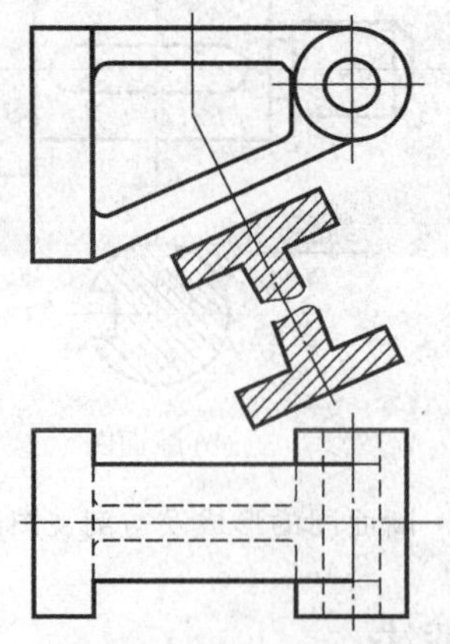

图 6-20　多个剖切面剖切的断面图

(2)标注

①移出断面图的标注与剖视图标注相同。移出断面图一般应用带字母的粗短画线表示剖切位置；用箭头表示投射方向；在断面图上方用相同的字母标出名称，如“×—×”。

②省略标注：

- 断面图对称，可省略箭头，因不同投射方向得到的断面图相同，如图 6-18 的 $A—A$ 断面；当不对称的断面图按基本视图位置布置时，投射方向已表示清楚，也可省略箭头。
- 断面图画在剖切线延长线上，可省略字母，如图 6-18 中间两个断面图。
- 断面图配置在视图中断处，可省略全部标注，如图 6-19。

2. 重合断面图

在不影响图形清晰的原则下可将断面图画在视图内，称为重合断面图。

重合断面图的轮廓线用细实线画出，当视图中的轮廓线与断面图的轮廓线重叠时，视图的轮廓线仍需完整画出，不可间断，如图 6-21 所示。

对称的重合断面图可不加标注如图 6-21(a)；不对称的重合断面图要加标注如图 6-21(b)。

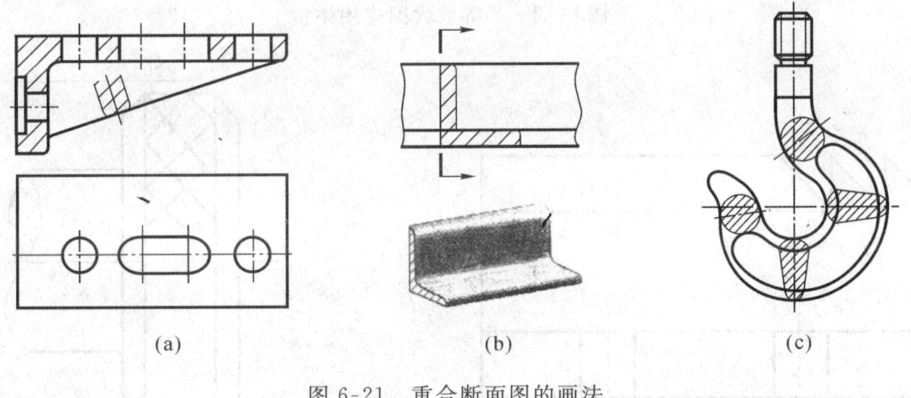

图 6-21　重合断面图的画法

6.4　局部放大图与简化画法

6.4.1　局部放大图

当机件上的某些结构较小时，该结构在视图中表达不清晰，也不便于标注尺寸，这时可将该结构用大于原图所采用的比例画出，称为局部放大图，如图 6-22。

局部放大图尽量配置在被放大部位附近，并在图样上方标出所采用的放大比例(该比例是放大图与机件的比例，而与原图的比例无关)。若同一机件上有两处以上放大时，还应用不同罗马数字标明放大部位，并在局部放大图上方用分数形式分别标注相应的罗马数字和所采用的比例，如图 6-22。局部放大图可根据表达需要画成视图、剖视图或断面，而与被放大部位原来的表达方法无关。

6.4.2　简化画法

1. 当机件具有若干相同结构(如齿、槽)并按一定规律分布时，只需画几个完整的结构，其余用细实线连接，同时必须注明该结构的总数，如图 6-23 所示。

2. 机件上的滚花、槽沟等网状结构，可在轮廓线附近用粗实线画出一部分或全部，并在零件图上的技术要求中注明这些结构的具体要求，如图 6-24 所示。

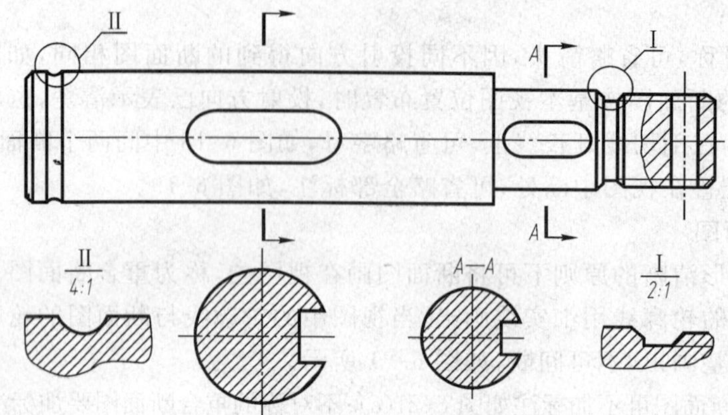

图 6-22　局部放大图应用举例

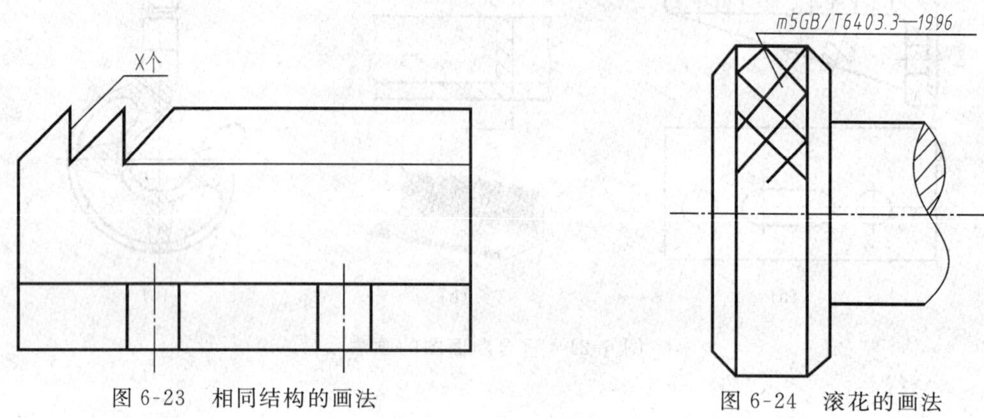

图 6-23　相同结构的画法　　　　图 6-24　滚花的画法

3. 若干直径相同且成规律分布的孔(圆孔、螺孔、沉孔等)可以仅画一个或几个,其余只需用点画线表示其中心位置,并注明孔的总数,如图 6-25。

4. 当零件回转体上有均匀分布的肋、轮幅、孔等结构不处于剖切平面上时,可将这些结构旋转到剖切平面上画出,且对均布孔只需详细画出一个,其余的只画出轴线即可,如图 6-26。

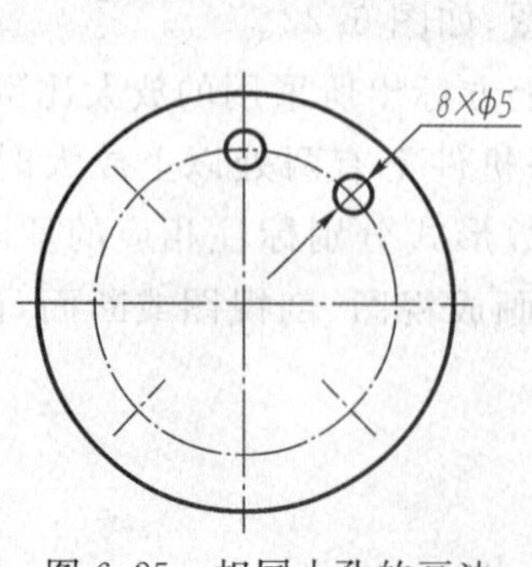

图 6-25　相同小孔的画法

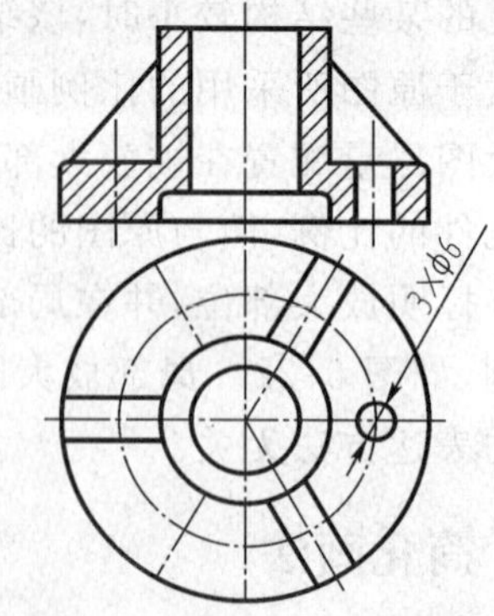

图 6-26　回转体上均布肋、孔的画法

5. 较长的机件(轴、杆、型材、连杆等)沿长度方向形状一致或按一定规律变化时,可断开后缩短绘制,图上仍注实际尺寸,如图 6-27。

6. 与投影面倾斜角度小于或等于 30°的圆或圆弧,其投影可用圆或圆弧代替,如图6-28。

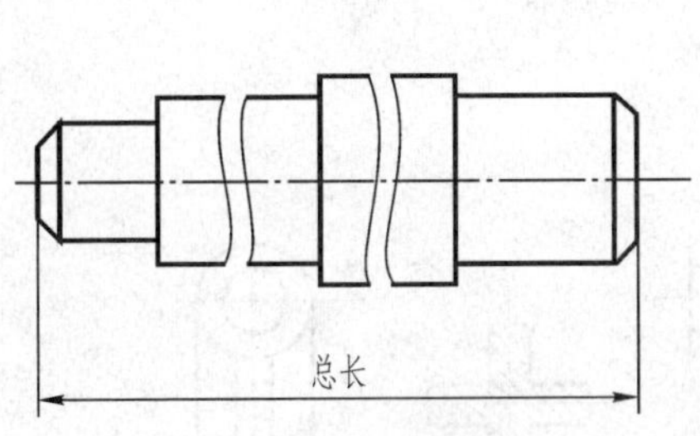

图6-27 缩短画法

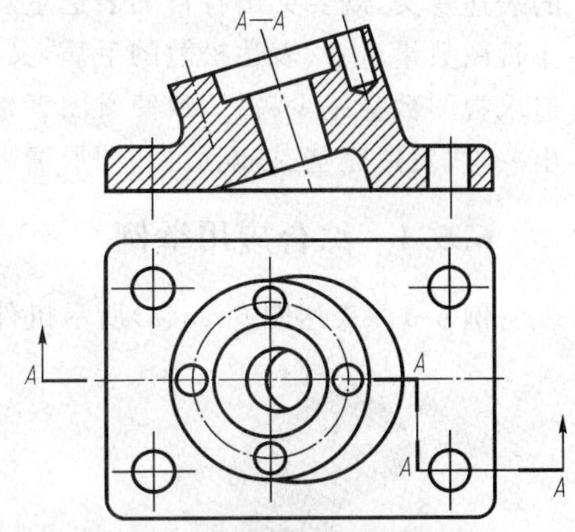

图6-28 小倾角圆和圆弧的画法

7. 在不致引起误解的前提下，对称机件的视图可只画一半或四分之一，并在对称中心线的两端画出两条与其垂直的平行细实线，如图6-29。

8. 当图形不能充分表达出平面时，可用两条相交的细实线表示，如图6-30。

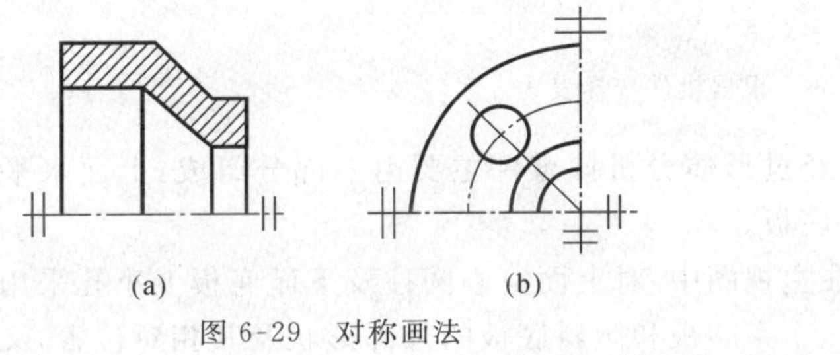

图6-29 对称画法

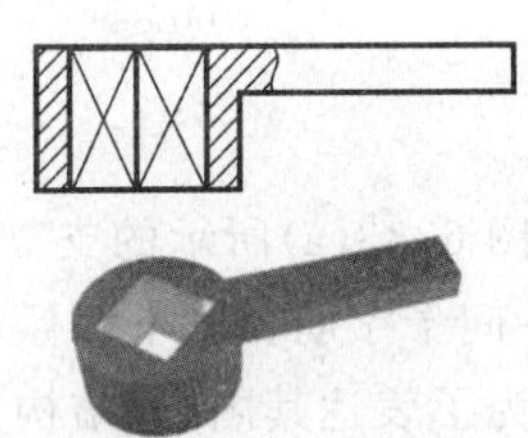

图6-30 平面的画法

9. 圆柱上的孔、键槽等较小结构产生的表面交线允许简化成直线，如图6-31。

10. 在不致引起误解的前提下，移出断面可省略剖面符号，如图6-32。

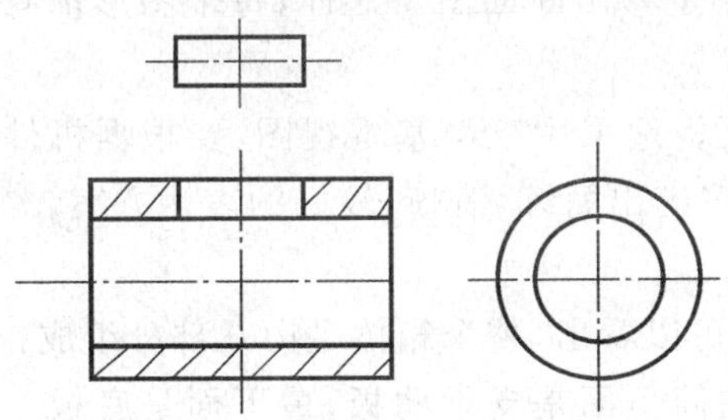

图6-31 对称结构的局部视图画法

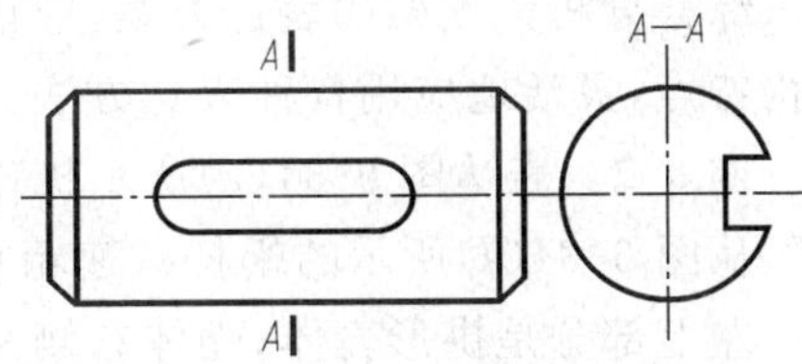

图6-32 移出断面省略剖面符号的画法

6.5 表达方法的综合举例

本章介绍了视图、剖视、断面等表达方法，对于每个具体的物体，应根据其内外结构形状特点，综合应用各种表达方法，从中选择出一组合适的表达方案，以达到用最简练的图形完整、清晰地表达物体形状及结构的目的。为了清楚地表达机件，选用时，应在对机件进行分析的基础上，先确定主视图，再采用逐个增加的方法选择其他视图。每个视图都应有其特定的表达意义，既要突出各自的表达重点，又要兼顾视图间相互配合、彼此互补的关系；既要防止视图数量过多、表达松散的毛病，又要避免将表达方法过多地集中在一个视图上，一味地追求视图数量越少越好、致使看图者费解的倾向。只有经过反复推敲、认真比较，才能筛选出一组“表达完整、搭配适当、图形清晰、利于看图”的表达方案。

6.5.1 综合应用举例

例 6-1 表达图 6-33(a)所示机件。

(a)

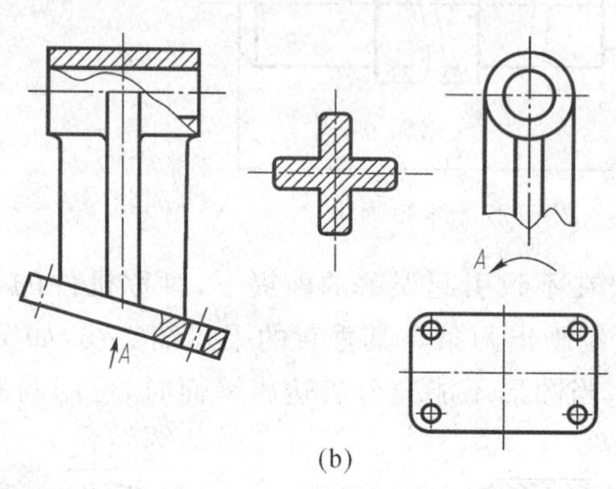

(b)

图 6-33 根据机件选择表达方案(一)

图 6-33(a)所示的支架零件，经过形体分析该零件主要由三部分组成：上面水平圆柱筒、中间十字肋板和下面倾斜矩形底板。

为了表达其内、外结构形状，在主视图中，对上面空心圆柱及下面底板上小孔采用了局部剖视图，这样既表达了水平圆柱、十字肋板和倾斜底板的外部形状及其相对位置，又表达了其内部情况。为了表达水平圆柱和十字肋板的联接关系，采用了局部视图(配置在左视图的位置上，实际可以省略标注)；为了表达倾斜板的真实形状和板上小圆孔的分布情况，采用了 A 向斜视图；为了表达十字肋板的断面形状，采用了移出断面图。这样，每个图形都有各自的表达重点，即完整、清晰地表达了它的形状。

综合分析该支架的表达方案，应该清楚，不能死板地采用三个基本视图，要根据机件的结构特点，灵活地应用各种表达方法，经选择、对比确定出简练、清晰、较好的表达方案。

例 6-2 表达图 6-34(a)所示机件。

从图 6-34(a)所示的蜗杆减速箱箱体的轴测图可以看出，整个箱体是由几部分组成：

左上部分是拱形壳体；壳体右侧是圆柱筒；圆柱筒下面是支承肋板；最下面是底板。箱体采用了如图 6-34(b)所示的表达方案。

(1)主视图采用通过箱体前后对称平面剖切的单一剖切面的全剖视图；左视图采用半剖和局部剖视图。

主、左视图主要表达了箱体壳体部分的拱门状外形以及与外形相类似的内腔形状；表达了壳体左侧的圆柱形凸缘及凸缘上分布的六个小孔的位置及孔深；表达了凸缘下方的出油孔；表达了壳体内腔前后部位突出的方形凸台及凸台中间的圆柱形轴孔；表达了底板上的通孔、底板左端面的圆弧形凹槽及底板下面凹槽的深度。

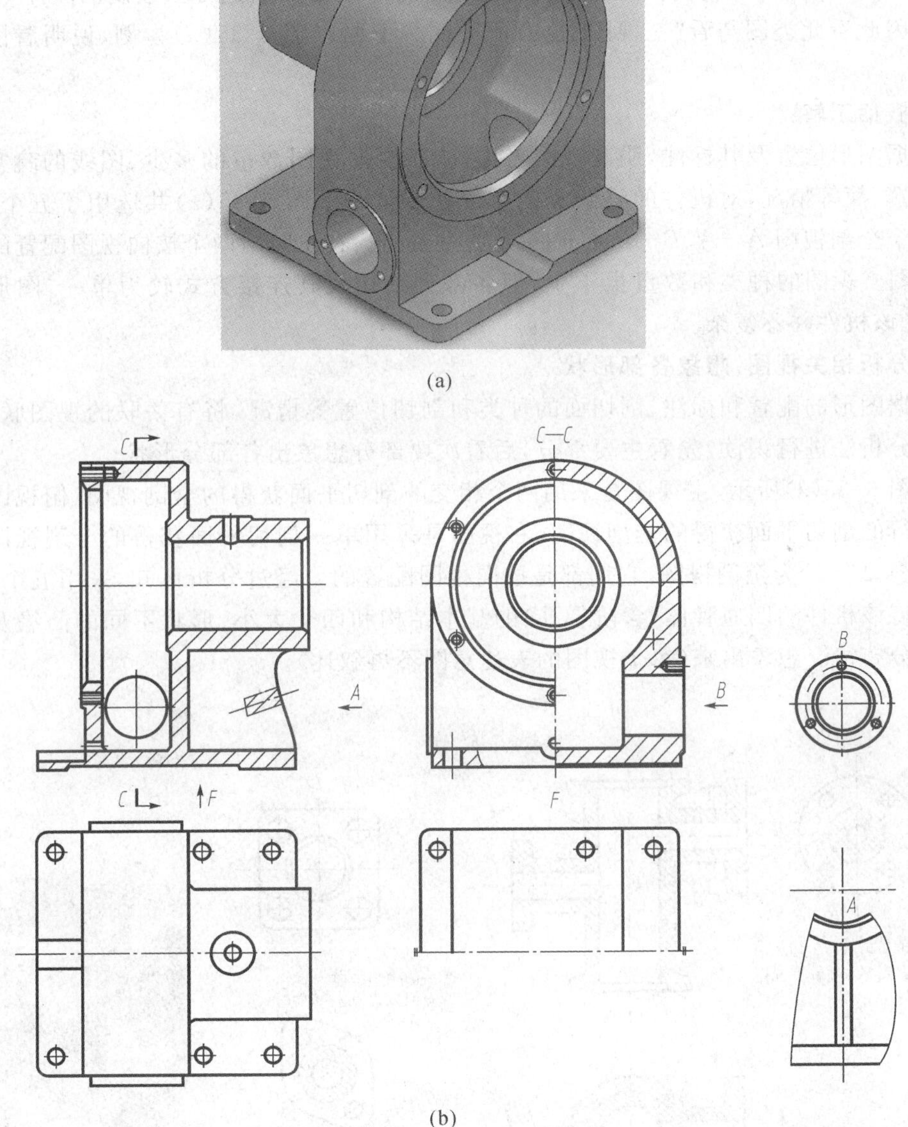

(a)

(b)

图 6-34　根据机件选择表达方案(二)

(2)俯视图采用了基本视图,主要表达几部分结构之间的相对位置:壳体右侧的圆柱筒及其上面的圆柱形凸台、凸台上面开的小孔的位置。

(3)A 向局部视图表达了支承肋板与上、下结构之间的连接关系。

(4)B 向局部视图表达了前后凸台的形状及其上面孔的分布。

(5)F 向局部视图表达了底板下面凹槽的形状及其长、宽尺寸和底板上六个孔的位置。

6.5.2　读图举例

与仅用“三视图”的绘制的图样相比，用本章介绍的各种表达方法绘制的图样更加灵活、多样。因此看此类图与看“三视图”也有所不同。下面以图 6-35(a)为例，说明看图的方法和步骤。

1. 概括了解

根据图形位置及其标注，明确视图名称，从而根据视图数量的多少、图线的疏密和表达方法的繁、简等情况，对机件的复杂程度有个初步认识。图 6-35(a)共选用了五个图形，其中有三个全剖视图 $A-A$、$B-B$、$C-C$(分别为主、俯、右视图)，两个按向视图配置的 D 和 $E-E$ 视图。视图的种类和数量虽不少，但各部分结构及其连接方式较为单一，图形轮廓清晰，可见该机件并不复杂。

2. 分析相关视图，想象各部形状

根据图形的配置和标注、剖切面的种类和剖切位置等情况，将有关联的视图联合起来，用形体分析法进行识读，先看主要部分，后看次要部分想象出各部分形状。

如图 6-35(a)所示，主视图是采用两个相交的剖切平面获得的全剖视图，俯视图是采用两个平行的剖切平面获得的全剖视图，右视图是采用单一剖切平面获得的全剖视图。D 是局部视图，$E-E$ 为全剖视图，它们都是按向视图配置的。经过分析可知，采用五个视图，即可分别将该机件的四通管体(含阶梯孔)的基本结构和四个大小、形状不同的凸缘及其对称小孔的分布情况想象出来(每个视图的表达意图不再叙述)。

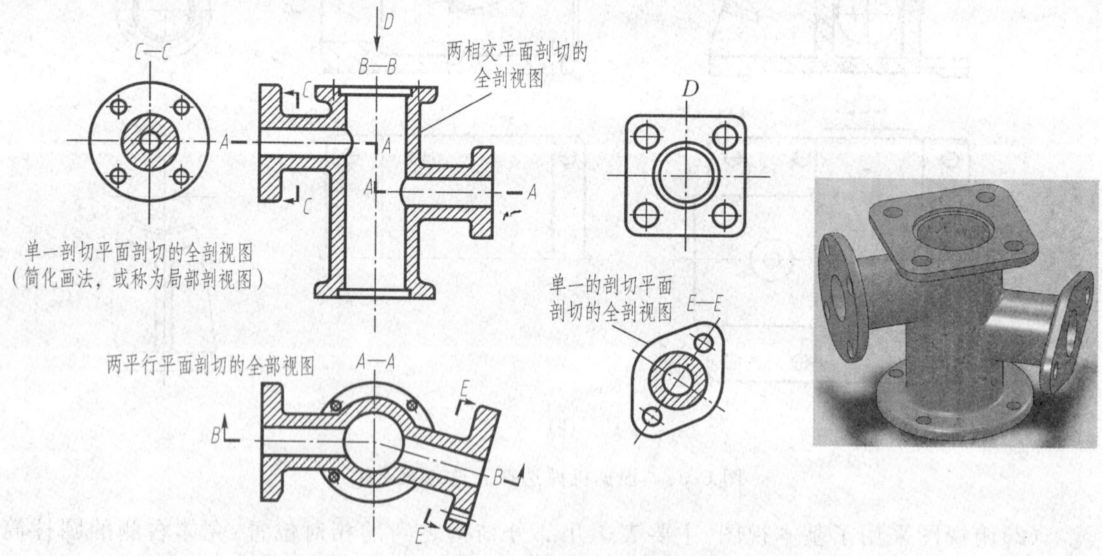

图 6-35　根据视图想象机件形状

3. 综合归纳，想象整体

以主视图为中心，环顾所有图形，将分散想象出的各部分结构形状及它们之间的相对位置和连接形式加以综合，进而在头脑中形成机件的整体形象 6-35(b)。

6.6* 第三角投影简介

在国际上画视图时除了采用第一角投影画法以外，也可采用第三角投影画法。

按四个分角的划分方法，放置在第三角里的机件是不可见的。因此，要假定投影面是透明的，其投影面的展开方法，如图 6-36(a)所示，按 V 面不动，顶面向上，侧面向右各旋转 90 度与 V 面重合即可。这样，基本视图的名称及其相互位置关系如图 6-36(b)所示，所得的三视图是前视图(从前向后投影)、顶视图(从上向下投影)、右视图(从右向左投影)。

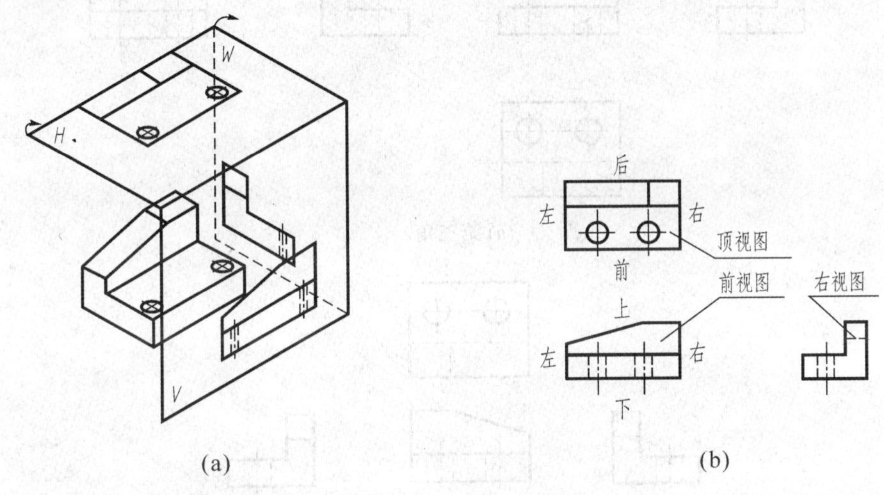

图 6-36 第三角画法

图 6-37 所示是第一角投影的画法。通过比较图 6-36 与图 6-37 可以看出它们之间的差异。其不同之处：

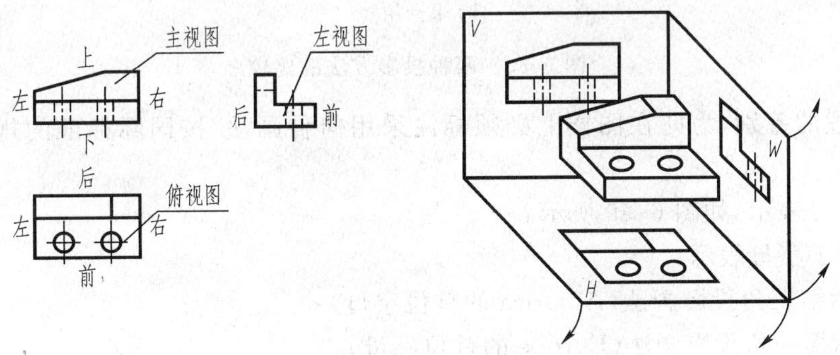

图 6-37 第一角画法

(1)在第一角画法中的主视图与第三角画法中的前视图，其投影均是由前向后的，但投射线、机件与投影面三者的相对位置是不同的。在第一角画法中是以投射线→机件→投影面的顺序投影，而在第三角画法中则是以投射线→投影面→机件的顺序投影。为此投影面要假想为透明的。

(2)三视图的布置位置是不同的,如图 6-38 所示。若以前视图(主视图)为准,第一角画法中俯视图布置在主视图的下方,而第三角画法中顶面的形状投影即顶视图布置在前视图的上方。比较图 6-38(a)与(b)可见左、右视图的位置对调,俯、仰视图的位置对调。

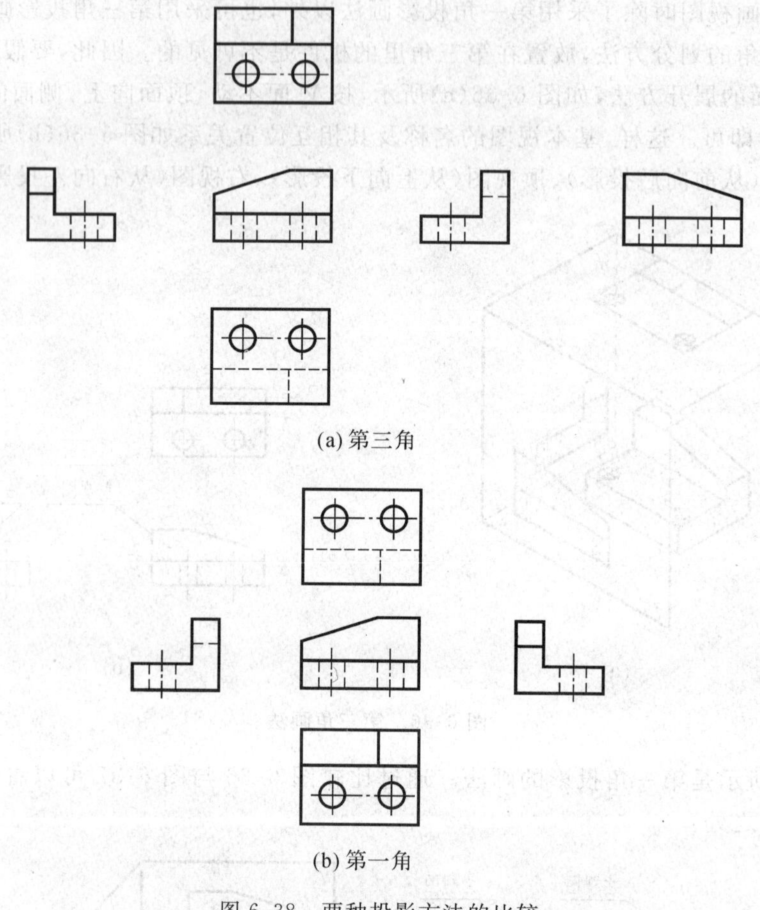

(a) 第三角

(b) 第一角

图 6-38 两种投影方法的比较

由于上述的差别,为此在图样上必须标注采用何种画法,按国际标准的规定可用两种方法。

(1)以符号表示,如图 6-39 所示。

(2)以拉丁字母表示:

(A)表示第三角投影画法(Amarica 的首位字母);

(E)表示第一角投影画法(Europe 的首位字母)。

第二种方法一般常用于技术文件中。

本章小结

本章主要介绍了机件的三大类表达方法。

一、视图

视图主要用于表达机件可见的外形部分。

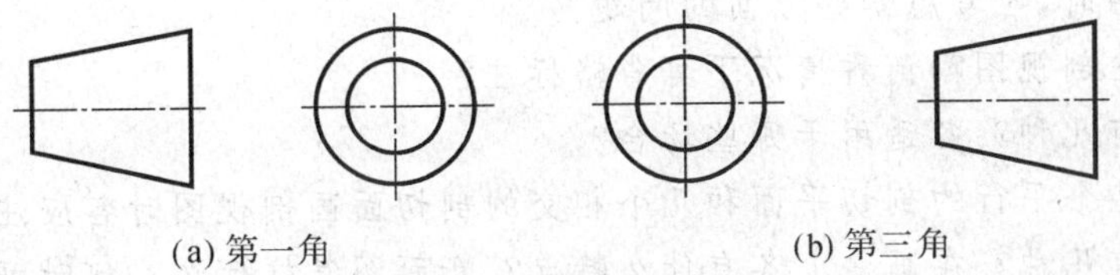

图 6-39　两种画法的标志符号

(1)基本视图:将机件向六个基本投影面投影得到的视图。可根据机件的结构特征选用其中的几个视图。

(2)向视图:将基本视图自由配置称向视图。向视图必须标注投影方向和相应的字母。

(3)局部视图:将机件的某一部分向基本投影面投影得到的视图。主要是表达机件的部分外部结构。

(4)斜视图:将机件向垂直于投影面的辅助平面投影得到的视图。主要用来表达机件上倾斜部分的外形。

二、剖视图

剖视图——假想用剖切平面剖开机件,将观察者和剖切平面之间部分移去,将剖切面和投影面之间部分向投影面投影所得到的图形。剖视图主要用于表达机件的内部形状。

剖视图应用:

(1)当机件外形简单,内形复杂时,采用全剖视图,主要表达机件的内部形状。可以用一个平面或两个以上平面剖切。

(2)当机件对称且内外形状都需要表达时,采用半剖视图。图形的一半表达机件的内部形状;图形的另一半表达机件的外部形状。

(3)当机件不对称且内外形状都需要表达时,采用局部剖视图。局部剖视图用波浪线分界,分别表达机件的内部和外部形状。

剖视图是本章的重点。

三、断面图

断面图主要表达机件断面的形状。可采用移出断面图或重合断面图。

断面图常用来表达轴类、杆件类、肋板等零件的断面形状。

四、局部放大图和简化画法

对于图中的小结构可采用局部放大图来表达。对一些常见的、不致于引起误解的结构,规定可以用简化画法来表达。

通过本章学习,对各种形状的机件,可根据其自身的结构特点,灵活应用其表达方法,真正做到能完整、清晰、正确地表达机件。

复习思考题

1. 视图有几种？各适用于哪些场合？
2. 画各种视图时应注意些什么问题？图中虚线如何处理？
3. 对各种视图的配置和标注有什么规定？
4. 剖视图有几种？各适用于哪些场合？

5. 画剖视图时，应考虑哪些方面的问题？

6. 如何标注剖视图？何种情况下可省略标注？

7. 剖切面有几种？各适用于哪些场合？

8. 在采用几个平行的剖切平面和几个相交的剖切面画剖视图时各应注意什么问题？

9. 断面图有几种？在画法上各有什么特点？断面图怎样标注？何时可省略标注？

10. 剖视图中画肋板应注意哪些问题？

第 7 章　标准件和常用件

本章学习导读

连接件一般都是标准件，它包括螺纹紧固件及其他连接件，在机器或部件中都会看到标准件。

本章介绍了标准件和常用件的功能、结构、标记和规定画法。学习中应该了解这些零部件的功能和结构，并能根据要求，查阅国标手册，确定相应的结构参数。熟悉标准件及标准结构的标记，重点掌握标准件、常用件的各种规定画法和相关尺寸标注。

螺纹和螺纹紧固件的规定画法容易理解，但动手画图时很容易出错。因此，要认真观察有关实物，增加感性认识，减少或避免错误。

滚动轴承为标准部件，齿轮是机械中常用的零件，因此称为常用件。

本章的重点是螺纹和螺纹紧固件、单个圆柱齿轮和两圆柱齿轮啮合的画法。

在机器或部件中，除一般零件外，还广泛使用螺栓、螺钉、螺母、垫圈、键、销和滚动轴承等零件，这类零件的结构和尺寸均已标准化，称为标准件。还有经常使用的齿轮、弹簧等零件，这类零件的部分结构和参数也已标准化，称为常用件。由于标准化，这些零件可组织专业化大批量生产，提高生产效率和获得质优价廉的产品。在进行设计、装配和维修机器时，可以按规格选用和更换。

标准件：这类零件的结构和尺寸等全部要素都由国家标准作了规定，由专业化工厂根据国家标准批量生产，成为标准化、系列化的零件。如图 7-1 所示齿轮油泵中的螺纹连接件、键、销和滚动轴承等零件。为了简化绘图工作，加快绘图效率，标准件都应用国标规定的简化画法、代号和标记进行绘图和标注。

常用件：这类零件的结构和参数，仅有一部分被国家标准化、系列化，如齿轮和弹簧等零件。同样，国家标准也对常用件标准结构的画法作了规定。

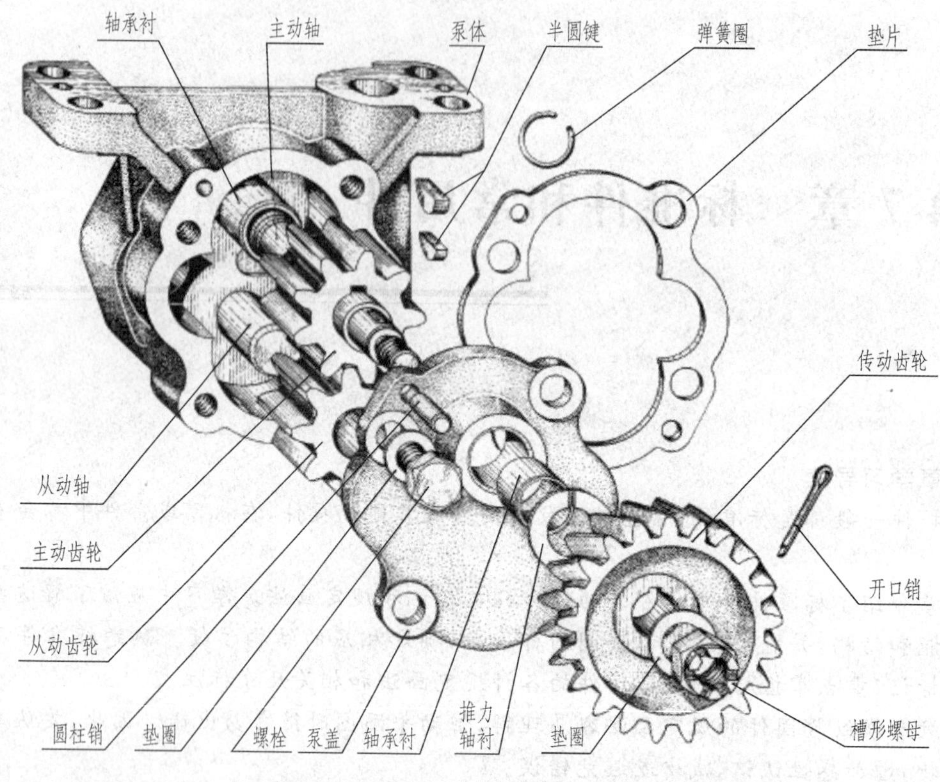

图 7-1 齿轮油泵

7.1 螺纹的画法与标注

7.1.1 螺纹的结构、基本要素与种类

1. 螺纹的结构

螺纹是零件上常见的一种结构，分为外螺纹和内螺纹两种，一般成对使用。在回转体零件外表面上加工的螺纹叫外螺纹，在零件孔腔内表面加工的螺纹叫内螺纹。如图 7-2、7-3 所示的内、外螺纹。

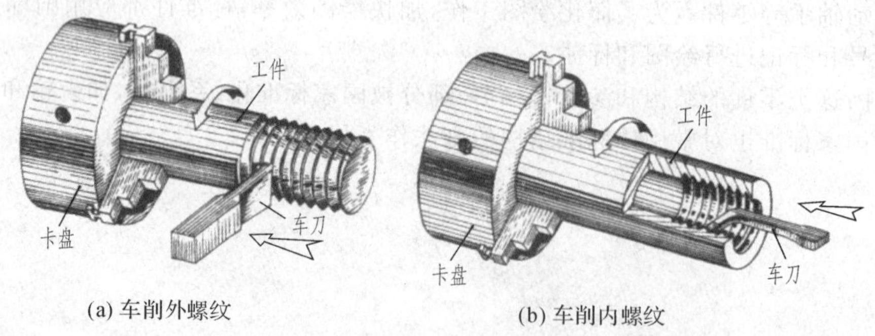

(a) 车削外螺纹 (b) 车削内螺纹

图 7-2 螺纹的车削加工

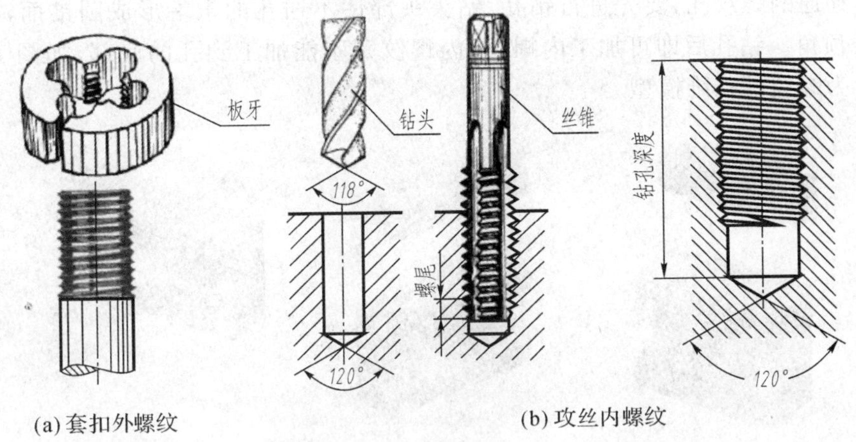

(a) 套扣外螺纹　　(b) 攻丝内螺纹

图 7-3　螺纹的手工加工

螺纹的制造都是根据螺旋线的形成原理而得到的。图 7-2 所示为车削螺纹的情况，将工件装卡在与车床主轴相连的卡盘上并随主轴作等速旋转，同时使车刀沿轴线方向作等速移动，刀尖切入工件就在工件表面上加工出螺纹。螺纹的表面由凸起和沟槽两部分构成。为了防止螺纹端部损坏和便于安装，通常在螺纹的起始处做出圆锥形状的倒角或球面形状的倒圆，如图 7-4 所示。

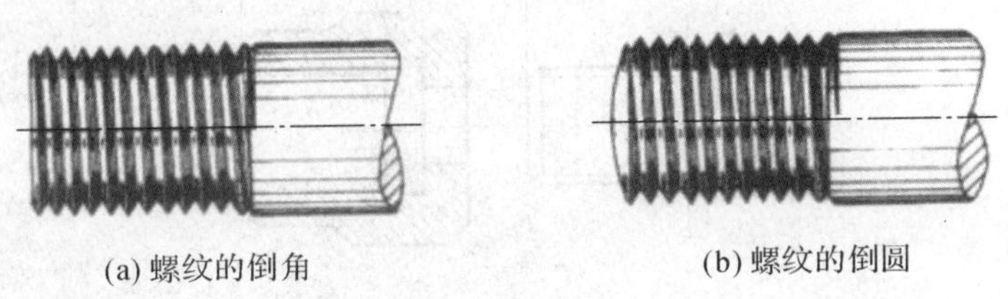

(a) 螺纹的倒角　　(b) 螺纹的倒圆

图 7-4　螺纹的倒角和倒圆

当车削螺纹的刀具到达螺纹终止处时，要逐渐离开工件，因而螺纹终止处附近的牙型将形成不完整的螺纹牙型，这一段螺纹称为螺尾，如图 7-5 所示。如果要避免出现螺尾，可以在螺纹终止处事先车削出一个供刀具退出的槽，称为螺纹退刀槽，如图 7-6 所示。

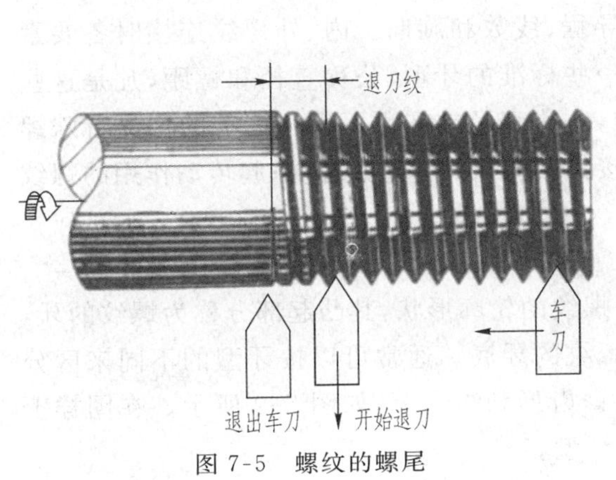

图 7-5　螺纹的螺尾

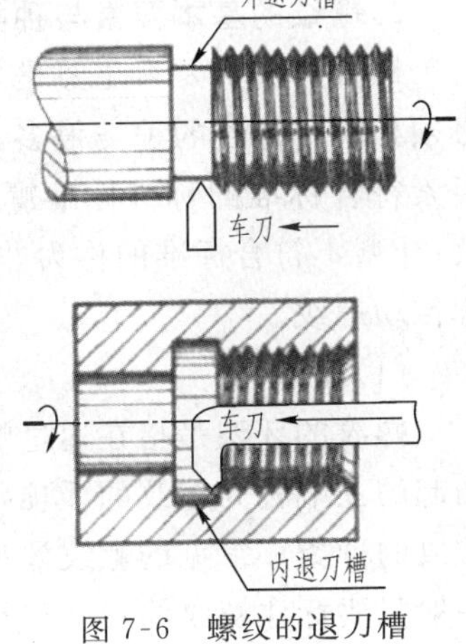

图 7-6　螺纹的退刀槽

加工不穿通的螺纹孔，要先进行钻孔，钻头头部使不通孔的末端形成圆锥面，画图时应画出120°锥顶角。钻孔后即可加工内螺纹，内螺纹是不能加工到孔的底部，如图7-3(b)所示。图7-7为螺纹的三维模型。

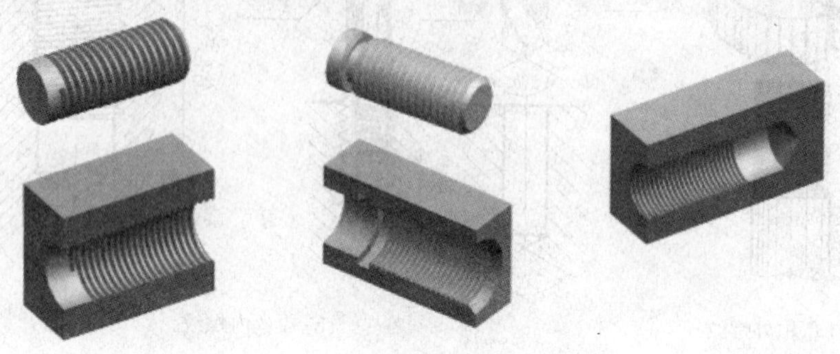

图7-7 螺纹的3D模型

螺纹的螺尾、退刀槽和倒角都有相应的国家标准，见GB/T3－1997。退刀槽的尺寸可按“槽宽×直径”或“槽宽×槽深”的形式标注。45°的倒角一般采用简化形式标注。螺纹长度应包括退刀槽和倒角，如图7-8所示。

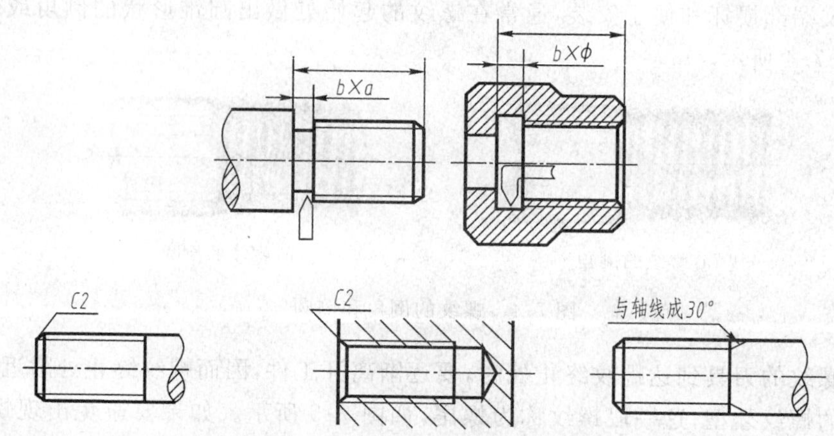

图7-8 螺纹的退刀槽、倒角和螺尾的标注

2. 螺纹的基本要素与种类

螺纹的基本要素主要是牙型、直径、螺距、导程、线数和旋向。内、外螺纹连接时各要素必须相同。螺纹的种类很多，国家标准规定了一些标准的牙型、公称直径和螺距，凡是这些要素符合标准的称为标准螺纹；牙型符合标准，公称直径或螺距不符合标准的称为特殊螺纹；牙型不符合标准的称为非标准螺纹。起连接作用的螺纹称连接螺纹；起传动作用的螺纹称传动螺纹。

(1)牙型

螺纹的牙型是指在通过螺纹轴线的断面上螺纹的轮廓形状，其凸起部分称为螺纹的牙，凸起的顶端称为螺纹的牙顶，沟槽的底部称为螺纹的牙底。通常可以按牙型的不同来区分螺纹的种类。常见的螺纹牙型有三角形、梯形、锯齿形和矩形等，如图7-9所示。在图样上一般只要标注螺纹的特征代号即能区别出各种牙型。

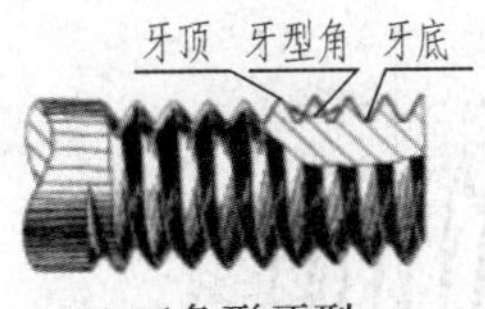

(a) 三角形牙型

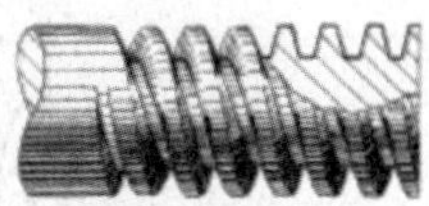
(b) 梯形牙型

(c) 锯齿形牙型

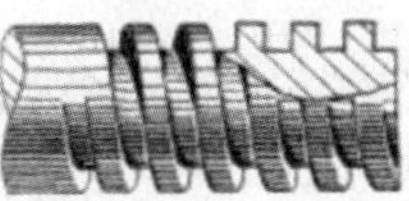
(d) 矩形牙型

图 7-9　螺纹的牙型

常用的标准牙型螺纹有：普通螺纹、管螺纹和梯形螺纹。

普通螺纹。特征代号为 M，常用于连接螺纹，牙型为等边三角形。普通螺纹分为粗牙和细牙两类，粗牙对应一个螺距。当螺纹大径相同时，细牙螺纹的螺距和牙型高度较粗牙小。一般连接采用粗牙螺纹，细牙螺纹适用于薄壁零件的连接。

管螺纹。牙型为三角形，主要用于各种管道的连接。英制的非密封管螺纹，其特征代号为 G，根据制造精度外螺纹可分为 A 级(精度较高)和 B 级两种，常用于电线管路连接；英制的密封管螺纹，其特征代号外螺纹为 R、圆锥内螺纹为 R_c、圆柱内螺纹为 R_p，常用于生活中的水管和煤气管道连接。60°密封管螺纹，外螺纹是圆锥螺纹，内螺纹为圆锥螺纹的特征代号为 NPT，适用于阀门和管接头等的密封连接。内螺纹为圆柱螺纹的特征代号为 NPSC，适用于汽车、航空、机床行业的液压与气压系统。

梯形螺纹。牙型为等腰梯形，特征代号为 T_r，常用于传动螺纹。

(2)直径

螺纹的直径有大径(d 或 D)、小径(d_1 或 D_1)和中径(d_2 或 D_2)，如图 7-10 所示。与外螺纹牙顶或内螺纹牙底相重合的假想圆柱面的直径称为大径，是螺纹部分的最大直径，也是代表普通螺纹和梯形螺纹的公称直径。与外螺纹牙底或内螺纹牙顶相重合的假想圆柱面的直径称为小径，也是螺纹部分的最小直径。中径是一个假想圆柱的直径，该圆柱的母线(称为中径线)通过牙型上沟槽和凸起宽度相等的地方，此圆柱称为中径圆柱。中径是用于有关计算的直径。英寸制的管螺纹的公称直径不是螺纹大径，而是螺纹所在管子的管口流通孔径，并且是以英寸为单位。螺纹的各直径在螺纹标准中可以查得，本书后附有部分标准螺纹参数。

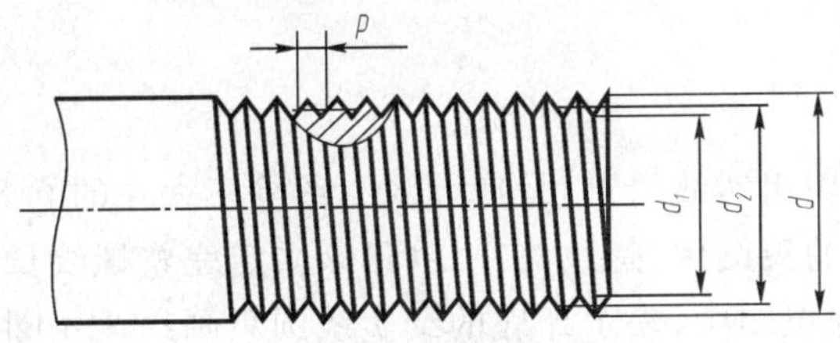

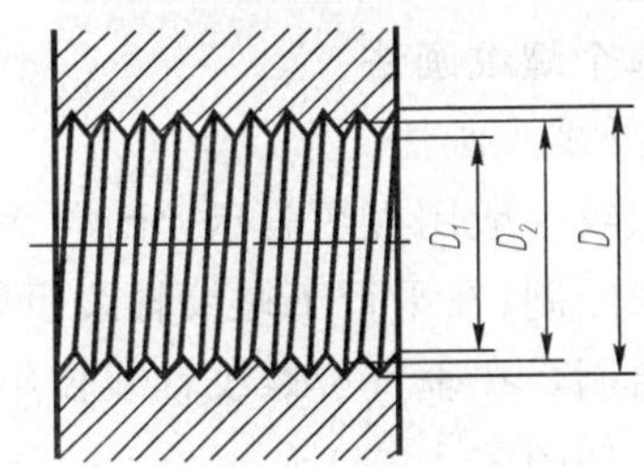

图 7-10　螺纹的直径与螺距

(3)线数 n

形成螺纹时所沿螺旋线的条数称为螺纹的线数。沿一条螺旋线形成的螺纹称为单线螺纹；沿一条以上的轴向等距螺线形成的螺纹称为多线螺纹，如图 7-11 所示。

(4)螺距 P 和导程 P_h

相邻两牙在中径线上对应两点间的轴向距离称为螺距，如图 7-10 所示。同一螺纹旋线上相邻两牙在中径线上对应两点间的轴向距离称为导程，如图 7-11 所示。螺距与导程的关

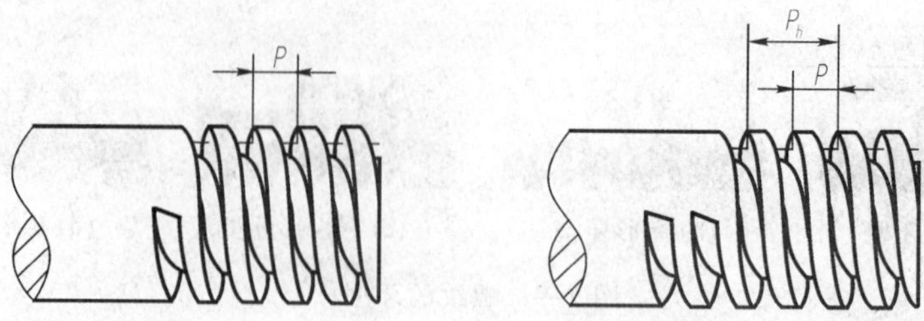

图 7-11 螺纹的线数、螺距和导程

系为 $P_h = nP$。

(5)旋向

螺纹有右旋和左旋之分，顺时针旋转时旋入的螺纹为右旋螺纹，逆时针旋转时旋入的螺纹为左旋螺纹。判别螺纹的旋向可采用如图 7-12 所示的简单方法，即面对轴线竖直的外螺纹，螺纹自左向右上升的为右旋，反之为左旋。实际中的螺纹绝大部分为右旋。

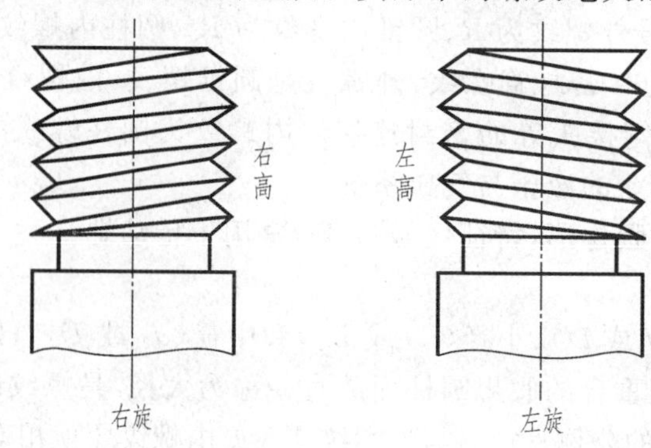

图 7-12 螺纹的旋向

7.1.2 螺纹的规定画法

螺纹是标准结构，在图样上并不是按照其真实的投影绘制，而是按照国家标准的规定画法来表达。

1. 单个螺纹画法

(1)外螺纹画法

外螺纹一般用视图表示，牙顶(大径)用粗实线绘制，牙底(小径，约等于大径的 0.85 倍)用细实线绘制；在平行于螺纹轴线投影面的视图中，螺纹终止线(用来限定完整螺纹长度)用粗实线绘制。在垂直于螺纹轴线投影面的视图中，表示牙底的细实线圆只画约 3/4 圈，倒角圆不画。如图 7-13(a)所示。

螺尾一般不表示。当需要表示螺尾时，该部分的牙底线用与轴线为 30°角的细实线绘制，如图 7-13 (b)所示。

当外螺纹被剖切时，被剖切部分的螺纹终止线只在螺纹牙处画出，中间是断开的；剖面线必须画到表示牙顶的粗实线处，如图 7-13 (c)所示。

(2)内螺纹画法

在平行于螺纹轴线的投影面上的视图中，内螺纹一般采用剖视画法。牙底(大径)用细实线绘制，牙顶(小径，约等于大径的 0.85 倍)用粗实线绘制，螺纹终止线用粗实线绘制，螺

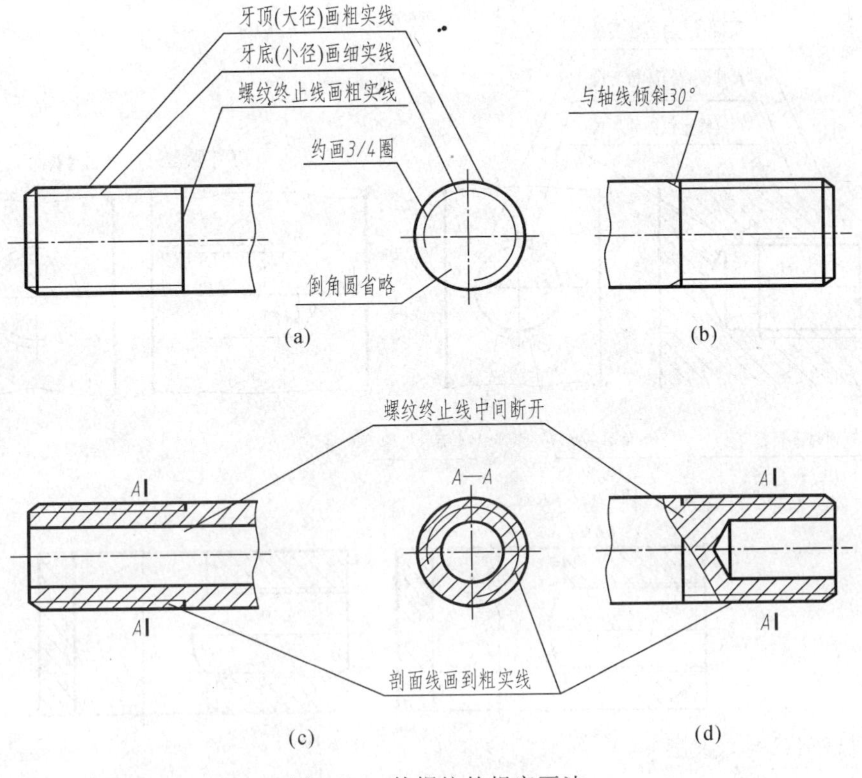

图 7-13　外螺纹的规定画法

尾一般不表示。

在垂直于螺纹轴线的投影面上的视图中，表示牙底的细实线圆只画约 3/4 圈，倒角圆不画。剖面线也必须画到表示牙顶的粗实线处，如图 7-14(a)所示。

不可见螺纹的所有图线都用虚线绘制，如图 7-14(b)所示。

螺纹孔相贯的画法如图 7-14(c)所示。

(3)牙型的表示方法

牙型符合国家标准的螺纹一般在图中不必表示，当需要表示牙型时可采用图 7-15 所示的绘制方法。

(4)锥螺纹的画法

锥螺纹的画法如图 7-16 所示。

2. 连接螺纹画法

内外螺纹连接一般用剖视图表示。内外螺纹连接的旋合区部分按外螺纹画法绘制，其余部分仍按各自的画法绘制，如图 7-17 所示。

特别注意：

因为只有螺纹要素都相同的螺纹才能旋合在一起，所以在剖视图中，表示外螺纹牙顶的粗实线，必须与表示内螺纹牙底的细实线在一条直线上；表示外螺纹牙底的细实线，也必须与表示内螺纹牙顶的粗实线在一条直线上，如图 7-17 所示。

对于实心杆件，当剖切平面通过其轴线时按不剖画。如图 7-17 (a)所示的外螺纹杆件便是按不剖画出的。

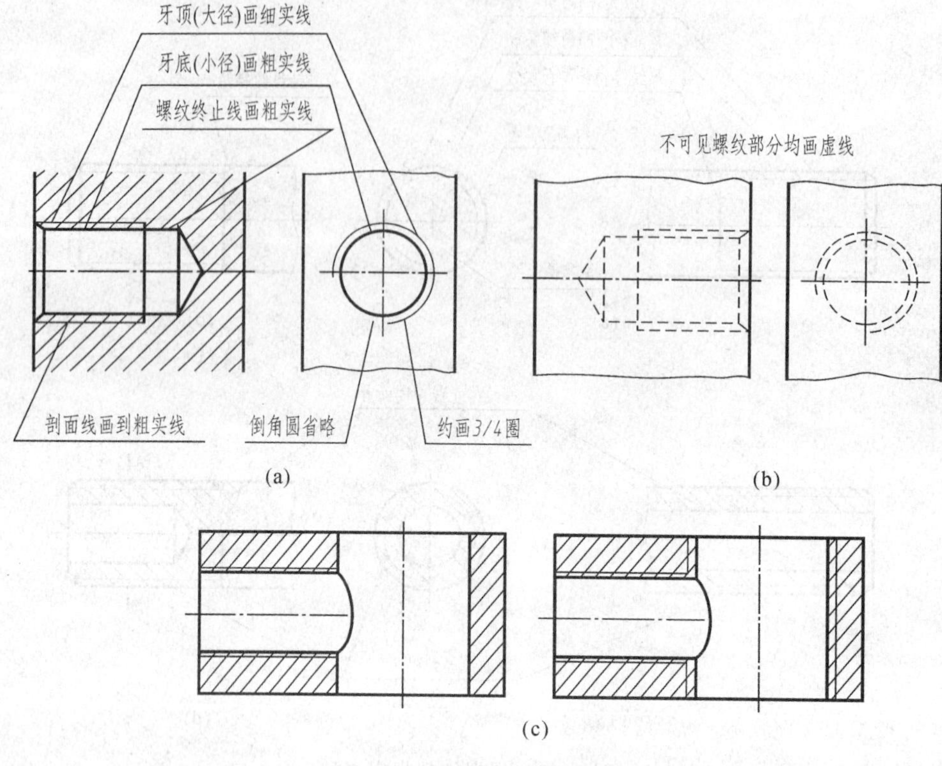

图 7-14 内螺纹的规定画法

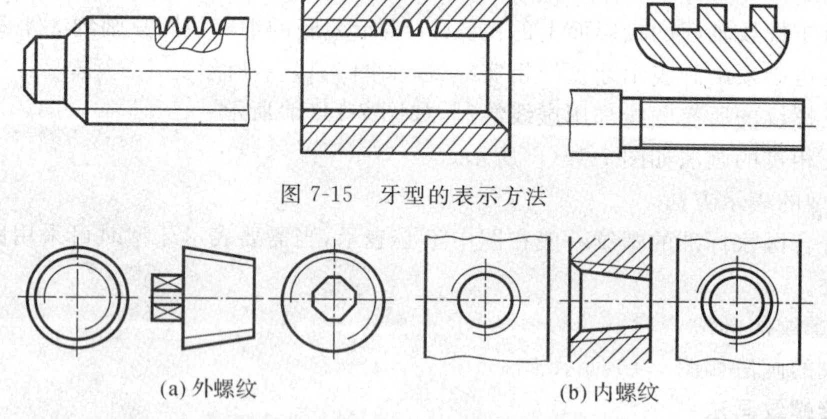

图 7-15 牙型的表示方法

(a) 外螺纹 (b) 内螺纹

图 7-16 锥螺纹的画法

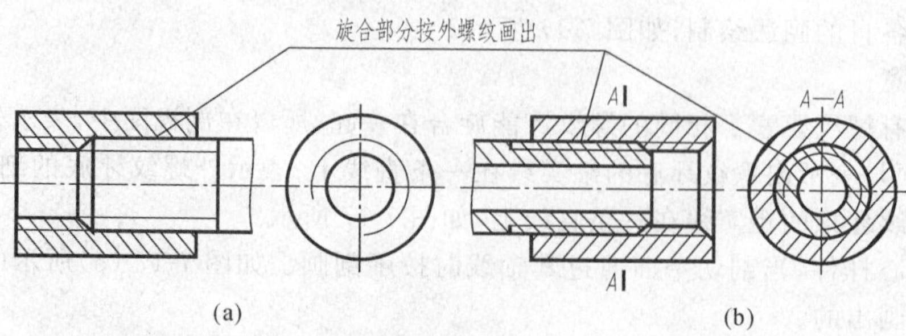

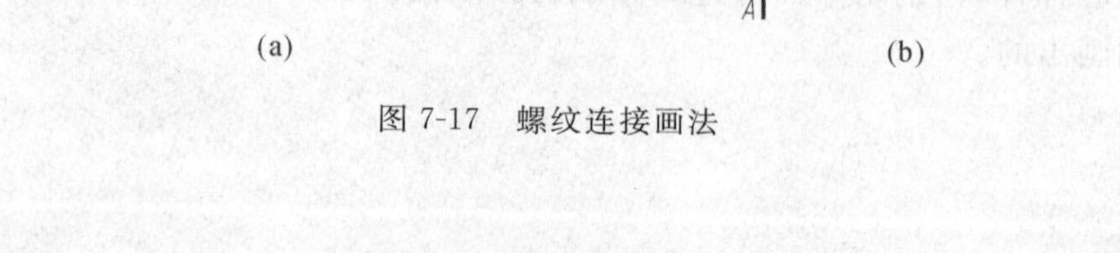

图 7-17 螺纹连接画法

7.1.3 螺纹的标注

1. 普通螺纹的标注

普通螺纹的完整标记为:

螺纹代号 — 公差带代号 — 旋合长度代号

(1)螺纹代号

螺纹特征代号 公称直径 × 螺距 旋向

普通螺纹的螺纹特征代号为M,公称直径为螺纹的大径。粗牙普通螺纹,一个公称直径对应一个确定的螺距,因此,粗牙普通螺纹不标注螺距;细牙普通螺纹有几个不同的螺距供选择,所以细牙普通螺纹必须标注螺距。右旋螺纹不注旋向;左旋螺纹应注出旋向"LH"。

例如,公称直径为24mm、螺距为1.5mm的左旋细牙普通螺纹的螺纹代号应标记为M24×1.5LH,同一公称直径的右旋粗牙普通螺纹应标记为M24。

(2)螺纹公差带代号

螺纹的公差带代号是由表示公差带大小的公差等级数字和表示公差带位置的字母所组成,用以表明螺纹的加工精度。普通螺纹的公差带代号包括其中径和顶径(即外螺纹大径或内螺纹小径)的公差带代号。如果中径和顶径的公差带代号相同时,则只注一个。

例如,当外螺纹中径和顶径的公差带代号分别为5g和6g时,则该外螺纹的公差带代号为5g6g。当中径和顶径的公差带代号均为6g时,则该外螺纹的公差带代号应标记为6g。又如,当内螺纹的中径和顶径的公差带代号分别为6H和7H时,则该内螺纹的公差带代号标记为6H7H。内、外螺纹连接时,其公差带代号应用斜线分开,如6H/6g,6H/5g6g等。

内、外螺纹最常用的公差带代号分别为6H和6g。

注意:外螺纹公差带代号为小写字母,而内螺纹公差带代号为大写字母。

(3)螺纹旋合长度代号

螺纹的旋合长度表示两个相互连接的内外螺纹沿轴线方向相互旋合部分的长度,是衡量螺纹质量的重要指标。普通螺纹的旋合长度分为短、中等和长旋合长度三组,其相应的代号分别为S、N和L。其中,中等旋合长度最常用,代号N在标记中省略标注。

图样中的普通螺纹标记应标注在螺纹大径的尺寸线上或其指引线上,具体标注示例见表7-1。

表 7-1 普通螺纹的标记及其标注

螺纹种类		牙型	螺纹代号				公差带代号		旋合长度代号	标注示例
			特征代号	公称直径	螺距（导程）	旋向	中径	顶径		
普通螺纹	粗牙普通螺纹	 60°	M	20	2.5	右	6g	6g	N	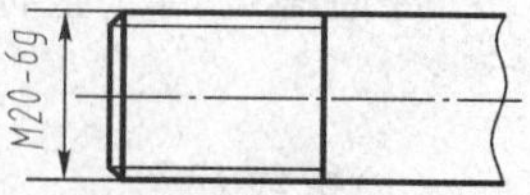 M20-6g
	细牙普通螺纹			20	2	左	6H	6H	S	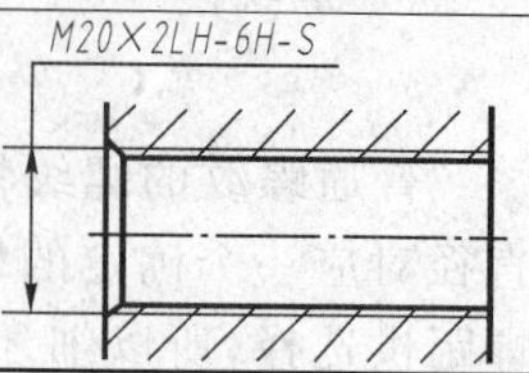 M20×2LH-6H-S

根据螺纹的标记，可查书后附录国标 GB/T 193－2003 获得螺纹的中径、小径和螺距等有关尺寸。例如已知普通螺纹的标记为 M12－6H，则由螺纹特征代号 M（未注螺距），可判定为粗牙普通螺纹，由公差带代号 6H 可判定为内螺纹。查表其螺距为 1.75mm，中径为 10.863mm，小径为 10.106mm。

2. 梯形螺纹的标注

梯形螺纹完整标记的内容与普通螺纹相同，即包括螺纹代号、公差带代号和旋合长度代号三部分。

（1）螺纹代号

梯形螺纹没有粗牙和细牙之分，但有单线梯形螺纹和多线梯形螺纹之别。

单线梯形螺纹的螺纹代号为：

[螺纹特征代号] [公称直径] × [螺距] [旋向]

多线梯形螺纹的螺纹代号为：

[螺纹特征代号] [公称直径] × [导程]（P [螺距]） [旋向]

梯形螺纹的螺纹特征代号为 Tr，公称直径为外螺纹大径。左旋螺纹应标注“LH”，右旋螺纹不注旋向。

例如，公称直径为 24mm、螺距为 3mm 的单线左旋梯形螺纹的螺纹代号应标记为 Tr24×3LH；同一公称直径且相同螺距的双线右旋梯形螺纹的代号应标记为 Tr24×6（P3）。

（2）螺纹公差带代号

梯形螺纹只标注螺纹中径的公差带代号。

内、外螺纹最常用的公差带代号分别为 7H 和 7h、7e。内外螺纹连接时，其公差带代号也应用斜线分开，如 7H/7e。

（3）螺纹旋合长度代号

梯形螺纹的旋合长度分为正常组和加长组，其代号分别用 N 和 L 表示。当梯形螺纹的旋合长度为正常组时，不标注旋合长度代号；当旋合长度为加长组时，应标注旋合长度代号“L”。

图样中的梯形螺纹标注方法与普通螺纹相同，即螺纹标记应标注在螺纹大径的尺寸线或其指引线上，见表 7-2。

根据梯形螺纹的标记，可查书后附录相应的国标(如 GB/T 12716－2002)获得螺纹的直径与螺距系列尺寸。

表 7-2　梯形螺纹的标记及其标注

螺纹种类	牙　型	螺纹代号			旋向	公差带代号		旋合长度代号	标注示例
		特征代号	公称直径	螺距(导程)		中径	顶径		
梯形螺纹	30°	Tr	30	6	左	7e		L	Tr30×6LH-7e-L
			30	6 (12)	右	7H		N	Tr30×12(P6)-7H

3. 管螺纹的标注

管螺纹用于连接管接头、旋塞、阀门等。管螺纹有密封管螺纹和非密封管螺纹两种。非密封管螺纹不具有密封性，而密封管螺纹具有密封性，必要时允许添加密封物。

管螺纹的完整标记为：

螺纹特征代号　尺寸代号　公差等级代号 — 旋向

(1)非密封管螺纹

非密封管螺纹的螺纹特征代号为 G。外螺纹中径的公差等级规定了 A 级和 B 级两种，A 级为精密级，B 级为粗糙级；规定内、外螺纹的顶径和内螺纹的中径只有一种公差等级，故对外螺纹分 A、B 两级进行标记，而对内螺纹不标记公差等级代号。

例如，非密封螺纹管螺纹为外螺纹，其尺寸代号为 1/2，公差等级为 B 级，右旋，则该螺纹的标记为 G1/2B。非密封管螺纹标注示例见表 7-3。

表 7-3　管螺纹的标记及其标注

螺纹种类	牙　型	螺纹代号			旋向	公差等级代号	旋合长度代号	标注示例
		特征代号	尺寸代号	螺距(导程)				
非密封管螺纹	55°	G	3/4	1.814	右	A		G¾A
			$1_{1/2}$	2.309	左			G1½-LH

(2)密封管螺纹

密封管螺纹外螺纹为圆锥外螺纹,特征代号为 R;内螺纹有圆锥内螺纹和圆柱内螺纹两种,它们的特征代号分别为 Rc 和 Rp。密封管螺纹只有一种公差等级,故标记中不标注。

例如,密封管螺纹为圆锥内螺纹,其尺寸代号为 1 1/2,左旋,则该螺纹的标记为 Rc1 1/2—LH。

在管螺纹相互连接的图样中,仅需标注外螺纹的标记代号,并注写在螺纹连接处由大径引出的指引线上。

注意:图样中管螺纹的标记应标注在由螺纹大径引出的指引线上,切记与普通螺纹或梯形螺纹的标注方法不同。同样,右旋螺纹不标注旋向,左旋螺纹标注"LH"。

4. 非标准螺纹的标注

图样中的非标准螺纹一般应表示出牙型,并注出所需要的尺寸及有关要求,如图 7-18 所示。

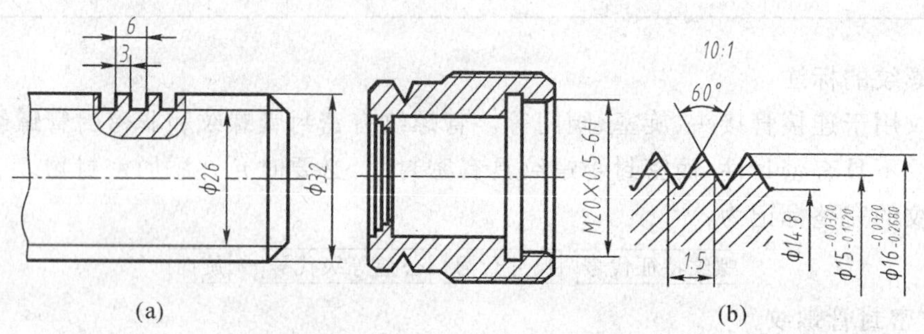

图 7-18 非标准螺纹的标注

5. 螺纹副的标注

螺纹副的标注如图 7-19 所示。

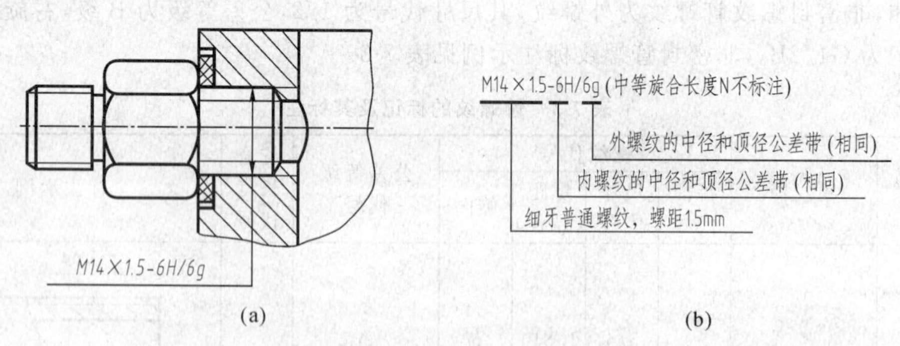

图 7-19 螺纹副的标注

7.2 螺纹紧固件及其连接画法

螺纹紧固件指的是通过螺纹旋合起到紧固、连接作用的主要零件和辅助零件。螺纹紧固件的种类很多,如图 7-20 所示。常用的螺纹紧固件有螺栓、螺钉、双头螺柱、螺母和垫圈等，均为标准件。它们的尺寸也有系列标准，因此在机械设计时，不需要单独绘制它们的图样，而是根据设计需要按相应的国家标准进行选取和写明所用标准件的标记，这就要求熟悉它们的结构型式并掌握其画法和标记方法。由于在装配图中应表达出零件之间的连接方式，因此本节重点介绍其连接画法。

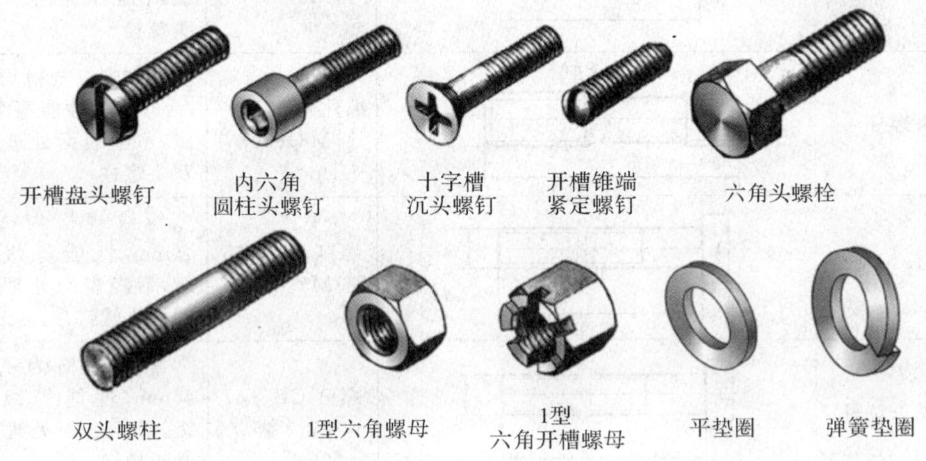

图 7-20 常用螺纹紧固件

7.2.1 螺纹紧固件标记

螺纹紧固件的完整标记的内容及顺序为类别（产品名称）、标准编号、螺纹规格或公称尺寸、其他直径或特性、公称长度（规格）、螺纹长度或杆长、产品型式、性能等级或硬度或材料、产品等级、扳拧型式、表面处理等。

例如，螺纹规格为 M12，公称长度为 80mm，性能等级为 8.8 级，表面经过镀锌钝化的六角头螺栓的完整标记为：

螺栓 GB/T 5782－2000 M12×80－8.8－Zn・D

螺纹紧固件的标记也可按以下原则进行适当地简化，标准年代号允许省略；当产品标准中只规定一种型式、精度、性能等级、材料及其热处理和表面处理时，有关这些内容的标记允许省略；当产品标准中规定多种型式、精度、性能等级、材料及其热处理和表面处理时，有关这些内容的标记允许省略其中一种。

例如，螺纹规格为 M12×1.5，公称长度为 80mm，性能等级为 8.8 级，表面氧化的六角头螺栓的简化标记为：

螺栓 GB/T 5782 M12×1.5×80

简化标记省略了标准年代号及其前面的短画、性能等级和表面处理。

螺纹紧固件结构型式和标记示例见表 7-4。

表 7-4　螺纹紧固件及其标记系列

种　类	结构和规格尺寸	简化标记示例	说　明
六角头螺栓	d　l	螺栓 GB/T5782 M6×30	螺纹规格为 M6，l=30mm，性能等级为 8.8 级，表面氧化的 A 级六角头螺栓
双头螺柱	B型　d　(bm)　l	螺柱 GB/T897 M8×30	两端螺纹规格均为 M8，l=30mm，性能等级为 4.8 级，不经表面处理的 B 型双头螺柱
开槽圆柱头螺钉	d　l	螺钉 GB/T65 M5×45	螺纹规格为 M5，l=45mm，性能等级为 4.8 级，不经表面处理的开槽圆柱头螺钉
开槽盘头螺钉	d　l	螺钉 GB/T67 M5×45	螺纹规格为 M5，l=45mm，性能等级为 4.8 级，不经表面处理的开槽盘头螺钉
开槽沉头螺钉	d　l	螺钉 GB/T68 M5×45	螺纹规格为 M5，l=45mm，性能等级为 4.8 级，不经表面处理的开槽沉头螺钉
开槽锥端紧定螺钉	d　l	螺钉 GB/T71 M5×20	螺纹规格为 M5，l=20mm，性能等级为 14H 级，表面氧化的开槽锥端紧定螺钉
1 型六角螺母	D	螺母 GB/T6170 M8	螺纹规格为 M8，性能等级为 8 级，不经表面处理的 1 型六角螺母
平垫圈	d	垫圈 GB/T97.18	标准系列，规格 8mm，性能等级为 140HV，不经表面处理的 A 级平垫圈
标准型弹簧垫圈	d	垫圈 GB/T938	规格 8mm，材料为 65Mn，表面氧化的标准型弹簧垫圈

7.2.2　螺纹紧固件连接画法

螺纹紧固件连接的主要形式有：螺栓连接、双头螺柱连接和螺钉连接等。螺纹紧固件的规定画法有查表法、比例法。

1. 螺栓连接

当两个零件被连接紧固处的厚度较小且可以制成通孔时，一般采用螺栓连接。首先在被连接的两个零件上加工出比螺栓直径稍大的通孔，然后螺栓穿过通孔后套上垫圈，并旋紧螺母即为螺栓连接，如图 7-21(a)所示。

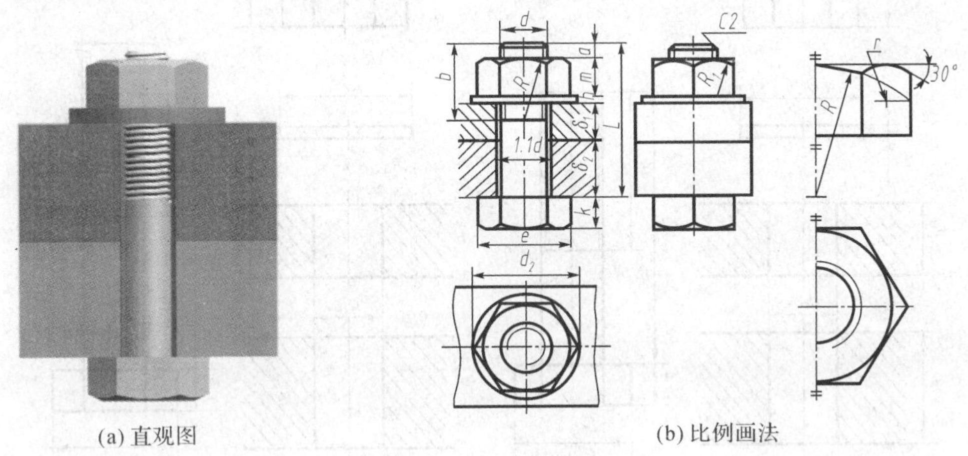

(a) 直观图　(b) 比例画法

图 7-21　螺栓连接

螺栓的种类很多，按其头部形状可分为六角头螺栓、方头螺栓等，其中六角头螺栓应用最广。根据加工质量，螺栓的产品等级分为 A(最精确)、B 和 C(最不精确)三级。螺栓的规格尺寸为螺纹规格 d 和公称长度 l。

常用的螺母有六角螺母、方螺母、六角开槽螺母和圆螺母等。六角螺母应用最广，产品等级分为 A、B 和 C 三级，分别与相对应精度的螺栓、螺钉和垫圈相配，根据高度 m 的不同又分为薄型、1 型、2 型和厚型。螺母的规格尺寸为螺纹规格 D。

垫圈通常是放在螺母和被连接件之间，其用途是防止刮伤而保护被连接零件的表面，同时又可增加螺母与被连接零件的支承面积。常用的垫圈有平垫圈、弹簧垫圈和止动垫圈等。垫圈以连接螺纹规格作为公称尺寸。

(1)装配画法中螺栓连接件尺寸确定

假定两个被连接零件的连接处厚度分别为 $\delta_1=18$mm，$\delta_2=12$mm，选用螺纹规格为 $M10$ 的螺栓将它们紧固在一起，确定紧固件尺寸有两种方法：查表法和比例法。

①查表法

被紧固的两个被连接零件必须预先加工出通孔，通孔的直径应比螺栓上螺纹的大径稍大，由 GB/T 5277—2002 中选取中等装配，查得通孔直径为 11mm。

由 GB/T 6170—2000 选取螺母 GB/T 6170 M10，并查得具体尺寸 $s=16$mm，$m=8.4$mm。

由 GB/T 97.1—2002 选取垫圈 GB/T 97.1 10，并查得具体尺寸 $d_2=20$mm，$h=2$mm。

螺栓的公称长度应大于被紧固零件的厚度、垫圈厚度和螺母厚度的总和，并且要有一定的螺栓突出螺母末端的长度 a(a 一般约为螺纹大径 d 的 0.3～0.5 倍)。

估算螺栓公称长度：

$$l'=\delta_1+\delta_2+h+m+a=18+12+2+8.4+(0.3\sim0.5)\times10=43.4\sim45.4\ (\text{mm})$$

查国标 GB/T 5782—2000，在螺栓长度系列中选取相近的标准数值，取螺栓的公称长

度 $l=45$mm，从而选定螺栓 GB/T 5782 M10×45，并查得具体尺寸 $s=16$mm，$k=6.4$mm，$b=26$mm，如图 7-22(a)所示。

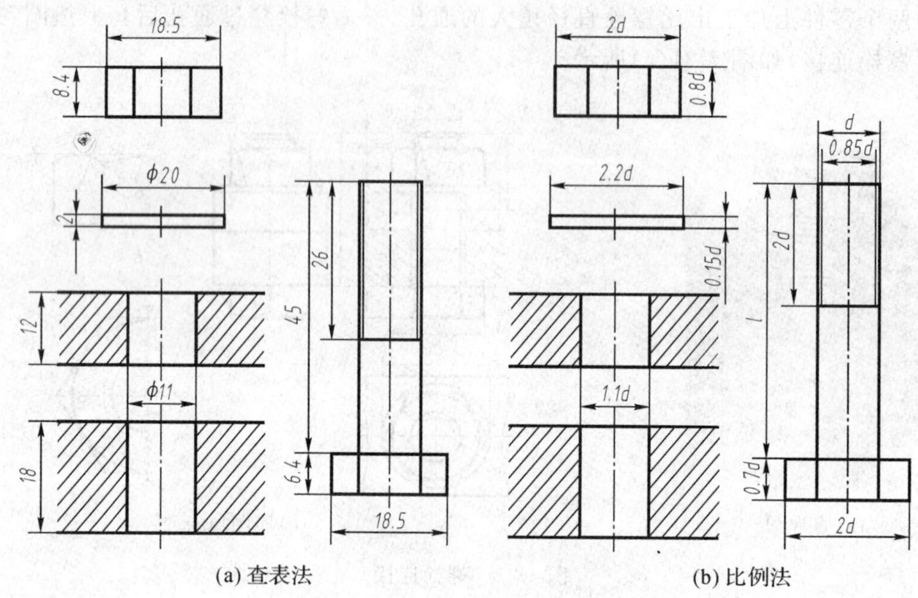

(a) 查表法 (b) 比例法

图 7-22 螺栓连接件尺寸确定

②比例法

为了节省查表时间，可按螺纹大径 d 的比例数确定有关尺寸，但螺栓的公称长度经估算后必须查表选取长度系列中的长度值。图 7-21(b)中各个参数比例为 $a=0.3d$、$m=0.8D$、$h=0.15D$、$k=0.7d$、$R=1.5D$、$b=2d$、$e=2d$、$d_2=2.2D$、$R_1=D$、$c=0.15d$、r 由作图决定、$d_h\approx1.1d$。

(2)螺栓连接画法

根据画装配图的一般规定，两个零件间的接触表面应画成一条线，不接触的相邻表面应画两条线以表示其间隙；相互邻接的金属零件，其剖面线的倾斜方向相反，或方向一致而间距不等；当剖切平面通过螺纹紧固件的轴线时，它们均按未被剖切绘制。螺栓连接的装配画法如图 7-23 所示。装配图样重点表达装配连接情况，其零件结构细节可以省略。因此，螺纹紧固件一般采用简化画法，如倒角倒圆、螺尾和支承面结构等均可以省去不画，如图 7-23 所示。

2. 双头螺柱连接

当两个零件的被连接紧固处，一个零件较薄，另一个较厚不适于钻成通孔或不能钻成通孔时，通常采用双头螺柱连接，如图 7-24(a)所示。较薄的零件上应加工出通孔，另一零件上加工出不穿通的螺纹孔，双头螺柱的旋入端(长度为 b_m)应旋紧于螺纹孔，另一端穿过通孔，再套上垫圈和旋紧螺母即为双头螺柱连接。

双头螺柱两端都制有螺纹，一端用以旋入零件机体称为旋入端，另一端用以紧固螺母称为紧固端。根据旋入端长度 b_m 的不同，双头螺柱有四种标准编号，选用哪一种双头螺柱，要由加工有螺纹孔零件的材料而定。当材料为钢或青铜时，应取 $b_m=d$ (GB/T 897—1988)；当材料为铸铁时，应取 $b_m=1.25d$ (GB/T 898—1988)或 $b_m=1.5d$ (GB/T 899—1988)；当

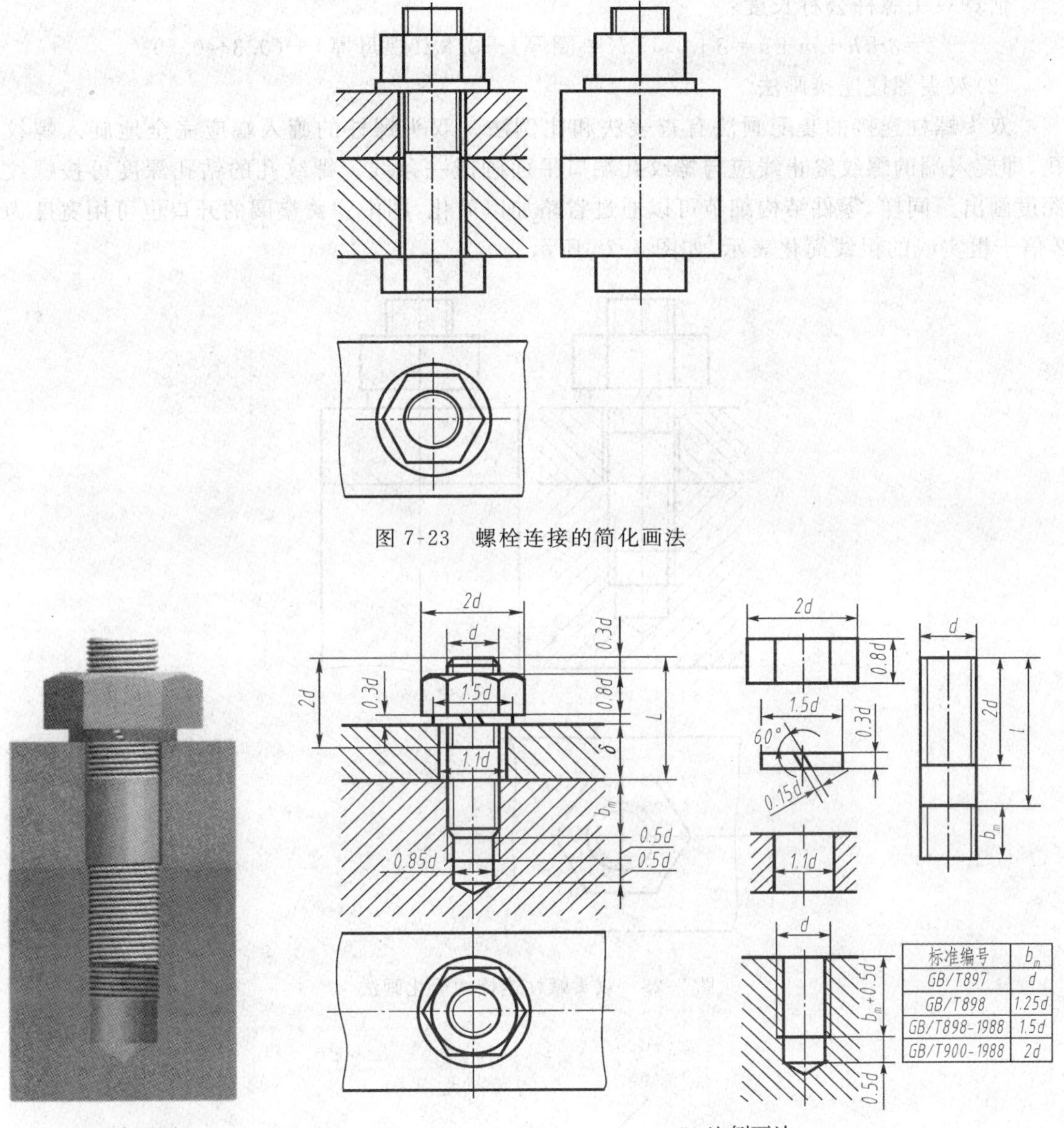

标准编号	b_m
GB/T897	d
GB/T898	1.25d
GB/T898-1988	1.5d
GB/T900-1988	2d

图 7-23　螺栓连接的简化画法

(a) 直观图　　(b) 比例画法

图 7-24　双头螺柱连接

材料为铝时，应取 $b_m=2d$（GB/T 900－1988）。双头螺柱在结构上分为 A、B 两种形式，它的规格尺寸为螺纹规格 d 和公称长度 l。

(1)装配画法中双头螺柱连接件尺寸确定

与螺栓连接相同，零件通孔的直径应比螺栓上螺纹的大径稍大，确定紧固件尺寸也有两种方法：查表法和比例法。查表法可以仿照螺栓连接，这里仅以比例法为例说明。比例法中螺纹孔的尺寸，一般取螺纹深度为 $b_m+0.5d$，钻孔深度比螺纹深度深 $0.5d$。其他参数如图 7-24(b)所示。两种方法都要通过估算双头螺柱的公称长度，再根据国家标准选取相近的标准数值。

估算双头螺柱公称长度：

$$l=\delta+h+m+a=\delta+0.15d(\text{垫圈厚})+0.8d(\text{螺母厚})+(0.3\sim0.5)d$$

(2)双头螺柱连接画法

双头螺柱连接的装配画法有查表法和比例法。双头螺柱的旋入端应完全地旋入螺纹孔，即旋入端的螺纹终止线应与螺纹孔端口平面画成一条线。螺纹孔的钻孔深度可按螺纹深度画出。同样，零件结构细节可以通过省略加以简化，图中弹簧垫圈的开口也可用宽度为2倍于粗实线的粗线简化表示，如图7-25所示。

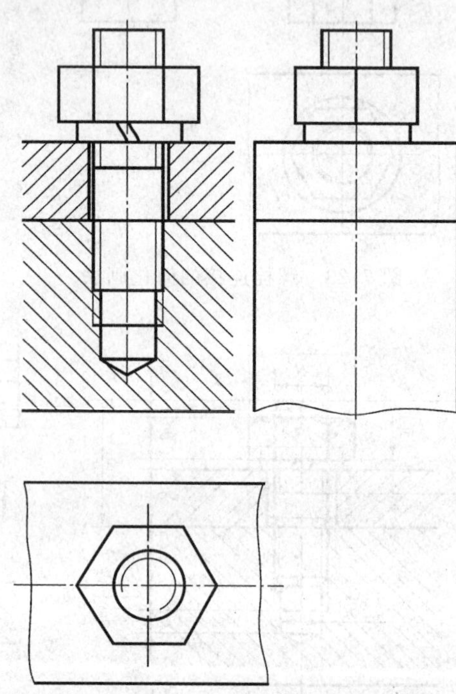

图7-25 双头螺柱连接的简化画法

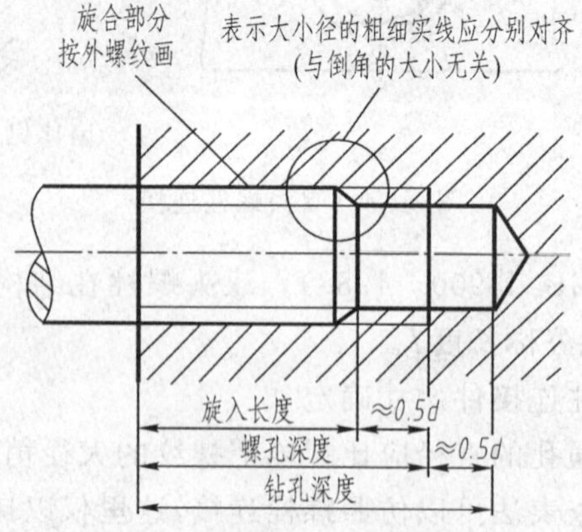

图7-26 双头螺柱旋入端连接画法

3. 螺钉连接

当被连接紧固零件尺寸较小、受力不大且不需经常拆卸时，通常采用螺钉连接，其紧固作用与双头螺柱连接相似，但不用螺母，而是将螺钉直接旋入螺纹孔，把两个被紧固零件压紧，如图 7-27(a)所示。

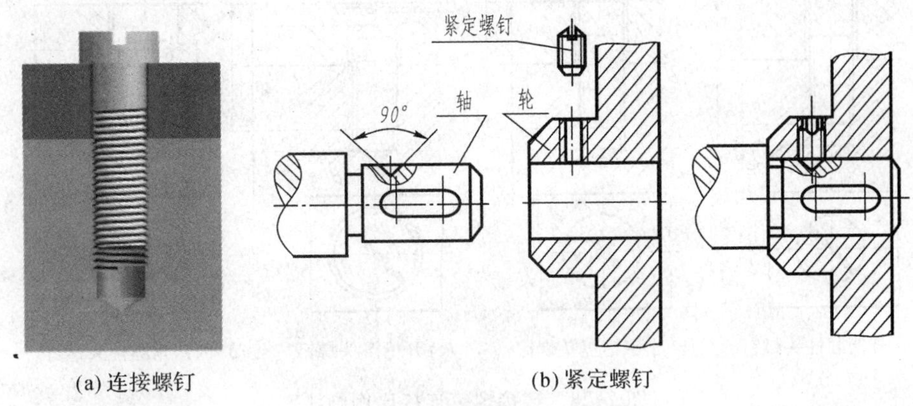

(a) 连接螺钉　(b) 紧定螺钉

图 7-27　螺钉连接

螺钉的一端为螺纹，旋入到被连接零件的螺孔中，另一端为头部。根据作用可分为连接螺钉和紧定螺钉。连接螺钉根据头部形状的不同有内六角圆柱头螺钉、十字槽盘头螺钉、开槽圆柱头螺钉和开槽沉头螺钉等不同种类。紧定螺钉端部形状有平端、锥端、凹端和圆柱端等。螺钉的规格尺寸为螺纹规格 d 和公称长度 l。

(1)装配画法中螺钉连接件尺寸确定

被紧固的两个零件，一个应加工出螺纹孔，其尺寸确定方法与双头螺柱连接中螺纹孔的确定方法相同；另一个应加工出通孔或沉孔，沉孔的结构和尺寸可查 GB/T 5277－1985、GB/T 152.2－1988、GB/T 152.3－1988 和 GB/T 152.4－1988。螺钉的尺寸可查表获得，也可按螺纹大径的比例数确定。

螺钉的有效长度估算：

$$l=\delta+b_m \qquad (b_m \text{ 根据被旋入零件的材料而定，见双头螺柱})$$

然后根据估算出的数值查附录各表之中相应螺钉的有效长度 l 的系列值，选取相近的标准数值。

(2)螺钉连接画法

图 7-28 所示是几种常用连接螺钉装配图的比例画法。为了使螺钉头能压紧被连接零件，螺钉的螺纹终止线应高出螺孔的端面，或螺杆是全螺纹。

图 7-29 所示是几种常用紧定螺钉装配图的连接画法。

7.3　键、花键及其连接画法

1. 键连接

键是标准件，用来连接轴与安装在轴上的皮带轮、齿轮或链轮等零件，起着传递运动和扭矩的作用。常用的键有普通平键和半圆键。键连接是先将键嵌入轴上的键槽内，再对准轮毂上的键槽，把轴和键同时插入孔和槽内，就可以使轴和其上的零件一起转动，如图 7-30 所示。

常用的键有普通平键、半圆键和钩头楔键三种，它们的型式和规定标记如表 7-5 所示。

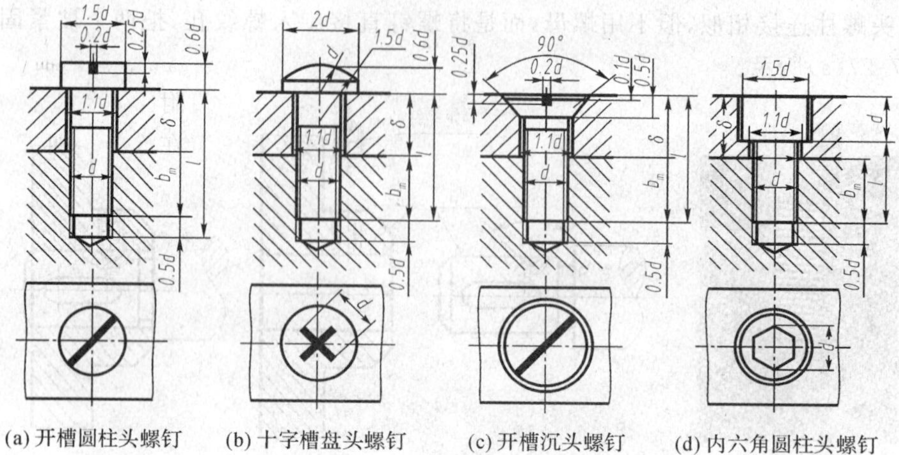

(a) 开槽圆柱头螺钉 (b) 十字槽盘头螺钉 (c) 开槽沉头螺钉 (d) 内六角圆柱头螺钉

图 7-28 连接螺钉连接比例画法

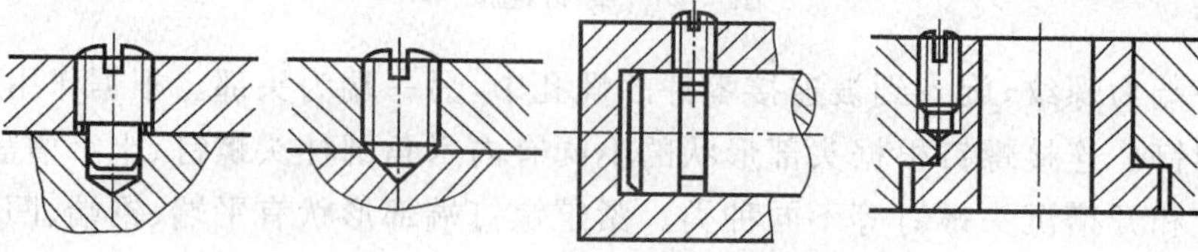

图 7-29 紧定螺钉连接画法

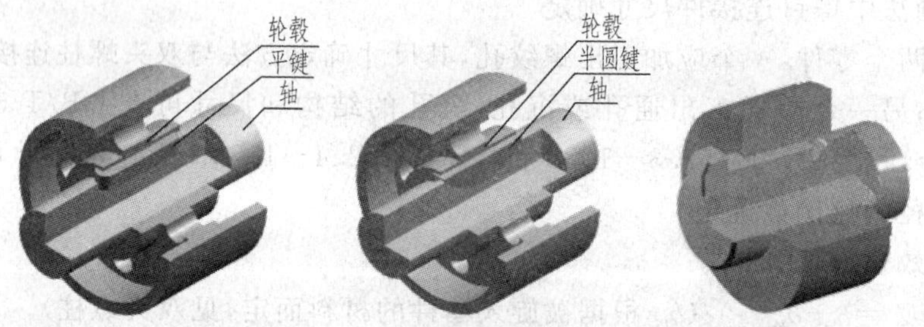

图 7-30 键连接

表 7-5 普通平键、半圆键的结构型式及其标记示例

名称	普通平键			半圆键
	圆柱销	圆锥销	开口销	
结构及规格尺寸	A型	B型	C型	
简化标记示例	键 5×20 GB/T 1096	键 B5×20 GB/T 1096	键 C5×20 GB/T 1096	键 6×25 GB/T 1099
说 明	圆头普通平键 b=5mm L=20mm 标记中省略“A”	平头普通平键 b=5mm L=20mm	单圆头普通平键 b=5mm L=20mm	半圆键 b=6mm d_1=25mm

(1)键槽尺寸及其标注

根据轴径 d 大小和相关设计要求，按国家标准选取键的类型和规格，确定轴与轮毂上的键槽尺寸(t、t_1)，给出键的正确标记。键及其键槽尺寸系列见书后附录 GB/T 1095、GB/T 1096、GB/T 1098 和 GB/T 1099 等。轮毂上的键槽一般是用插刀在插床上加工的，轴上的键槽一般在铣床上加工。键槽的尺寸应与键的尺寸相一致，键槽的深度由查阅国家标准确定。键槽的加工方法和有关尺寸标注如图 7-31 所示。

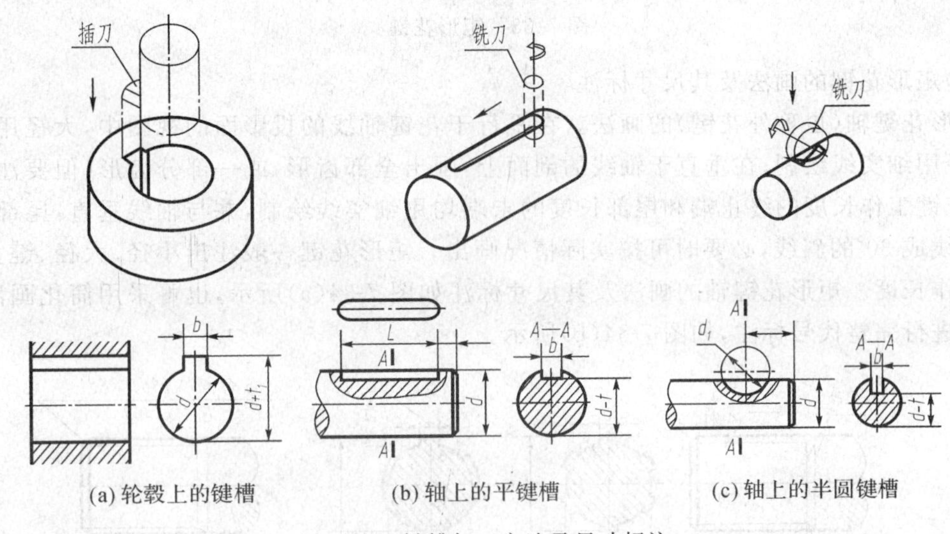

图 7-31　键槽加工方法及尺寸标注

(2)键连接画法

键连接装配图一般采用剖视图画法，主视图中的剖切平面通过实心轴的轴线和键(标准件)的纵向对称平面剖切后画出的，轴和键均按未被剖切绘制。为了清晰表达键在轴上的安装情况，轴常采用局部剖视。绘制键连接装配图时需注意，普通平键和半圆键轮毂上键槽的底面与键不接触，应画出间隙(t、$+t_1-h$)，应该画成两条线，而键与键槽的其他表面都接触，只需要画成一条线；钩头楔键与上述两类键画法不同，它的两侧面不接触，应该画成两条线，上下面接触，需画成一条线，如图 7-32 所示。

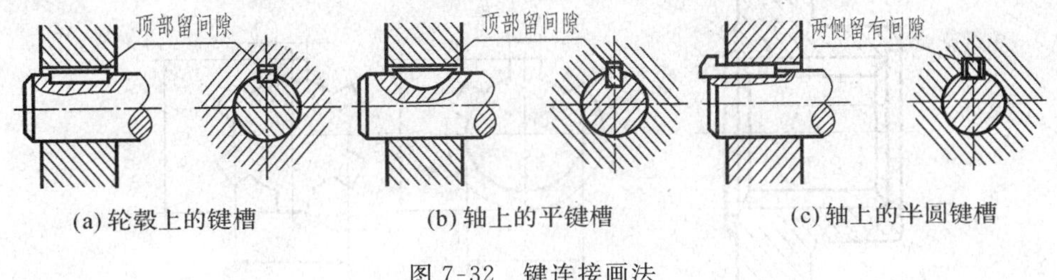

图 7-32　键连接画法

2. 花键连接

花键是直接把键加工在轴和轮毂上并与之形成一个整体，如图 7-33 所示。花键的特点是承载能力强，定心精度高，且连接可靠，并适宜于需轴向移动的场合。因此，花键连接在汽车和机床中应用很广。花键的齿形有矩形、渐开线形和三角形等，其中以矩形为最常见。它的结构和尺寸已标准化，国家标准对矩形花键的画法也作了规定。

(a) 矩形花键轴

(b) 齿轮上的矩形花键孔

(c) 矩形花键连接

图 7-33 矩形花键

(1)矩形花键的画法及其尺寸标注

矩形花键轴(也称外花键)的画法。在平行于花键轴线的投影面的视图中,大径用粗实线、小径用细实线绘制;在垂直于轴线的剖面上,画出全部齿形,或一部分齿形(但要注明齿数)。花键工作长度的终止端和尾部长度的末端均用细实线绘制,并与轴线垂直,尾部则画成与轴线成 30°的斜线,必要时可按实际情况画出。矩形花键一般注出小径、大径、键宽、齿数和工作长度。矩形花键轴的画法及其尺寸标注如图 7-34(a)所示,也可采用简化画法,但一定要进行完整代号标注,如图 7-34(b)所示。

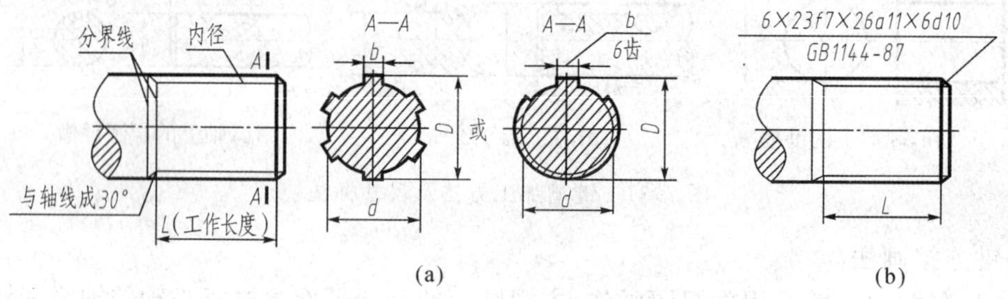

(a) (b)

图 7-34 外花键画法及尺寸标注

矩形花键孔(也称内花键)的画法。在平行于花键轴线的投影面剖视图中,大径及小径均用粗实线绘制,并用局部视图画出一部分或全部齿形,矩形花键孔的画法及其尺寸标注如图 7-35 所示。

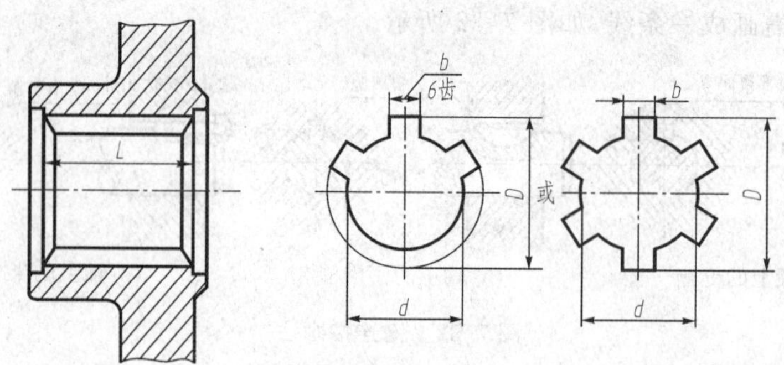

图 7-35 内花键画法及尺寸标注

矩形花键连接的画法。连接画法用剖视表示时,外花键按不剖画,连接部分按外花键的画法进行绘制,如图 7-36 所示。

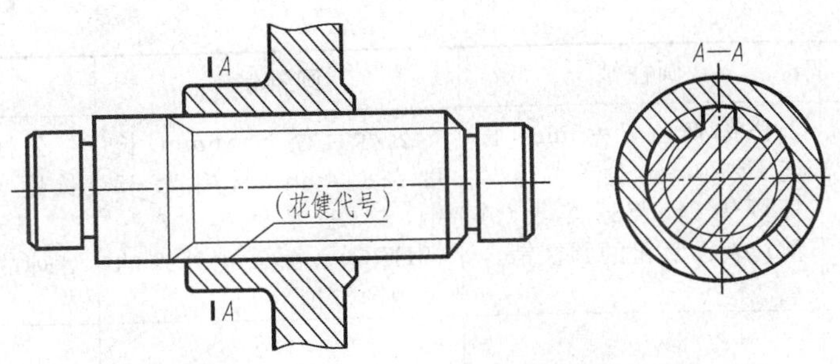

图 7-36　花键连接的画法

(2)矩形花键标注代号

代号型式为 $N-D\times d\times b$

式中的规格尺寸分别为:D—大径、d—小径、b—键宽、N—齿数。其中 d、D 和 b 的数值后均应加注公差带代号(零件图上)或配合代号(装配图中)。

7.4　销及其连接画法

销是标准件,主要用于零件间的连接或定位。常用的销有圆柱销、圆锥销和开口销,如图 7-37 所示。根据销与销孔配合精度不同,圆柱销分为 A 型、B 型、C 型和 D 型;圆锥销也有 A 型和 B 型之分。销的结构及其尺寸系列见 GB/T 119.2—2000、GB/T 117—2000 和 GB/T 91—2000 等。

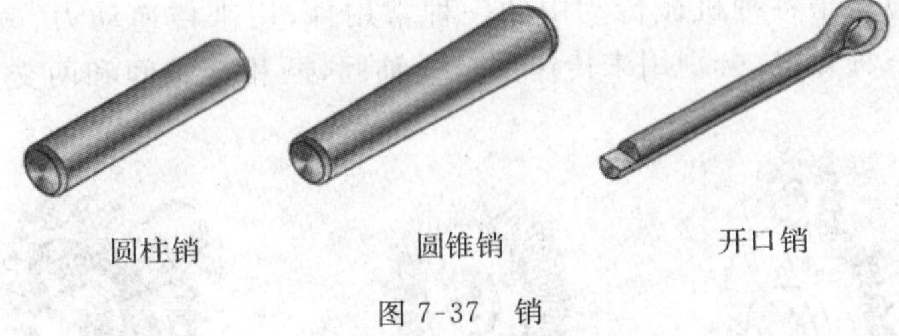

图 7-37　销

销也属紧固件,其标记方法与螺纹紧固件相同,内容包括名称、标准编号、型式与尺寸等,销的标记示例及其装配画法见表 7-6。在装配图样中,当剖切平面通过销的轴线时,销按未被剖切绘制。

表 7-6　销的标记示例以及其装配画法

名　称	圆柱销	圆锥销	开口销
结构及规格尺寸	l, d	l, d	l, D
简化标记示例	销 GB/T 119.2 5×20	销 GB/T 117 6×24	销 GB/T 91 5×30

续表

名　称	圆柱销	圆锥销	开口销
说　明	公称直径 $d=5$mm，长度 $l=20$mm，公差为 m6，材料为钢，普通淬火（A型），表面氧化的圆柱销	公称直径 $d=6$mm，长度 $l=24$mm，材料为 35 钢，热处理硬度 28～38HRC，表面氧化处理的 A 型圆锥销	公称规格为 $D=5$mm，长度 $l=30$mm，材料为 Q215 或 Q325，不经表面处理的开口销
装配画法			

7.5 齿轮的画法

齿轮是广泛应用于各种机械传动中的一种常用件，用来传递动力、改变转动速度和方向。齿轮传动有三种方式，分别用来传递两平行轴间、两相交轴间和两交叉轴间的运动，如图 7-38 所示。

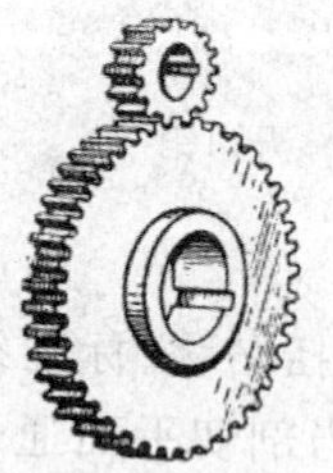

(a) 圆锥齿轮传动

(b) 圆锥齿轮传动

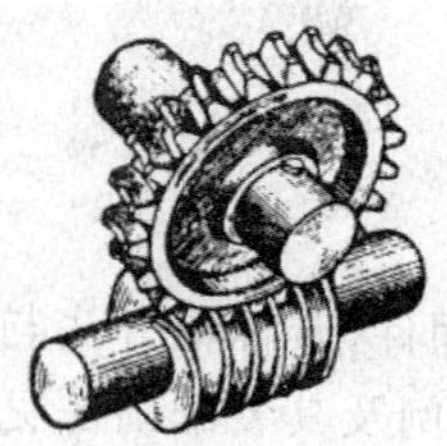

(c) 蜗轮蜗杆传动

图 7-38　齿轮传动

7.5.1 圆柱齿轮画法

圆柱齿轮有很多种，这里仅介绍标准直齿圆柱齿轮。常见的圆柱齿轮按其齿的方向分为直齿轮和斜齿轮两种。

1. 直齿圆柱齿轮的结构要素和尺寸关系

直齿圆柱齿轮的结构如图 7-38(a)所示，由于这种齿轮是由圆柱加工而成，而且轮齿素线是与齿轮线轴线平行的直线，故称为直齿圆柱齿轮。直齿圆柱齿轮的结构要素如图 7-39 所示。

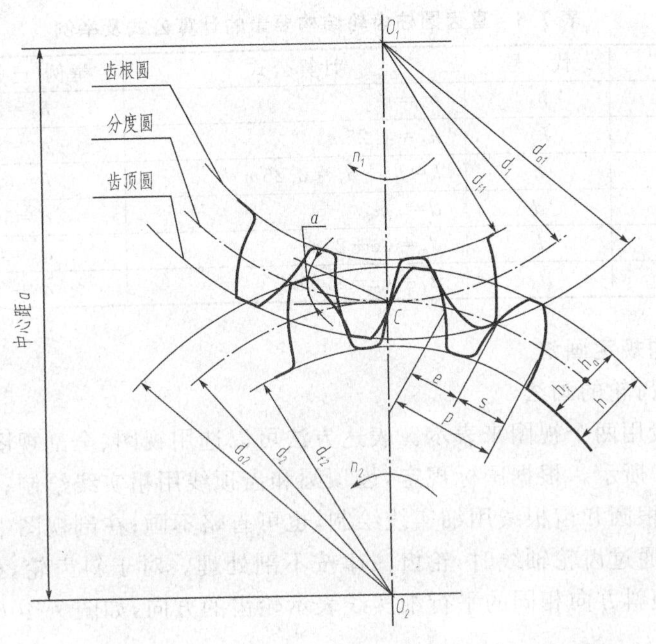

图 7-39　两啮合的标准直齿圆柱齿轮各部分要素名称和代号

齿顶圆　通过轮齿顶部的圆，其直径用 d_a 表示；

齿根圆　通过轮齿根部的圆，其直径用 d_f 表示；

分度圆　对于标准齿轮的齿厚 s 与槽宽 e 相等处的圆，其直径用 d 表示；

齿　高　齿顶圆与齿根圆之间的径向距离，用 h 表示；

齿顶高　齿顶圆与分度圆之间的径向距离，用 h_a 表示；

齿根高　齿根圆与分度圆之间的径向距离，用 h_f 表示；

齿　距　分度圆上相邻两齿的对应点之间的弧长，用 p 表示；

中心距　两啮合齿轮轴线间的最短距离称为中心距，用 a 表示；

齿形角　在端平面内，过端面齿廓与分度圆交点的径向直线与齿廓在该点的切线所夹的锐角，用 α 表示；我国采用的齿形角一般为 20°；

模　数　齿距 p 除以圆周率 π 所得的商，用 m 表示，即 $m=p/\pi$，其单位为毫米。

当齿轮的齿数为 z 时，分度圆的周长为 $\pi d=pz$，则 $d=zp/\pi$，所以 $d=mz$，即分度圆直径等于齿数与模数之积。模数是设计和制造齿轮的基本参数。模数越大，轮齿越厚，齿轮的承载能力越大，不同模数的齿轮要用不同的刀具来加工制造。为了设计和制造方便，国家标准已经将模数标准化，模数的标准值见表 7-7。

表 7-7　齿轮模数标准系列（摘录 GB/T1357—1987）

第一系列	1	1.25	1.5	2	2.5	3	4	5	6	8	10	12	16	20	25	32	40	50
第二系列	1.75	2.25	2.75	(3.25)	3.5	(3.75)	4.5	5.5	(6.5)	7	9	(11)	14	18	22	28	36	45

模数、齿数和齿形角是齿轮的三个基本参数，它们的大小是通过设计计算并按相关标准确定的。直齿圆柱齿轮几何要素的尺寸关系见表 7-8。

表 7-8 直齿圆柱齿轮结构要素的计算公式及举例

名 称	代 号	计算公式	举例(已知 $m=2.5, z=20$)
齿顶高	h_a	$h_a=m$	$h_a=2.5$
齿根高	h_f	$h_f=1.25m$	$h_f=3.125$
齿 高	h	$h=h_a+h_f=2.25m$	$h=5.625$
分度圆直径	d	$d=zm$	$d=50$
齿顶圆直径	d_a	$d_a=(z+2)m$	$d_a=55$
齿根圆直径	d_f	$d_f=(z-2.5)m$	$d_f=43.75$

2. 圆柱齿轮的规定画法

(1)单个圆柱齿轮的画法

单个齿轮一般用两个视图来表示。表达方法可以选用视图、全剖视图、半剖视图和局部视图等,如图 7-40 所示。根据国标规定,齿顶圆和齿顶线用粗实线绘制;分度圆和分度线用细点划线绘制;齿根圆和齿根线用细实线绘制,也可省略不画;在剖视图中,齿根线用粗实线绘制,当剖切平面通过齿轮轴线时,轮齿一律按不剖处理。对于斜齿轮,可在非圆的外形图上用三条与轮齿倾斜方向相同的平行细实线表示轮齿的方向,如图 7-40(c)所示。

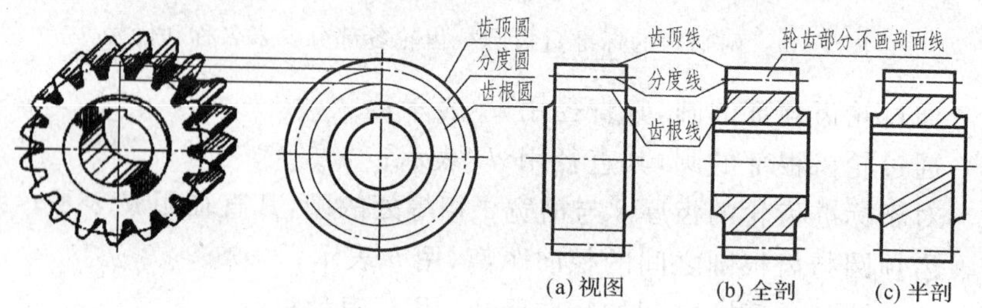

图 7-40 单个圆柱齿轮的画法

图 7-41 是直齿圆柱齿轮的零件图。

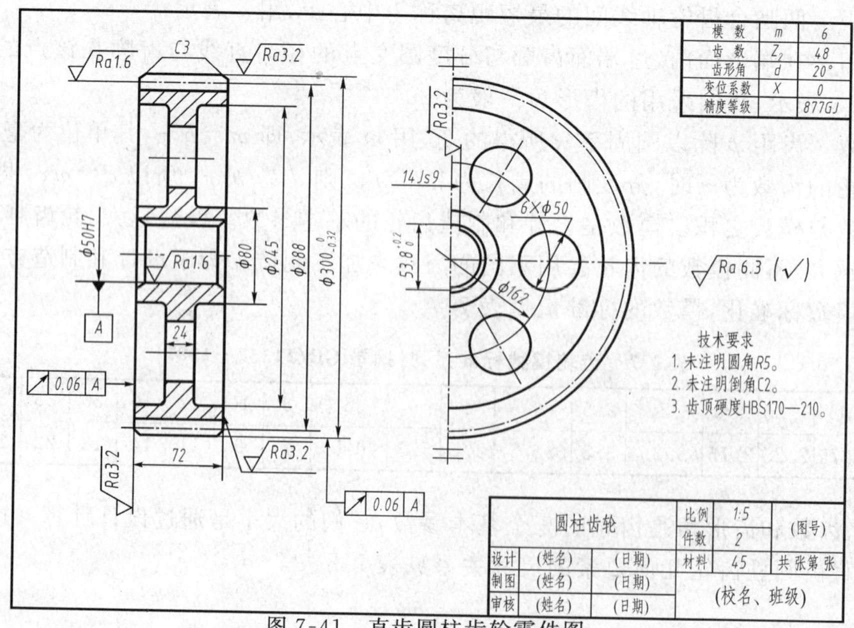

图 7-41 直齿圆柱齿轮零件图

(2)圆柱齿轮啮合画法

两标准齿轮相互啮合时，它们的分度圆处于相切位置，此时分度圆又称节圆。在垂直于圆柱齿轮轴线的投影面的视图上，两齿轮的节圆应该相切。

啮合区内的两个相切的节圆仍用细点画线绘制，齿顶圆用粗实线画出，如图 7-42(a)；为了使图形清晰，也可省略不画，如图 7-42(b)。在平行于圆柱齿轮轴线的投影面的视图上，啮合区内的齿顶线不需画出，节线用粗实线绘制，如图 7-42(b)及(c)。

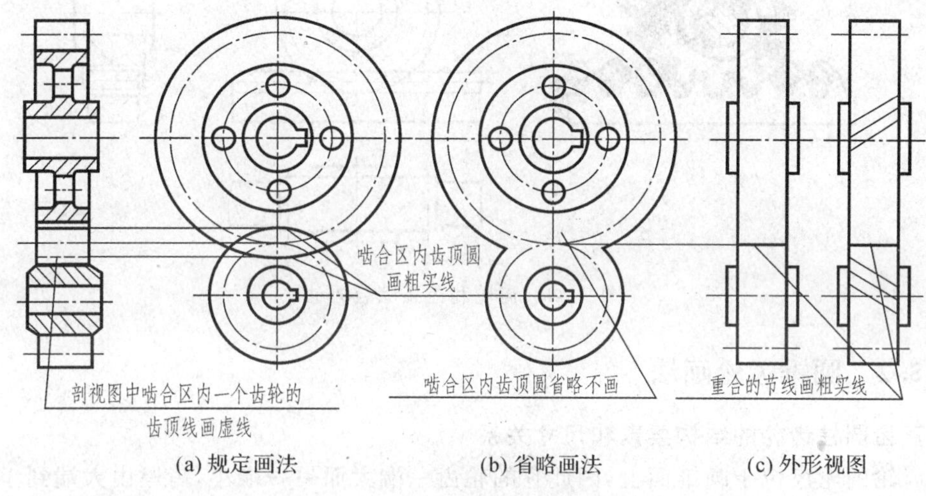

图 7-42　圆柱齿轮啮合画法

当齿轮被剖切时，若剖切平面通过两啮合齿轮的轴线，则在啮合区内将一个齿轮的轮齿用粗实线绘制，另一个齿轮轮齿的被遮挡部分用虚线绘制，如图 7-42(a)所示，被遮挡部分也可以不画。若剖切平面不通过啮合齿轮的轴线，则齿轮一律按未被剖切绘制。

如果两个啮合齿轮的齿宽不同，通常是直径小的齿轮要宽一些，这时应该按照图 7-43 进行绘制。啮合区是经常绘错的地方，要特别注意啮合齿轮的关系。齿顶和齿根之间存在间隙，大小为 $h_a - h_f = 0.25m$。

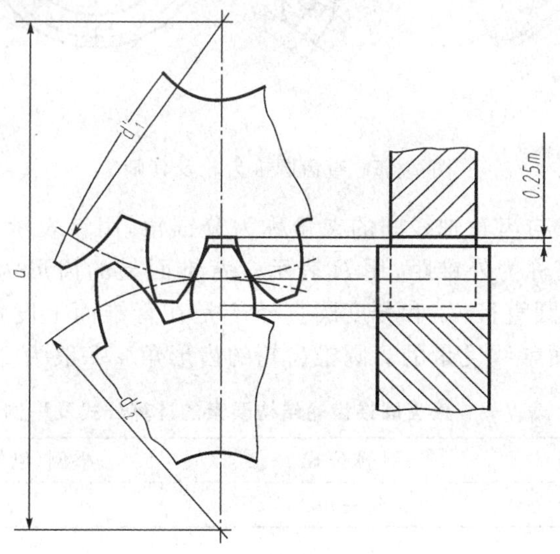

图 7-43　齿轮啮合区画法

(3)齿轮和齿条啮合画法

当齿轮的直径无限大时,其齿顶圆、齿根圆、分度圆和齿廓曲线都成了直线。这时,齿轮就变成了齿条。齿轮和齿条啮合时,齿轮旋转,齿条作直线运动。齿轮和齿条啮合的画法与两圆柱齿轮啮合的画法基本相同,这时齿轮的节圆应与齿条的节线相切,如图 7-44 所示。

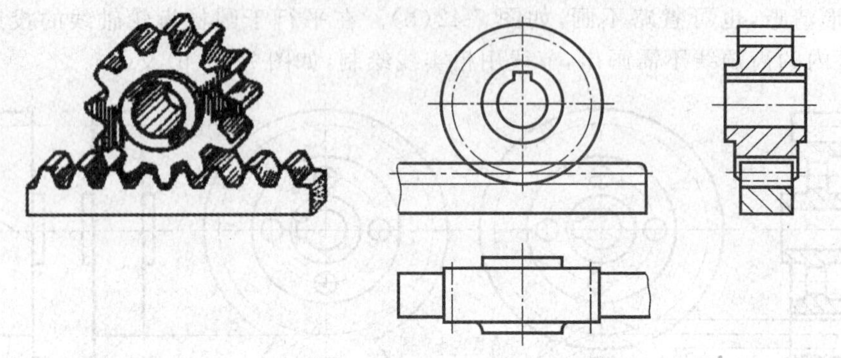

图 7-44　齿轮和齿条啮合画法

7.5.2　圆锥齿轮画法

1. 直齿圆柱齿轮的结构要素和尺寸关系

锥齿轮的轮齿位于圆锥面上,因此它的轮齿一端大而另一端小,齿厚由大端到小端逐渐变小,模数和分度圆也随之变化。为了设计和制造方便,规定以大端端面(背锥面如图 7-55)模数 m 为标准模数来计算大端轮齿各部分的尺寸。

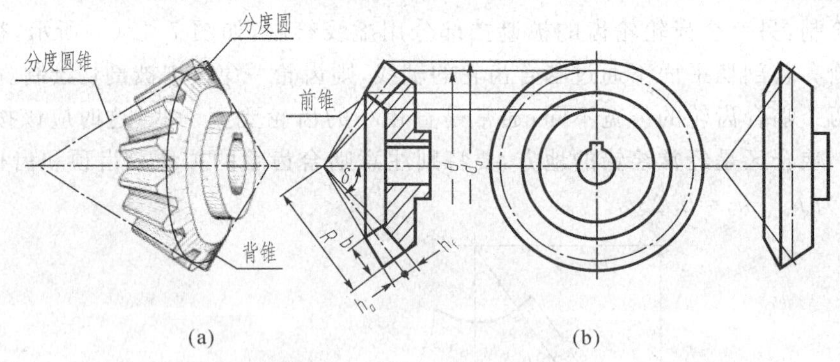

图 7-45　直齿圆锥齿轮及其画法

分度圆锥面的素线与齿轮轴线间的夹角称为分锥角,用 δ 表示。从顶点沿分度圆锥面的素线至背锥面的距离称为外锥距,用 R 表示。背锥面上的齿形为渐开线齿形,圆锥齿轮的齿顶圆直径 d_a、齿根圆直径 d_f 和分度圆直径 d 是在背锥面上度量的,齿顶高 h_a、齿根高 h_f 和齿高 h 是沿背锥面素线度量的。圆锥齿轮的齿形角 α 一般为 20°。

表 7-9　直齿圆锥齿轮结构要素的计算公式及举例

名　称	代号	计算公式	举例(已知 $m=3, z=25, \delta=45°$)
齿顶高	h_a	$h_a=m$	$h_a=3$

续表

名　称	代号	计算公式	举例(已知 $m=3, z=25, \delta=45°$)
齿根高	h_f	$h_f=1.2m$	$h_f=3.6$
齿高	h	$h=h_a+h_f=2.2m$	$h=6.6$
分度圆直径	d	$d=zm$	$d=75$
齿顶圆直径	d_a	$d_a=m(z+2\cos\delta)$	$d_a=3\times(25+2\cos45°)=79.24$
齿根圆直径	d_f	$d_f=m(z-2.4\cos\delta)$	$d_f=3\times(25-2.4\cos45°)=69.31$
外锥距	R	$R=\dfrac{mz}{2\sin\delta}$	$R=\dfrac{3\times25}{2\sin45°}=53.03$
分度圆锥角	δ_1	$\mathrm{tg}\delta_1=\dfrac{z_1}{z_2}$	
	δ_2	$\mathrm{tg}\delta_2=\dfrac{z_2}{z_1}$ 或 $\delta_2=90°-\delta_1$(当 $\delta_1+\delta_2=90°$时)	
齿宽	b	$b\leqslant\dfrac{R}{3}$	

2. 圆锥齿轮的规定画法

(1)单个圆锥齿轮的画法

如图 7-45(b)所示，类似标准圆柱齿轮，齿顶线、剖视图中的齿根线和大、小端的齿顶圆用粗实线绘制，分度线和大端的分度圆用点画线绘制，齿根圆及小端分度圆均不必画出。圆锥齿轮的零件图如图 7-46 所示。

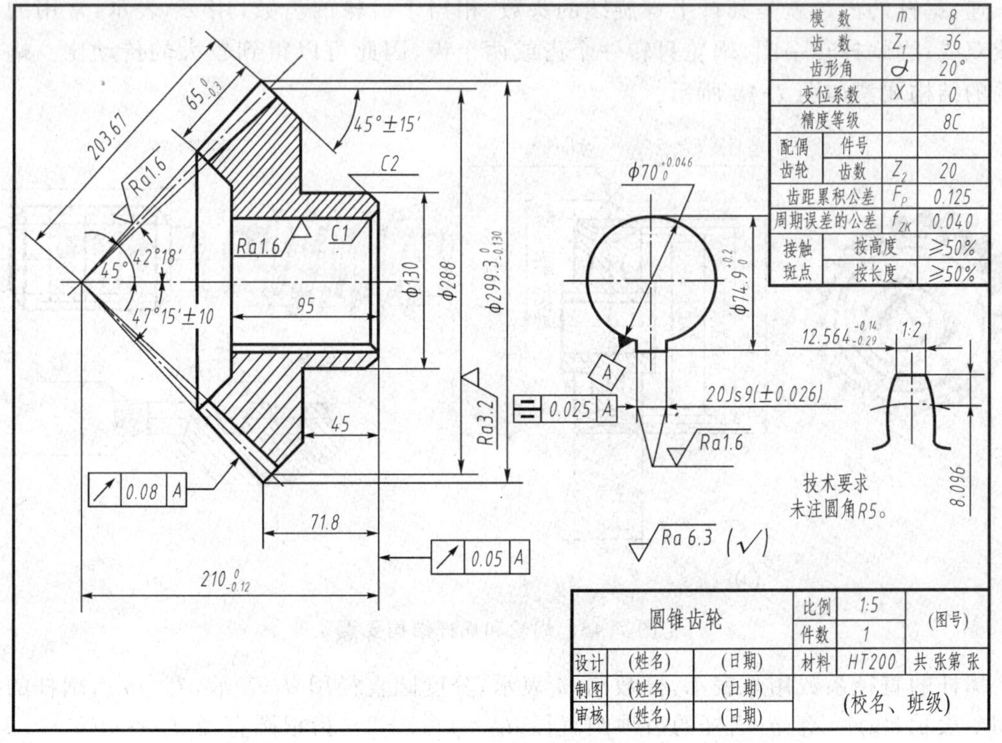

图 7-46　圆锥齿轮零件图

(2)圆锥齿轮啮合的画法

两齿轮轴线相交成 90°,两分度圆锥面锥顶共点。在剖视图中,当剖切平面通过两啮合齿轮的轴线时,啮合区内的一个齿轮的轮齿用粗实线绘制,另一个齿轮轮齿被遮挡的部分用虚线绘制,如图 7-47(a)中的主视图所示。被遮挡部分也可以不画,如图 7-47 (b)所示。图 7-47 (c)为不剖的主视图,啮合区内的节线用粗实线绘制。左视图常用不剖的外形视图表示,如图 7-47 (a)中的左视图所示。

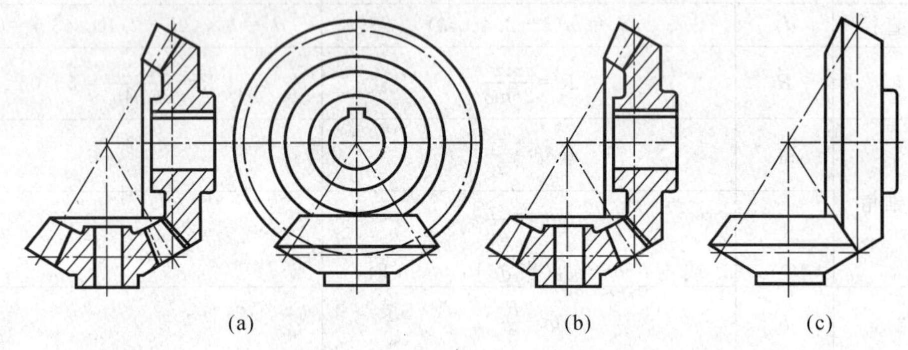

图 7-47 直齿圆锥齿轮啮合的画法

7.5.3* 蜗轮和蜗杆画法

1.蜗杆和蜗轮的结构要素和尺寸关系

蜗杆和蜗轮传动主要用于两个零件轴线交叉位置间的传递。蜗杆一般为主动件,常用于减速,蜗杆的齿数就是其杆上螺旋线的头数,相当于齿轮的齿数,用 Z_1 表示,常用的为单线或双线,当蜗杆转一圈,蜗轮只转一个齿或两个齿,因此可以得到较大的传动比。蜗杆和蜗轮的结构要素如图 7-48 所示。

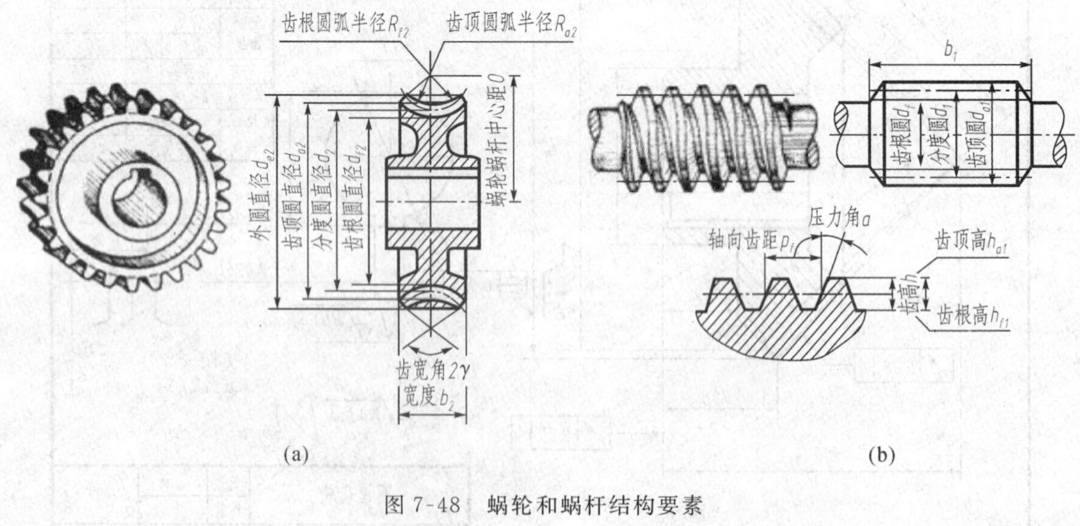

图 7-48 蜗轮和蜗杆结构要素

蜗杆的直径系数用 q 表示,模数用 m 表示,分度圆直径用 d_1 表示,$d_1=mq$;蜗杆的导程角用 γ 表示,$\text{tg}\gamma=Z_1/q$;蜗杆的齿顶圆直径 $d_{a1}=q(m+2)$,齿根圆直径 $d_{f1}=m(q-2.2)$,相应的齿顶高 $h_a=m$,齿根高 $h_f=1.2m$。

蜗轮螺旋角 β 等于与之啮合的蜗杆导程角 γ，即 $\beta=\gamma$。同样，相互啮合的蜗轮与蜗杆模数 m 必须相同。分度圆直径 $d_{a2}=mZ_2$，齿顶圆（称为喉圆）直径 $d_{a2}=m(Z_2+2)$、齿根圆直径 $d_{f2}=m(z-2.4)$、外圆直径 $d_{e2}\leqslant d_{a2}+2m(Z_1=1)$，$d_{a2}+1.5m(Z_1=2,3)$，$d_{a2}+m(Z_1=4)$。蜗轮、蜗杆传动的中心距 $a=m(q+Z_2)/2$。

2. 蜗杆和蜗轮的规定画法

(1)蜗杆的画法

蜗杆一般用一个视图表示，其齿顶线、齿根线、分度线与齿轮画法相同，轴向与法向齿形可以采用局部放大图表示，表示齿根的细实线也可以省略不画，图 7-49 为蜗杆的零件图。

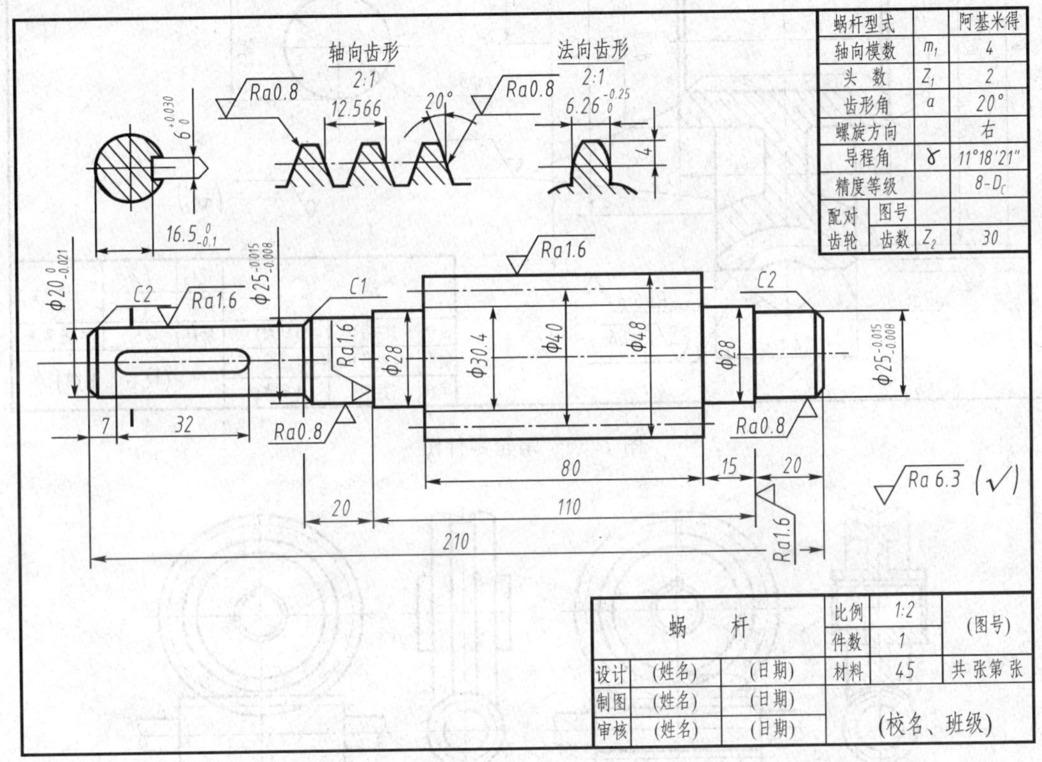

图 7-49　蜗杆零件图

(2)蜗轮的画法

与齿轮类似，作图时先画出蜗轮的轴线、轴向的对称中心线，根据中心距定出蜗杆的中心位置，根据齿顶圆直径、分度圆直径、齿根圆直径，量出对应的位置，以蜗杆的中心为圆心画圆，其余结构根据具体需要决定。图 7-50 为蜗轮的零件图。

(3)蜗轮和蜗杆的啮合画法

如图 7-51 所示，在蜗轮投影为圆的视图中，蜗轮和蜗杆的分度圆相切；在蜗杆投影为圆的视图中，蜗轮被蜗杆遮住的部分可以不画，其余按投影关系画出。在剖视图中，当剖切平面通过蜗轮轴线并垂直于蜗杆轴线时，在啮合区内将蜗杆的轮齿用粗实线画出，蜗轮的轮齿被遮住的部分不画。当剖切平面通过蜗杆轴线并垂直于蜗轮轴线时，在啮合区内，蜗轮的外圆、齿顶圆和蜗杆的齿顶线可以省略不画。

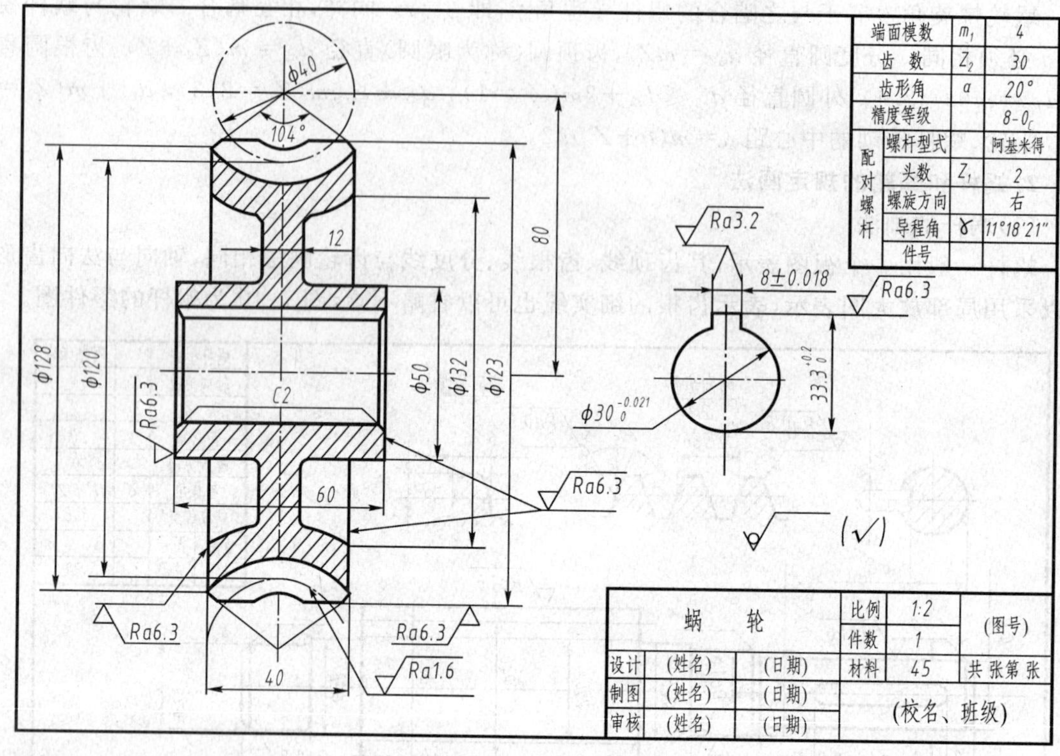

图 7-50 蜗轮零件图

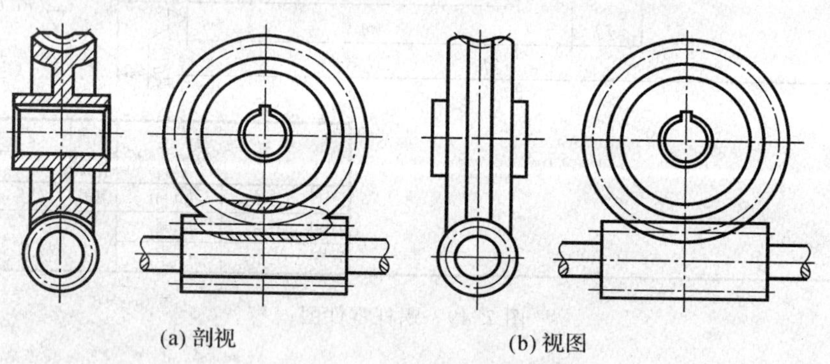

(a) 剖视　　(b) 视图

图 7-51 蜗轮和蜗杆啮合的画法

7.6 滚动轴承的表示法

轴承有滑动轴承和滚动轴承两种，是支承旋转轴并承受轴上载荷的部件。由于滚动轴承的摩擦阻力小，所以在设备中广泛使用。滚动轴承是标准组件，需用时可根据需求确定型号进行选购。设计机器或部件时，不需绘制滚动轴承的零件图，只需按照规定画法在装配图中画出和代号标注。

滚动轴承的种类很多，但它们的结构大致相似，一般由四个元件组成，如图 7-52 所示。按照轴承所承受的载荷方向不同可分为向心轴承（主要承受径向载荷），推力轴承（只承受轴向载荷)，向心推力轴承(既承受径向载荷，又承受轴向载荷)三种。

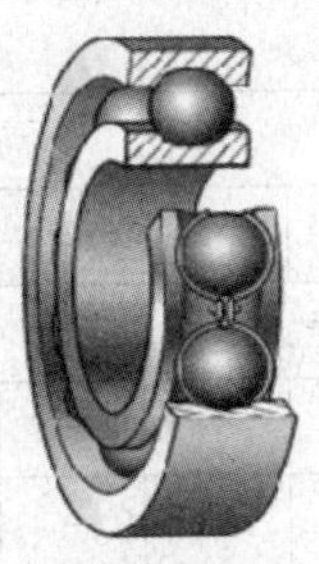
(a) 向心轴承

(b) 推力轴承

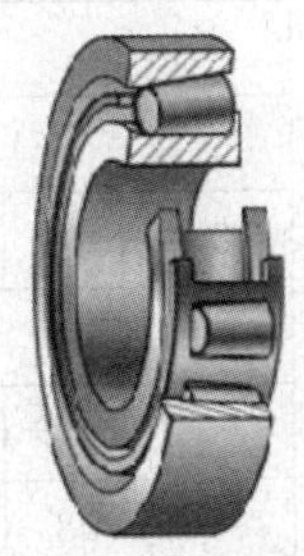
(c) 向心推力轴承

图 7-52　滚动轴承

7.6.1　滚动轴承的代号及标记

按国家标准规定，滚动轴承的结构尺寸、公差等级、技术性能等特性由滚动轴承代号来表示。代号由前置代号、基本代号和后置代号组成。其排列顺序为

前置代号　基本代号　后置代号

前置代号和后置代号是轴承在结构形状、尺寸、公差、技术要求等有改变时，在其基本代号的前、后添加的补充代号。需要时可查阅有关国家标准。

1)基本代号的组成

基本代号由滚动轴承的类型代号、尺寸系列代号和内径代号组成。表示滚动轴承的基本类型、结构和尺寸，是滚轴承代号的基础。

①类型代号。类型代号由阿拉伯数字或大写拉丁字母表示，其含义见表 7-10。

表 7-10　滚动轴承的类型代号

代号	轴承类型	代号	轴承类型
0	双列角接触球轴承	6	深沟球轴承
1	调心球轴承	7	角接触球轴承
2	调心滚子轴承和推力调心滚子轴承	8	推力圆柱滚子轴承
3	圆锥滚子轴承	N	圆柱滚子轴承，双列或多列用字母 NN 表示
4	双列深沟球轴承	U	外球面球轴承
5	推力球轴承	QJ	四点接触球轴承

②尺寸系列代号。尺寸系列代号由轴承的宽(高)度系列代号和直径系列代号组合而成，一般用两位数字表示。它表示同一种轴承在内径相同时，其内、外圈的宽度和厚度不同，其承载能力也不同。向心轴承、推力轴承的尺寸系列代号如表 7-11 所示。

表 7-11 滚动轴承的尺寸系列代号

直径系列代号	向心轴承								推力轴承			
	宽度系列代号								高度系列代号			
	8	0	1	2	3	4	5	6	7	9	1	2
	尺寸系列代号											
—	—	17	—	37	—	—	—	—	—	—	—	
8	—	08	18	28	38	48	58	68	—	—	—	—
9	—	09	19	29	39	49	59	69	—	—	—	—
0	—	00	10	20	30	40	50	60	70	90	10	—
1	—	01	11	21	31	41	51	61	71	91	11	—
2	82	02	12	22	32	42	52	62	72	92	12	22
3	83	03	13	23	33	—	—	—	73	93	13	23
4	—	04	—	24	—	—	—	—	74	94	14	24
5	—	—	—	—	—	—	—	—	—	95	—	—

尺寸系列代号中的数字，除圆锥滚子轴承外，其余各类轴承的宽度系列代号"0"均可省略；深沟球轴承和角接触球轴承的宽度系列代号"1"可省略；双列深沟球轴承的宽度系列代号"2"可省略。

③内径代号。内径代号表示滚动轴承的公称内径(轴承内圈的孔径)，一般也由两位数字组成(基本代号中的个位和十位数)。当内径尺寸在 20～480mm(22、28、32 除外)时，内径代号为公称内径除以 5 的商数，商数为个位数，需在商数左边加"0"，内径代号为其他尺寸时可查有关标准。

(2)轴承基本代号示例

轴承 6206

6——类型代号，表示深沟球轴承。

2——尺寸系列代号，表示为 02 系列(省略了宽度系列代号"0")。

06——内径代号，表示公称内径为 30mm(6×5＝30)。

(3)滚动轴承的标记

滚动轴承的基本标记内容：名称、基本代号和标准编号。

例如：滚动轴承 6206 GB/T276—1994。

7.6.2 常用滚动轴承的规定画法

根据机械制图国家标准规定，在装配图中，滚动轴承可以用三种画法来绘制，即通用、特征和规定画法，如表 7-12 所示，尺寸 d、A、B 和 D 等可由标准查出。

表 7-12　常用滚动轴承的画法

种　类	深沟球轴承	圆锥滚子轴承	推力球轴承
已知条件	D、d、B	D、d、B、T、C	D、d、T
特征画法	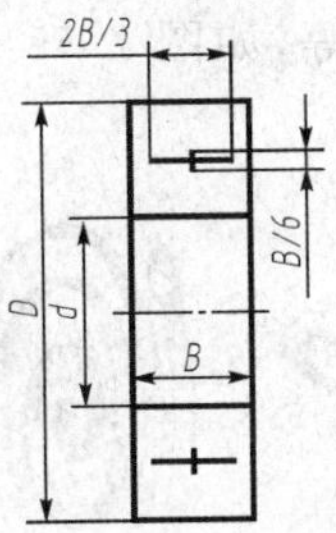	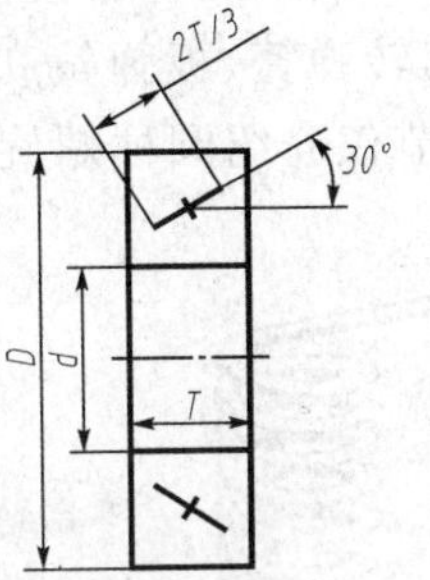	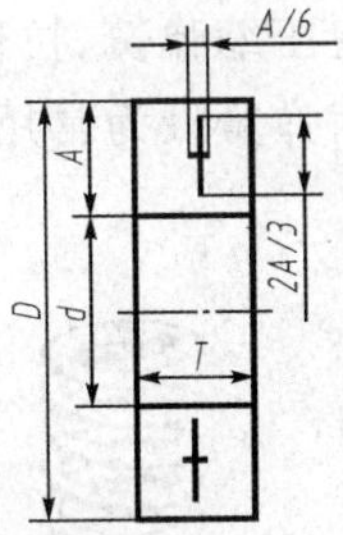
上侧为规定画法，下侧为通用画法	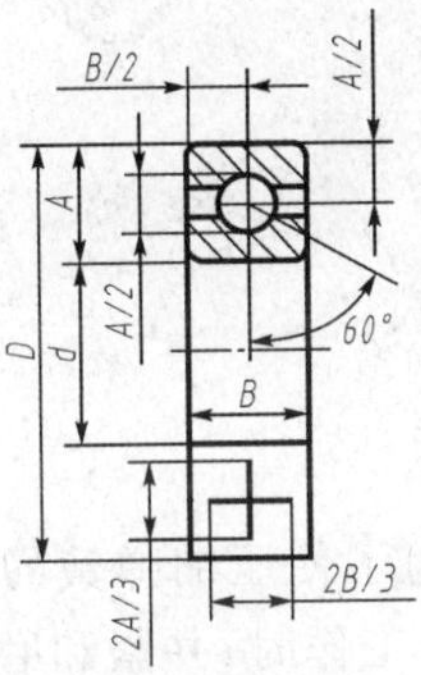	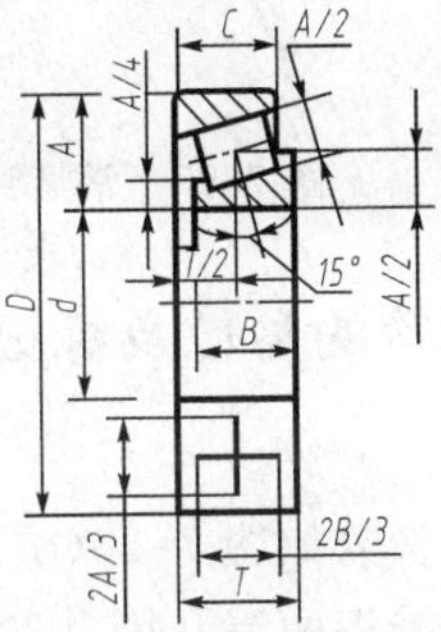	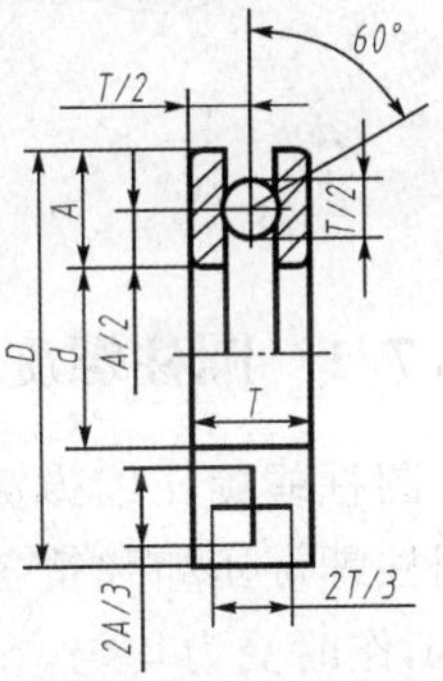

画法中的各种符号、矩形线框和轮廓线均用粗实线绘制，矩形线框或外框轮廓的大小应与滚动轴承的外形尺寸一致，位于线框中央正立的十字形符号不应与矩形线框接触。在剖视图中，通用画法和特征画法一律不画剖面符号。规定画法中滚动体不画剖面线，各套圈可画成方向和间隔相同的剖面线。若轴承带有其他零件或附件（如偏心套、紧定套、挡圈等）时，剖面线应与套圈的剖面线呈不同方向或不同间隔，如图 7-53 所示。在不致引起误解时也允许省略不画。图 7-54 所示是单独表示轴承的特征画法。

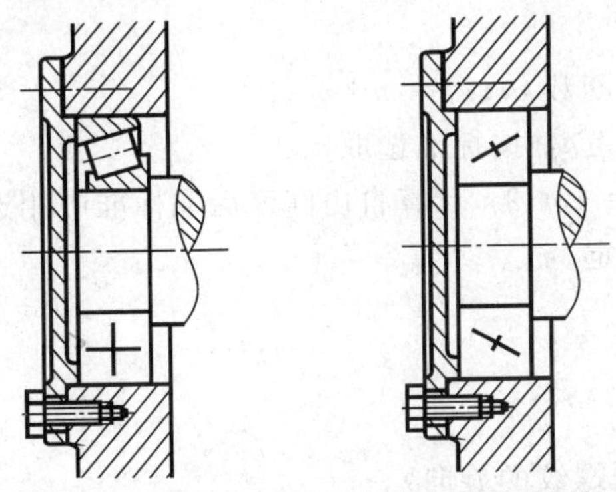

图 7-53　圆锥滚子轴承在装配图中的画法

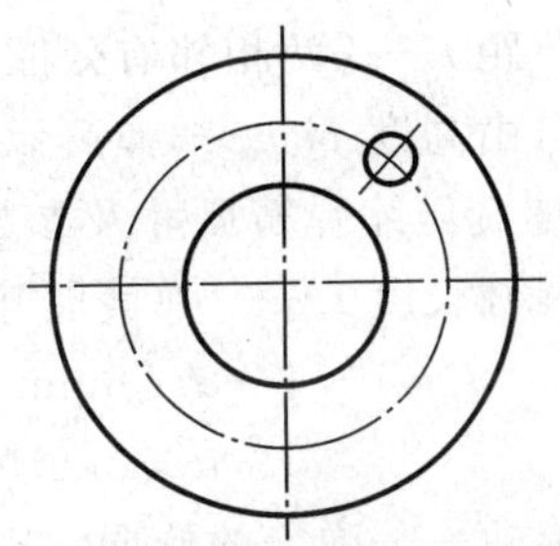

图 7-54　单独表示轴承的特征画法

7.7 弹簧

弹簧主要用来减震、储能或测力等，是一种应用广泛的常用件。弹簧的种类很多，常见的有螺旋压缩弹簧、拉伸弹簧、扭转弹簧、板弹簧和涡卷弹簧等，如图 7-55 所示。由于圆柱螺旋压缩弹簧最为常用，因此本节仅介绍圆柱螺旋压缩弹簧。

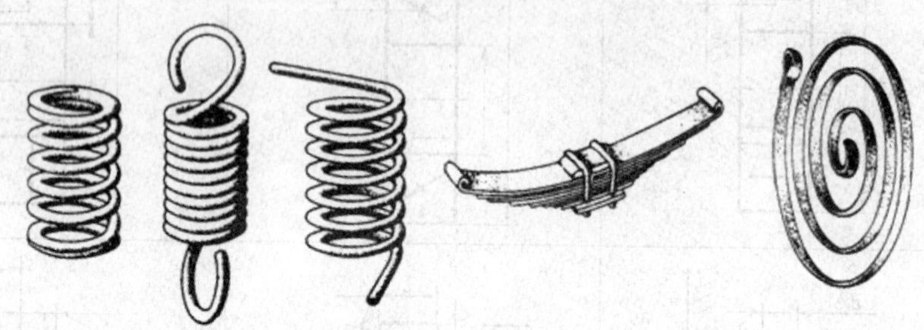

图 7-55 常见弹簧

7.7.1 圆柱螺旋压缩弹簧的参数及标记

1. 圆柱螺旋压缩弹簧参数

圆柱螺旋压缩弹簧各部分的参数如图 7-56(a)所示。为了使压缩弹簧的端面与轴线垂直，在工作时受力均匀，在制造时需将两端几圈并紧、磨平。工作时，并紧和磨平部分基本上不产生弹力，仅起支承或固定作用，称为支承圈。两端支承圈总数常用 1.5 圈、2 圈和 2.5 圈三种形式。除支承圈外，中间那些保持相等节距，产生弹力的圈称为有效圈，有效圈数是计算弹簧刚度时的圈数。有效圈数与支承圈数之和称为总圈数。弹簧参数已标准化，设计时选用即可。下面介绍与画图有关的几个参数及相互关系。

① 簧丝直径 d——制造弹簧的钢丝直径(按标准选取)。

② 弹簧中径 D——弹簧的平均直径(按标准选取)；

弹簧内径 D_1——弹簧的最小直径，$D_1=D-d$；

弹簧外径 D_2——弹簧的最大直径，$D_2=D+d$。

③ 有效圈数 n(按标准选取)、支承圈数 n_2 和总圈数 n_1，$n_1= n+n_2$。

④ 节距 t——两相邻有效圈截面中心线的轴向距离(按标准选取)。

⑤ 自由高度 H_0——弹簧无负荷时的高度，$H_0=n_t+2_d$，计算自由高度后取标准中相近值，圆柱螺旋压缩弹簧尺寸及参数由 GB/T 2089 规定。

⑥ 展开长度 L——弹簧展开后的钢丝长度。

$$d\leqslant 8\text{mm}\quad L=\pi D_2(n+2)$$

$$d>8\text{mm}\quad L=\pi D_2(n+1.5)$$

⑦ 旋向——弹簧的旋向，分右旋和左旋(判断同螺纹的旋向)。

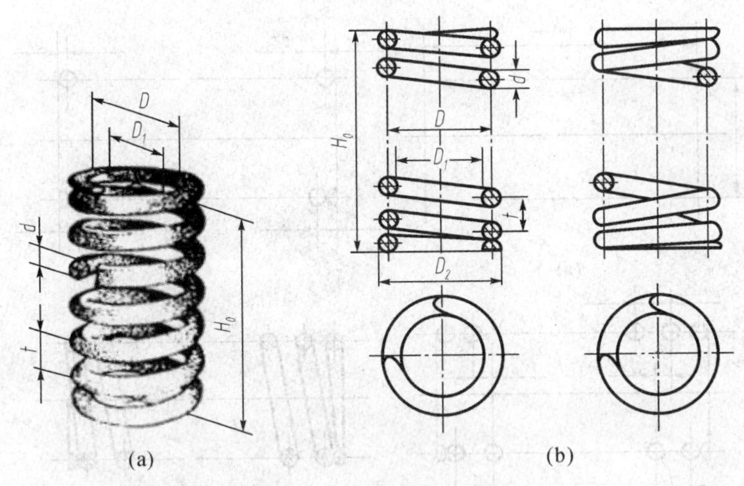

图 7-56　圆柱螺旋压缩弹簧

(2)圆柱螺旋压缩弹簧标记

根据 GB/T 2089 中规定，弹簧的标记内容和格式为：

名称	$d \times D_2 \times H_0$—精度	旋向	标准编号	·	材料牌号	—	表面处理

例如，$d=3\text{mm}$、$D_2=20\text{mm}$、$H_0=80\text{mm}$，按 3 级精度制造，材料为碳素钢丝Ⅱ组，表面氧化处理的右旋普通圆柱螺旋压缩弹簧的标记为：压簧 3×20×80 GB/T 2089—1980。

7.7.2　圆柱螺旋压缩弹簧的规定画法

圆柱螺旋压缩弹簧可以用视图表示，也可用剖视图表达，如图 7-56(b)所示。依据规定画法，螺旋压缩弹簧在图上均可画成右旋。但左旋螺旋弹簧不论画成右旋或左旋，一律要加注“左”字；在平行于弹簧轴线的投影面上的视图中，弹簧各圈的轮廓规定画成直线；有效圈数在 4 圈以上的螺旋弹簧中间部分可以省略，图形的长度可适当缩短；视图表达并不真实代表螺旋压缩弹簧的支承圈数，支承圈数需要在技术条件中另加说明。图 7-57 所示是剖视图画法的具体作图步骤。

设计时应尽量选取标准弹簧，并依据弹簧标记选购。也可以自行设计，设计时要绘制弹簧的零件图，如图 7-58 所示。

在配图中，当簧丝直径小于 2mm 时其剖面用涂黑表示，且各圈的轮廓线不必画出，如图 7-59(b)所示。当簧丝直径小于 1mm 时，可采用示意画法，如图 7-59(c)所示。弹簧后面被遮挡住的零件轮廓，按不可见处理，可见轮廓线画至弹簧簧丝的剖面轮廓或中心线处。

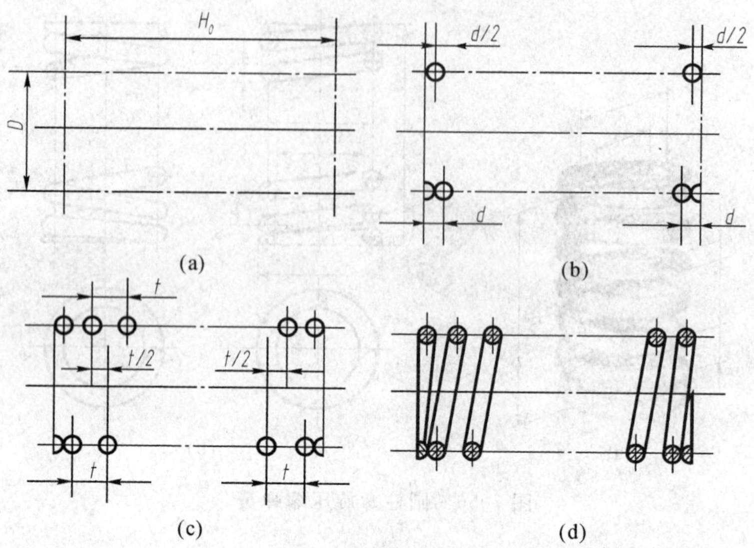

图 7-57 圆柱螺旋压缩弹簧剖视图画法

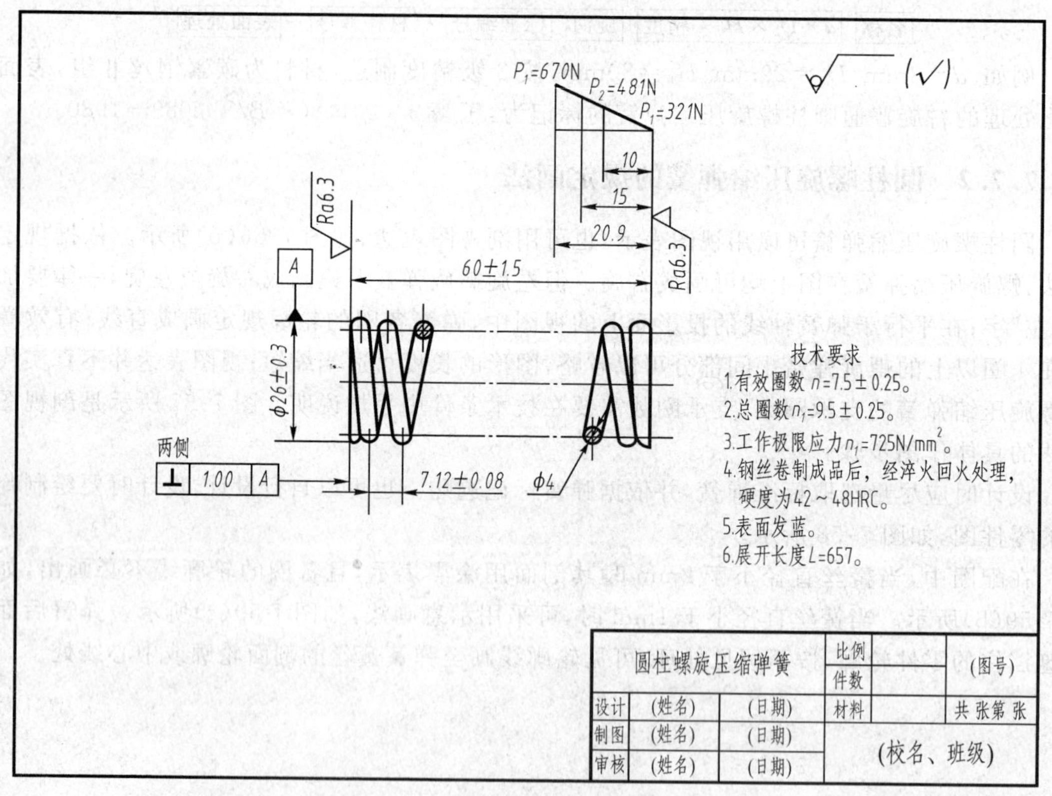

图 7-58 圆柱螺旋压缩弹簧零件图

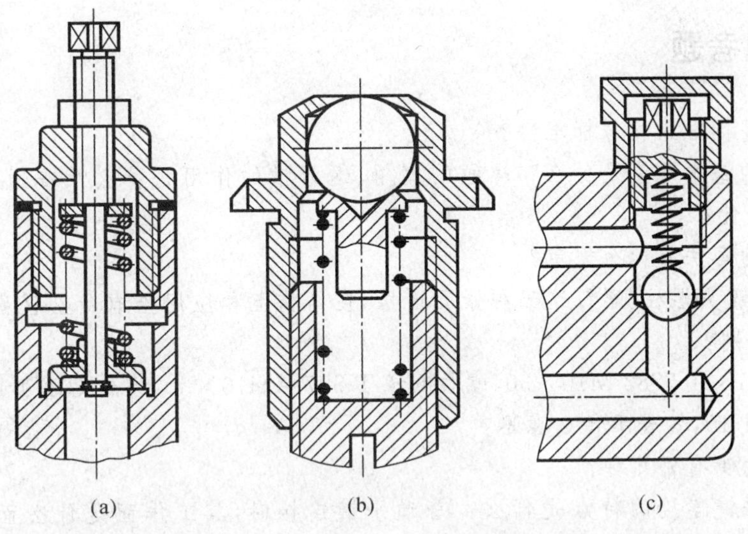

图 7-59　装配图中弹簧的画法

本章小结

本章介绍了标准件和常用件的功能、结构、标记和规定画法，重点掌握螺纹和螺纹紧固件、单个圆柱齿轮和两圆柱齿轮啮合的规定画法。

一、螺纹及螺纹连接件

1. 在螺纹的规定画法中，要抓住三条线。

牙顶用粗实线表示（用手摸得着的直径）；

牙底用细实线表示（用手摸不着的直径）；

螺纹终止线用粗实线表示。

注意剖视图中剖面线的画法。

2. 螺纹标注的目的，主要是把螺纹的类型和参数体现出来。尺寸界线要从大径引出。

3. 螺栓、螺钉、螺柱、螺母、垫圈都是标准件，掌握其连接的简化画法，注意比较它们的相同点和区别。掌握其标记内容。

4. 会查阅螺纹及螺纹连接件的标准手册。

二、齿轮和齿轮啮合

了解齿轮的基本知识，掌握直齿圆柱齿轮各部分的名称、代号及轮齿部分尺寸的计算方法，掌握直齿圆柱齿轮及其啮合时的规定画法及尺寸注法，了解直齿圆锥齿轮和蜗轮蜗杆各部分的名称、单个及啮合时的规定画法及尺寸注法。

另外，了解圆柱螺旋压缩弹簧的尺寸计算和画法；了解滚动轴承的构造、类型及查表方法，掌握滚动轴承的简化画法和代号标注；掌握平键、圆柱销、圆锥销的连接画法。

复习思考题

1. 什么是标准结构与标准件?

2. 螺纹的基本要素是什么? 螺纹的倒角、退刀槽的作用是什么? 普通螺纹、梯形螺纹的特征代号是什么?

3. 螺纹的画法有什么规定?

4. 螺栓、双头螺柱、螺钉这三种紧固连接,在结构上和应用上有什么区别? 它们之间的画法有什么区别?

5. 螺栓 GB/T 5782 M10×30,螺柱 GB/T 897 AM10×30,螺钉 GB/T 68 M10×30,垫圈 GB/T 97.1 10,各表示什么意思?

6. 常见的销有哪几种?

7. 普通平键连接的特点是什么? 普通平键连接时,其工作面是什么面? 绘制键连接时,键的顶面与轮子的键槽顶面之间应如何绘制? 如何标注键槽尺寸?

8. 常用的弹簧有哪几种? 在装配图中画图时需要注意什么?

9. 常用的齿轮有哪几种? 圆柱齿轮的重要参数是什么,几何尺寸如何计算?

10. 滚动轴承的作用是什么? 常用的滚动轴承有哪几类? 滚动轴承的画法有哪几种,常用什么方法画图?

第 8 章　零件图

本章学习导读

任何一台机器或一个部件(例如阀门等)都是由若干个零件按照一定的装配连接关系和技术要求组装而成的,因此,零件是装配机器或部件的基本单元。一张零件图就是表示一个零件的结构形状、尺寸大小和技术要求的图样。

在实际生产中,零件图是设计部门提交给生产部门的重要技术文件,它是零件进行加工制造和检验的重要依据,必须提供生产零件的全部技术资料。所以零件图是生产部门的基本技术文件,工程技术人员需要熟练掌握绘制和阅读零件图的方法。

本章主要介绍零件图的作用和内容、零件的常见工艺结构和常规的技术要求,学习零件图的绘图、尺寸标注、读零件图和零件的测绘方法。

培养绘制和阅读零件图的基本能力是本课程的主要任务之一。

8.1　零件图的作用和内容

1. 零件图的作用

机器或部件是由若干零件按一定的装配关系和技术要求装配起来的整体,如图 8-1 所示。零件是组成机器或部件的不可分拆的最小单元,是依据零件图通过一定的制造方法制作完成的。因此,若想要生产出合格的机器或部件,就必须要先绘制出正确的零件图,从而制造出合格的零件。零件图是表示零件结构、大小及技术要求的图样,是零件工作图的简称,它是直接指导制造和检验零件的重要技术文件。零件结构是指零件的各组成部分及其相互关系;技术要求是指为保证零件功能在制造过程中应达到的质量要求。机器或部件中,除标准件外,其余零件一般均应绘制零件图。

2. 零件图的内容

如图 8-2、8-3、8-4 球阀部分零件图所示,一张完整的零件图一般应具有下列内容:

①一组视图:根据相关标准,利用视图、剖视图、断面图等表达方法完整、清晰和准确地表达零件的结构和形状。

②尺寸:正确、完整、清晰、合理地表达零件各部分的大小和各部分之间的相对位置关系。

③技术要求:用文字说明或符号表示来说明零件在加工、检验过程中所需的要求。如尺

寸公差、形状和位置公差、表面粗糙度、表面处理和材料热处理的要求等。

④标题栏：以表格的形式说明零件的名称、材料、数量、绘图比例、图样代号、设计和审核人员的署名及设计单位等信息内容。标准的标题栏由更改区、签字区、其他区、名称及代号区组成，标题栏应符合国家标准。校用简易标题栏仅适用学生在校期间使用。

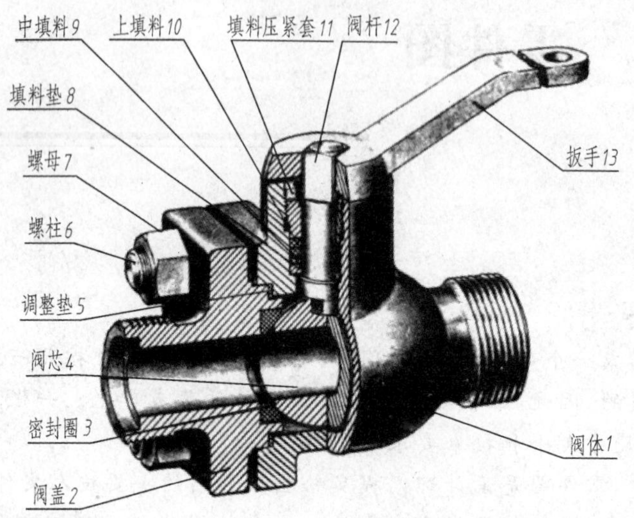

图 8-1 球阀部件

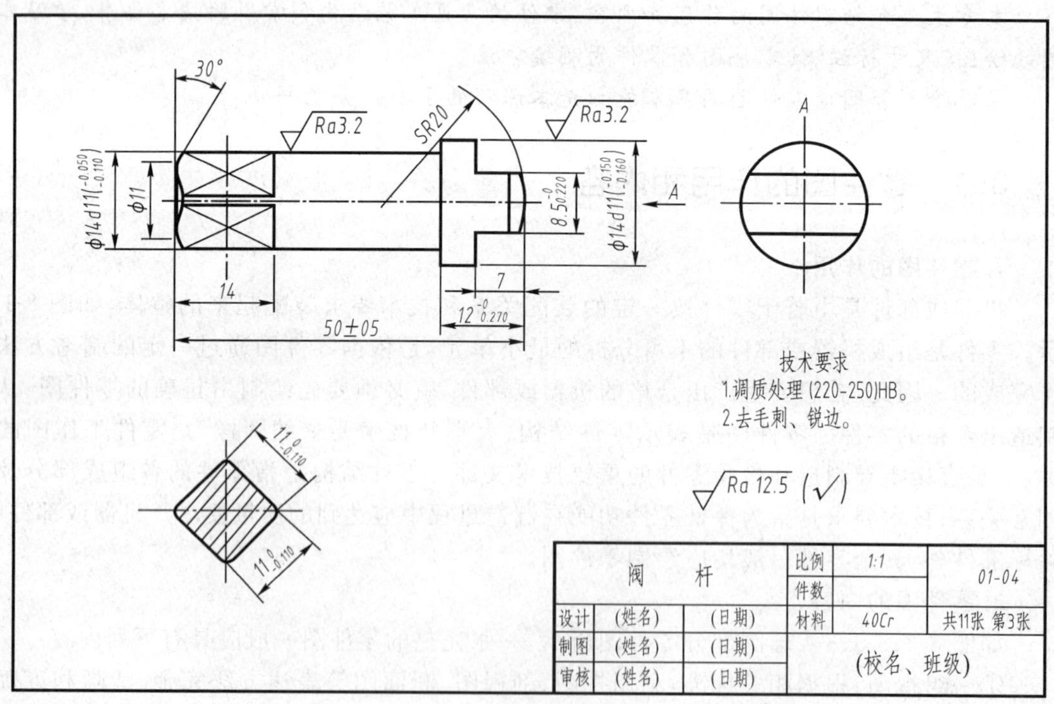

图 8-2 球阀阀杆零件图

44 $^{0}_{-0.039}$
4 $^{+0.01}_{0}$
⊥ 0.05 A
C1.5
M36×2-6g
ϕ28.5
ϕ20
ϕ32
7 $^{0}_{-0.22}$
ϕ35H11($^{+0.11}_{0}$)
ϕ41
ϕ50H11($^{+0.16}_{0}$)
ϕ53
R5
A
5
15
5 $^{+0.32}_{0}$
12
6
Ra2.5
4×ϕ14
通孔
R12.5
ϕ70
45°
75
75
(√)
技术要求
1.铸件应经时效处理，消除内应力。
2.未注铸造圆角R1～R3。
阀　盖
比例
1:1
件数
01-04
设计
(姓名)
(日期)
材料
ZG230-450
共11张 第4张
制图
(姓名)
(日期)
(校名、班级)
审核
(姓名)
(日期)

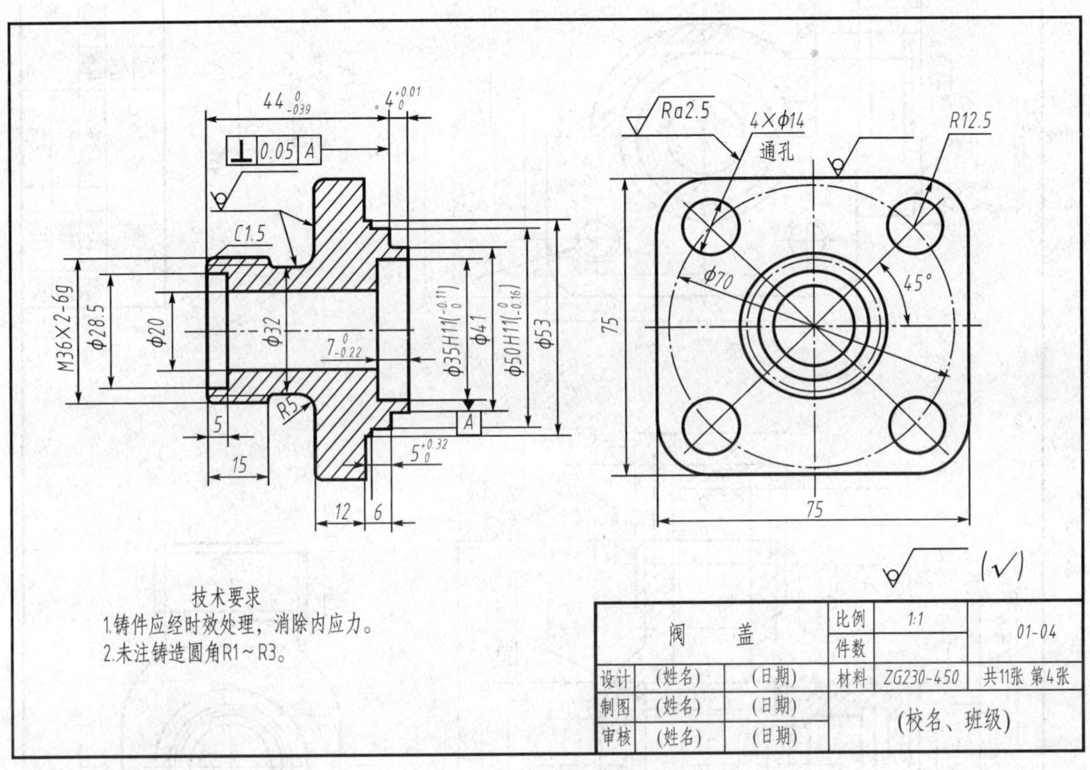

图 8-3　球阀阀盖零件图

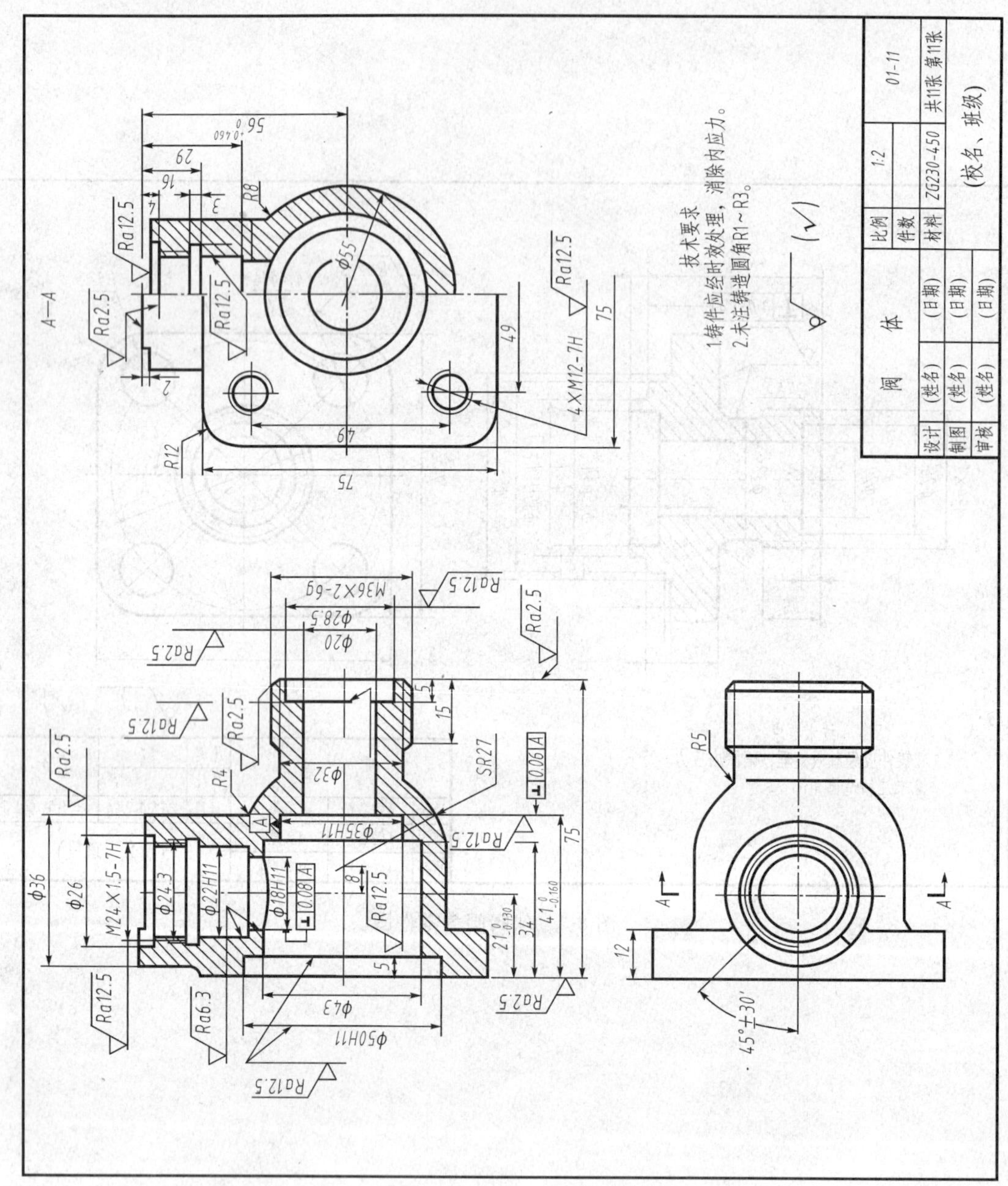

图 8-4 球阀阀体零件图

8.2 零件图常见的工艺结构及画法

8.2.1 零件图常见的工艺结构

设计零件时，除了要满足使用性能外，还要考虑加工制造的方便。表 8-1 所列是零件常见的工艺结构。

表 8-1　零件常见的工艺结构

结构	图　例	说　明
拔模斜度	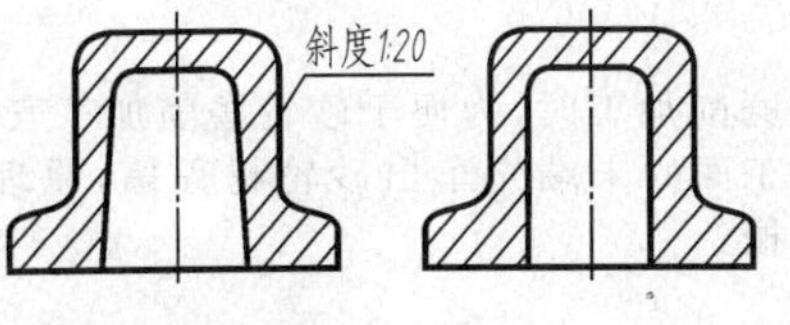 斜度1:20	用铸造方法制造零件的毛坯时，为了便于将木模从砂型中取出，一般沿木模拔模的方向作成约 1∶20 的斜度的拔模斜度，铸件也有相应的斜度。图上拔模斜度可以不标注，也可不画出。必要时可在技术要求中注明
铸造圆角	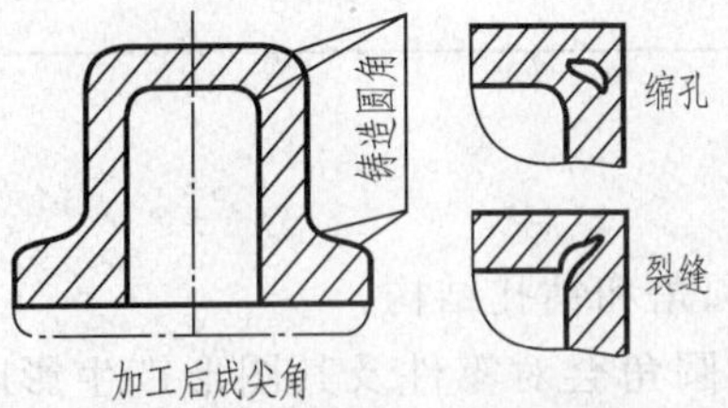 铸造圆角　缩孔　裂缝　加工后成尖角	铸造表面转角处要做成小圆角，其作用是便于起模和防止在浇铸时铁水将砂型转角处冲坏，也可以避免铸件在冷却时产生裂纹或缩孔。铸造圆角半径在图上一般不注出，而写在技术要求中
铸件壁厚	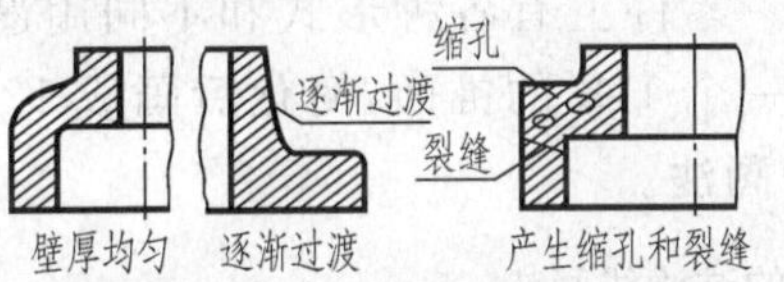 逐渐过渡　缩孔　裂缝　壁厚均匀　逐渐过渡　产生缩孔和裂缝	在浇铸零件时，为避免零件各部分因冷却速度不同而产生缩孔或裂纹，铸件的壁厚应保持大致均匀或采用渐变的方法，并尽量保持壁厚均匀
凸台和凹坑	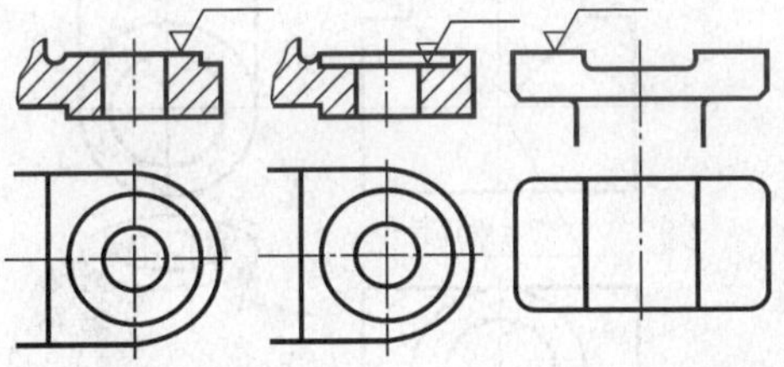	为减少机械加工量，节约材料并保证零件表面之间有良好的接触，常在铸件上设计出凸台和凹坑。左图表示螺栓连接的支承面做成凸台和凹坑形式和减少加工面积而做成凹槽或凹腔结构
钻孔结构	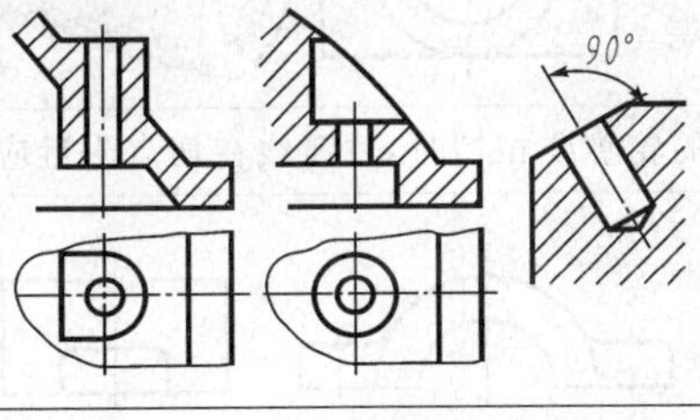 90°	钻孔时，钻头轴线应尽量垂直于被钻孔的端面，以避免钻头折断。钻盲孔时，底部有 1 个 120°的锥顶角
倒角与倒圆	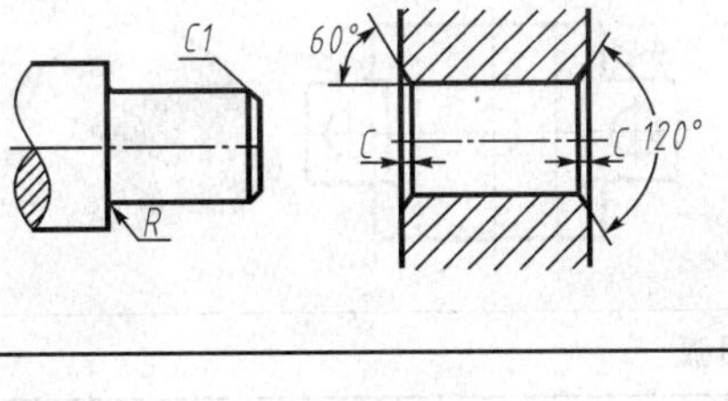 C1　R　60°　C　C　120°	为了便于零件的装配并消除毛刺或锐边，在轴和孔的端部都作出倒角。为减少应力集中，有轴肩处往往制成圆角过渡形式的倒圆。两者的画法和标注方法见左图

续表

结构	图例	说明
砂轮越程槽	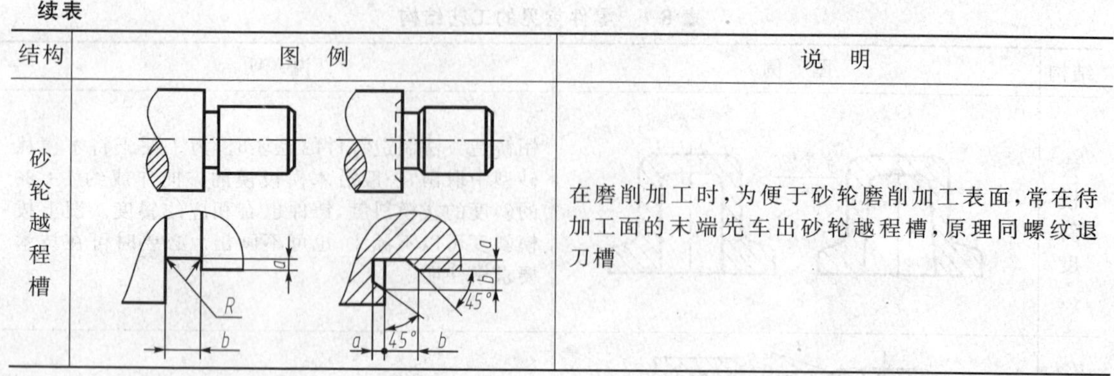	在磨削加工时，为便于砂轮磨削加工表面，常在待加工面的末端先车出砂轮越程槽，原理同螺纹退刀槽

8.2.2 零件图常见的结构画法

零件的结构有很多，这里仅列举常见的铸造圆角和钻孔结构。

铸造圆角是零件上最常见的工艺结构。铸造圆角会对零件及其图形产生影响，如两铸造毛坯面产生的交线变得不够明显、清晰。但是为了便于看图时区分不同表面，想像零件形状，在图上仍旧要画出这种被称为过渡线的交线。零件上有各种形式和不同用途的钻孔结构，多数是用标准的钻头加工而成。钻头前段有一个 118°的锥面，简化后画成 120°的钝角。表 8-2 所示是零件图常见的铸造圆角和钻孔结构画法。

表 8-2 零件图常见的过渡线画法

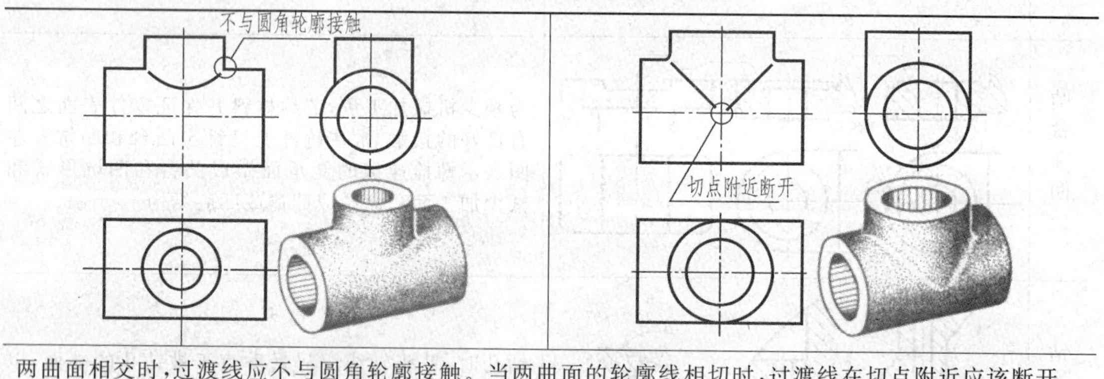

两曲面相交时，过渡线应不与圆角轮廓接触。当两曲面的轮廓线相切时，过渡线在切点附近应该断开

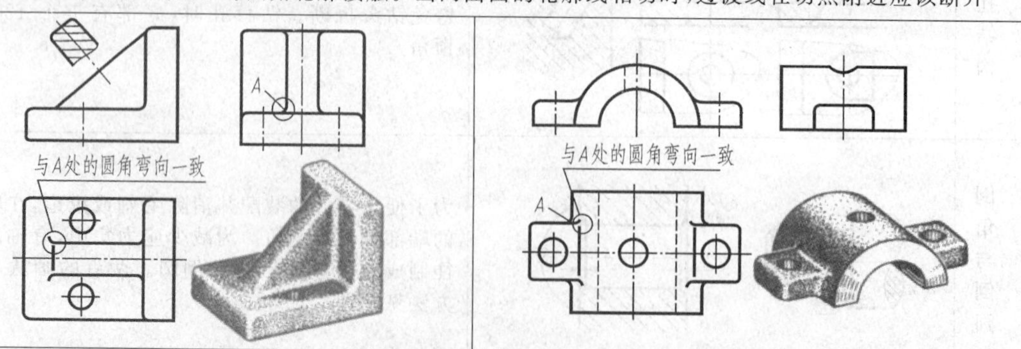

平面与曲面的过渡线应该在转角处断开，并加画过渡圆弧

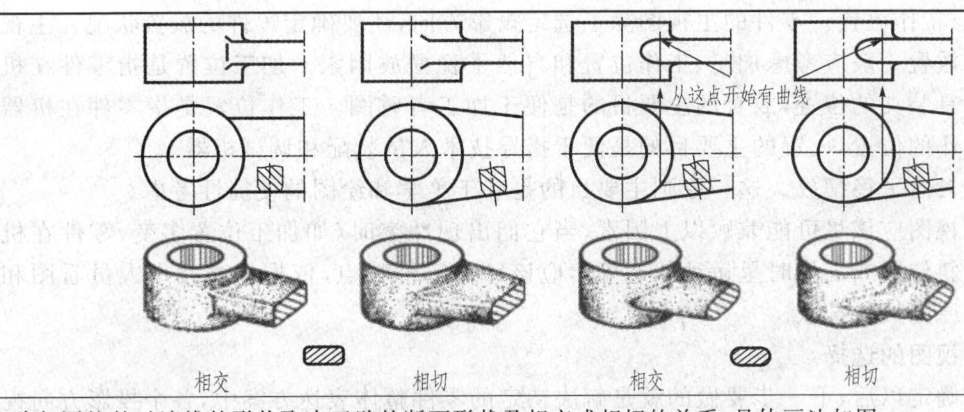

肋与圆柱的过渡线的形状取决于肋的断面形状及相交或相切的关系，具体画法如图

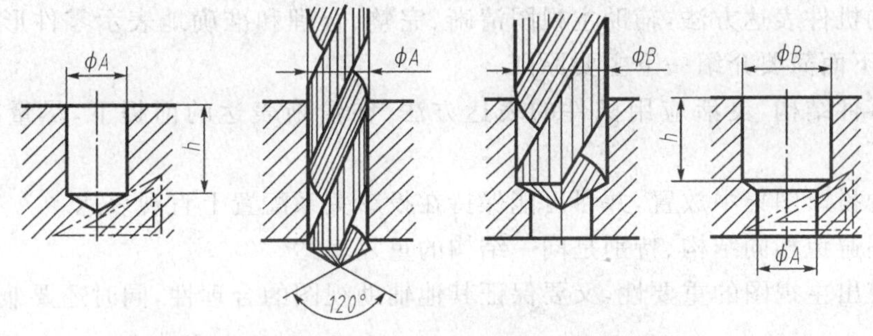

用钻头钻出的盲孔，在底部有一个 120°的锥角，钻孔深度指的是圆柱部分的深度，不包括锥坑，如图所示。在阶梯形钻孔的过渡处，也存在锥角为 120°的圆台

8.3　画零件图

8.3.1　零件的视图选择

表达零件结构形状是零件图的重要内容，也是本章的重点。清晰、合理、完整和准确地表达零件构型是零件视图表达方案必须遵循的原则。制定零件视图表达方案的思想是以组合体形体分析法为基础，充分了解零件结构和作用为前提，以机件表达方法为手段，以提高技术人员看图和绘图效率为目的。

确定零件结构形状的表达方案大体上可分为两个步骤：

1. 主视图的选择

选择主视图时，零件摆放位置和主视图投影方向的合理性不但影响到零件的表达方案，而且直接影响到零件的表达效果和技术人员看图、绘图的效率。所以，主视图在零件图表达方案中占据着非常重要的位置，是制定零件表达方案的重点。因此，在选择主视图时，应该综合考虑以下几方面的因素：

①形状特征。应用形体分析方法，选择能充分反映零件主要形貌特征及各组成形体相互关联特征信息的视觉方向作为主视图的投影方向，合理运用机件的表达方法确定零件的主视图。

②加工、工作位置。零件的主视图除了选定投影方向，还要确定零件的放置状况。主视图中零件的放置一般应考虑加工、工作位置和自然平稳摆放因素。加工位置是指零件在机床加工时夹具装夹的位置，放置的主要目的是便于加工者看图。工作位置是指零件在机器或部件中工作的位置，放置的主要目的是便于指导技术人员装配和调试机器。

③零件自然平稳摆放。这一原则主要目的是基于美学和绘图的便捷性考虑。

选择主视图应该尽可能兼顾以上因素，当它们出现冲突时(如加工位置多变、零件在机器中处于倾斜位置或工作时呈运动状态等)，应该针对零件特点，依据提高技术人员看图和绘图效率为原则灵活选取。

2. 其他视图的选择

主视图确定以后，下一步要做的就是解决初定的零件整体表达方案中，各个投影方向视图的数量及其相互间呼应的问题。主要工作是针对零件的结构特征，依据既定的主视图，运用国标规定的机件表达方法，辅助主视图清晰、完整、合理和准确地表示零件形体。这一过程比较繁杂，下面简要介绍一下主要原则。

①结合零件结构，灵活应用机件的表达方法，在清晰表达的前提下，尽量减少投影图数量。

②相关的投影图集中放置，并尽可能保持在投影关系配置上直观表达。

③各视图避免相同结构、特别是同一结构的重复表达。

④既要突出主视图的重要性，又要保证其他辅助视图的合理性，同时还要兼顾图样幅面的充分利用。

总之，制定零件图的表达方案具有很大的灵活性，有时原则之间也会出现相互矛盾。这时应分清主次，抓住重点，最终目的是使零件构形表达完整、图示清晰、层次分明、各有侧重。

8.3.2 各类典型零件的视图选择

根据形状结构特点和功能，常见零件大致可分为五类：

①轴套类零件；

②盘盖类零件；

③叉架类零件——拨叉、连杆、支座等零件；

④箱体类零件——阀体、泵体、减速器箱体等零件；

⑤其他类零件。

1. 轴套类零件的视图选择

①形体结构分析。轴、套类零件结构大多由一系列同轴回转体构成。这类零件包括各种轴、丝杆、套筒、衬套等，如图 8-5 所示。根据设计和工艺要求，这类零件常带有如键槽、轴肩、螺纹、退刀槽、砂轮越程槽、挡圈槽、中心孔、销孔、倒角或圆角等结构。

②主视图选择。轴、套类零件主要结构在车床进行车削加工，一般按加工位置(轴线水平)放置零件，主视图结合结构可以选用视图或剖视图。

③其他视图选择。轴、套类零件的结构比较简单，可以选用若干断面图、局部放大图等表达键槽、螺纹退刀槽、砂轮越程槽、销孔或圆角等结构。

下面以齿轮泵泵轴为例说明视图选择。

如图 8-6(a)所示，泵轴结构：左侧有两个轴线互呈 90°的圆柱销孔，中部有一用于键连

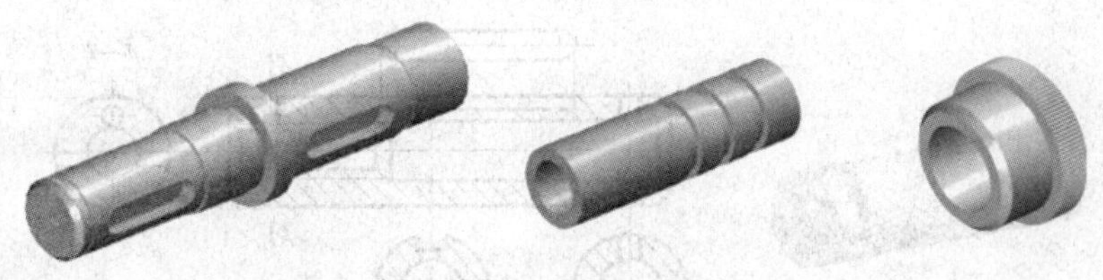

图 8-5　轴套类零件

接的键槽，右侧有一个用于压紧螺母旋合的普通螺纹；工艺结构有螺纹退刀槽和砂轮越程槽。零件的工作状态不定，制造是用圆钢通过车床车削完成，主要加工位置呈水平状态。

为了便于工人加工时看图，泵轴的轴线应水平放置。根据泵轴的结构，主视图的投影方向可以有 A 向和 B 向两个，如图 8-6(b)所示。相比较，A 向作为主视图能更好地反映泵轴的结构形状特征，此方向也是工人加工时的观测方向。

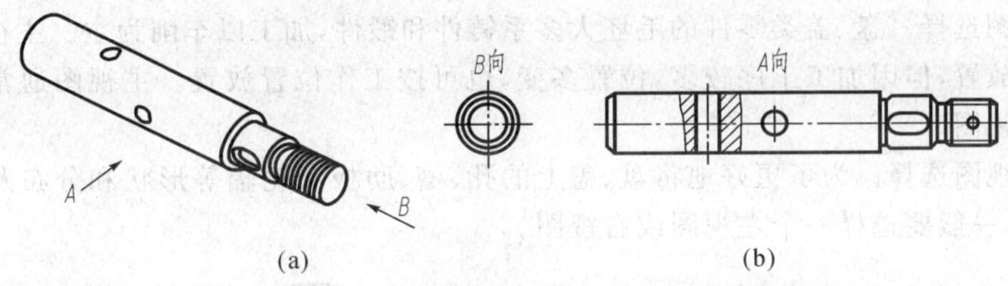

(a)　(b)

图 8-6　泵轴

泵轴主要结构是同轴回转体，因此可采用一个基本视图，借以直径尺寸辅助，就可以清晰表达主体结构。轴上的键槽和销孔需采用移出断面图表达。这样，既可以表达它们的形状，也便于标注尺寸。轴上的局部工艺结构螺纹退刀槽和砂轮越程槽可以采用局部放大图表达。泵轴零件的完整表达方案如图 8-7 所示。

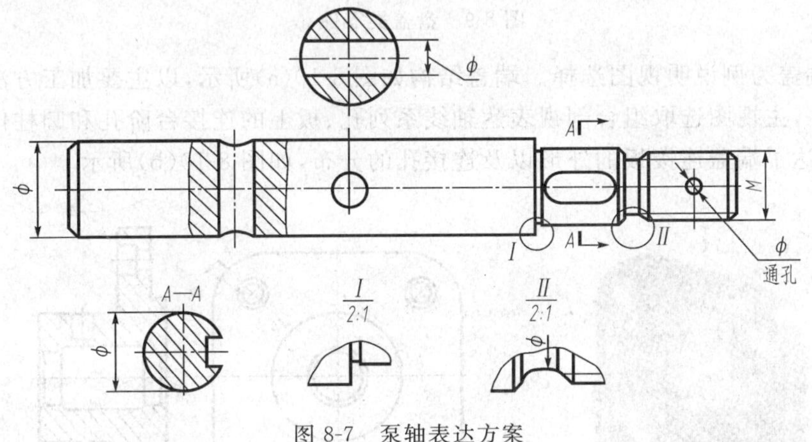

图 8-7　泵轴表达方案

由于套筒类零件多存在内部孔、槽结构，一般主视图采用全剖、半剖或局部剖绘制。某套筒零件的表达方案如图 8-8(b)所示。

2. 盘、盖类零件的视图选择

①形体结构分析。盘、盖类零件主体结构一般为同轴回转体和少量的非圆柱面构成，呈

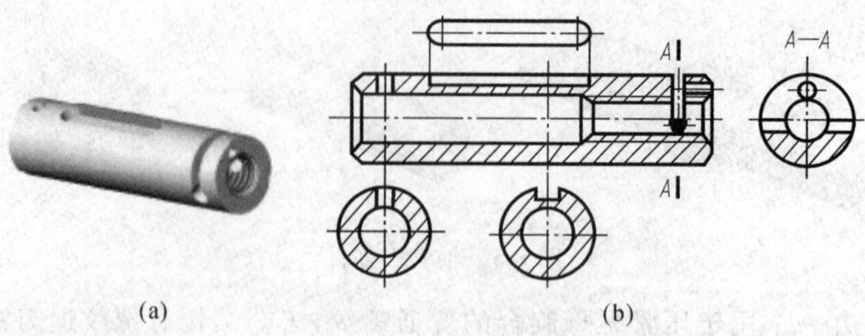

图 8-8 轴套零件

盘状，零件上常有均布孔、肋板、轮辐、切槽、凸台、凹坑和倒角等。与轴套类零件相比，轴向尺寸相对径向要小。这类零件包括齿轮、手轮、皮带轮、飞轮、法兰盘、端盖等，如图 8-9 所示。

②主视图选择。盘、盖类零件的毛坯大多系铸件和锻件，加工以车削为主。主视图一般按加工位置放置，但因加工工序较多，位置多变，也可按工作位置放置。主视图通常画成全剖视和半剖视图。

③其他视图选择。为了更好地将盘、盖上的孔、槽、肋板和轮辐等形状和分布及盖板形状表达清晰，一般要选择一个左视图或右视图。

图 8-9 盘盖类零件

下面以端盖为例说明视图选择。端盖结构如图 8-10(a)所示，以主要加工方法车削加工位置放置零件，主视图选取组合剖视表达轴线系列孔、板上的连接台阶孔和圆柱体上的铅直孔，右视图表达了端盖连接板的外形以及连接孔的分布，如图 8-10(b)所示。

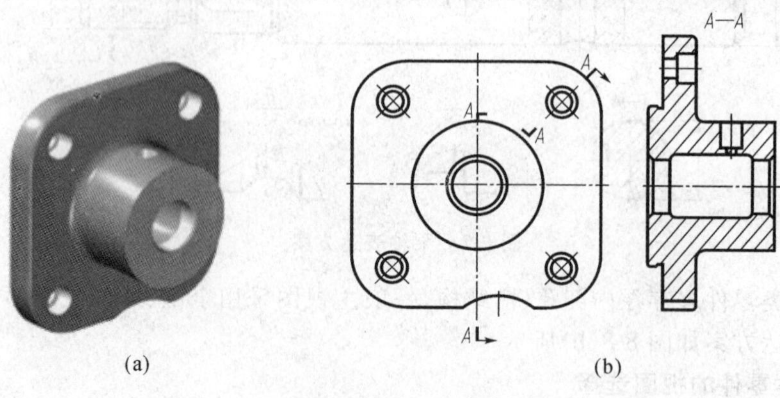

图 8-10 端盖零件

手轮零件的视图选择如图 8-11(b)所示。

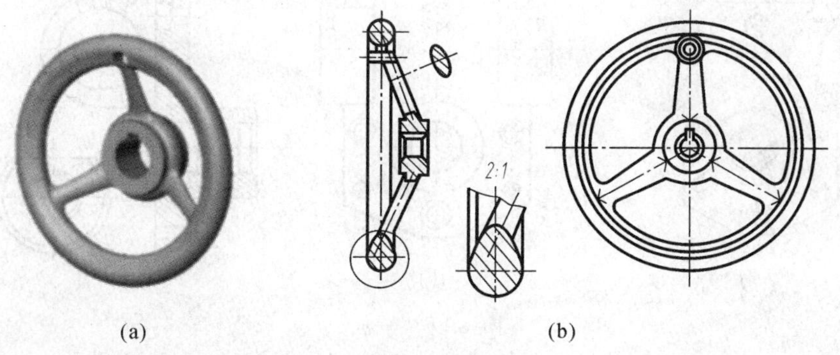

图 8-11　手轮零件

3. 叉架类零件的视图选择

①形体结构分析。叉架类零件是用来支撑其他零件的,其结构与安装位置及功能密切相关,可根据功能分为工作部分、安装部分和连接部分等结构组成。这类零件包括各种连杆支架和拨叉等,如图 8-12 所示。

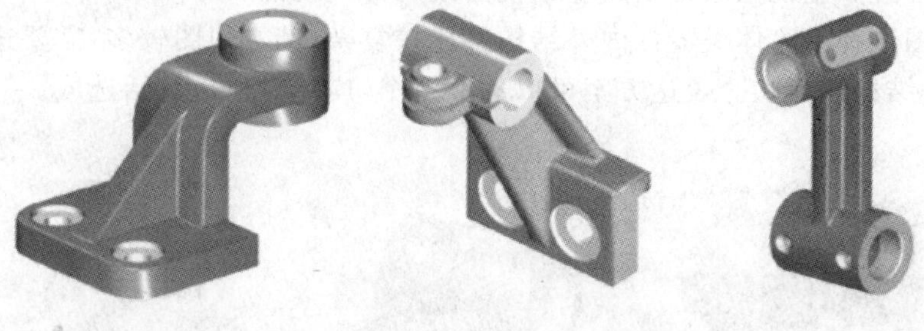

图 8-12　叉架类零件

②主视图选择。叉架类零件多为铸件,加工位置较多。选择主视图主要考虑形状特征和工作位置。主视图通常画成局部剖视或视图。

③其他视图选择。叉架类零件一般需要两个或两个以上基本视图,并且常需要局部剖视图、断面图等表达零件的细部结构。具体如 8-13、8-14 所示。

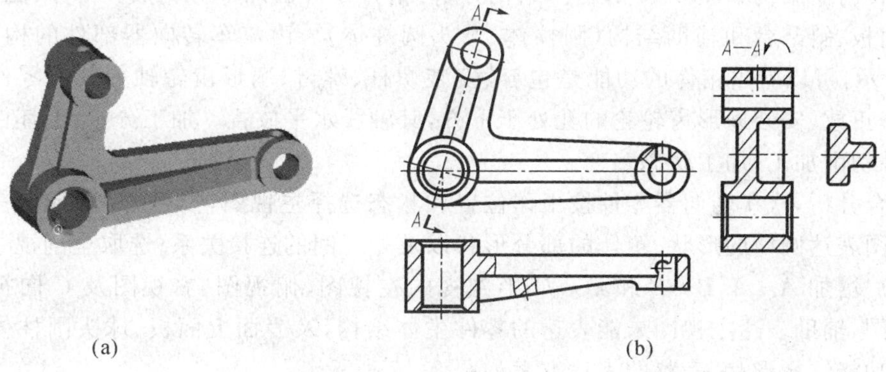

图 8-13　连杆零件

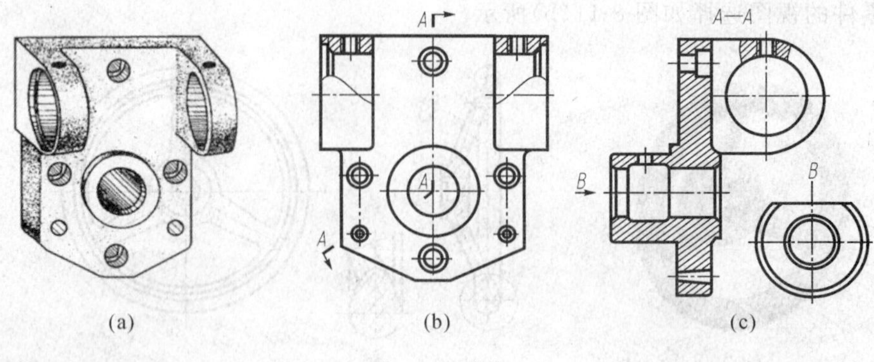

图 8-14　支架

4. 箱体类零件的视图选择

①形体结构分析。箱体类零件一般用来支撑和包容其他零件，故零件上常有空腔、轴孔、支撑壁、肋板、凸台、沉孔、螺孔等结构。常见的箱体类零件如泵体、阀体、减速器箱体和机座等，如图 8-15 所示。

②主视图选择。箱体类零件毛坯多为铸件，也有焊接件。同样，选择主视图主要考虑形状特征和工作位置。主视图通常画成全剖视图或局部剖视图。

③其他视图选择。箱体类零件内外结构都比较复杂，基本视图较多，需要选取多种表达方法表达内、外结构和形状。表达方案可以选取多个，广泛对比后灵活选取。

图 8-15　箱体类零件

下面分别以汽车转向器箱体为例说明视图选择。

汽车转向器结构如图 8-16 所示。结构分析：箱体零件由六部分构成：箱体、圆柱筒、带孔方板、面板、斜凸台和辅助结构(圆柱体、球头圆柱体)。由汽车转向器部件的构成，如图 8-16(b)所示，可以看出箱体的功能是包容、安装螺杆、螺母、扇形齿轮轴等其他零件。工作状态：箱体正放，安装扇形齿轮轮的孔处于下方，其轴线水平放置。加工分析：毛坯由铸造形成，经多种切削加工，加工状态多变。

经综合分析，汽车转向器零件按工作位置和状态选择主视图，投射方向如图 8-16(a)所示。主视图表达圆筒的形状、箱体的部分形状以及相互间的连接关系；选取全剖视主要表达内腔形状。增加 $A—A$、$B—B$ 和 $D—D$ 半剖视的左视图、俯视图、右视图及 C 向视图和 E 向局部视图，辅助表达主视图未能表达的零件主体结构，及表面上面板、球头圆柱体和斜凸台等局部功能结构形状，完整的表达方案如图 8-17 所示。

检查、分析图 8-17 所示汽车转向器零件表达方案(一)，发现还存在一些问题需要调整

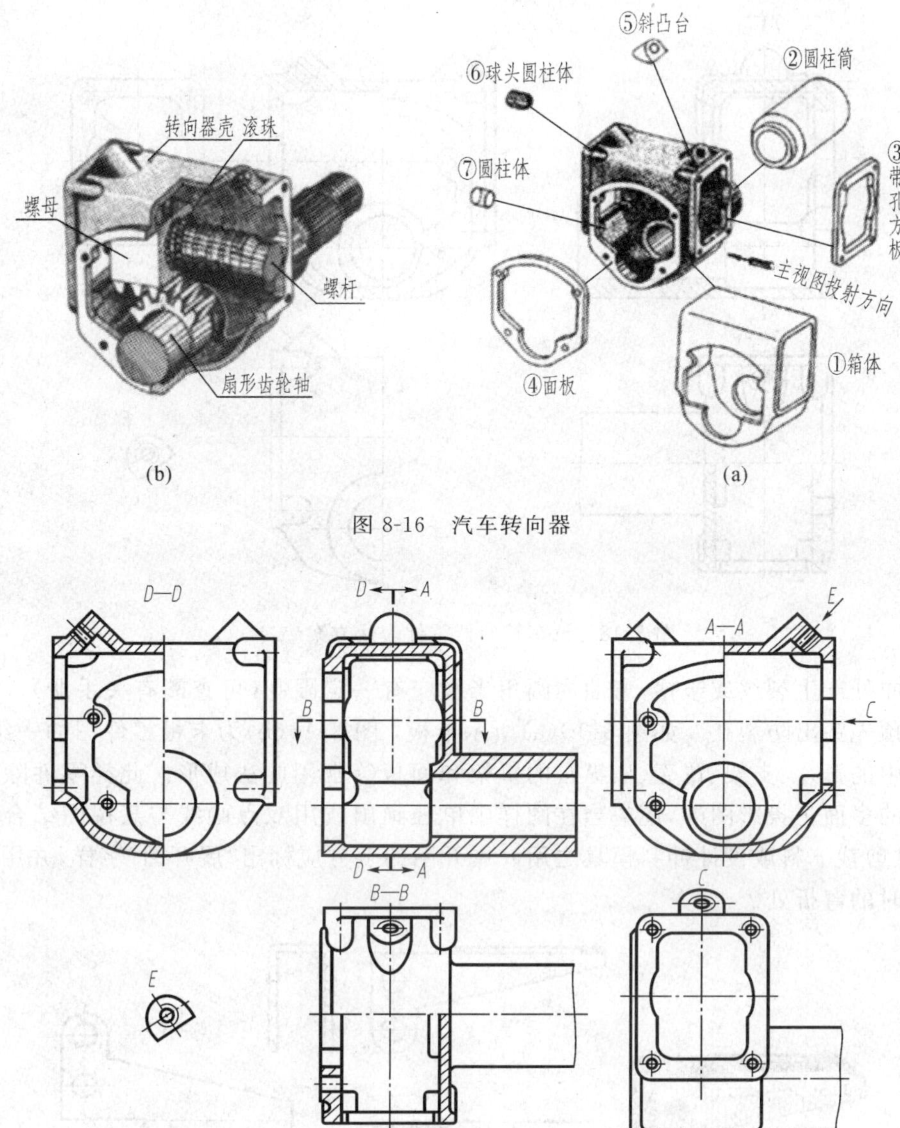

图 8-16　汽车转向器

图 8-17　汽车转向器零件表达方案(一)

和修改。如 C 向视图是为了表达外轮廓封闭、结构完整的带孔方板形状，所以应去掉重复表达的内容；同时为便于看图，应将调整后的局部视图直接放在左视图对应结构的位置。D—D 半剖视图表达的零件内形已经左视图表达，所以利用规定画法将其调整为仅画出一半的 D 向局部视图；结合图纸的幅面，调整其他视图位置，修改后的表达方案如图 8-18 所示。

5. 其他类零件的视图

除了上述用得比较多的轴套类、盘盖类、叉架类和箱体类零件外，机械工程领域还有很多零件。它们各有特点，这里仅介绍薄板弯制件和镶合件。

(1)薄板弯制件

薄板弯制件是将薄金属板剪裁成一定形状后弯制成所需零件。通常，为了防止弯制过

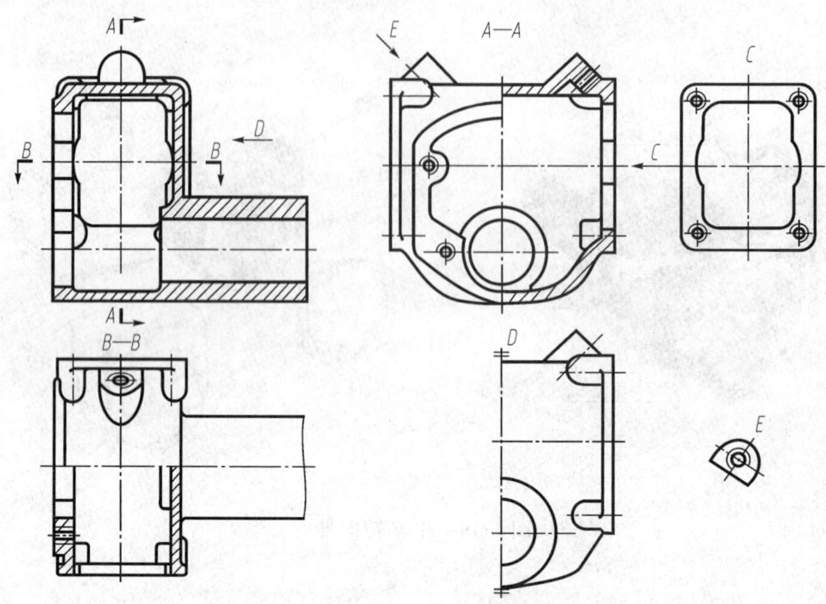

图 8-18　汽车转向器零件表达方案(二)

程中在弯曲处产生裂纹或皱摺,弯曲内圆角半径应有一定限制(可查阅有关手册)。有时也在弯曲处预先钻出防裂孔。如图 8-19(a)所示卡板,图 8-19(b)为卡板零件图的一组图形。机电设备中的簧片、支架、罩壳、操纵台的机架和面板等常用此法成形。此类零件除绘制成形后零件的多面正投影图外,还应当在图样中单独画出或用双点画线与某视图结合画出展开图,以供剪裁下料或设计冲料模具之用。展开图的上方应标出"展开图"字样,并用细实线画出弯制时的弯折处。

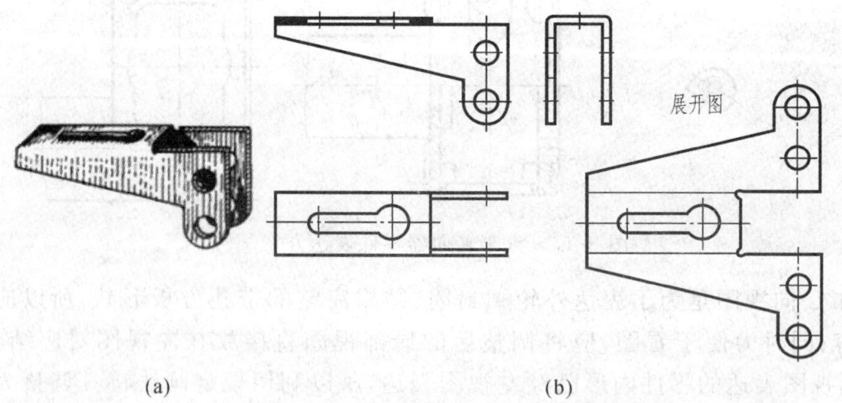

图 8-19　卡板零件

(2)镶合件

镶合件是将金属零件与塑料一起注塑成形得到镶合零件。它可实现如部分导电和部分绝缘、表面柔软有弹性而整体有一定刚度等特殊功能。这类零件既省去了装配过程,又使零件触感良好。目前,镶合件已较广泛地在各工程领域和日常生活中使用。在表达这类零件时,如果镶入的金属件不是标准件,那么镶合件应画两张图样:一张图是预制金属件的零件图,图中须注全制造该金属件所需的全部尺寸;另一张图是预制金属件与塑料镶合成形后的整体图,图中注出塑料部分的全部尺寸及金属件在注塑时的定位尺寸。如图 8-20 所示为一旋钮的图样。

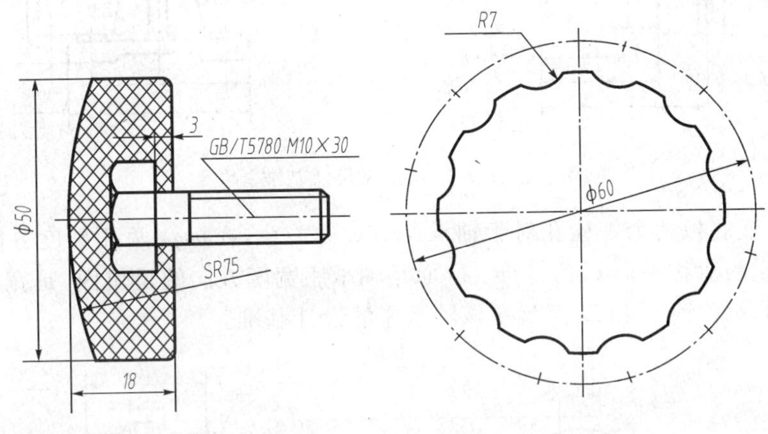

图 8-20　旋钮零件

8.4　零件图中的尺寸标注

8.4.1　零件尺寸基准的选择

零件图上尺寸是制造零件时加工和检验的依据。因此,零件图上标注的尺寸在保证正确、完整、清晰的前提下,还应尽可能合理。前三项要求在组合体的尺寸标注中已经进行过较详细的讨论,本节将着重讨论尺寸标注的合理性问题、常见结构的尺寸注法和标注尺寸的注意事项。

标注尺寸的合理性,就是要求图样上所标注的尺寸既要符合零件的设计要求,又便于加工和测量,并有利于装配。合理标注尺寸需要具备有关的专业知识和生产实践经验,这里仅介绍一些合理标注尺寸的初步知识。

1. 合理选择尺寸基准

要做到合理标注尺寸,首先必须选择好尺寸基准。

尺寸基准是指零件在设计、制造和检验时计量尺寸的起点,简称基准。零件上的面、线、点,均可作为尺寸基准,如图 8-21 所示。一般把基准分为设计基准和工艺基准两大类。

设计基准:设计时,确定零件在机器或部件中位置的一些面、线和点。

工艺基准:加工或测量时,确定零件位置的一些面、线和点。

任何一个零件都有长、宽、高三个方向的尺寸,一般也应该有三个方向的尺寸基准。对于同轴回转体应该有轴向和径向基准。径向基准一般是回转体的轴线,轴向基准是重要的断面或是安装接触面。

如图 8-22 所示的轴承座,从设计的角度来考虑,通常一根轴需有两个轴承来支承,两个轴承孔的轴线应处于同一轴线上,并且与基面平行,即要保证两个轴承座的轴承孔的轴线距底面等距。因此,在标注轴承支承孔 $\phi 160$ 高度方向的定位尺寸时,应以轴承座的底面 B 为

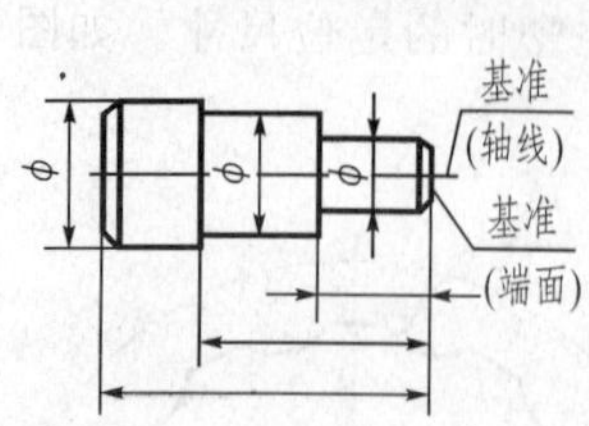

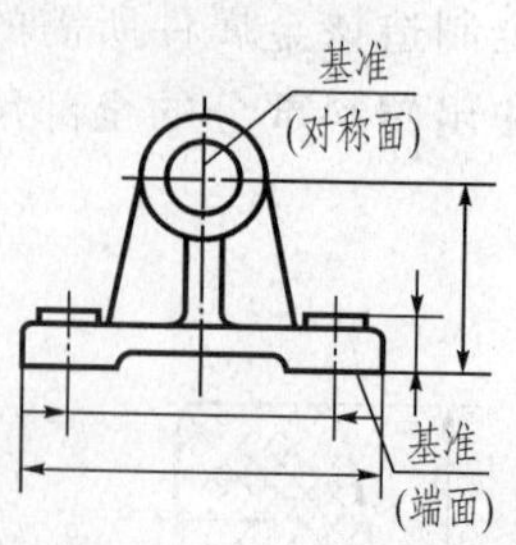

图 8-21　常见尺寸基准

基准。为了保证底板两个螺栓孔对于轴承孔的对称关系，在标注两孔长度方向的定位尺寸时，应以轴承座的对称平面 C 为基准。D 面是轴承座宽度方向的定位面，是宽度方向的设计基准。底面 B、对称面 C 和 D 面就是该轴承座的设计基准。

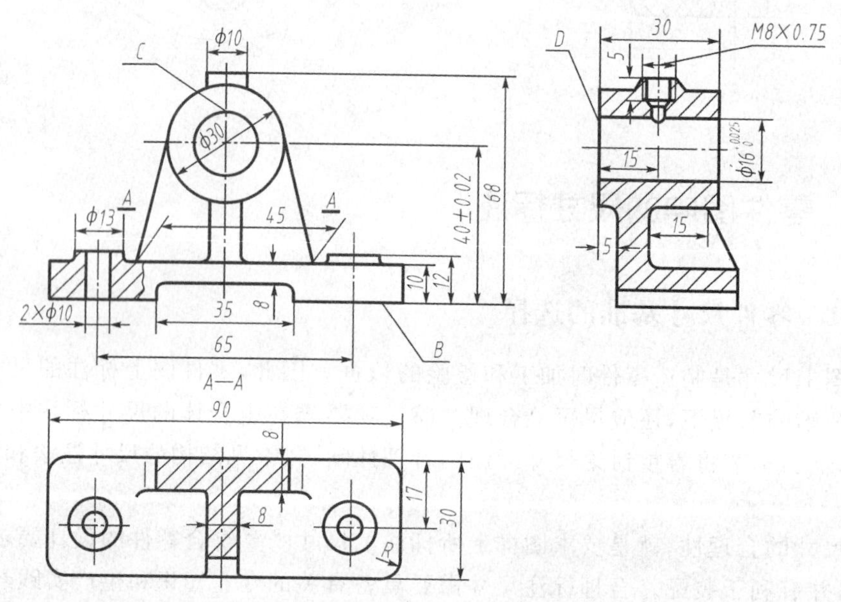

图 8-22　零件的设计基准

如图 8-23 所示的轴套，在车床上加工时是零件左端面 E 为定位面的，故端面 E 是该零件的轴向工艺基准。测量轴套的键槽深度时是以孔 $\phi40$ 的素线 L 为起点的，因此素线 L 是该键槽深度尺寸的工艺基准。

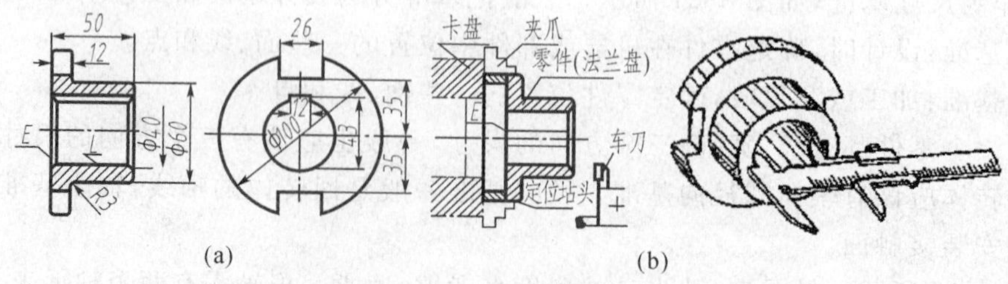

图 8-23　零件的工艺基准

选择尺寸基准的原则：①要使所注尺寸合理，应尽可能使设计基准和工艺基准一致，这样就既能满足设计要求，又便于加工测量。②当设计基准和工艺基准不一致时，一般将零件的重要尺寸用设计基准标注，以满足设计要求；一些不重要的的设计尺寸，则可以用工艺基准标注，以便于加工和测量。③一般零件的长、宽和高三个方向中每个方向至少有一个尺寸基准，它是决定零件的主要尺寸的基准，称为主要基准。根据设计、加工和测量上的要求，也可以有附加的辅助基准，但主、辅基准间必须保持直接的尺寸联系。

目前，在没有相关的专业知识与经验的情况下，选择零件基准通常是选取零件的对称面、安装面、重要的端面和主要轴线作为尺寸基准，因为这些要素往往就是设计基准或工艺基准。

2. 标注尺寸的形式

根据尺寸在图上的布置特点，标注尺寸的形式有下列三种。

(1)链状式：同一方向的尺寸首尾衔接，一环扣一环，形似链条，前一尺寸终止处即为后一尺寸的起点，如图 8-24(a)所示。这种形式的优点是可以保证每一环尺寸精度要求，缺点是每一环的误差积累在总长上。在机械制造业中，链状法常用于标注阶梯状零件中尺寸要求十分精确的各段以及用组合刀具加工的零件等。

(2)坐标式：同一方向的尺寸从同一基准注起，如图 8-24(b)所示。这种形式的优点是不会产生积累误差，缺点是很难保证每一环的尺寸精度要求。坐标法常用于标注需要从一个基准定出一组精确尺寸的零件。

(3)综合式：综合法标注尺寸是链状法与坐标法的综合，如图 8-24(c)所示。同一方向上，一部分尺寸从同一个基准注起，另一部分尺寸从前一尺寸的终点注起。这种形式兼有上述两种形式的优点，是实际标注时经常采用的方法。

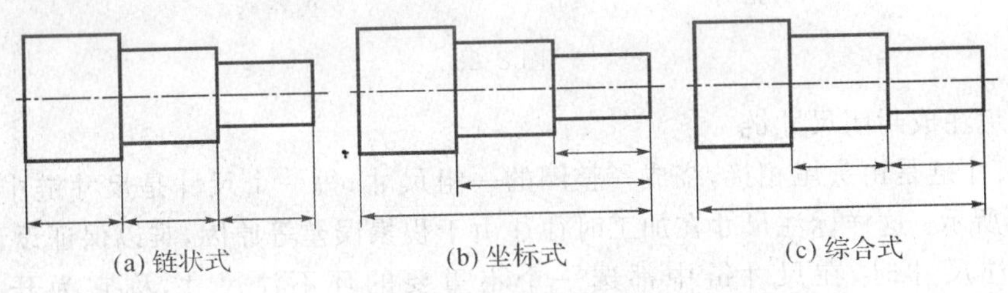

(a) 链状式　(b) 坐标式　(c) 综合式

图 8-24　标注尺寸的形式

3. 标注尺寸的注意事项

(1)重要的尺寸(影响零件精度、装配定位关系及工作性能的功能尺寸)应直接标注

如图 8-25 所示，轴承座轴承支承孔的中心高是高度方向的重要尺寸，应从设计基准直接注出尺寸 A，而不能注成尺寸 B 和尺寸 C，通过计算得到 A。因为在制造过程中，任何一个尺寸加工总是有误差的。同理，轴承座上的两个安装孔的中心距 L 应直接注出，而不能注成尺寸 E，不然 L 将常受到尺寸 90 和两个尺寸 E 的制造误差的影响。

(2)相互配合零件的相关尺寸基准和注法应一致

如图 8-26 所示尾架和导板，零件的凸台和凹槽 40 是相互配合的尺寸，装配后要求两者的右端面对齐。因此，在尾架和导板的零件图上，均应以右端面为基准，且尺寸注法应相同。不然，装配后两零件右端面可能会出现因超出误差偏移而使零件间配合达不到设计使用要求。

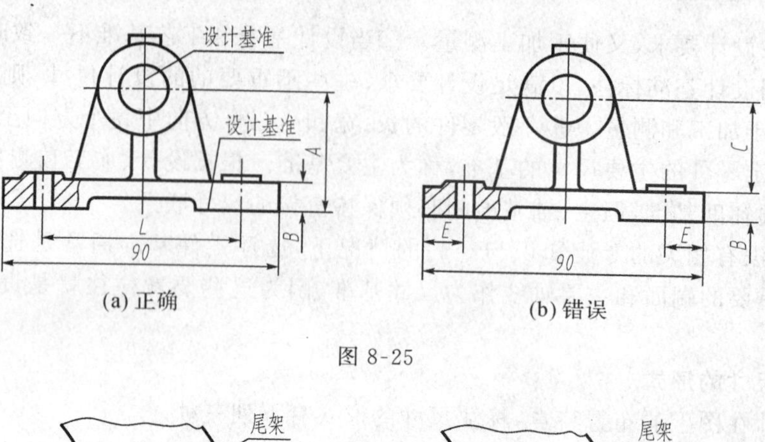

(a) 正确 (b) 错误

图 8-25

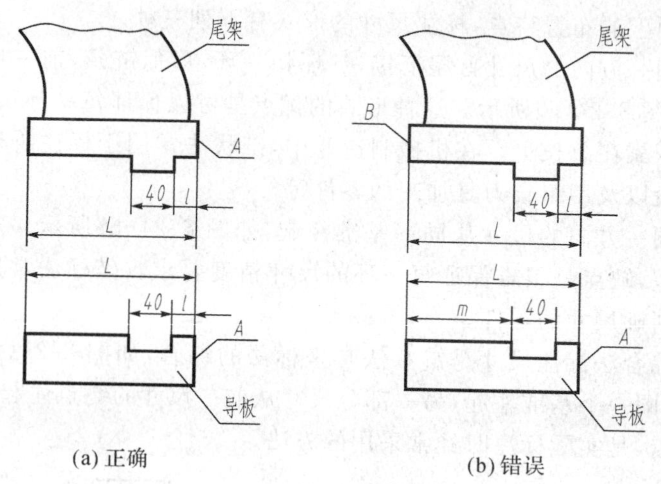

(a) 正确 (b) 错误

图 8-26

(3)避免注成封闭尺寸链

封闭尺寸链是由头尾相接,绕成一整圈的一组尺寸,每一个尺寸是尺寸链中的一环,如图 8-27(a)所示。这样标注尺寸在加工时往往由于积累误差等原因,难以保证设计要求。因此,实际标注尺寸时,在尺寸链中都选一个不重要的环不注尺寸,称它为开口环,如图 8-27(b)所示。这时开口环的尺寸误差是其他各环尺寸误差之和,这样就不会对重要尺寸产生影响。有时,为了作为设计和加工时的参考,也注成封闭尺寸链,这时,根据需要用括号“()”把某一环的尺寸括起来作为参考尺寸,如图 8-27(c)所示。

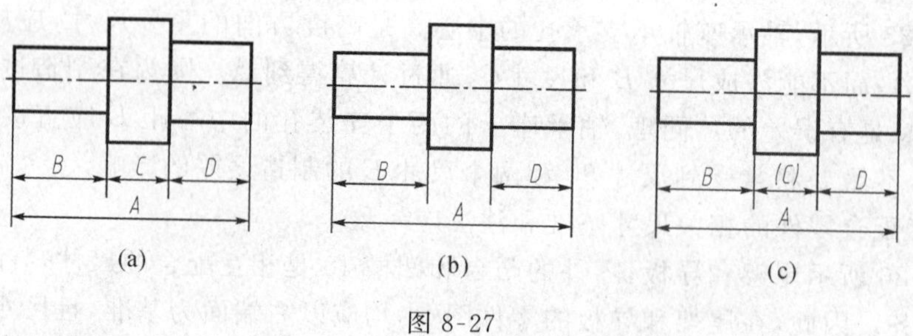

(a) (b) (c)

图 8-27

(4)尺寸标注要符合工艺要求

尺寸标注要尽可能符合工艺要求。如图 8-28(a)所示,轴承盖的半圆孔是和轴承座配合在一起加工的，所以要标注直径。如图 8-28(b)所示，半圆键的键槽也要标注直径，以便于选择铣刀；轴的长度尺寸考虑了加工时的顺序。

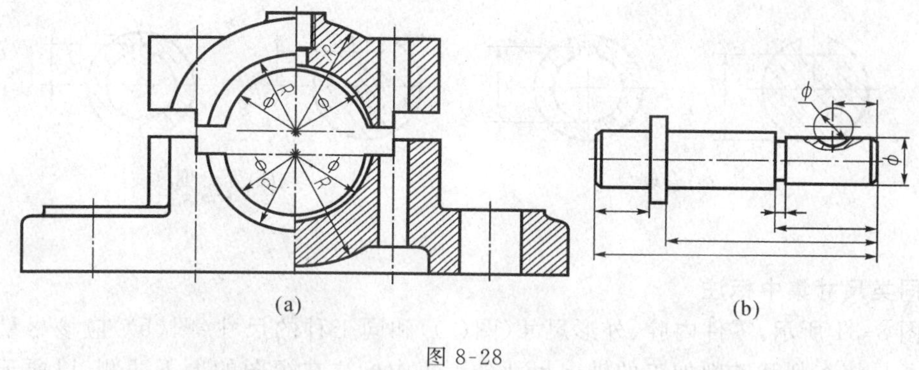

图 8-28

8.4.2　零件常见结构的尺寸标注方法

1. 铸造圆角

铸造圆角是由铸造工艺决定的结构。铸造圆角可以在零件图中相应结构直接标出，但通常情况下是在技术要求中说明，如“全部圆角 $R4$”；或少数标注在视图上，大部分相同的结构在技术要求中注明，如“其余圆角 $R4$”。

2. 倒角

倒角结构起到便于零件间安装以及安全防护作用。对于常见的 45°倒角可按图 8-29(a)所示进行尺寸标注；也可以用符号“C”表示“45°倒角”，如“$C2$”代表“2×45°”；也可以在技术要求注明，如“全部倒角 $C2$”、“其余倒角 $C2$”。非 45°倒角按图 8-29(b)进行标注。

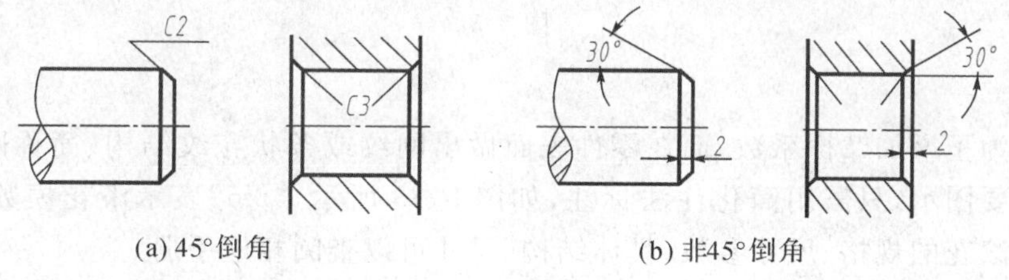

图 8-29

3. 退刀槽和越程槽

退刀槽和越程槽通常可以按“$a\times\phi$”或“$a\times b$”的形式标注，如图 8-30 所示，其具体尺寸需要查阅相应的手册。

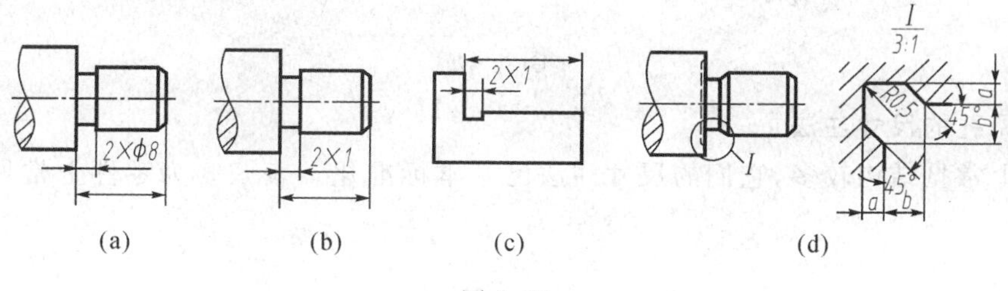

图 8-30

4. 键槽

考虑标注尺寸的测量的方便，键槽应该如 8-31(a)所示标注。

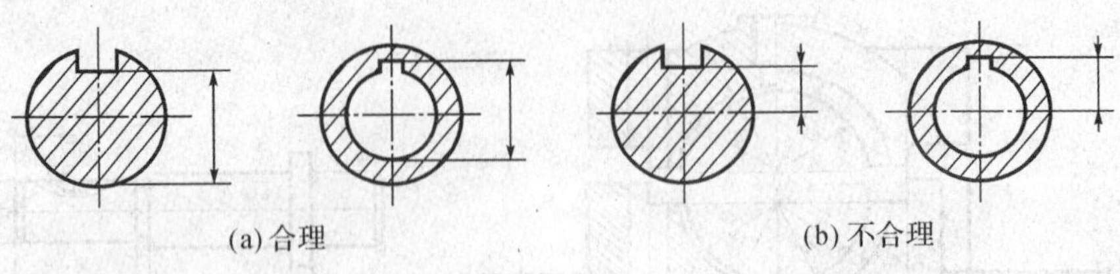

(a) 合理　　(b) 不合理

图 8-31

5. 同类尺寸集中标注

如图 8-31 所示，零件内腔、外形尺寸(图(a))和同工种的尺寸(图(b))应该尽量集中标注。图 b 是将车削和铣削加工的轴向尺寸分别集中标注在视图的上下两侧，以便于加工时察看。

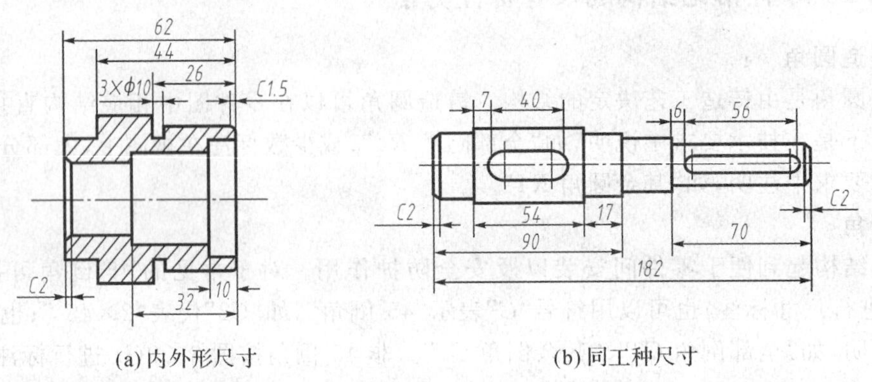

(a) 内外形尺寸　　(b) 同工种尺寸

图 8-32

6. 滚花

滚花是为了增加摩擦系数，而在零件表面做出网纹或条状花纹结构(简称网纹、直纹)，它一般不需要图示，只需用简化注法标注，如图 8-33 所示，“$m5$”表示滚花模数为 0.5mm。模数是表示滚花的规格、尺寸参数，具体结构、尺寸可以查阅相应手册。

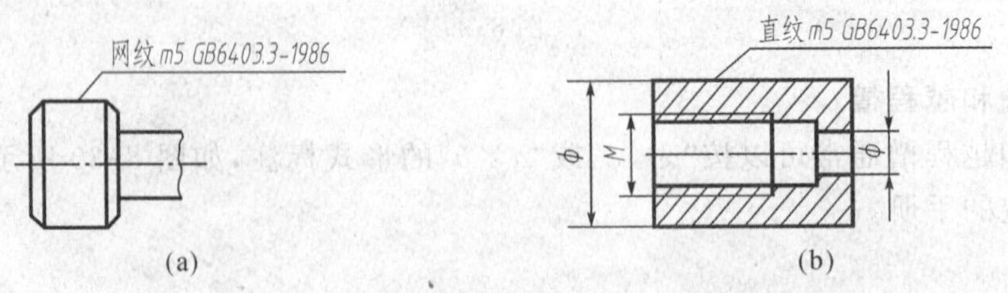

(a)　　(b)

图 8-33

7. 常见孔的尺寸注法

零件上常见结构较多，它们的尺寸注法已基本标准化。表 8-3 为零件上常见孔的尺寸注法。

表 8-3　零件上常见孔的尺寸注法

类型		旁注法	普通注法	说明
光孔	一般孔	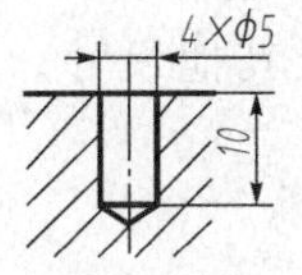 4×ϕ5　10	4×ϕ5↧10　4×ϕ5↧10	4×ϕ5 表示四个孔的直径均为 ϕ5 三种注法均正确(下同)
	精加工孔	4×$\phi5^{+0.012}_{0}$　10　12	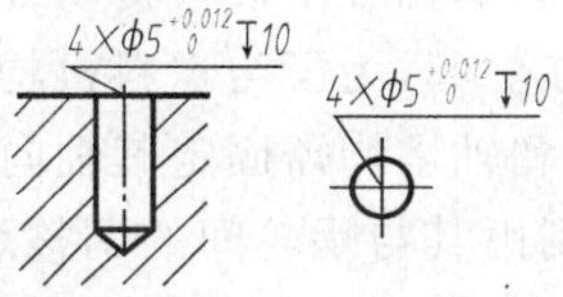 4×$\phi5^{+0.012}_{0}$↧10　4×$\phi5^{+0.012}_{0}$↧10	钻孔深为 12,钻孔后需精加工至 $\phi5^{+0.012}_{0}$,精加工深度为 10
	锥销孔	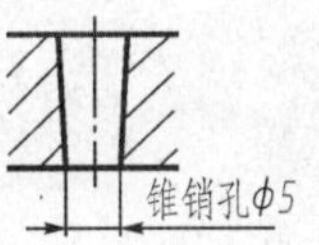 锥销孔ϕ5	锥销孔ϕ5　锥销孔ϕ5	ϕ5 为与锥销孔相配的圆锥销小头直径(公称直径) 锥销孔通常是相邻两零件装配在一起时加工的
沉孔	锥形沉孔	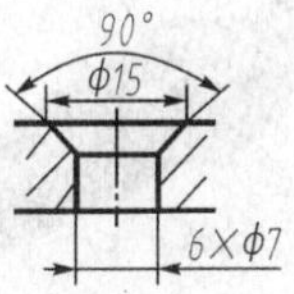 90°　ϕ15　6×ϕ7	6×ϕ7 ⌵ϕ15×90°　6×ϕ7 ⌵ϕ15×90°	6×ϕ7 表示 6 个孔的直径均为 ϕ7。锥形部分大端直径为 ϕ13,锥角为 90°
	柱形沉孔	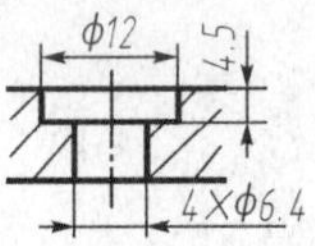 ϕ12　4.5　4×ϕ6.4	4×ϕ6.4 ⌴ϕ12↧4.5　4×ϕ6.4 ⌴ϕ12↧4.5	四个柱形沉孔的小孔直径为 ϕ6.4,大孔直径为 ϕ12,深度为 4.5
螺孔	通孔	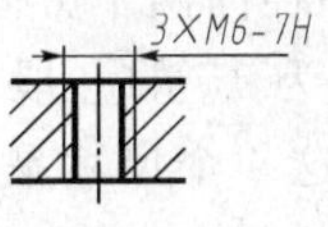 3×M6-7H	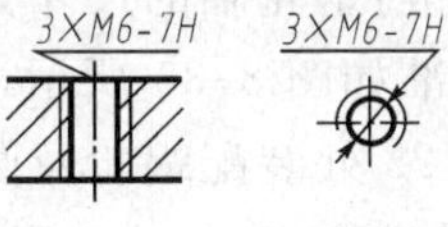 3×M6-7H　3×M6-7H	3×M6－7H 表示 3 个直径为 6,螺纹中径、顶径公差带为 7H 的螺孔
	不通孔	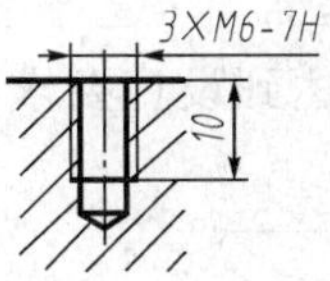 3×M6-7H　10	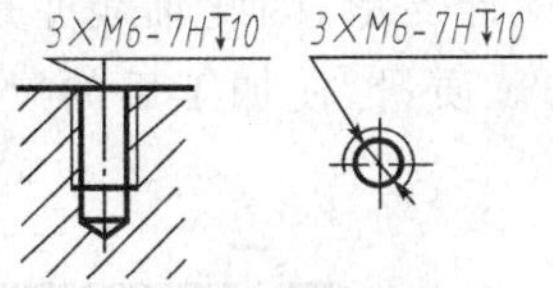 3×M6-7H↧10　3×M6-7H↧10	钻孔深为 12,钻孔后需精加工至 $\phi5^{+0.012}_{0}$,精加工深度为 10
		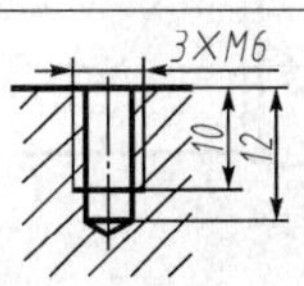 3×M6　10　12	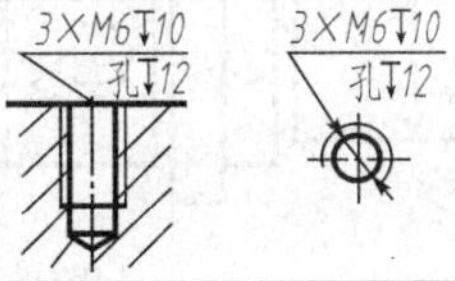 3×M6↧10 孔↧12　3×M6↧10 孔↧12	需要注出钻孔深度时,应明确标注出钻孔深度尺寸

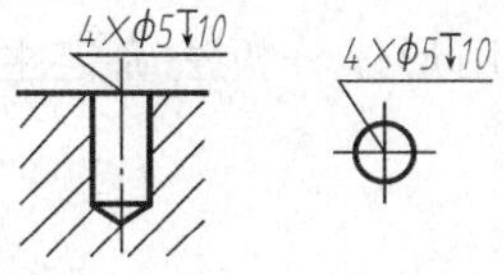

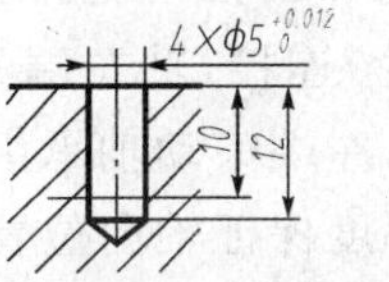

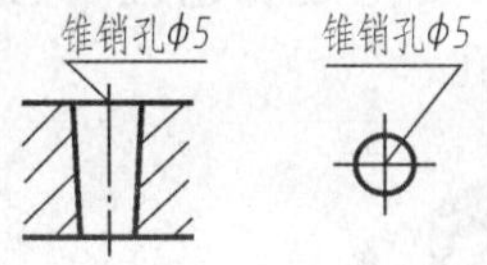

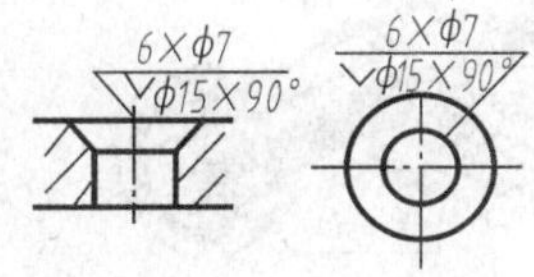

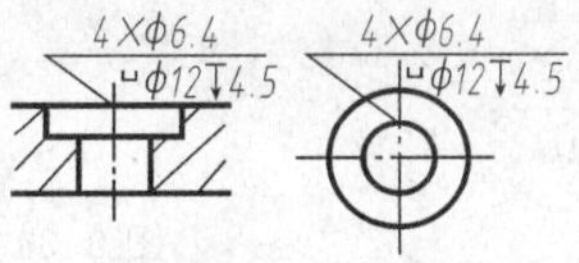

8.4.3 典型零件尺寸标注

零件图尺寸标注的方法步骤是首先进行零件结构和工艺分析，其次选择尺寸基准，然后再按照设计和工艺要求，利用形体分析法确定主要尺寸及其他尺寸。下面介绍典型零件的尺寸标注。

1. 轴、套类零件

如图 8-34 所示蜗轮轴，蜗轮轴上装有传动件、蜗轮和圆锥齿轮，两端各装一滚动轴承。蜗轮、圆锥齿轮和键连接在一起，为了与送料机构（凸轮）连接，轴左端开有键槽。为了保证传动可靠，蜗轮、圆锥齿轮和轴承均需固定其轴向位置，左端滚动轴承由轴肩Ⅰ定位，蜗轮由轴肩Ⅱ定位，而圆锥齿轮则由其与蜗轮间的调整片的厚度保证轴向位置，且用垫圈和圆螺母加以固定，为了与圆螺母连接，轴上制有螺纹段。右端滚动轴承则由轴肩Ⅲ定位。为了使轴承、蜗轮靠紧在轴肩上，轴径变化处有越程槽、退刀槽。轴的两端均有倒角，以去除金属锐边，并使装配时易于套入轴孔。

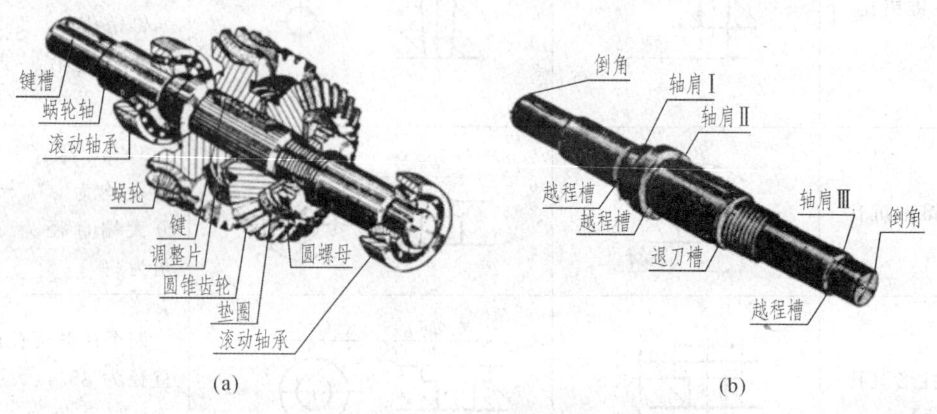

图 8-34

确定主要尺寸及尺寸基准：蜗轮轴的尺寸分为轴向和径向两个方向，应该有两个基准。

径向主要尺寸和尺寸基准如图 8-35 所示，左端尺寸为 15 的一段和凸轮配合，17 和右端 15 处装配滚动轴承，中间 22 处装配蜗轮及圆锥齿轮，这 4 个尺寸是蜗轮轴的主要径向尺寸。为了使轴传动平稳、齿轮啮合正确，这 4 段直径要求在同一轴线上，因此设计基准就是轴线。由于加工时两端用顶针支承，因此轴线亦是工艺基准。工艺基准和设计基准重合时，可以减少加工误差，提高加工质量，使加工后的尺寸容易达到设计要求。

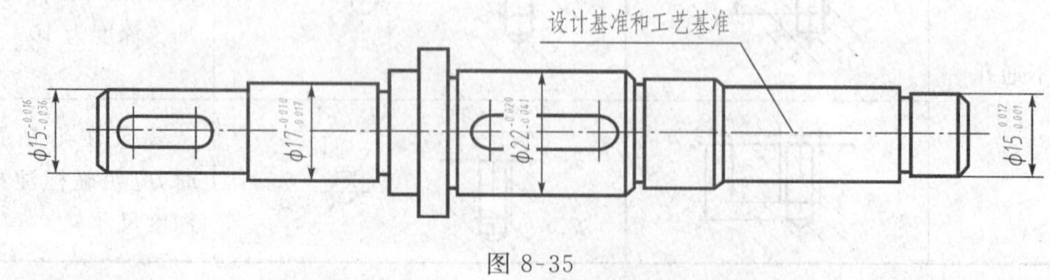

图 8-35

轴向主要尺寸和尺寸基准：蜗轮轴上主要装配蜗轮及圆锥齿轮，为了保证齿轮传动时啮合的正确性，齿轮的轴向定位十分重要，其中尤以蜗轮的轴向定位更为重要，所以选用蜗轮定位轴肩为轴向尺寸的设计基准，如图 8-36 所示。由这一轴肩开始，以尺寸 10 决定左端滚动轴承定位轴肩，再以尺寸 25 决定凸轮安装轴肩。尺寸 80 决定右端滚动轴承定位轴肩，并以尺寸 12 决定轴的右端面。除了这 4 个有设计要求的主要尺寸外尚有尺寸 33 和 16，在这个范围内安装蜗轮、调整片、圆锥齿轮、垫圈和圆螺母，由于圆锥齿轮的轴向位置在装配时可由调整片调整，因此这两个尺寸要求稍低。轴向尺寸测量时从端部量起比较方便，选择右端面为测量基准，确定全轴长度尺寸 154。

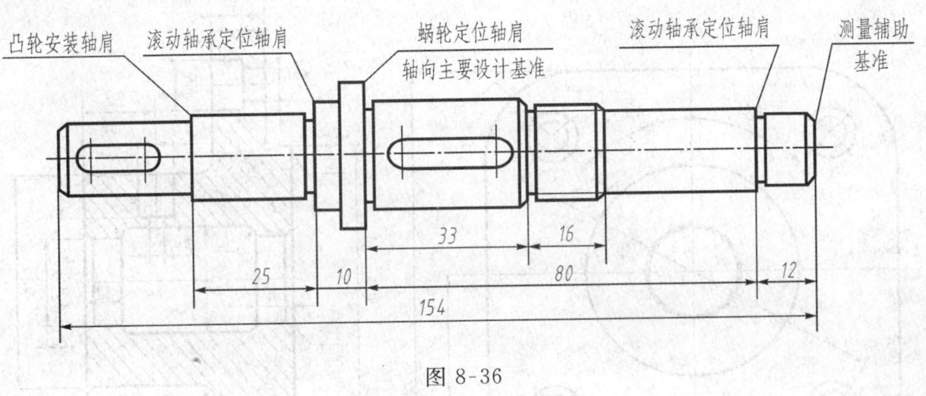

图 8-36

其他尺寸及尺寸配置：其他尺寸如螺纹直径和螺距、键槽宽度和深度、倒角等需查阅有关标准后注出。退刀槽、越程槽的宽度和直径亦尽可能符合标准，便于选用刀具和方便加工。尺寸标注不仅要符合设计要求，配置时还要考虑加工次序和是否便于测量、检验。蜗轮轴完整的尺寸标注如图 8-37 所示。

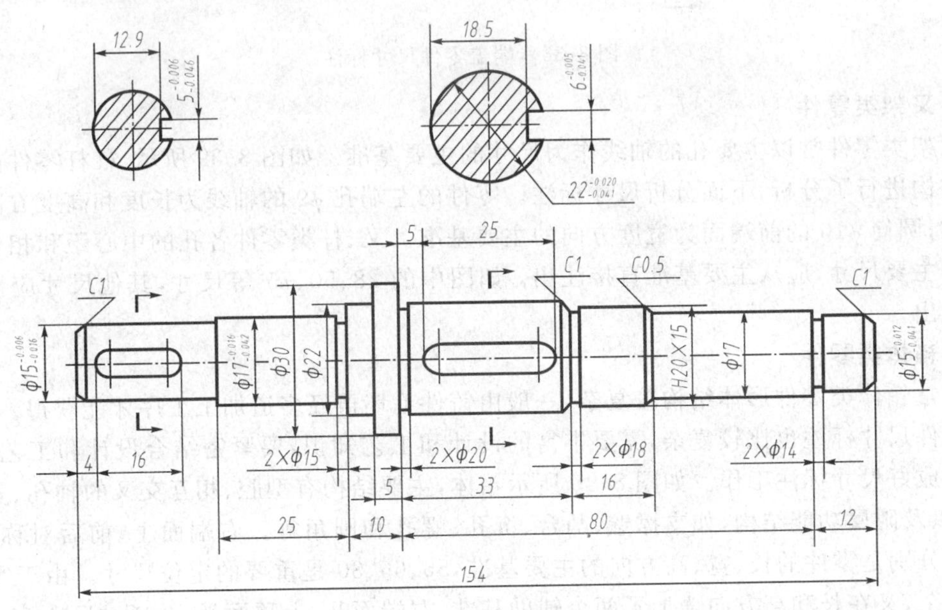

图 8-37

2. 盘、盖类零件

结构分析如前所述。这类零件通常选用通过轴孔的轴线作为径向尺寸基准，如图 8-38 所示端盖的主要回转面直径系列尺寸是以径向尺寸基准标注的，如 $\phi75$、$\phi60$、$\phi25$ 和 $\phi30$。

端盖主要结构的前后、上下对称面是标注方形凸缘等的高、宽方向的尺寸基准，如 115×115、85 等。长度方向的尺寸基准，常选用重要的端面。端盖的左端面为长度方向尺寸的主要基准，如 58、7 等，右端面可以看作是长度方向的辅助基准，如孔的定位尺寸 20。此外零件的前后对称面也是安装阶梯孔周向定位尺寸 45°的基准。

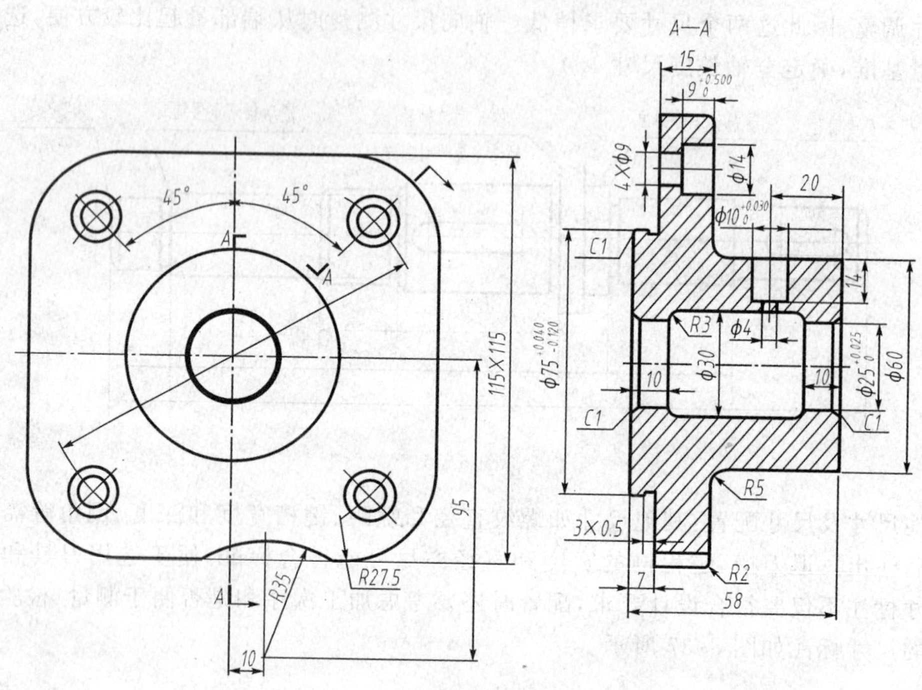

图 8-38 端盖零件尺寸标注

3. 叉架类零件

叉架类零件常以主要孔的轴线作为尺寸的主要基准。如图 8-39 所示，杠杆零件前面已经对结构进行了分析，下面分析尺寸标注。零件的左端孔 $\phi9$ 的轴线为长度和高度方向的主要基准；圆筒 $\phi16$ 的前端面为宽度方向的主要基准。叉、杆类零件各孔的中心距和相对位置一般是主要尺寸，应从主要基准直接注出。如图中的 28、50、75°等尺寸，其他尺寸应按形体分别注出。

4. 箱体类零件

通常箱体类零件形体结构较复杂，一般由铸件毛坯再经多道加工工序才能获得。因此，这类零件尺寸标注也比较复杂，需要丰富的设计和工艺知识，要紧密结合设计和工艺基准，才能完成好尺寸标注工作。如图 8-40 所示箱体，主要结构有型腔、相互交叉的轴孔、安装连接板，以及附属功能结构，如支撑壁、凸台、沉孔、螺孔和圆角等。右端面Ⅰ、前后对称面Ⅲ、轴线Ⅳ分别是零件的长、宽、高方向的主要基准，56、66、30 是重要的定位尺寸。由于零件结构较复杂，又在长和高方向增加了两个辅助基准：左端面Ⅱ、上顶面Ⅴ，并通过尺寸 90、56 与相应的主要基准直接关联，分别用尺寸 5、8 辅助确定螺孔 M3－7H 位置和上连结板厚度。同时轴线Ⅳ也是零件主要轴孔和连接圆盘结构的径向基准，与之相关的尺寸如 $\phi17$、$\phi40$、$\phi70$ 等。图中圆角尺寸未标注，可以在技术要求使用文字统一说明。其他尺寸具体见图 8-39。

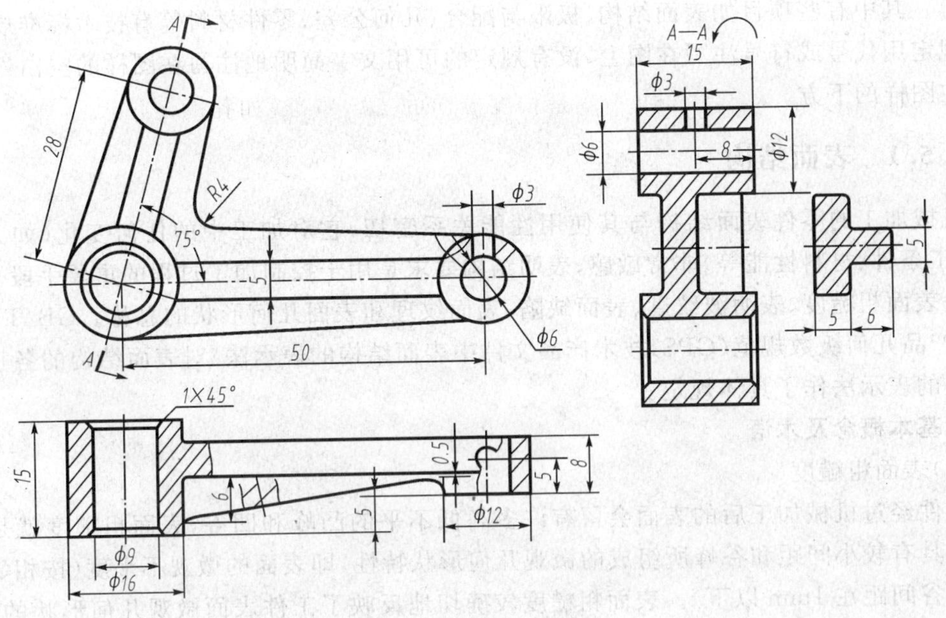

图 8-39　叉架零件尺寸标注

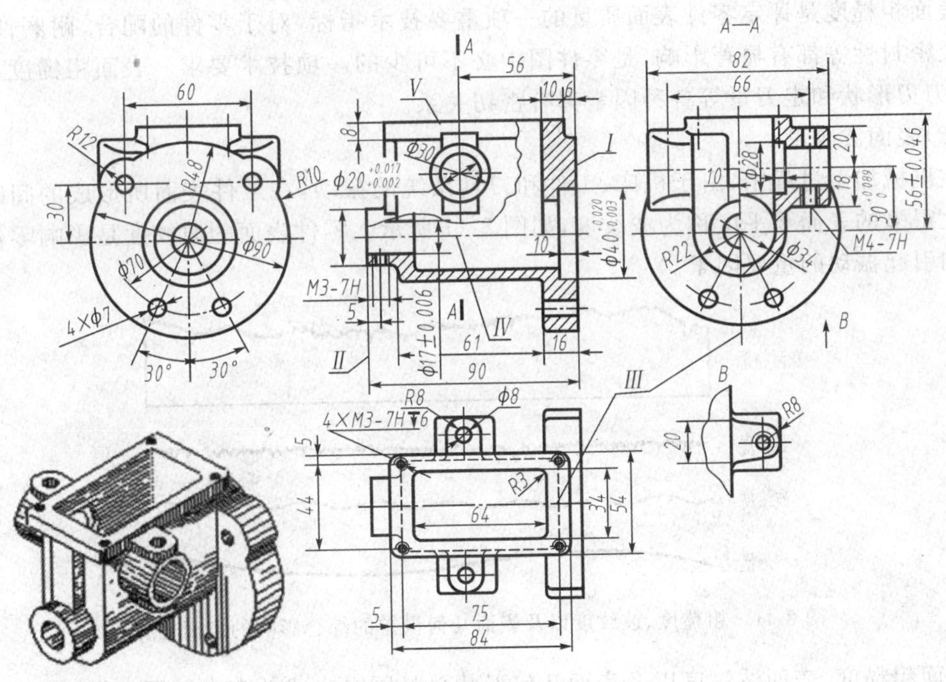

图 8-40　箱体零件尺寸标注

8.5　零件图的技术要求

技术要求用来说明零件在制造时应达到的一些质量要求。这些技术要求主要包括表面结构要求、极限与配合、几何公差、热处理及表面镀涂、零件材料，以及零件加工、检验的其他要求等。其中有些项目如表面结构、极限与配合、几何公差、零件材料等有技术标准规定的，应按规定用代号或符号注写在图上，没有规定的可用文字简明地注写在图样的空白处，一般注写在图样的下方。

8.5.1 表面结构

机械加工的零件表面结构与其使用性能关系密切，它对加工中的任何变化（如刀具磨损、加工条件、材料性能等）非常敏感，表明结构要求是用于控制加工过程的重要手段。表明结构是表面粗糙度、表明波纹度、表面缺陷、表面纹理和表面几何形状的总称。GB/T 131—2006《产品几何级数规范(GPS)技术产品文件中表面结构的表示法》对表面结构的各项要求在图上的表示法作了具体规定。

1. 基本概念及术语

(1)表面粗糙度

零件经过机械加工后的表面会留有许多高低不平的凸峰和凹谷，表面粗糙度就是指加工表面具有较小间距和谷峰所组成的微观几何形状特性，即表面的微观不平度(按相邻两波的峰或谷间距在 1mm 以下)。表面粗糙度较确切地反映了工件表面微观几何形状的概念，它是指表面粗糙不平的程度。

表面粗糙度是评定零件表面质量的一项重要技术指标，对于零件的配合、耐磨性、耐蚀性以及密封性等都有显著影响，是零件图中必不可少的一项技术要求。表面粗糙度与加工方法、刀刃形状和走刀量等各种因素都有密切关系。

(2)表面波纹度

在机械加工过程中，由于机床、工件和刀具系统的振动，在工件表面所形成的间距比粗糙度大得多的表面不平度称为波纹度，如图 8-41 所示。零件表面的波纹度是影响零件使用寿命和引起振动的重要因素。

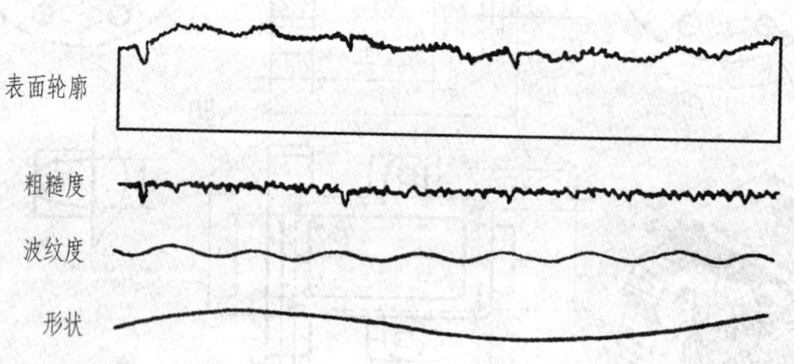

图 8-41 粗糙度、波纹度以及表面几何误差的综合影响的表面轮廓

表面粗糙度、表面波纹度以及表面几何形状总是同时生成并存在于同一表面的。

(3)表面结构参数

零件表面结构的状况可由轮廓参数(GB/T 3505—2000)、图形参数(GB/T 18618—2002)、支承率曲线参数(GB/T 18778.2—2003 和 GB/T 18778.2—2006)三大类参数加以评定，其结构参数已经标准化并与完整符号一起使用。其中轮廓参数是我国机械图样中目前最常用的评定参数，它包括原始轮廓(P 轮廓)、粗糙度轮廓(R 轮廓)和波纹度轮廓(W 轮廓)。这三类表面结构轮廓构成几乎所有表面结构参数的基础。

这里主要介绍评定粗糙度轮廓(R 轮廓)中的两个高度参数 *Ra* 和 *Rz*。

①算术平均偏差 *Ra* 是指在一个取样长度内纵坐标值 $z(x)$ 绝对值的算术平均值(见图 8-42)。

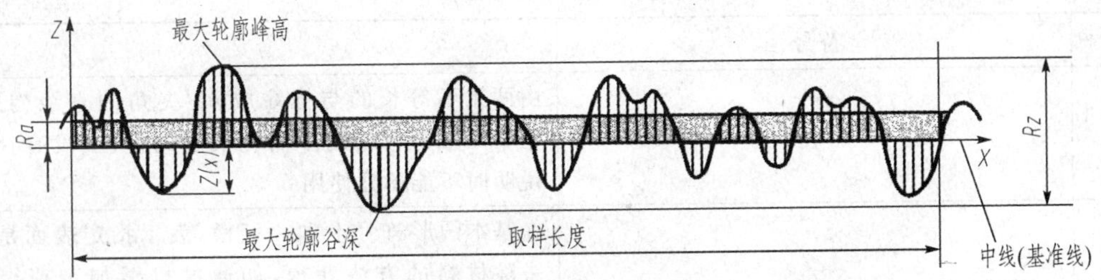

图 8-42　轮廓算术平均偏差 *Ra* 和轮廓的最大高度 *Rz*

可近似表示为：$Ra = \frac{1}{l}\int_0^l |z(x)|\,\mathrm{d}x \approx \frac{1}{n}\sum_{i=1}^{n}|z_i|$（*n* 为取样长度内的取样点数，*Ra* 单位一般为 μm(1/1000mm))

②轮廓的最大高度 *Rz* 是指在同一取样长度内，最大轮廓峰高和最大轮廓谷深之和的高度(图 8-42)。

(4)表面粗糙度 *Ra* 的数值规定和选用

算术平均偏差(*Ra*)的数值规定见表 8-4。补充系列可参照相关标准。

表 8-4　轮廓算数平均偏差(*Ra*)的数值规定　(μm)

0.012	0.1	0.8	6.3	50
0.025	0.2	1.6	12.5	100
0.05	0.4	3.2	25	

零件表面粗糙程度的选用，应该既满足零件表面的功能要求，又要考虑经济合理。一般情况下，凡是零件上有配合要求或有相对运动的表面，粗糙度参数值要小。参数值越小，表面质量越高，但加工成本也越高。因此，应在满足使用要求的前提下，合理选用粗糙度轮廓参数数值。

常用粗糙度轮廓 *Ra* 值的选用参考如下(MRR 表示用去材料的方法获得该表面)：

MRR *Ra* 25——常用于一般不重要的加工部位，如油孔，穿螺栓用的光孔，不重要的底面、倒角等。

MRR *Ra* 12.5——常用于尺寸精度不高，没有相对运动的部位，如不重要的端面、侧面、底面等。

MRR *Ra* 6.3——常用于不十分重要但有相对运动的部位或较主要的接触面，如低速轴的表面，相对速度较高的侧面，重要的安装基面和齿轮、链轮的齿廓表面等。

MRR *Ra* 3.2——常用于传动零件的轴、孔配合部分以及低中速的轴承孔，齿轮的齿廓表面等。

MRR *Ra* 1.6～ *Ra* 0.8——常用于较重要的配合面，如安装滚动轴承的轴和孔，有导向要求的滑槽等。

MRR *Ra* 0.8——常用于重要的配合面，如高速回转的轴和轴承孔等。

2. 标注表面结构的图形符号

标注表面结构要求时的图形符号种类、名称及其含义见表 8-5。

表 8-5 表面结构符号

符号名称	符号	含义
基本图形符号		由两条不等长的与标注成 60°夹角的直线构成。基本图形符号仅用于简化代号的标注，没有补充说明时不能单独使用
扩展图形符号		在基本图形符号上加一短横，表示指定表面是用去除材料的方法获得，如通过机械加工获得的表面
		在基本图形符号上加一圆圈，表示指定表面用不去除材料的方法获得
完整图形符号	(a) 允许任何工艺ARA (b) 去除材料 MRP (c) 不去除材料 NMR	在以上各种符号长边上加一横线，以便注写对于表面结构特征的补充信息。 在报告和合同的文本中用文字表达图形符号时，用 APA 表示图(a)，用 MRR 表示图(b)，用 NMR 表示图(c)

图形符号的比例和尺寸按 GB/T 131—2006 的相应规定绘制(见图 8-43、表 8-6)。

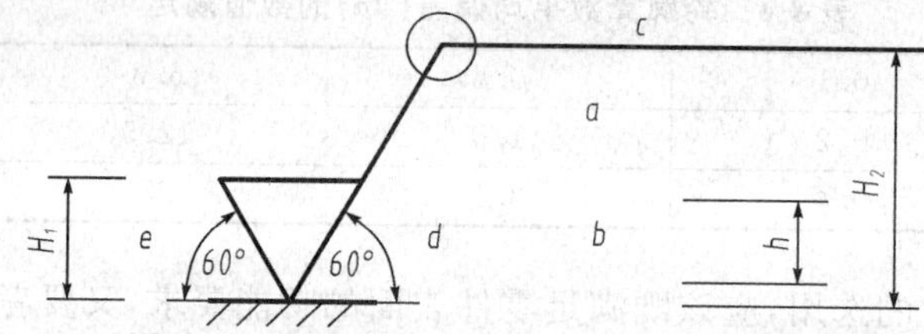

图 8-43 图形符号的画法及表面结构要求的注写位置

位置 a:注写表面结构的单一要求

位置 a 和 b:a 注写第一表面结构要求

b 注写第二表面结构要求

位置 c:注写加工方法、表面处理、涂层等工艺要求，如车、磨、镀等

位置 d:注写要求的表面纹理和纹理方向，表面纹理方向符号见表 8-5

位置 e:注写加工余量，加工余量以 mm 为单位

表 8-6 图形符号和附加标注的尺寸

符号和字母高度 h(见 GB/T 14691)	2.5	3.5	5	7	10	14	20
符号线宽 字母线宽	0.25	0.35	0.5	0.7	1	1.4	2
高度 H_1	3.5	5	7	10	14	20	28
高度 H_2	7.5	10.5	15	21	30	42	60

当在图样某个视图上构成封闭轮廓的各表面结构要求时，应在完整图形符号上加一圆圈，标注在图样中工件的封闭轮廓线上，如图 8-44 所示。如果标注会引起歧义时，各表面应分别标注。

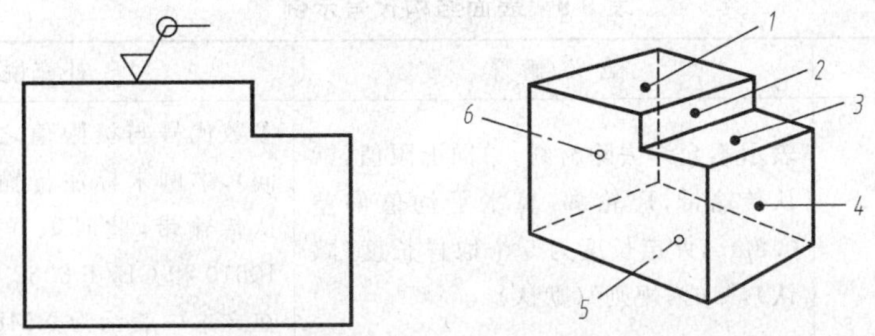

图 8-44　对周边各面有相同的表面结构要求的注法

3. 表面结构要求在图形符号中的注写位置

为了明确表面结构要求，除了在标注表面结构参数和数值外，必要时应标注补充要求，包括传输带、取样长度、加工工艺、表面纹理及方向、加工余量等。这些要求在图形符号中的注写位置如图 8-43 所示。其中，表面纹理是指完工零件表面上呈现的、与切削运动轨迹相应的图案，各种纹理方向的符号及其含义见表 8-7。

表 8-7　表面纹理的标注(部分)

符号		解释和示例
＝	纹理平行于视图所在的投影面	纹理方向
⊥	纹理垂直于视图所在的投影面	纹理方向
X	纹理呈两斜向交叉且与视图所在的投影面相交	纹理方向
M	纹理呈多方向	

4. 表面结构代号

表面结构符号中注写了具体参数代号及数值等要求后即称为表面结构代号。表面结构代号的示例及含义见表 8-8。

表 8-8　表面结构代号示例

No.	代号示例	含义/解释	补充说明
1	Rz 0.8	表示不允许去除材料，单向上限值，默认传输带，R 轮廓，算术平均值偏差 0.8μm，评定长度为 5 个取样长度（默认），"16%规则"（默认）	参数代号与极限值之间应留空格（下同），本例未标注传输带，应理解为默认传输带，此时取样长度可由 GB/T 10610 和 GB/T 6062 中查取。 在文本中表示为 NMR *Ra* 0.8
2	Ramax 0.2	表示去除材料，单向上限值，默认传输带，R 轮廓，粗糙度最大高度的最大值 0.2μm，评定长度为 5 个取样长度（默认），"最大规则"	示例 No. 1～No. 4 均为单向极限要求，且均为单向上限值，则均可不加注"U"，若为单向向下限值，则应加注"L"。 在文本中表示为 MRR *Rz*max　0.2
3	0.008－0.8/Ra 3.2	表示去除材料，单向上限值，传输带 0.008～0.8mm，R 轮廓，算术平均值偏差 3.2μm，评定长度为 5 个取样长度（默认），"16%规则"（默认）	传输带"0.008～0.8"中的前后数值分别为短波和长波滤波器的截止波长（λ_s－λ_c），以示波长范围。此时取样长度等于 λ_c，即 l_r＝0.8mm 在文本中表示为 MRR 0.008－0.8/*Ra*3.2
4	－0.8/Ra3　3.2	表示去除材料，单向上限值，传输带：根据 GB/T 6062，取样长度 0.8mm，（λ_s 默认 0.0025mm）R 轮廓，算术平均值偏差 3.2μm，评定长度包含 3 个取样长度（默认），"16%规则"（默认）	传输带仅注出一个截止波长值（本例 0.8 表示 λ_c 值）时，另一截止波长值 λ_s，应理解为默认值，由 GB/T 6062 中查知 λ_s＝0.0025mm。 在文本中表示为 MRR－0.8/*Ra* 3 3.2
5	U Ramax 3.2 L Ra 0.8	表示去除材料，双向极限值，两极限值均使用默认传输带，R 轮廓，上限值：算术平均值偏差 3.2μm，评定长度为 5 个取样长度（默认），"最大规则"；下限值：算术平均值偏差 0.8μm，评定长度为 5 个取样长度（默认），"16%规则"（默认）	本例为双向极限要求，用"U"和"L"分别表示上限值和下限值。在不致引起歧义时，可不加注"U"、"L"。 在文本中表示为 MRR *Ra*max 3.2；L *Ra*0.8

5. 表面结构要求在图样中的注法

表面结构要求对每一表面一般只注一次，并尽可能注在相应的尺寸及其公差的同一视图上。除非另有说明，所标注的表面结构要求是对完工零件表面的要求，见表 8-9。

表 8-9　表面结构要求在图样中的注法

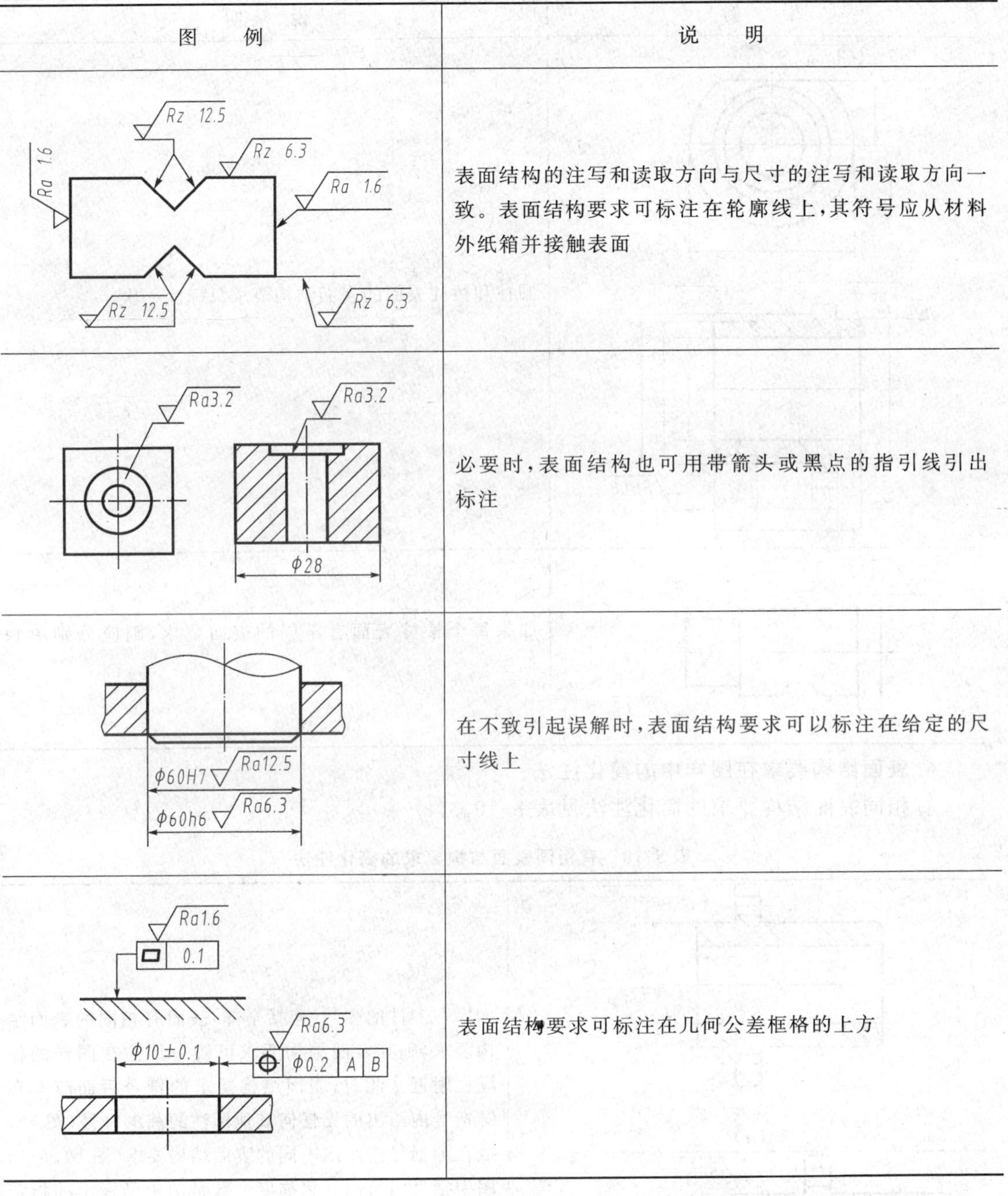

图　例	说　明
	表面结构的注写和读取方向与尺寸的注写和读取方向一致。表面结构要求可标注在轮廓线上，其符号应从材料外纸箱并接触表面
	必要时，表面结构也可用带箭头或黑点的指引线引出标注
	在不致引起误解时，表面结构要求可以标注在给定的尺寸线上
	表面结构要求可标注在几何公差框格的上方

续表

图例	说明
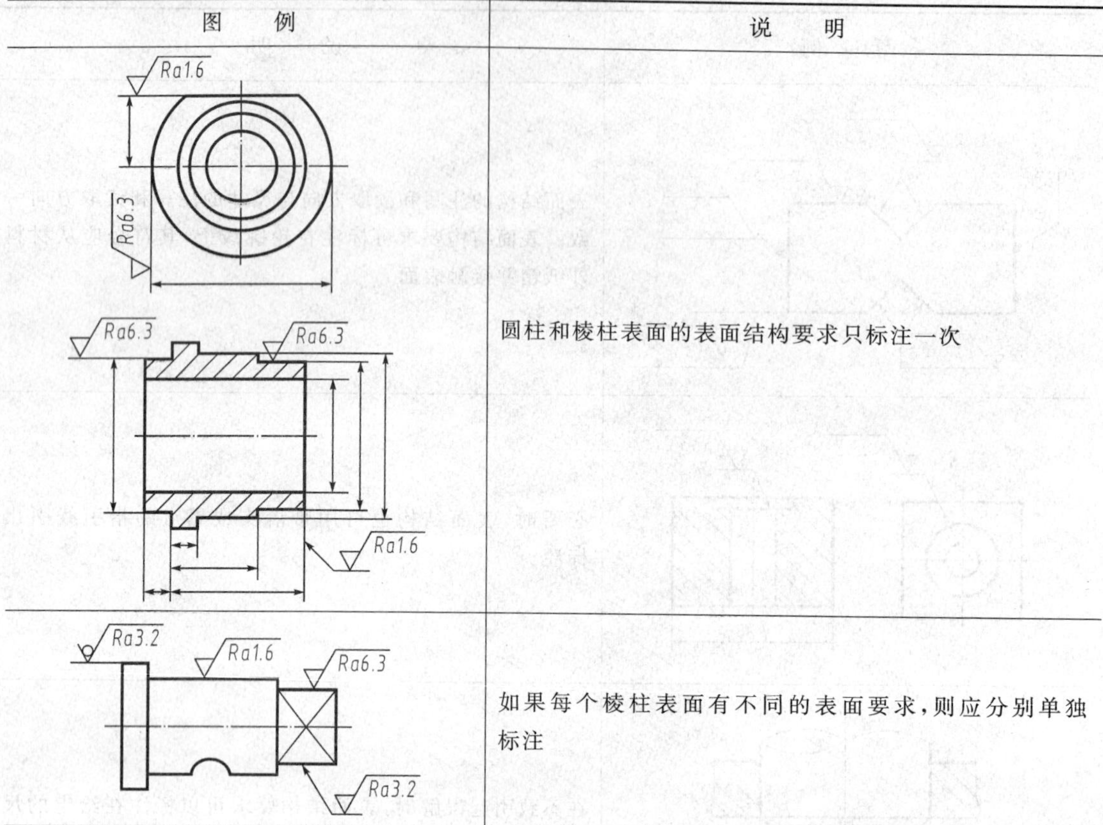	圆柱和棱柱表面的表面结构要求只标注一次 如果每个棱柱表面有不同的表面要求，则应分别单独标注

6. 表面结构要求在图样中的简化注法

有相同表面结构要求的简化注法见表 8-10。

表 8-10 有相同表面结构要求的简化注法

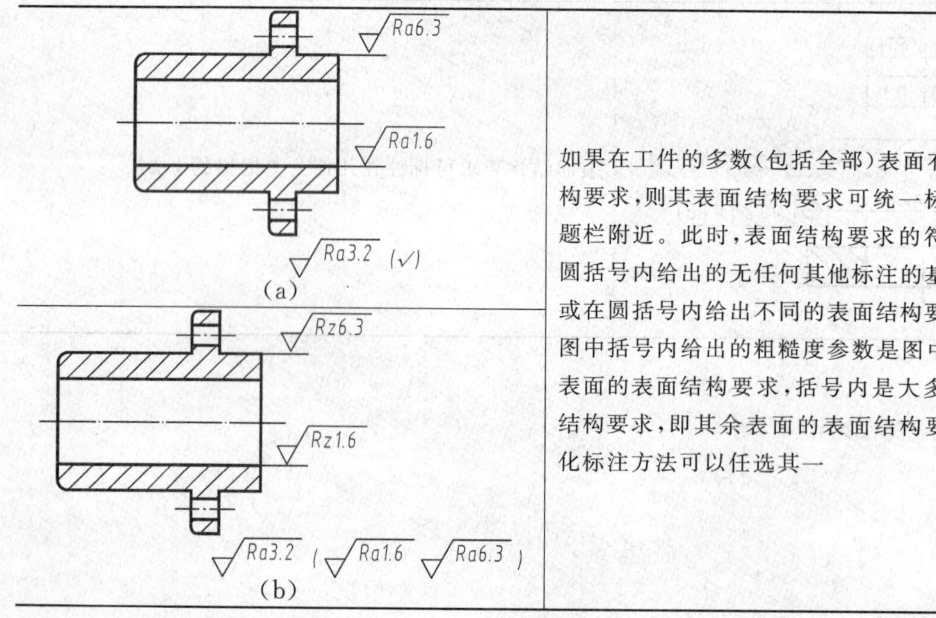(a) (b)	如果在工件的多数(包括全部)表面有相同的表面结构要求，则其表面结构要求可统一标注在图样的标题栏附近。此时，表面结构要求的符号后面应有在圆括号内给出的无任何其他标注的基本符号(图 a)，或在圆括号内给出不同的表面结构要求(图 b)。 图中括号内给出的粗糙度参数是图中已标出的指定表面的表面结构要求，括号内是大多数表面的表面结构要求，即其余表面的表面结构要求。图示的简化标注方法可以任选其一

续表

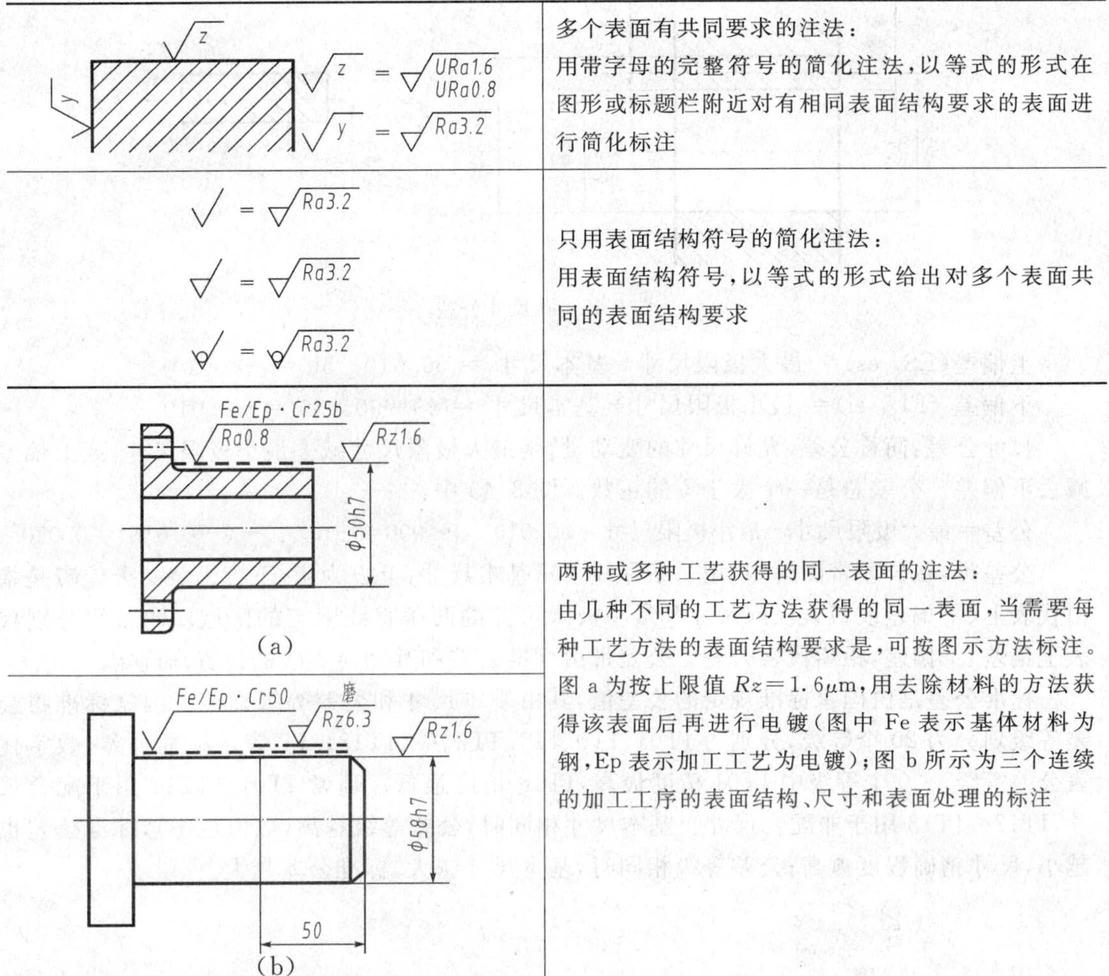

图例	说明
	多个表面有共同要求的注法： 用带字母的完整符号的简化注法，以等式的形式在图形或标题栏附近对有相同表面结构要求的表面进行简化标注
	只用表面结构符号的简化注法： 用表面结构符号，以等式的形式给出对多个表面共同的表面结构要求
(a) (b)	两种或多种工艺获得的同一表面的注法： 由几种不同的工艺方法获得的同一表面，当需要每种工艺方法的表面结构要求是，可按图示方法标注。图 a 为按上限值 $Rz=1.6\mu m$，用去除材料的方法获得该表面后再进行电镀（图中 Fe 表示基体材料为钢，Ep 表示加工工艺为电镀）；图 b 所示为三个连续的加工工序的表面结构、尺寸和表面处理的标注

8.5.2 极限与配合

1. 极限与配合的基本概念

在成批或大量生产中，相同规格的零件任取其中一个，不经挑选和修配，就能装到机器中去，并满足机器的设计和使用要求。零件的这种在尺寸与功能上可以互相代替的性质称为互换性。零件具有互换性，不仅能组织大规模的专业化生产，而且可以提高产品质量、降低成本和便于维修。标准化是互换性的保证，极限与配合是保证零件具有互换性的重要标准。

基本尺寸：根据性能和工艺要求等设计而确定的孔、轴尺寸，如图 8-45 中的 ϕ50。

实际尺寸：实际测量获得的某一孔、轴的尺寸。

极限尺寸：允许尺寸变化的两个极限值（最大、最小极限尺寸），实际尺寸应介于两者之间，也可以与极限尺寸相同。如图 8-45 中的 ϕ50.010 和 ϕ49.990。

尺寸偏差：某一尺寸减其基本尺寸。

极限偏差：分为上偏差和下偏差。孔的上偏差用 ES 表示，下偏差用 EI 表示；轴的上偏差用 es 表示，下偏差用 ei 表示。极限偏差可以是正、负或零值。图 8-45 中：

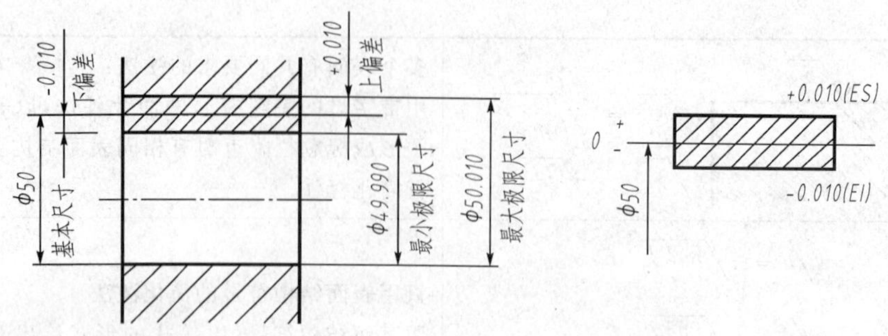

图 8-45 孔尺寸公差

上偏差(ES, es)＝ 最大极限尺寸－基本尺寸 ＝ 50.010－50 ＝＋0.010

下偏差 (EI，ei)＝ 最小极限尺寸－基本尺寸 ＝ 49.990－50 ＝－0.010

尺寸公差：简称公差，允许尺寸的变动量，是最大极限尺寸减去最小极限尺寸，或上偏差减去下偏差。公差总是一个大于零的正数。图 8-45 中：

公差＝最大极限尺寸－最小极限尺寸＝50.010－49.990＝＋0.010－(－0.010)＝0.020

公差带：在公差带图解中，用一条零线表示基本尺寸，上方为正，下方为负。公差带是指由代表上、下偏差或最大极限尺寸和最小极限尺寸的两条直线限定的区域。两条线分别代表上偏差、下偏差，距离代表公差。公差带由标准公差和其相对零线的位置来确定。

标准公差是由国家标准规定的公差值，其由基本尺寸和公差等级确定。国家标准将公差等级划分为 20 个等级，分别为 IT01、IT0、IT1、IT2、…、IT18。IT 表示标准公差，数字代表公差等级。20 个等级中 IT01 精度最高，IT18 精度最低。通常 IT01～IT11 用于配合尺寸，IT12～IT18 用于非配合尺寸。基本尺寸相同时，公差等级越高(数值越小)，标准公差也越小，尺寸精确程度愈高；公差等级相同时，基本尺寸越大，标准公差越大。

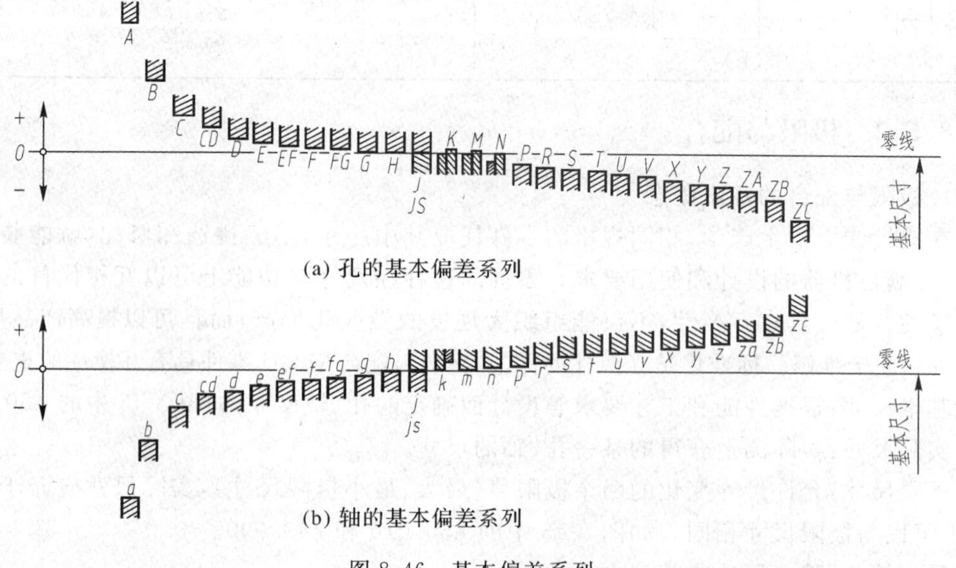

(a) 孔的基本偏差系列

(b) 轴的基本偏差系列

图 8-46 基本偏差系列

基本偏差：是用以确定公差带相对于零线位置的极限偏差，它可以是上偏差或下偏差，一般为靠近零线的那个偏差。孔与轴的基本偏差代号各有 28 种，用一个或两个字母按其顺序表示。孔的基本偏差代号用大写字母表示,轴的基本偏差代号用小写字母表示。图 8-45 表示孔和轴的基本偏差系列,位于零线以上的公差带的基本偏差是下偏差;位于零线以下的公差带的基本偏差是上偏差。

从基本偏差系列图 8-46 中可以看出:孔的基本偏差 A～H 是公差带位于零线以上下偏差,公差带位于零线以下的基本偏差 J～ ZC 为上偏差,JS 的公差带对称分布于零线两边,其基本偏差为+IT/2 或－IT/2;轴的基本偏差 a～h 为上偏差,j～zc 为下偏差,js 的公差带对称分布于零线两边,其基本偏差为+IT/2 或－IT/2;H 和 h 的基本偏差均为零。基本偏差系列图只是示意地表示公差带的位置,不表示公差的大小,因此,在图 8-46 中仅绘制出了公差带属于基本偏差的一端,公差带的另一端由标准公差限定。

公差带代号:公差带代号由基本偏差代号和公差等级组成。例如:

H8——表示基本偏差代号为 H,公差等级为 8 级(即 IT8)的孔的公差带代号。

f7——表示基本偏差代号为 f,公差等级为 7 级(即 IT7)的轴的公差带代号。

当基本尺寸和公差带代号确定时,可根据书后附录 4 查得轴、孔极限偏差值。

例如:已知孔的基本尺寸为 ϕ50,公差等级为 8 级,基本偏差代号为 H,查表确定其极限偏差值,并画出公差带图。

由附录 4 查得孔上偏差值为+0.039,下偏差值为 0,孔的尺寸可写为:

$\phi50^{+0.039}_{0}$ 或 $\phi50H8(^{+0.039}_{0})$,其公差带图如图 8-47(a)所示。

例如:已知轴的基本尺寸为 ϕ50,公差等级为 7 级,基本偏差代号为 f,查表确定其极限偏差值,并画出公差带图。

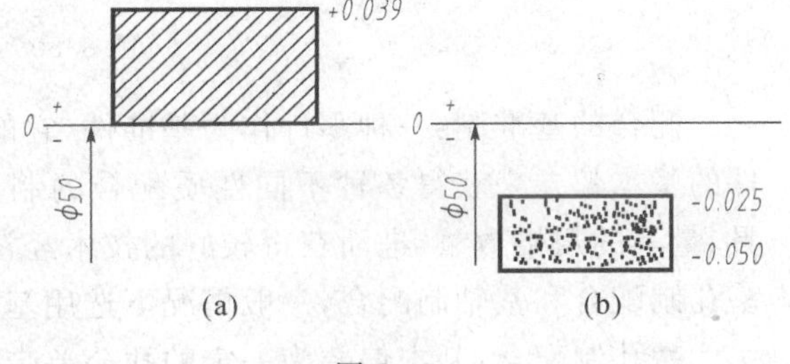

图 8-47

由附录 4 查得轴上偏差值为－0.025,下偏差值为－0.050,轴的尺寸可写为:

$\phi50^{-0.025}_{-0.050}$ 或 $\phi50f7(^{-0.025}_{-0.050})$,其公差带图如图 8-47(b)所示。

配合:基本尺寸相同时,相互结合的轴和孔公差带之间的关系称为配合。按配合性质不同,配合可分为间隙配合、过渡配合、过盈配合三类。同时,国家标准还规定了常用配合和优先配合。

具有间隙(包括最小间隙等于零)的配合(孔的公差带在轴的公差带上方)为间隙配合。如图 8-48 所示,最大间隙＝孔最大极限尺寸－轴最小极限尺寸;最小间隙＝孔最小极限尺寸－轴最大极限尺寸。

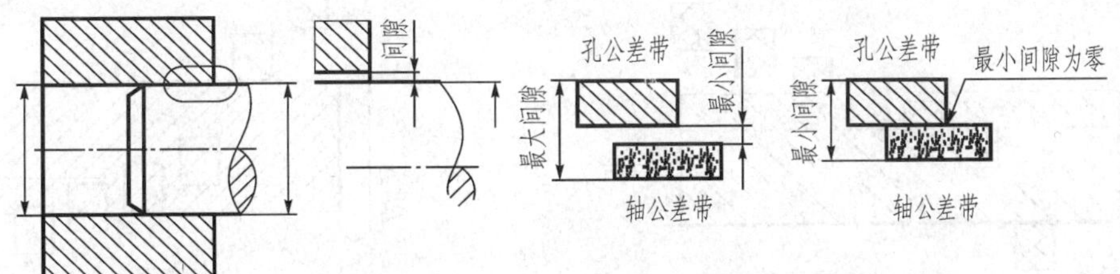

图 8-48 间隙配合

具有过盈(包括最小过盈等于零)的配合(轴的公差带在孔的公差带上方)为过盈配合。

如图 8-49 所示，最大过盈＝轴最大极限尺寸－孔最小极限尺寸；最小过盈＝轴最小极限尺寸－孔最大极限尺寸。

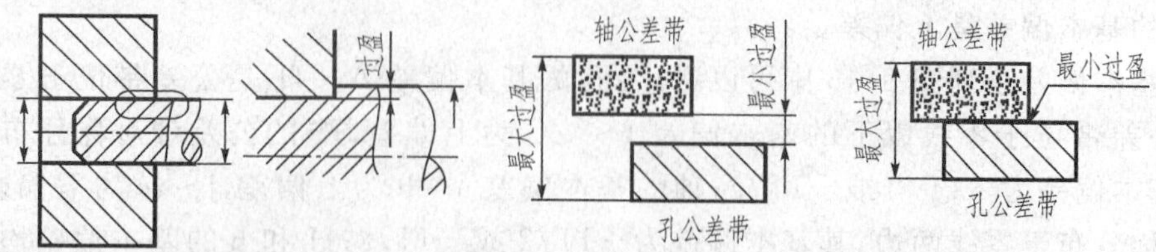

图 8-49 过盈配合

可能具有间隙或过盈的配合（轴和孔的公差带相互交叠在一起）为过渡配合。如图 8-50所示，最大间隙＝孔最大极限尺寸－轴最小极限尺寸；最大过盈＝轴最大极限尺寸－孔最小极限尺寸。

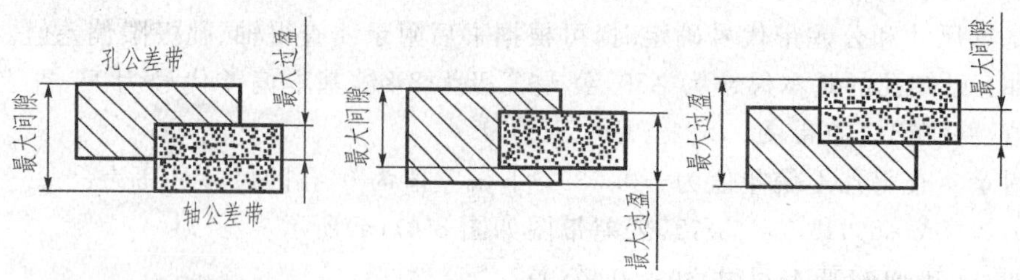

图 8-50 过渡配合

配合的基准制：一种零件作为基准件，它的基本偏差固定，通过改变另一种与之配合零件的基本偏差来获得各种不同性质配合的制度称为配合的基准制。采用基准制能减少刀具、量具的规格数量，进而获得较好的技术经济效益。国家标准规定了两种配合基准制，即基孔制配合和基轴制配合，一般情况下选用基孔制配合。

基孔制配合：基本偏差为一定的孔公差带与不同基本偏差的轴公差带构成的各种配合，称基孔制配合，如图 8-51 所示。基准孔的基本偏差代号为“H”，下偏差为零，轴的基本偏差从 a 到 h 与之用于间隙配合，从 j 至 zc 用于过渡配合和过盈配合。

基轴制配合：基本偏差为一定的轴公差带与不同基本偏差的孔公差带构成的各种配合，称基轴制配合，如图 8-52 所示。基准轴的基本偏差代号为“h”，上偏差为零，孔的基本偏差从 A 到 H 与之用于间隙配合，从 J 至 ZC 用于过渡配合和过盈配合。

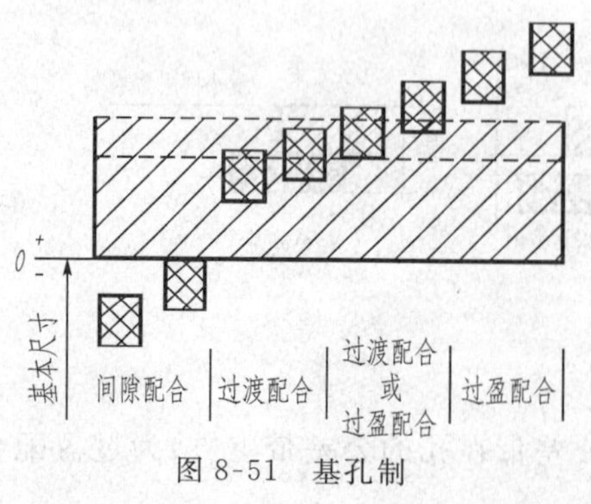

图 8-51 基孔制

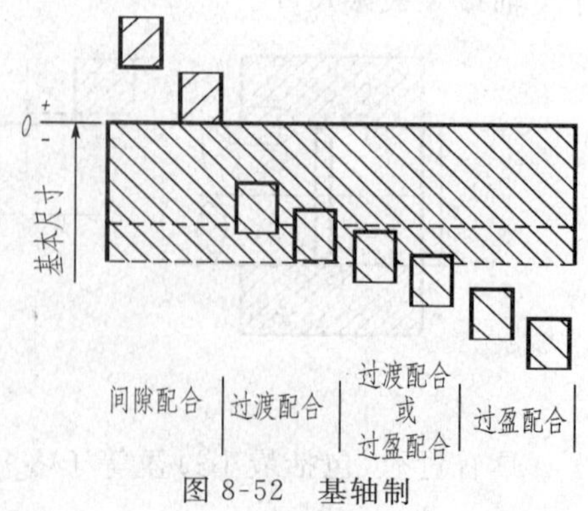

图 8-52 基轴制

配合代号:配合代号用孔、轴公差代号组成的分数式表示。分子表示孔的公差带代号,分母表示轴的公差带代号。

例如,基本尺寸为 ϕ50mm,基孔制配合,孔的公差等级为8级,轴的基本偏差为 f,公差等级为7级,试写出它们的基本尺寸和配合代号。

根据配合代号的组成写为:$\phi 50\ \dfrac{H8}{f7}$ 或 ϕ50H8/f7;由基本偏差系列图或查出孔、轴极限偏差值,可知此配合为间隙配合。

例如,已知配合代号为40K7/h6,试说明配合代号含义。

40K7/h6表示基本尺寸为40mm,公差等级为6级的基准轴与基本偏差为K,公差等级为7级的孔形成的基轴制过渡配合。

在生产设计中,应尽量选用优先配合和常用配合。一般情况下,优先采用基孔制,这样可以限制刀具、量具的规格数量。

2. 极限与配合在图样上的标注

装配图中一般只注配合代号,不注偏差数值,如图8-53(a)所示。滚动轴承是由专业厂家生产的标准组件,其内圈(孔)和外圈(轴)的公差带已经标准化。因此,在装配图中只需标出本部门设计、生产的零件中与之相配合的轴和孔的公差带代号即可。所以在标准件滚动轴承的装配图中,可以采用省略滚动轴承基准孔和基准轴公差带代号的简化标注,如图8-53(b)所示。

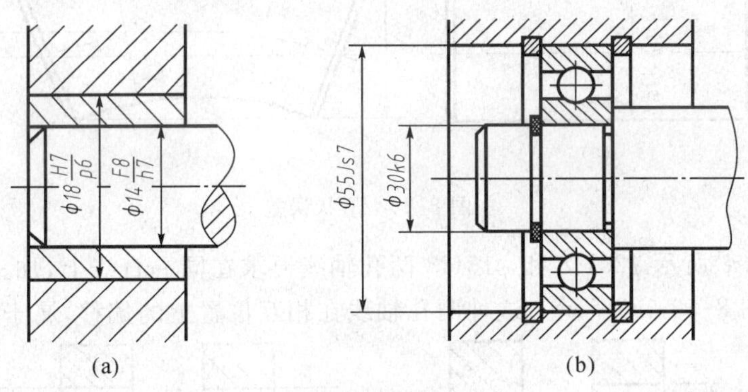

图8-53 装配图上极限与配合的标注

零件图上有三种标注形式:

① 在基本尺寸右面注出公差带代号,如图8-54(a)所示。这种注法和采用专用量具检验零件统一起来,以适应大批量生产的需要。因此,不需要标注极限偏差数值。

②在基本尺寸右面注出极限偏差数值,如图8-54(b)所示。这种注法主要用于小量或单件生产,以便加工和检验时减少辅助时间。采用极限偏差标注时,偏差数值的数字比基本尺寸数字小一号。上、下偏差的正、负号必须标出,上、下偏差的小数点必须对齐,小数点后的位数必须相同。

③在基本尺寸后面同时注出公差带代号和极限偏差数值,后者应加圆括号,这种注法适用于批量不定的生产,如图8-54(c)所示。

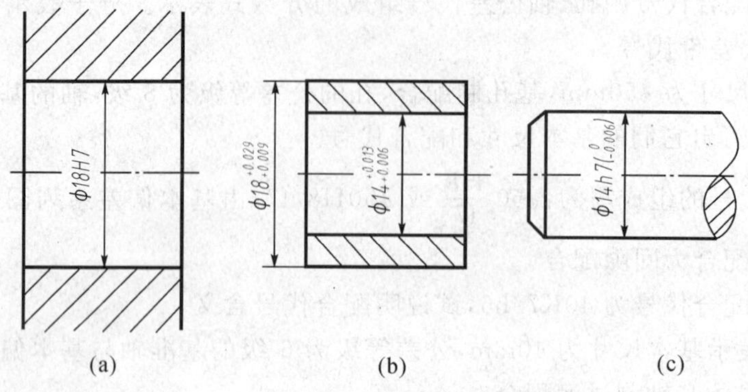

图 8-54 零件图上极限与配合的标注

8.5.3 几何公差

1. 形位公差的基本概念

零件加工后，不仅会产生表面微观不平整和尺寸误差，还会产生形状和位置误差。如图 8-55 (a)所示的小轴，加工后其形体发生了弯曲，如图 8-55 (b)所示，这种形状上的不准确，属于形状误差。

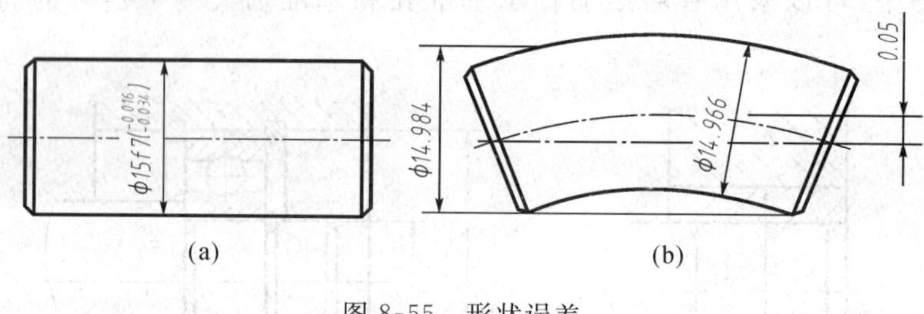

图 8-55 形状误差

如图 8-56 (a)所示 ϕ20H8 和 ϕ15H8 两孔轴线要求在同一直线上，加工后，两孔轴线出现了偏差 e，如图 8-56 (b)所示。这种两孔轴线在相互位置上的偏移，属于位置误差。

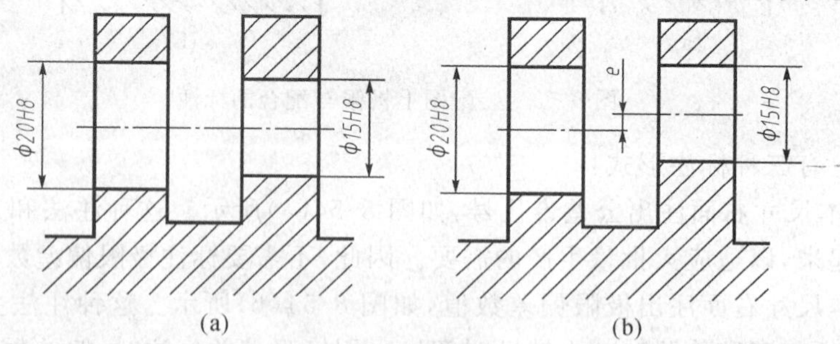

图 8-56 位置误差

形位公差：形状误差是指实际要素和理想几何要素的差异；位置误差是指相关连的两个几何要素的实际位置相对于理想位置的差异。形状误差与位置误差都会影响零件的使用性能，因此必须对一些零件的重要表面或轴线的形状和位置误差进行限制。零件要素(点、线、面)的实际形状和实际位置对理想形状和理想位置所允许的变动量，称为形状和位置公差，简称形位公差。

形位公差的代号：形位公差代号由形位公差符号、框格、公差值、指引线、基准代号和其他有关符号组成。

图样中一般采用框格的形式来标注形位公差，框格用细实线画出，框格应按水平或垂直放置。框格高度是图样中的数字的两倍，它的长度视需要而定。框格中的数字、字母和符号与图样中的数字等高。框格的一端与指引线相连，指引线的箭头应指向被测要素，并垂直于被测要素的轮廓线或其延长线。框格从左至右填写形位公差各项目的符号（见表 8-11）、公差值及有关符号、基准符号的字母等，如图 8-57 所示。基准所在处用涂黑的三角形表示，涂黑的三角形应画在基准要素的轮廓线或其延长线上。指引线的一端与三角形相连。如不便相连，则需标注基准代号，基准代号字母写在方框内，方框的高度与公差框格的高度相等，如图 8-57 所示。

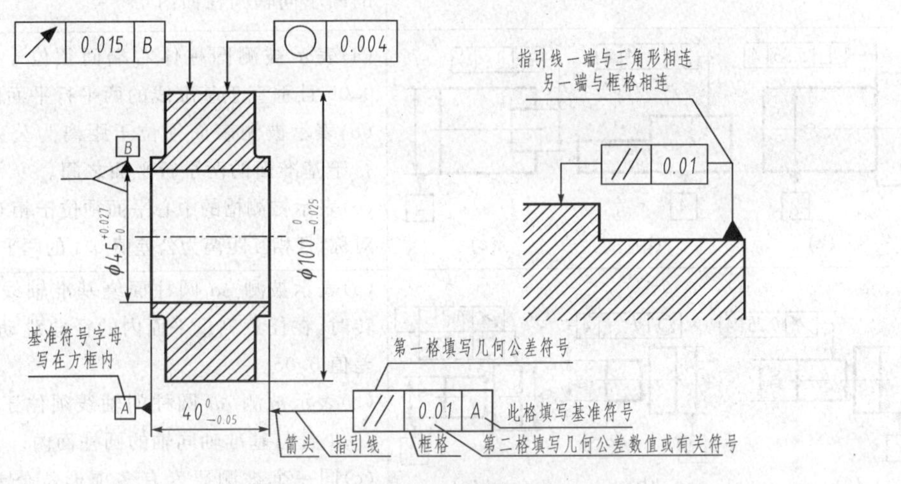

图 8-57　标注方法示例

表 8-11　形位公差各项目符号

分类	名称	符号	分类	分类	名称	符号
形状公差	直线度	—	位置公差	定向	平行度	//
	平面度	▱			垂直度	⊥
	圆度	○			倾斜度	∠
	圆柱度	⌭		定位	同轴度	◎
形状或位置公差	线轮廓度	⌒			对称度	⌯
	面轮廓度	⌓			位置度	⌖
				跳动	圆跳动	↗
					全跳动	⌰

2. 形位公差在图样上的标注

表 8-12、图 8-58 所示是形位公差在图样上的标注。

表 8-12　形位公差标注示例

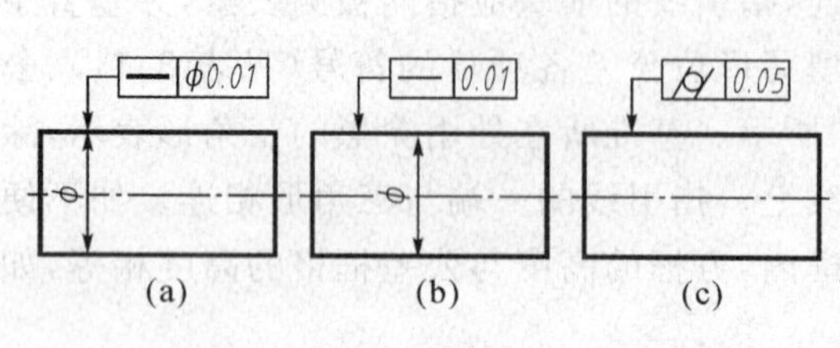	(a)指引线与尺寸线对齐，表示被测圆柱的轴线须位于直径为公差值 ϕ0.01 的圆柱内。 (b)指引线与尺寸线错开，表示被测圆柱面上的任意素线须位于距离为公差值 0.01 的两平行平面内。 (c)表示被测圆柱面须位于半径差为公差值 0.05 的两个同轴圆柱面内
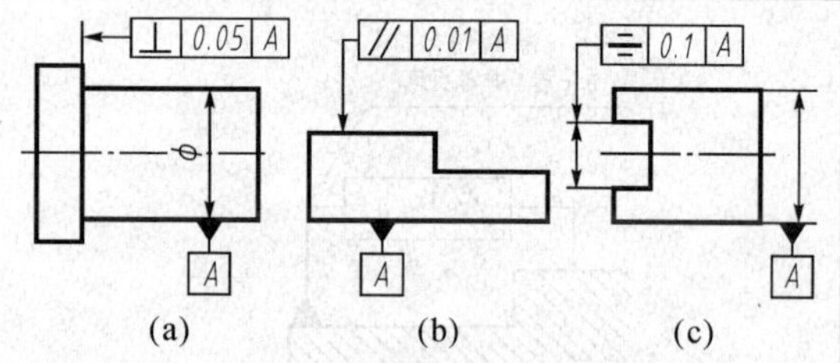	(a)表示被测圆柱体右端面须位于距离为公差值 0.05 且垂直于基准线的两平行平面内。 (b)表示被测表面须位于距离为公差值 0.01 且平行于基准面的两平行平面之间。 (c)表示被测槽的中心平面须位于相对基准中心平面对称，且相互距离为公差值 0.1 的两平行平面之间
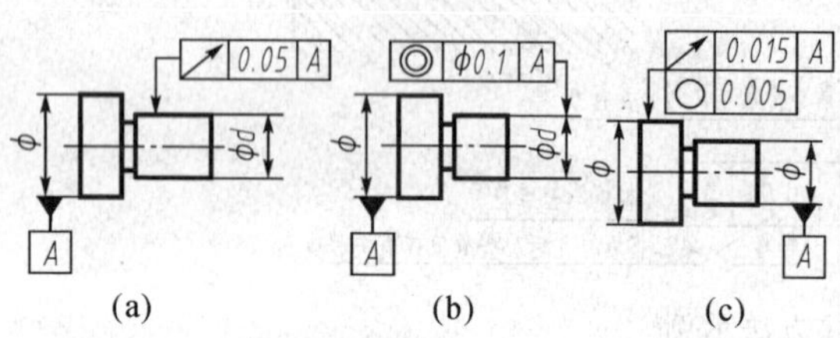	(a)表示被测 ϕd 圆柱面绕基准轴线无轴向移动回转时，在任意测量平面内的径向跳动量不得大于公差值 0.05。 (b)表示被测 ϕd 圆柱的轴线须位于直径为公差值 ϕ0.1 且与基准轴同轴的圆柱面内。 (c)同一个被测要素有多项形位公差要求时，可以在一个指引线上画出多个形位公差框格
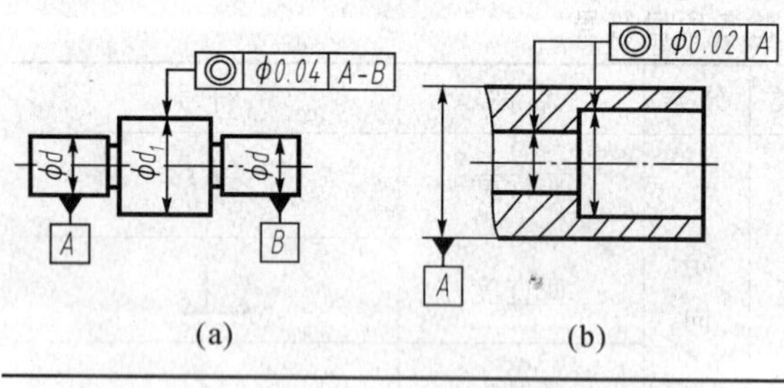	(a)表示被测 ϕd_1 圆柱的轴线须位于直径为公差值 ϕ0.04 且与公共基准轴线 $A-B$ 同轴的圆柱面内。 (b)多个被测要素有相同的形位公差要求时，可以从一个框格的同一端引出多个指示箭头

8.5.4　其他技术要求

除了前述的基本要求外，技术要求还应包括对表面的特殊加工及修饰、对表面缺陷的限制、对材料性能的要求，对加工方法、检验和实验方法的具体指示等，其中有些项目可单独写成技术文件。下面简介一些常用的技术要求。

零件毛坯：对于铸造或锻造的毛坯零件，应有必要的技术说明。如：铸件的圆角、气孔及缩孔、裂纹等影响零件使用性能的现象应有具体的限制；锻件去除氧化皮；焊接件焊缝的质量要求等。

零件热处理：热处理是将金属零件毛坯或半成品加热到一定温度以后，保持一段时间，

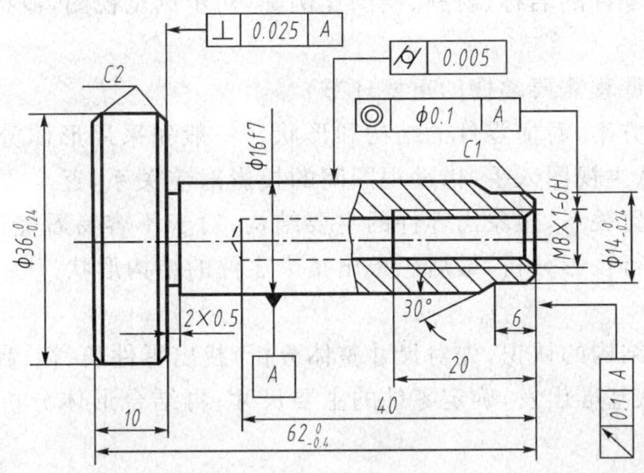

图 8-58　形位公差代号标注示例

再以不同方式、不同速度冷却以改变金属材料内部组织，从而改善材料机械性能（强度、硬度、韧性等）和切削性能的方法。对热处理的技术要求主要是处理方法和指标（如硬度值）等内容，如轴类零件的调质处理 42～45HRC、齿轮轮齿的淬火等。

零件表面涂层、修饰：一般是在零件表面加镀（涂）层以提高零件表面抗腐蚀性、耐磨性或使表面美观。常用方法有涂漆、电镀（锌、银等）和发黑（发蓝）等。

有时还要对零件提出检测、试验条件与方法的要求。以上技术要求注写在图样空白处（一般为标题栏上方），第一行要注写“技术要求”字样，字号大于下边各行正文字号。注写文字要准确和简明扼要，所用代号和表示方法要符合国家标准规定。

8.6　看零件图

8.6.1　看零件图的方法和步骤

看零件图是技术人员通过阅读图样中表达零件的各种信息描述，如零件的名称、材料、视图、尺寸和技术要求等，经过分析、综合后，形成对零件的形貌特征、功能、加工制造和检验要求等的整体认识。看零件图是一项复杂的技术工作，在零件设计、制造、机器安装、使用、维修和技术革新及交流等工作中都会用到。所以，工程技术人员必须具备熟练阅读零件图的能力。

1. 看零件图的基本要求

（1）了解零件的名称、用途和材料；

（2）分析组成零件各部分结构、形状的特点和它们之间的相对位置关系和作用；

（3）分析零件的定形尺寸、定位尺寸和尺寸基准；

（4）熟悉零件的各项技术要求；

（5）综合以上信息，形成对零件的整体认识。

2. 看零件图的方法和步骤

（1）概括了解

由标题栏内了解零件的名称、材料、绘图比例等，初步浏览视图，概括了解零件的用途和形貌特征。

(2)分析视图(本课程需要掌握的重要环节)

查看零件的表达方案，看懂零件的结构和形状。一般先采用形体分析等方法结合零件常用结构的功能，先从主视图入手，借助视图间的投影对应关系，逐个弄清零件各组成部分的结构形状和相互位置关系，想象出零件的主要结构；对于不容易看懂的复杂形状和结构，可运用线面分析法进行投影分析，最后想象出整个零件的结构形状。

(3)分析尺寸

通过对零件形体结构的认识，先对尺寸整体分析，找出零件长、宽、高三个方向的主要和辅助尺寸基准，然后从基准出发，确定零件的主要尺寸；再结合形体分析法确定各部分的定形尺寸和定位尺寸。

(4)分析技术要求(本课程仅需要定性分析)

定性对比分析零件的尺寸公差、形位公差、表面粗糙度和其他技术要求，如零件的哪些尺寸精度要求高，哪些表面加工要求高，哪些表面不加工，并考虑适当的加工方法。

(5)归纳总结，综合想象

综合前面的分析了解，将视图、尺寸和技术要求等信息系统地归纳起来，参阅相关资料，综合想象出零件的整体结构、尺寸大小、技术要求及零件的功用等完整的全貌。

必须指出，看零件图是人脑一项十分复杂的思考过程。所以，在看零件图的过程中，不能只机械运用上述步骤。另外，对于较复杂的零件图，往往还要参考有关技术资料，如装配图、相关零件的零件图和说明书等，才能完全看懂。同时，看零件图还需要多方面的知识积累。

8.6.2 看零件图举例

下面以壳体零件图为例说明看零件图的方法和步骤。

概括了解。扫略全图，如图 8-59 所示，再从看标题栏入手，概括了解零件的名称、材料、比例等。壳体零件材料是铸造铝合金 ZL301，采用的绘图比例是 1∶2，是典型的箱体零件。

分析视图：观察零件的表达方案，先看懂零件的内、外主要结构和形状。壳体共采用四个图形表达零件的内外结构，其中三个基本视图及一个局部视图。主视图 $A-A$ 全剖视，主要表达内部一系列孔结构形状，重合断面表示加强肋板截面形状。俯视图采用阶梯剖视的 $B-B$ 全剖视图，表达内部孔、左端槽截面、螺纹孔和底板的外形。左视图表达零件整体外形，并采用局部剖表达顶部安装孔的结构；C 向局剖视图，主要表达顶面外形。

依据形体分析法和结合主、俯视图投影对应关系可以看出，壳体零件的内腔包含 ϕ30H7、ϕ48H7 构成的直立阶梯孔和左侧孔径为 ϕ12 的三个相互垂直孔。从主、左视图及 C 向视图可看出壳体外部形状有圆柱本体、顶板、底板左侧凸块、肋板和右侧凸台构成。顶板、底板上加工有供安装用的台阶孔和螺孔。

分别想象出各个部分的形状，再总体想象出壳体形状，具体结构如图 8-60 所示。

分析尺寸：通过形体分析和观察图上所注尺寸可以确定，长度基准、宽度基准分别是通过壳体本体轴线的侧平面和正平面；高度基准是底板的底面。从这三个主要基准出发，结合零件的功用，进一步分析主要尺寸和各部分的定形尺寸、定位尺寸，以至完全确定这个箱体的各部分大小。如 48、22 和 25 是重要的定位尺寸；ϕ30H7 和 ϕ48H7 是重要的定形尺寸。

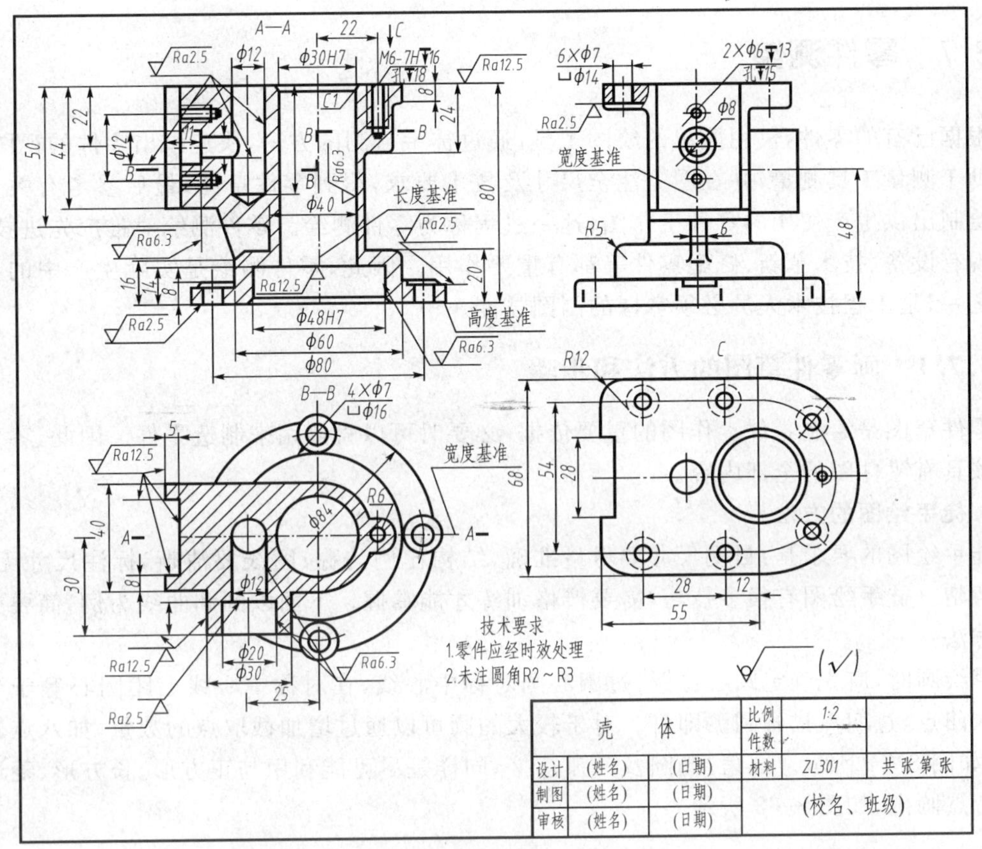

图 8-59　壳体零件图

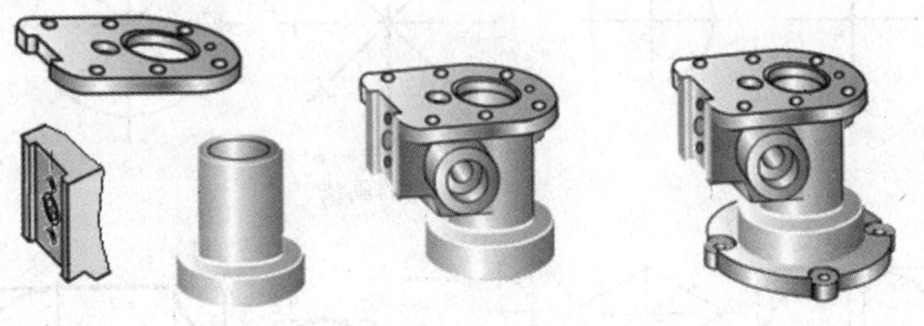

图 8-60　壳体结构

图中还用规定符号对常见结构进行了标注，如螺纹孔和沉孔。

分析技术要求：从图中标注的表面粗糙度看出，除本体内腔孔 f30H7 和 f48H7 的 Ra 值为 6.3 以外，其他加工面大部分为 Ra 值为 25，少数是 12.5，其余为铸造表面。全图只有两个尺寸具有公差要求，即 ϕ30H7 和 ϕ48H7，说明它是重要的工作内腔，是该零件加工和工作的核心部分。箱体材料为铸铝，为保证箱体加工后不致变形而影响工作，应经时效处理后，才能进行切削加工，因此技术要求用文字叙述：铸件要经过时效处理；同时统一说明未注圆角 $R2\sim R3$。

归纳总结，综合想象：把上述各项内容归纳、综合起来，就能得出壳体零件的总体概念。

8.7 零件测绘

根据已有的零件，仅用简单的绘图工具，通过徒手目测的方法，快速画出零件的视图，然后借助于测量工具测量，并在图上注全尺寸及技术要求，得到零件草图，最后参考有关资料整理绘制出供生产使用的零件工作图，这一过程称为零件测绘。零件测绘对推广先进技术、改造现有设备、技术革新、修配零件等都有重要作用。因此，零件测绘是实际生产中的重要工作之一，是工程技术人员必须掌握的制图技能。

8.7.1 画零件草图的方法和步骤

零件草图是绘制零件工作图的重要依据，必要时可以直接用来制造零件。因此，零件草图应该具有零件图的全部内容。

1. 徒手绘图的方法

徒手绘图的要求是：目测尺寸要尽量准确，结构比例匀称；图线要清晰，标注尺寸无误，书写清楚。徒手绘图有很多技巧，需要严格训练才能掌握。下面以圆和曲线为例，简要介绍草绘方法。

草绘圆时，应先确定圆心位置，过圆心画对称中心线，在对称中心线上距圆心等于半径处截取四点，过四点描画圆弧即可。对于较大的圆可以通过增加截取点的数量，如八点辅助画圆，如图 8-61 所示。圆角、椭圆及圆弧连接，同样是尽可能利用与正方形、长方形、菱形相切的特点画出，如图 8-62 所示。

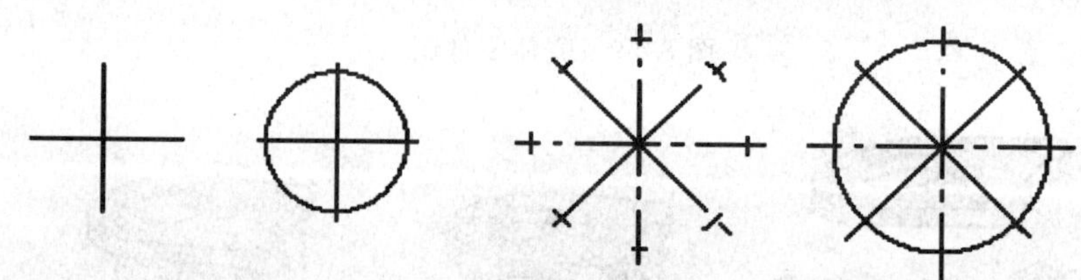

图 8-61 草绘圆的画法

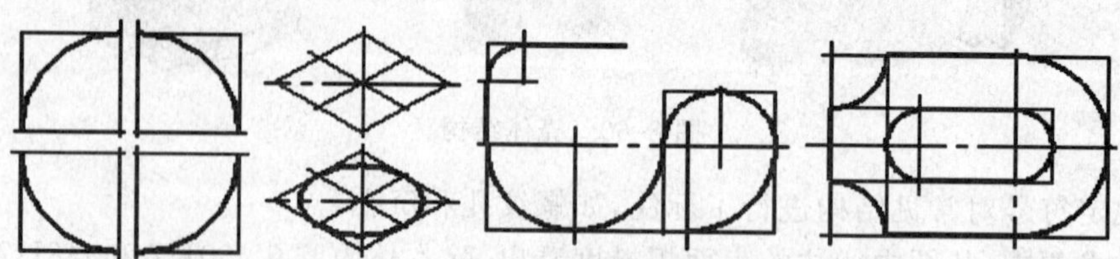

图 8-62 草绘圆角、椭圆和圆弧连接的画法

2. 画零件草图的步骤

①了解和分析测绘对象。测绘前应首先了解零件的名称、用途、材料以及它在机器（或部件）中的位置和作用；然后分析零件的结构和制造方法。

②确定零件的表达方案。根据反映结构形状特征的原则，按照零件的加工位置或工作位置确定主视图投影方向，再按照零件的结构特点，选用必要的其他视图、剖视、断面等表达

方法确定其完整的表达方案。

③绘制零件草图。

下面以图 8-63 所示的阀盖零件为例，说明绘制零件草图的过程与步骤。

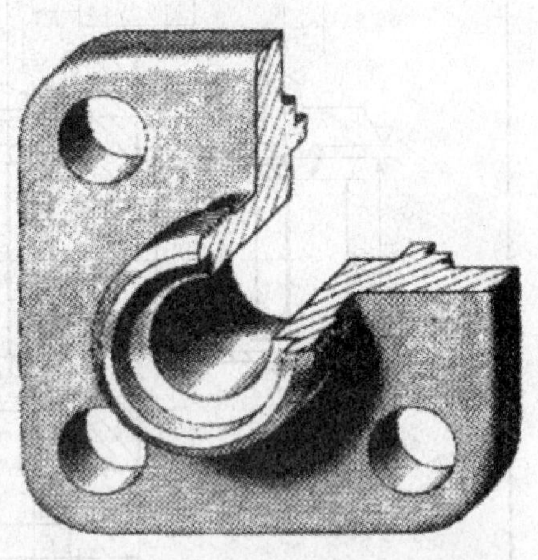

图 8-63　阀盖零件结构图

分析阀盖零件的结构，确定合理的表达方案。

在图纸上定出各视图的位置，画出主、左视图的对称中心线和作图基准线，如图8-64(a)所示。布置视图时，要预留标注尺寸和技术要求的位置。

目测比例，画出零件结构的主视图和左视图的底稿，如图 8-64(b)所示。

选定尺寸基准，按正确、完整、清晰、合理的要求，画出全部尺寸界线、尺寸线和箭头。仔细校核后，按规定加深线型，如图 8-64(c)所示。

测量并标注尺寸，标注各表面的表面粗糙度代号，并注写技术要求和标题栏，如图8-64(d)所示。

参考国家标准资料，确定尺寸公差、形位公差和其他标准结构的尺寸等，完成零件绘制草图工作，如图 8-64(e)。

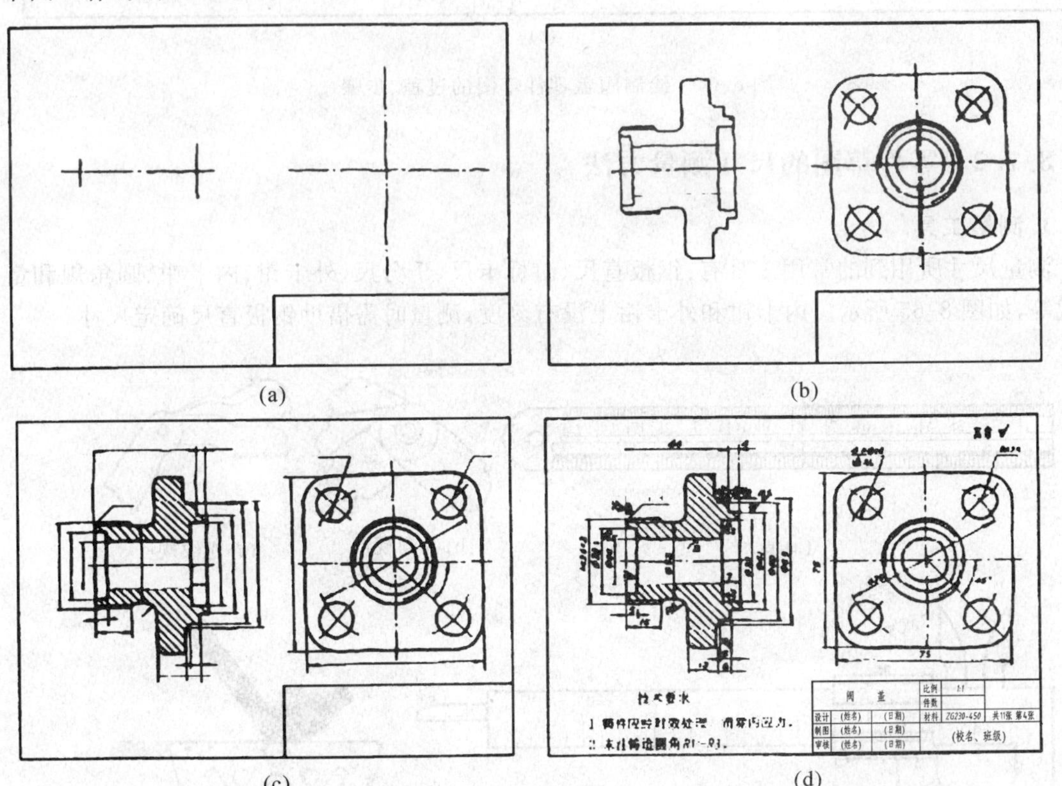

(a)　(b)　(c)　(d)

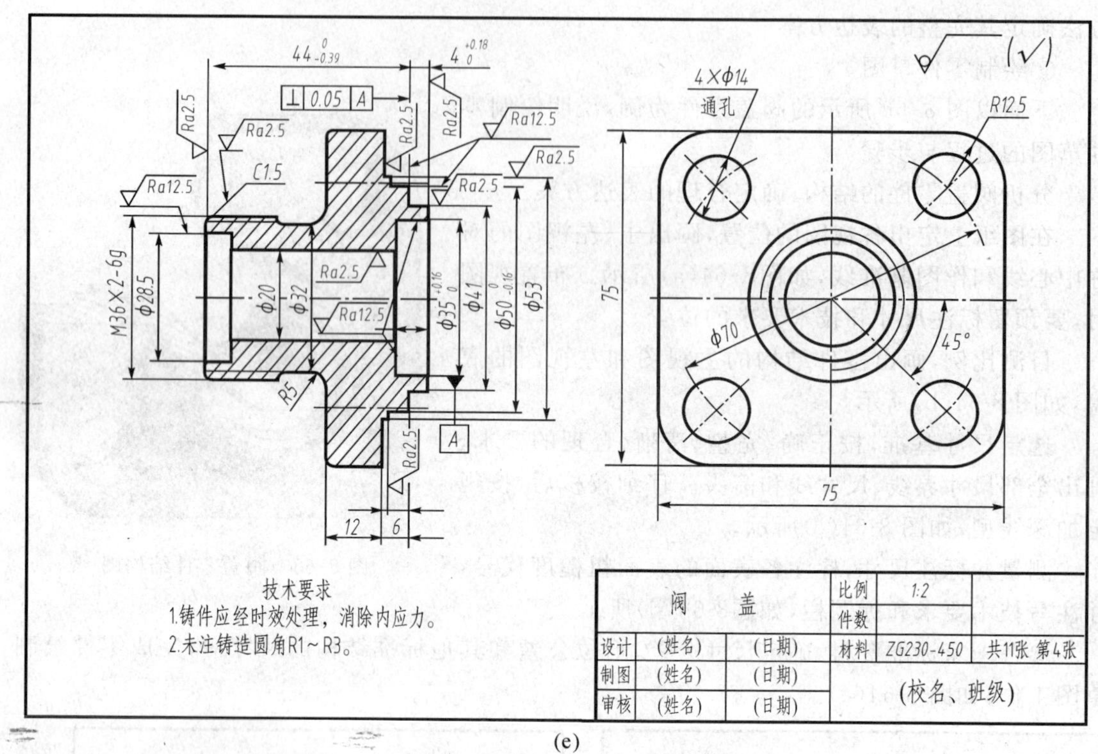

(e)

图 8-64 绘制阀盖零件草图的过程、步骤

8.7.2 零件草图的尺寸测量方法

1. 测量工具

测量尺寸所用到的常用工具有：钢板直尺、游标卡尺、千分尺、外卡钳、内卡钳、圆角规和量角规等，如图 8-65 所示。内卡钳和外卡钳上没有刻度，测量时需借助钢板直尺确定尺寸。

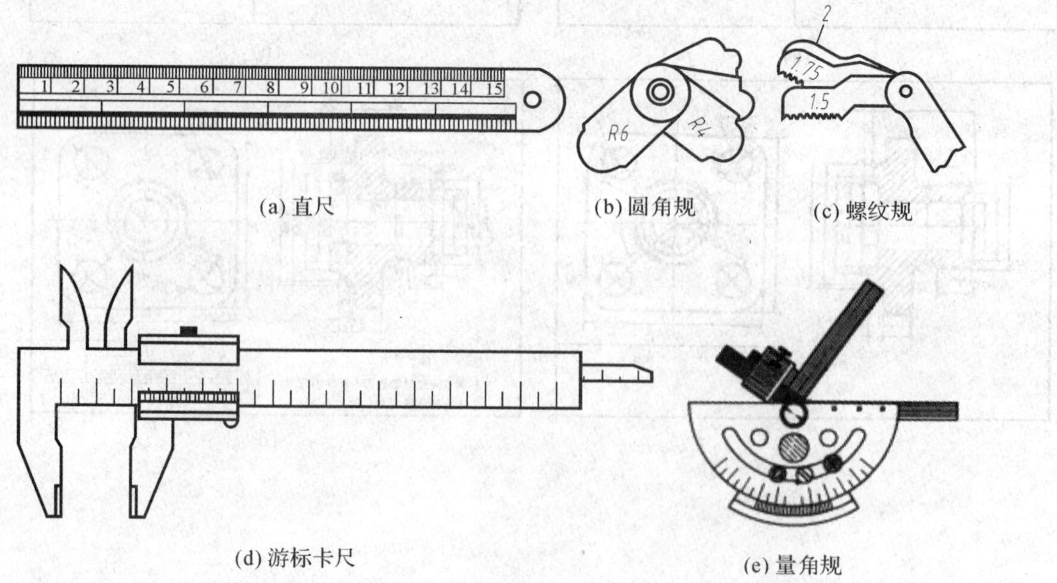

(a) 直尺 (b) 圆角规 (c) 螺纹规

(d) 游标卡尺 (e) 量角规

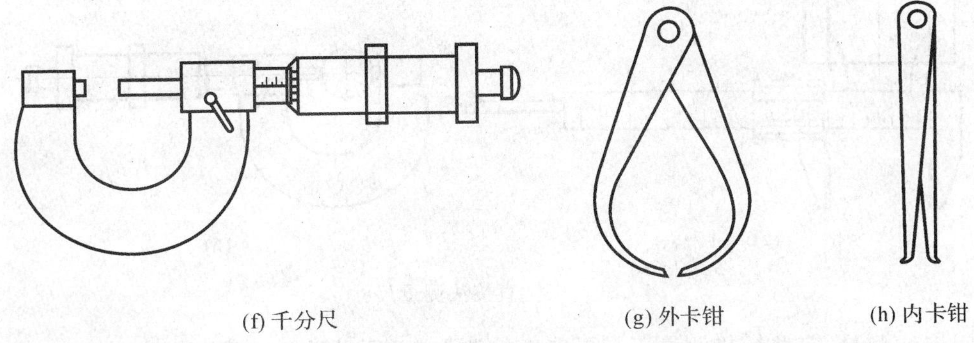

(f) 千分尺　　(g) 外卡钳　　(h) 内卡钳

图 8-65　测量工具

2. 常用测量方法

直接法测量：一般利用直尺或游标卡尺可以直接量得线性尺寸的大小；利用游标卡尺或千分尺可以直接测得直径尺寸；利用圆角规和两角规可以直接测得圆角的半径和角度，如图 8-66 所示。

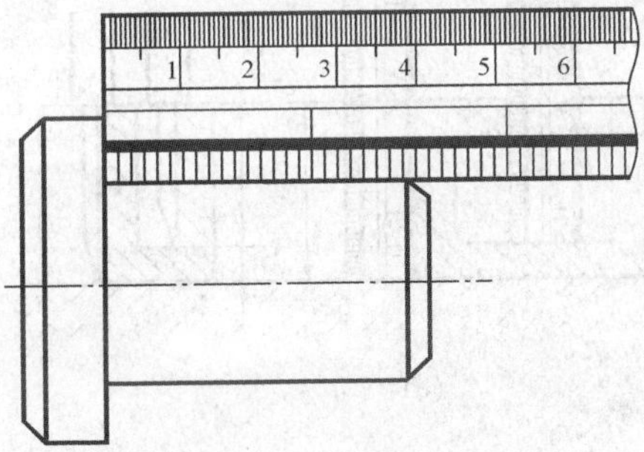

(a) 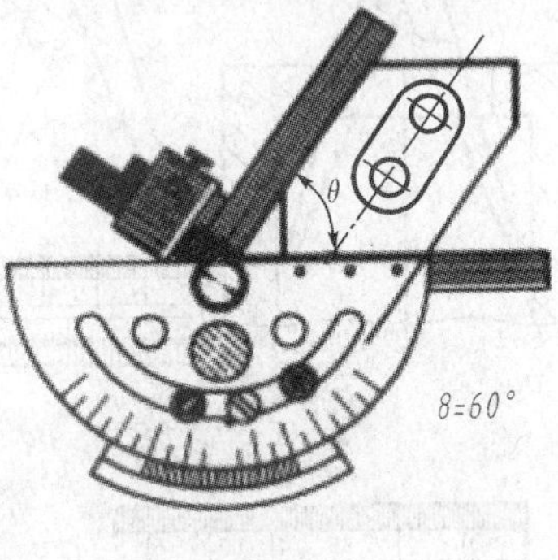　　(b)

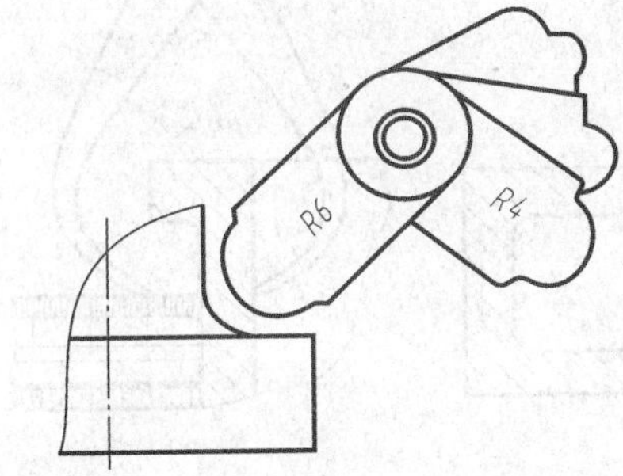

(c) 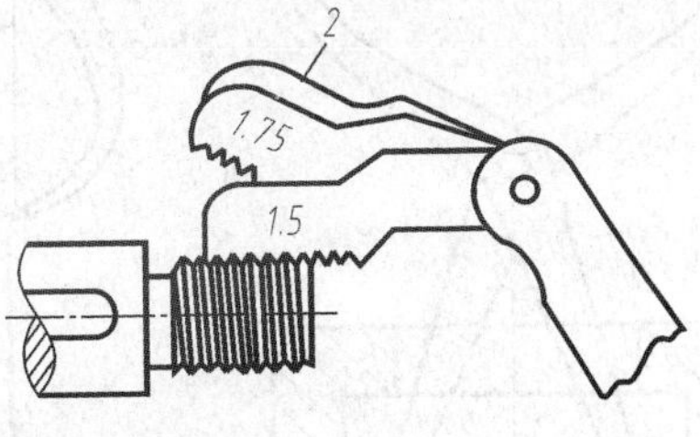　　(d)

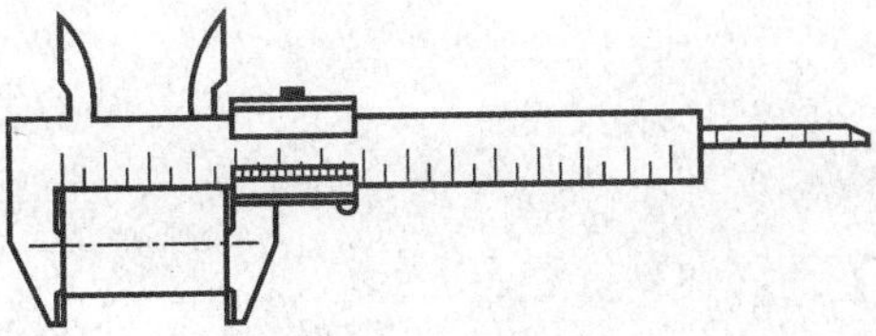

(e) 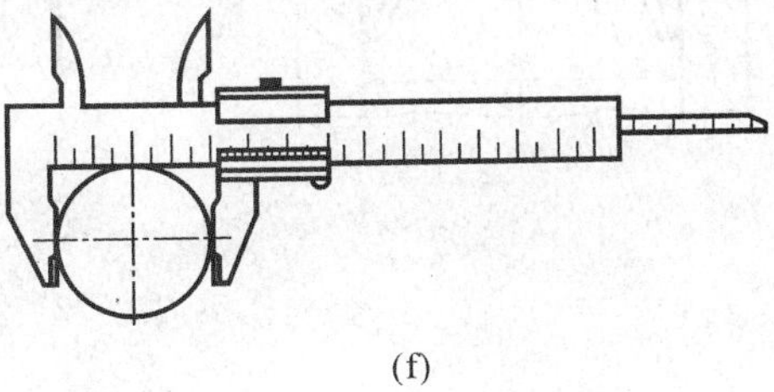　　(f)

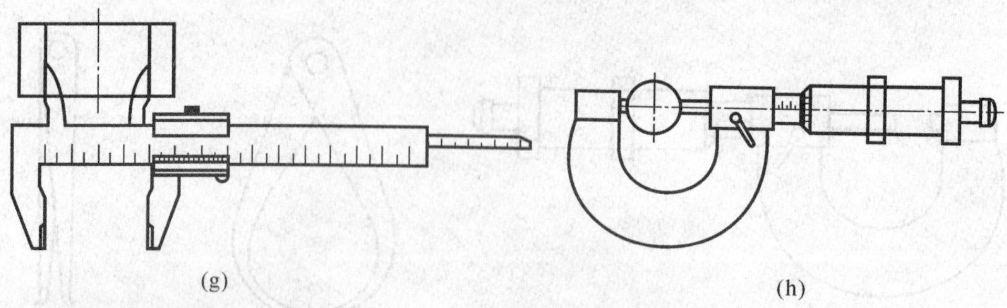

(g) (h)

图 8-66 直接法测量尺寸

间接法测量:有些结构测量工具不能直接测量,必须借助于内、外卡钳和特殊量具(如内外同值卡)测量,或用二次测量方法再经过计算获得尺寸。如内大外小的阶梯孔、复杂零件的壁厚、孔间距、中心高等结构,如图 8-67 所示。对不需要精确测量的结构也可以用坐标法、拓印法和铅丝成型法间接测量。

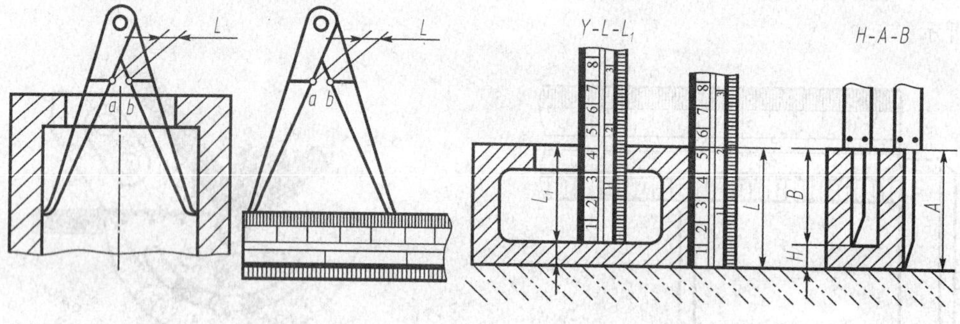

(a) (b)

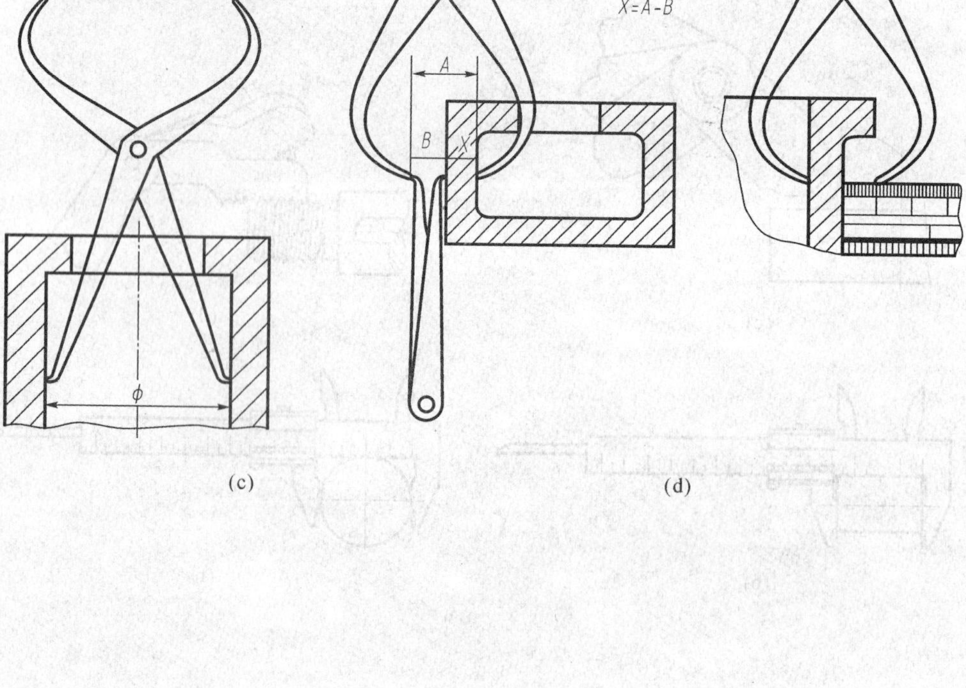

(c) (d)

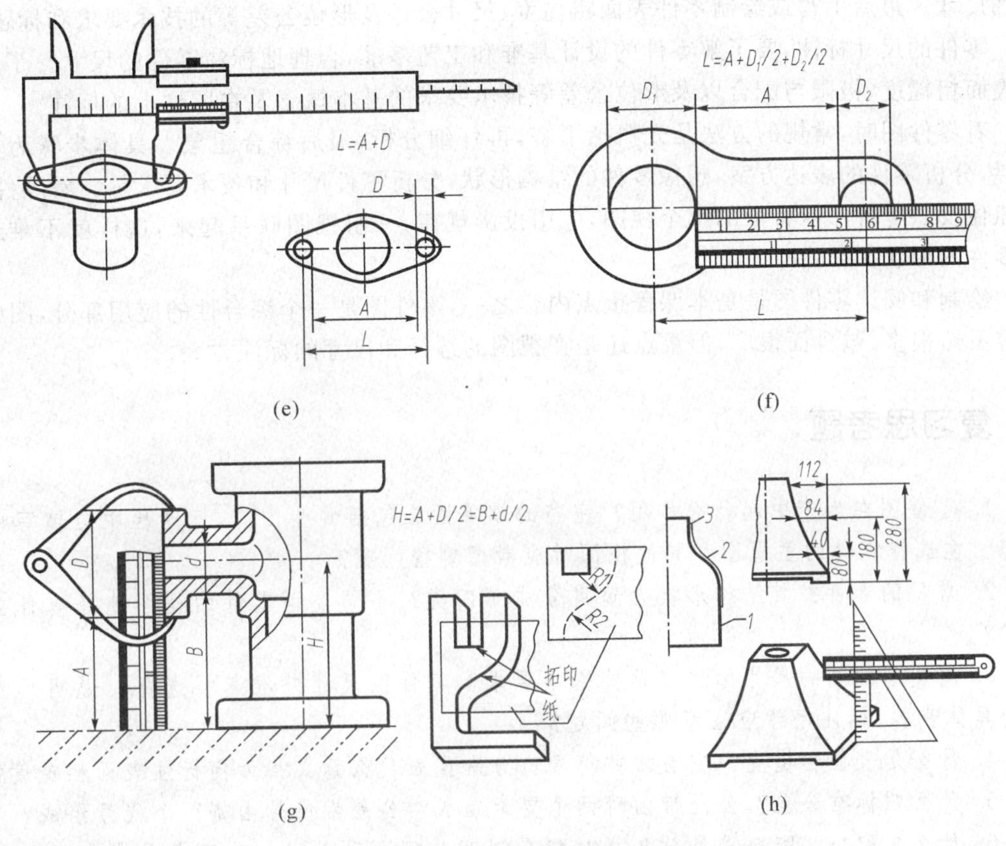

图 8-67　间接法测量尺寸

3. 零件测绘时的注意事项

测绘前要仔细观察零件，认真分析零件结构的功能。对于零件的制造缺陷（如砂眼、气孔和加工刀痕等）及表面磨损不需要进行测绘。对于零件上工艺结构（如铸造圆角、倒角、倒圆、螺纹退刀槽砂轮越程槽、凸台和凹坑等）和标准结构（如螺纹、键槽和齿轮的轮齿等），不但要进行测绘，而且还要借助于国家标准将测量的结果进行校对。

本章小结

零件图是机械图部分的核心内容，它制定了零件在制造加工的过程中应实现的目标。零件图的内容包括表达结构形状的视图、确定零件大小的尺寸、保证零件加工精度的技术要求、说明零件名称和材料等方面的标题栏。零件图中结构形状的表达方法与第七章中所介绍的表达形式一样，只是在描述结构的基础上又融入了加工过程中的工艺性问题，以及与其他零件在使用中的配合问题。

绘制零件图时，首先，要分析零件的结构特征和作用，按照其主要结构特征、加工位置和工作位置选择主视图的投影方向，灵活运用国标规定的表达方法，确定零件的表达方案，进而完成零件的视图绘制工作。其次，正确选择基准，正确、完整、清晰、合理地标注出零件的全部尺寸。最后书写或绘制零件表面粗糙度、尺寸公差及形位公差等的技术要求和标题栏。

零件的尺寸标注，要了解零件的设计基准和工艺基准，合理地标注零件的尺寸。了解零件表面粗糙度、极限与配合以及形位公差等技术要求的基本概念及在图样上的标注。

看零件图时，常规的方法是先概括了解，再仔细分析，最后综合想象。具体步骤为看标题栏，分析零件的表达方案，想像零件的结构形状，分析零件尺寸和技术要求等。看零件图，要抓住反映零件形状特征的那个视图，应用投影规律，一组视图联系起来，这样就不难想象出零件的形状。

绘制和阅读零件图是是本课程重点内容之一，零件图是一个综合性的应用部分，图中的内容虽然很多、包含面很广，但重点还是在视图的选择和尺寸的标注方面。

复习思考题

1. 零件图在生产中起什么作用？完整的零件图应包括哪些内容，标题栏中应填写哪些内容？在选择零件的主视图和其他视图时应考虑哪些问题？

2. 常见的零件按其结构形状大致可分成哪四类？不同类型零件的视图选择有什么异同点？

3. 简述零件图的尺寸标注有哪些基本要求？零件图尺寸基准怎样选择？说明尺寸标注的具体步骤、标注尺寸应注意哪些问题？

4. 什么是表面粗糙度？它有哪些符号？分别代表什么意义？如何标注表面粗糙度？

5. 什么叫标准公差？公差带由哪两个要素组成？公差带代号由哪两个代号组成？

6. 什么叫配合？配合种类分几类？配合制度分哪两种基准制？两种基准制是怎样定义的？

7. 在零件图和装配图上，怎样标注公差与配合？形状与位置公差的代号及概念？

8. 常见的工艺结构有哪些？

9. 试说明读零件图的一般方法和步骤以及分析视图和分析尺寸的具体内容？

10. 在零件测绘中，最常用的测量工具有哪些？测量时应注意哪些问题？

11. 试简述画零件图和读零件图的步骤和方法。

第 9 章 装配图

本章学习导读

装配图是表达产品及其组成部分(部件、零件)间运动原理、装配关系的工程图样,在机器设备的设计、生产、使用中有着非常重要的作用。装配图是制定产品装配工艺和进行产品验收的依据,也是实现产品包装设计、运输销售等流程的重要依据,正确地绘制和阅读装配图是工程技术人员必须掌握的基本技能。

装配图的表达重点是零部件间的相对位置和装配关系,因此,它的表达除了可采用前述的各种方法以外,还可根据不同的表达重点采用各种特殊表达方法。装配图与零件图在表达方案的选择上有着不同的侧重点:零件图以加工位置为主,而装配图以安装位置为准。装配图的规定画法就是为了表达清楚各零件表面的接触关系和方便区别不同的零件而制定的,装配图还必须包括说明装配体中各零(部)件的名称、数量、材料等信息的明细栏,以便于控制和确定产品生产流通过程中的信息流和物流,提高生产效率和竞争力。

9.1 装配图的作用和内容

9.1.1 机械设计常用术语

(1)机器:具有实际功用的产品,例如自行车、车床。

(2)部件:能完成一个功能的机械产品,例如车铃、尾架。

(3)系统:由多个部件组成并能完成特定功能的机械系统,例如传动系统。

9.1.2 装配图的作用

表达机器或部件的图样称为装配图,它是机器或部件设计、装配、检验、安装、调试和维修中必需的技术文件。装配图的表达重点是产品及其组成部分的连接、装配关系;从装配图中我们可以了解机器的结构并能分析其工作原理;可以制订装配工艺规程;可以依据其进行机器的安装和维修;依据其完成产品的包装设计、安排产品的运输和销售。

装配图的形成途径有两种情况:

(1)设计新产品时:装配草图→零件图→装配图;

(2)测绘或改进设计时:装配示意图→零件草图→零件工作图→装配图。

9.1.3 装配图的内容

一部机器(部件)通常是由多个零件装配而成的,装配图的主要任务就是表达清楚各个零件间的装配连接关系和工作原理。为达成这一目的,如图 9-1 所示,装配图主要由以下各部分组成。

(1)一组视图:主要表达组成机器(部件)的零(组)件;各零(组)件之间的相互位置关系和连接、装配关系;部件的工作原理;本部件和其他部件或机座的连接、安装关系;与工作原理有直接关系的各零件的关键结构、形状。

(2)必要的尺寸:主要标注零件间的配合尺寸;部件安装尺寸;部件外形尺寸;部件工作性能尺寸;关键零(组)件的定形尺寸和相互位置的尺寸。

(3)技术要求:对部件质量、装配、检测、调整和安装、使用等方面的要求。

(4)标题栏:与零件图类似;为便于管理,其图号一般编为××—00。

(5)零(组)件序号和明细栏:说明各零(组)件的名称、数量、材料、规格等,此部分内容是装配图特有的。

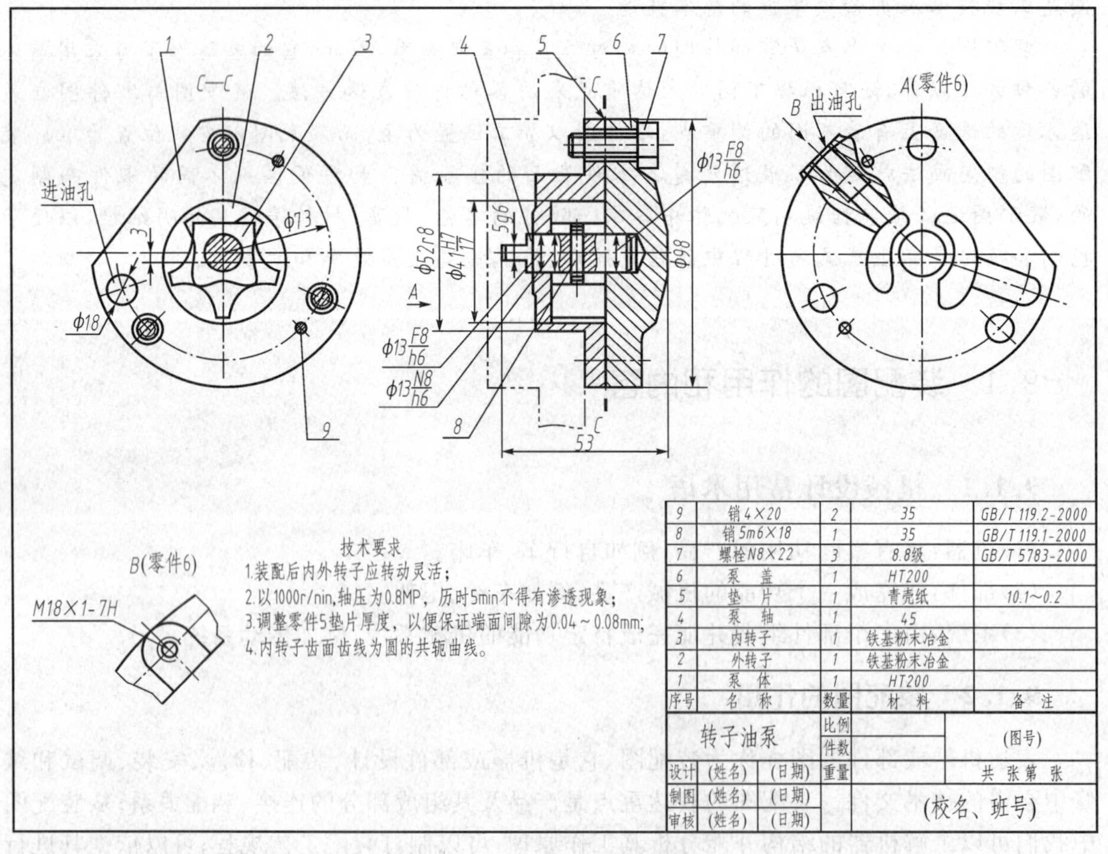

序号	名称	数量	材料	备注
9	销 4×20	2	35	GB/T 119.2-2000
8	销 5m6×18	1	35	GB/T 119.1-2000
7	螺栓 N8×22	3	8.8级	GB/T 5783-2000
6	泵 盖	1	HT200	
5	垫 片	1	青壳纸	10.1~0.2
4	泵 轴	1	45	
3	内转子	1	铁基粉末冶金	
2	外转子	1	铁基粉末冶金	
1	泵 体	1	HT200	

转子油泵		比例		(图号)
		件数		
设计 (姓名)	(日期)	重量		共 张 第 张
制图 (姓名)	(日期)		(校名、班号)	
审核 (姓名)	(日期)			

图 9-1 转子油泵装配图

9.2　装配图的图形表达

9.2.1　装配图的规定画法

(1)两相邻零件的接触面和配合面只画一条线。如图 9-1 零件 6(泵盖)端面与零件 7(螺栓)头部之间;零件 1(泵体)、零件 6(泵盖)$\phi13$ 孔和零件 4(泵轴)$\phi13$ 之间。

(2)两相邻零件的基本尺寸不同,即便其间隙较小时,也必须画成两条线,两条线的间隙在图上一般≥1mm,如图 9-1 零件 1(泵体)、零件 6(泵盖)和零件 7(螺栓)之间和图 9-2 中 a 处所示。

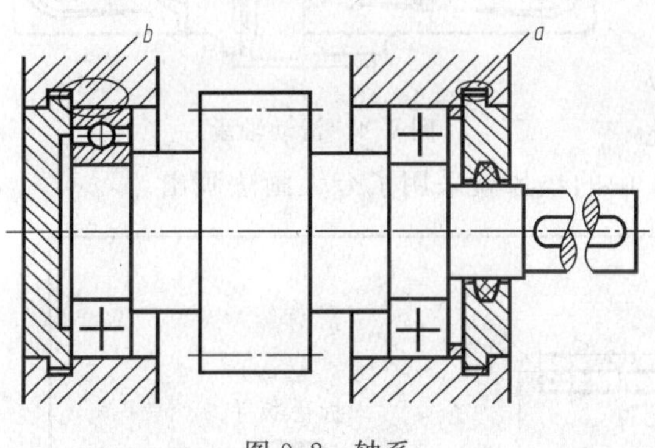

图 9-2　轴系

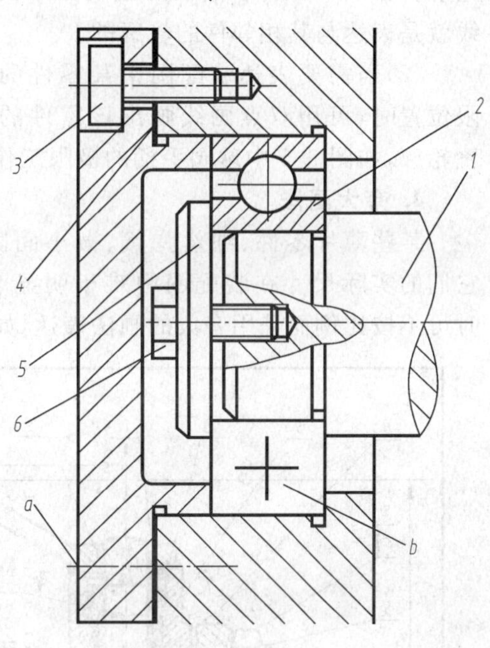

图 9-3　轴端结构

(3)两相邻零件的剖面线的方向应相反,当有多个零件相邻剖面线的方向相同时,应错开间隔以示区别。如图 9-2 中 b 处所示。

同一零件在各视图中的剖面线方向和间隔应保持一致。当零件的厚度在图上小于 2mm 时,允许涂黑表示剖面线。如图 9-1 中的零件 5(垫片)和图 9-3 中的零件 4(调整垫片)。

(4)当剖切平面通过紧固件、销、键以及实心轴、手柄、球等零件的轴心线进行纵向剖切时,均按不剖切绘制,如图 9-3 中的零件 1、零件 3 和零件 6 等。

如果该实心零件上有连接关系需要表达,如键、销连接等,如图 9-3 中的轴端结构中的零件 1(轴)和零件 6 的连接,图 9-1 转子油泵装配图中的零件 4(泵轴),可用局部剖视加以表示。

9.2.2　装配图的特殊表达方法

1. 拆卸画法

在装配图的某个视图中,当某些可拆零件遮挡了所需表达的结构时,可假想先将这些零件拆去后再投射画图,并在视图正上方注明“拆去××等”。如图 9-4 滑动轴承的俯视图。

2. 沿结合面剖切

绘制装配图时,根据需要可沿某些零件的结合面选取剖切平面,这时在结合面上不应画出剖面线。如图 9-1 转子油泵的 $C-C$ 剖视图(右视图)就是在泵盖(零件 6)和泵体(零件 1)的结合面处剖切得到的。

3. 假想画法

(1)当需要表示本装配件与其他件的安装关系时,可用双点画线画出相邻件的部分相关轮廓。如图 9-1 转子油泵的主视图中的双点画线就是表达与其相邻件的轮廓的。

(2)当需要表达装配图中某零件的运动极限位置时,可用双点画线画出该零件的极限位置轮廓,如图 9-5 中球阀手柄的极限工作位置。

4. 夸大画法

某些薄片零件、细丝弹簧、微小间隙等,以它们的实际尺寸在装配图中难于明显表达,此时可不按比例而采用夸大的画法表达,如图 9-1 中的垫片就采用了夸大画法画出。

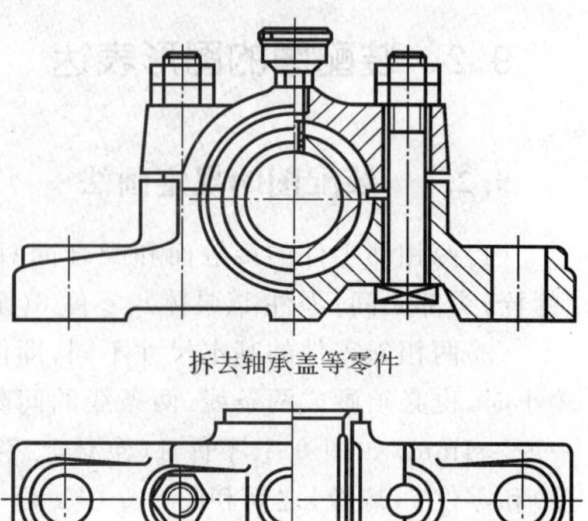

拆去轴承盖等零件

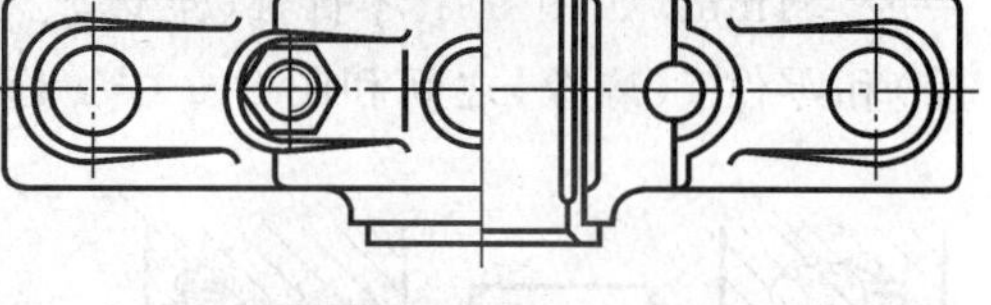

图 9-4 滑动轴承

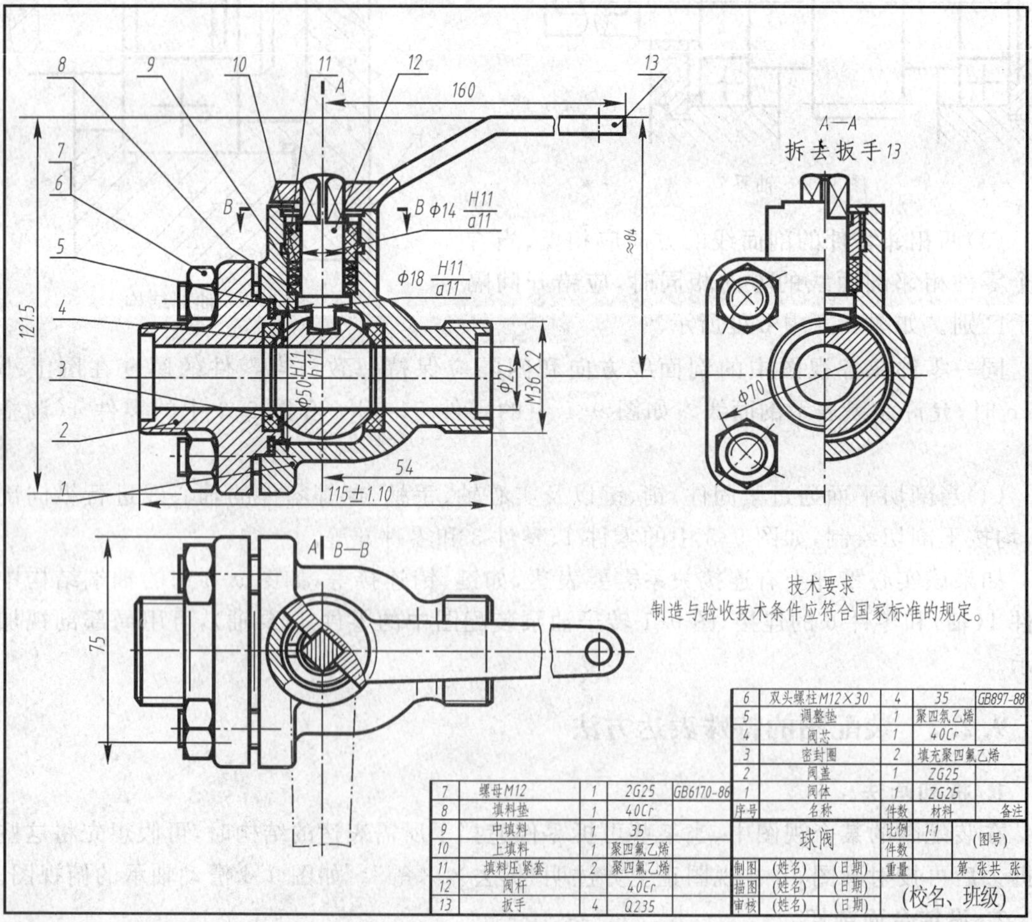

A—A
拆去扳手13

技术要求
制造与验收技术条件应符合国家标准的规定。

6	双头螺柱M12×30	4	35	GB897-88
5	调整垫	1	聚四氟乙烯	
4	阀芯	1	40Cr	
3	密封圈	2	填充聚四氟乙烯	
2	阀盖	1	ZG25	
1	阀体	1	ZG25	
序号	名称	件数	材料	备注

7	螺母M12	1	ZG25	GB6170-86
8	填料垫	1	40Cr	
9	中填料	1	35	
10	上填料	1	聚四氟乙烯	
11	填料压紧套	2	聚四氟乙烯	
12	阀杆		40Cr	
13	扳手	4	Q235	

球阀			比例	1:1	(图号)
			件数		
制图	(姓名)	(日期)	重量		第 张 共 张
描图	(姓名)	(日期)	(校名、班级)		
审核	(姓名)	(日期)			

图 9-5 球阀装配图

5. 单独表示某个零件

在装配图中，当某个零件的形状未表达清楚，而此结构又对理解装配关系有影响时，可单独画出该零件的视图，但必须在所画视图上方注出该零件的视图名称。如图 9-1 转子油泵装配图中就单独画出了零件 6(泵盖)A 和 B 两个方向的视图。

6. 简化画法

(1)多个相同规格的组件，如螺栓、螺母、垫片等紧固件组，支承等组件，同一规格只需画出一组的装配关系，其余可用点画线表示其安装位置。如图 9-3 中的 a 处。

(2)装配图中的滚动轴承可以采用如图 9-3 中的 b 处的简化画法。

(3)外购成品件或另有装配图表达的组件，虽剖切平面通过其对称中心也可以简化为只画其外形轮廓。如油杯、传动系统中的电机等。

(4)零件的一些工艺结构，如小圆角、倒角、退刀槽等局部工艺结构均可不画出。如图 9-3 零件 3(螺钉)等。

(5)被弹簧挡住的结构、不会引起误解处的剖面符号等可以省略不画。

(6)可将带传动用粗实线表示，链传动用细点画线表示。

此外，在表达某些重叠的装配关系时，如多级传动变速箱时，可以假想将空间轴系按其传动顺序展开在一个平面上，画出剖视图，此画法称为展开画法，与机件表达方法中的展开画法一样，也必须加以标注。

9.2.3　装配图的视图选择

1. 对装配图视图的要求

(1)正确：投影关系正确，图样画法和标注方法符合国家标准规定。

(2)完全、确定：要求将各零件的装配结构、各零件间的装配关系表达得完全、确定。

(3)清晰、合理：图形清晰，阅读者能较迅速地读懂、理解和进行空间想象，了解工作原理。

(4)便于绘图和尺寸标注。

2. 视图的选择

(1)主视图选择应综合考虑以下几方面：

a. 反映机器或部件的工作状态或安装状态；

b. 反映机器或部件的整体形状特征；

c. 反映机器或部件主装配线零件的装配关系；

d. 反映机器或部件的工作原理；

e. 反映机器或部件较多零件的装配关系。

以上诸项能同时满足最好，不能同时满足时，首先保证 a、b 两项，以利于对部件全貌的表达，为形成其他视图奠定基础，取其最佳效果，并便于与总装配图的对照阅读。

(2)其他视图的选择

逐个检查装配线、装配点，从主视图中尚未表达清楚的装配关系入手，用适当的方法将未表达清楚的装配线、零星装配点、工作原理、对外安装关系及必要的零件结构、形状等表示出来，使每个零件都“露脸”。

9.3 装配图的尺寸标注与技术要求

9.3.1 装配图的尺寸标注

1. 装配图与零件图尺寸标注的区别

(1)装配图尺寸标注要求

主要说明部件或机器的性能、工作原理、"成员"间的装配关系、部件或机器的外廓大小及对外安装情况——必要的尺寸。

(2)零件图尺寸标注要求

必须注出零件的全部尺寸以确定零件的形状和大小——完整的尺寸。

2. 装配图中需标注的尺寸

装配图中的尺寸一般只标注机器或部件的规格尺寸、装配尺寸、安装尺寸、总体尺寸,以及其他主要尺寸。

(1)性能(规格)尺寸

表示机器和部件性能(规格)的尺寸,这些尺寸在设计时就已确定,是设计、了解和选用该机器或部件的依据。如图 9-1 转子油泵中的进油口尺寸 $\phi10$,图 9-5 球阀中的管口尺寸 $\phi20$ 等。

(2)装配尺寸

主要包括保证有关零件间配合性质的尺寸,保证零件相对位置的尺寸和装配时进行加工的有关尺寸等。

a. 配合尺寸:表示两零件间的配合性质和相对运动情况,是分析部件工作原理的重要依据,也是设计零件和制订装配工艺的重要依据。如图 9-1 转子油泵中的泵轴(零件 4)与泵体(零件 1)、内转子(零件 3)和泵盖(零件 6)的配合尺寸 $\phi13F8/h6$、$\phi13N8/h6$、$\phi13F8/h6$ 等,图 9-5 球阀中的阀体(零件 1)与阀盖(零件 2)的配合尺寸 $\phi50H11/h11$ 等。

b. 相对位置尺寸:零件之间或部件之间或它们与机座之间必须保证的相对位置尺寸。此类尺寸可以依靠制造某零件时保证,也可以在装配时靠调整得到。如图 9-1 转子油泵 $C-C$ 视图中的 3、$\phi73$ 等,图 9-5 球阀中的 $\phi70$ 等,是装配、调整时需要的尺寸,也是校核、拆画零件图时需特别关注的尺寸。

(3)安装尺寸

机器或部件安装时所需的尺寸。如部件之间或部件与机体之间或机体与底座之间安装时需要的尺寸。包括安装面大小,定位和紧固用孔、槽的定形、定位尺寸等。如图 9-1 转子油泵中的 $\phi73$,图 9-22 中的 70 等。

(4)总体尺寸

机器或部件外形轮廓的大小,即总长、总宽和总高。它说明安装部件或机器时和部件或机器工作时所需空间,有时也说明部件或机器在包装、运输时所需空间。如图 9-1 转子油泵的 $\phi90$ 和 53,图 9-5 球阀的 121.5、75、115、160 等。

(5)其他重要尺寸

确保零件上与实现部件功能有直接关系的关键结构的形状和大小在设计零件时不被改变。它们是在设计中决定,又不属于上述几类尺寸的一些重要尺寸。如运动零件的极限尺寸、主要零件的重要尺寸等，都应在装配图中标明。

以上几类尺寸彼此并非绝然无关，实际上某些尺寸往往同时兼有不同作用。如机床尾架中心高既是性能尺寸，又属装配尺寸中的重要相对位置尺寸。

9.3.2　装配图的技术要求

机器或部件对质量、装配、检测、调整和安装、使用等方面的要求，有时无法用图形表达清楚，需要用文字或符号在技术要求中说明。

技术要求一般写在图纸下方空白处，如机器或部件的性能参数、机器或部件制造、检验时采用的技术规范、对密封等的特殊要求等。

9.4　装配图中的零件序号、明细栏及标题栏

为便于管理，装配图对每种零部件都编注序号或代号，并填写明细栏。

9.4.1　零件序号的编写规则(GB/T4485.2)

(1)序号的组成

序号由圆点、指引线、水平线(或圆)及数字组成，见图 9-6。

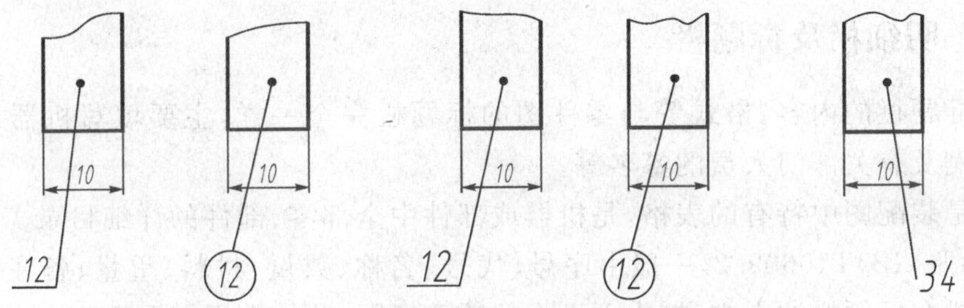

图 9-6　装配图中零件序号的注写

(2)序号编排原则

装配图中所有的零、部件都必须编写序号。相同的零、部件用一个序号，一般只标注一次。图中零、部件的序号应与明细栏中该零、部件的序号一致。

(3)指引线等画法(图 9-7)

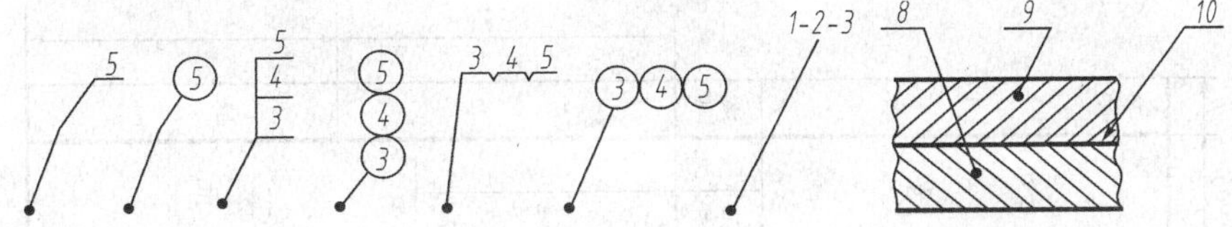

图 9-7　指引线起始端、指引线、水平线(或圆)的画法

指引线和水平线(或圆)均为细实线。

a. 指引线一般自所指部分(被编注序号的零、部件)的可见轮廓内(剖开时，一般由剖面区域内)引出，并在起始端画一圆点。

b. 当通过有剖面的区域时，指引线不应与剖面线平行。

c. 指引线可以画成折线，但只可曲折一次。

d. 指引线尽量分布均匀，相互间不能相交，水平线(或圆)在水平或垂直方向上应对齐。

e. 一组紧固件以及装配关系清楚的零件组可以采用公共指引线。

f. 当所指部分(很薄的零件或涂黑的剖面)内不便画圆点时，可在该端画出箭头指向该部分的轮廓(如图 9-7 中的 10 号零件)。

(4)序号数字编写

a. 序号数字位置

数字写在水平线上方或小圆内，也可写在指引线末端附近(见图 9-6)。

b. 序号字高

数字高度应比尺寸数字高度大一号或两号(见图 9-6)。

c. 序号排列

编写图样中的序号时，应按水平或垂直方向整齐排列在一条直线上，优先采用不分视图按顺时针方向或逆时针方向全图统一依次排列编号(见图 9-1、图 9-3、图 9-5)。在整个图上无法连续时，可只在每个水平或垂直方向顺次排列。

d. 序号编排注意点

为确保无遗漏地顺序排列，可先引出指引线，画出末端的水平线或小圆，检查确认无遗漏、无重复后，再统一写序号，填写明细栏。

9.4.2 明细栏及标题栏

装配图标题栏的内容、格式等与零件图的标题栏完全一样，主要填写机器或部件的名称、代号、比例及有关部门人员的签名等。

明细栏是装配图中特有的表格，是机器或部件中全部零、部件的详细目录。明细栏的内容、格式可参照 GB/T10609.2，一般由序号、代号、名称、数量、材料、重量、备注等组成。明细栏一般配置在标题栏的上方，按由下而上的顺序填写，其格数根据需要而定。当由下而上延伸位置不够时，可紧靠在标题栏的左边自下而上延续，如图 9-5 所示。

当装配图中标题栏上方无位置配置明细栏时，明细栏可作为装配图的续页按 A4 幅面单独给出。其顺序应是由上而下延伸，还可以连续加页，但应在明细栏下方配置与相应装配图完全相同标题栏，此时通常被称为明细表。

学习时建议采用如图 9-8 所示的明细栏及标题栏，字体可用 5 号字，推荐字符串左端对齐。

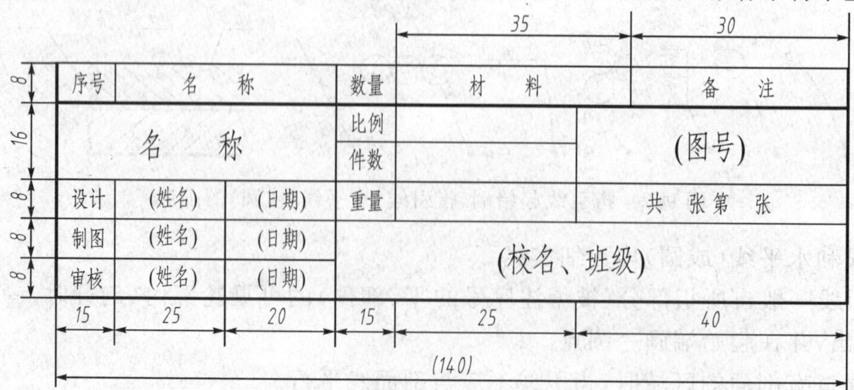

图 9-8 装配图的明细栏及标题栏

9.5　装配图绘制

9.5.1　画装配图的方法

(1)“由内向外”：以各装配线的核心零件为中心，按装配关系逐层扩展画出各个零件，最后画壳体、箱体等支撑、包容零件。

(2)“由外向内”：先将起支撑、包容作用的体量较大、结构较复杂的箱体、壳体或支架等零件画出，再按装配线和装配关系逐次画出其他零件。

第一种方法的画图过程与大多数设计过程相一致，画图的过程也就是设计的过程，在设计新机器绘制装配图(特别是绘制装配草图)时常用(此时尚无零件图，要待此装配图画好后再去“拆画”零件图)。此种方法的另一优点是画图过程中不必“先画后擦”零件上那些被遮挡的轮廓线，有利于提高作图效率和保持图面清洁。

第二种方法多用于根据已有零件图“拼画”装配图(对已有机器进行测绘或整理新设计机器技术文件)时，此种方法的画图过程常与较形象、具体的部件装配过程一致，利于空间想象。当需要首先设计出起支撑、包容作用的箱壳、支架零件时，也宜于使用此种方法进行设计绘图。

9.5.2　画装配图的步骤

我们以图 9-9 所示弹性支承为例，介绍装配图的画法。

1. 部件分析

部件分析的重点是工作状态和装配关系分析，以便合理地选择表达方案。

如图 9-9 所示的弹性支承，是某夹具装置的一个支承部件，它由支承销 1、支承座 2、滑柱 3、弹簧 5、螺栓 4 等组成，装配时先将弹簧放入支承座，再将支承销放在弹簧之上；水平方向装配，先将滑柱放入支承座的径向孔中，再旋入螺栓即可。

工作时，支承销在其下部弹簧的作用下，能自动与所支承的物体保持接触，支承销的圆柱面被切削出一个斜平台，上下位置调好后，螺栓向支承销方向旋进，推动滑柱顶向斜平台，分担所支承的物体的重量。

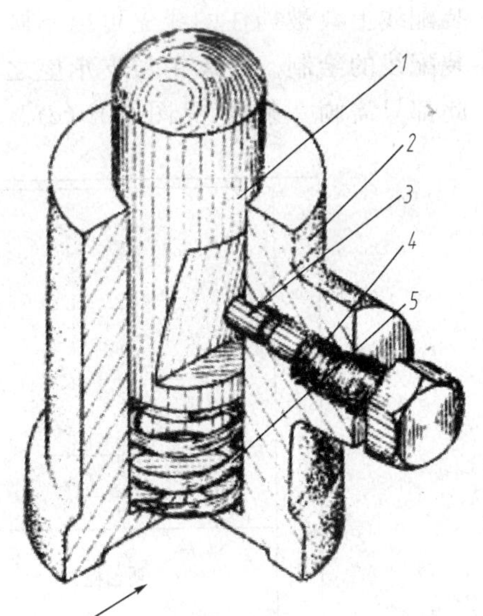

图 9-9　弹性支承

2. 表达方案拟定

表达方案包括如何选主视图、确定视图的数量和表达方法，要求能较好地反映部件的装配关系、工作原理和主要零件的结构形状。

主视图一般按部件的工作位置选择，并使主视图能够较多地表达机器(或部件)的工作原理、零件间主要装配关系及主要零件的结构形状特征。其他视图的选择根据确定的主视图，再选取能反映其他装配关系、外形及局部结构的视图。

在机器(或部件)中,常将装配关系密切的一些零件组合称为装配干线。

图 9-9 所示的弹性支承,其工作位置是支承座平放,主要装配干线在垂直方向,辅助装配线以支承座(径向螺孔)、螺栓为主,因此我们采用如图中箭头所示方向作为主视图的投影方向,并对其进行剖切,剖切平面过支承座和螺栓的轴线,以便同时表达主、辅装配线的装配关系。

其次选择俯视图表达弹性支承的外形;此外,为表达清楚支承的工作原理,添加支承销削平处的移出断面。

3. 确定图幅

根据部件大小和复杂程度决定画图比例。估算各视图大小,确定各视图相对位置,确定图幅。注意要将标注尺寸、零(组)件序号编注及标题栏和明细栏所用位置考虑在内。

弹性支承较小,采用 1∶1 画图,选 A4 图幅。

4. 固定图纸、布图

固定图纸,画图框、标题栏和明细栏边界线,并画各视图的作图基准线,例如主要的中心线、对称线或主要端面的轮廓线等。

弹性支承布图情况如图 9-10(a)。

5. 画主要装配线

一般由主视图开始,先画主要零件,能做到几个视图按投影关系相互配合一起画时则一起画。画剖视图时以装配干线为准,由内向外逐个画出各个零件,也可由外向里画,视作图方便而定。

弹性支承的两条装配线,都由支承座包容,故采用“由外向内”的方法,当然画支承座时,装配线上会被挡住的线先可以不画,所画的支承座见图 9-10(b);再画弹簧、支承销,完成主装配线的绘制。支承销与支承座之间是配合表面,弹簧的顶部与支承销的底部是接触面,因此都只需画一条线,见图 9-10(c)。

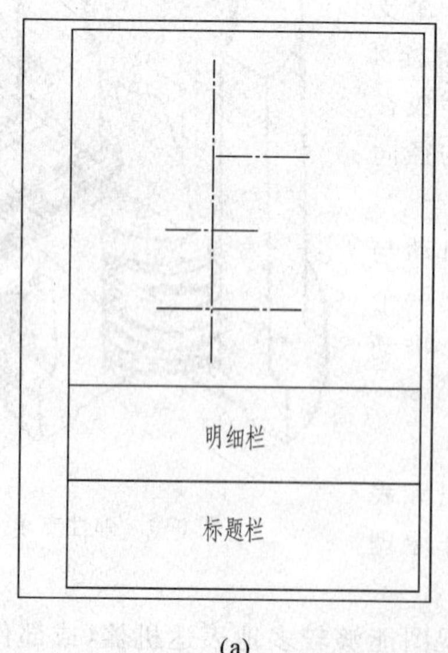

(a)

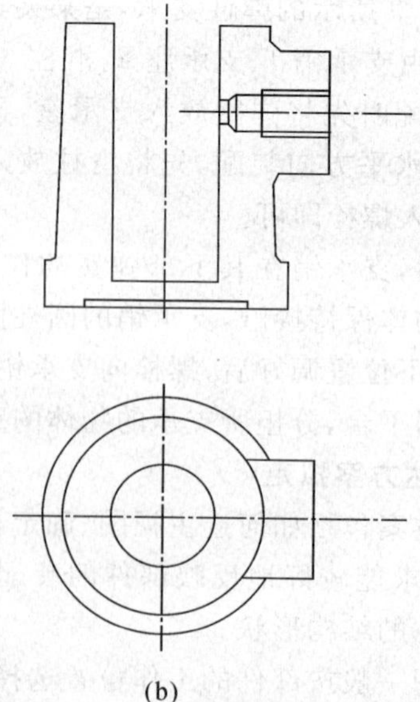
(b)

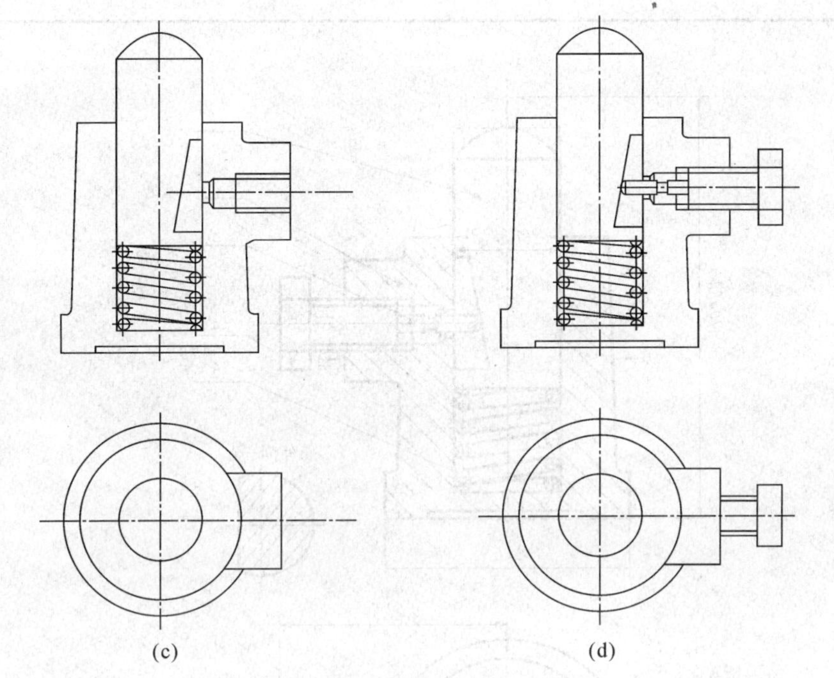

图 9-10　画弹性支承装配图视图底稿的步骤

6. 依次画其他装配线

弹性支承的另一条装配线是水平方向的，由滑柱、螺栓构成，滑柱的一个端面与支承销的斜面接触，另一个端面与螺栓接触，其柱面与支承座上的孔应为非接触面；螺栓旋入支承座，旋合的部分按外螺纹画，非旋合的部分按内螺纹画，画完辅助装配线后的弹性支承见图 9-10(d)。

7. 画细部结构

如弹簧、螺钉、销钉、螺钉孔以及各零件上的螺纹等，必要时需画出倒角、退刀槽、圆角等，需要表达的某个零件的局部结构、运动零件的极限位置等。

就弹性支承而言，应画出支承销(零件 1)削平处的断面图及其运动极限位置(用双点画线)。

8. 加深、画剖面线、注尺寸及公差配合等

仔细检查装配图中的投影关系、装配关系。画剖面线时注意同一零件的各个视图要一起画，保证其方向间隔一致，相邻零件剖面线要不同；注尺寸前要认真分析，既不能漏注也不必多注；若有配合表面，其公差不要遗漏。

对弹性支承，应标注总高 70～80(注意要包括其运动零件的变动量)，其实该尺寸也是其规格尺寸，径向最大 ϕ46 和长度方向最大尺寸 43.5，另有配合尺寸 ϕ20H8/f8。

9. 编零件序号，填写明细栏、标题栏和技术要求

按顺时针方向编注零件序号，并填写明细栏和标题栏相关内容，注写技术要求，经最后校核后，在设计绘图栏内签署姓名和日期等。完成的弹性支承装配图见图 9-11。

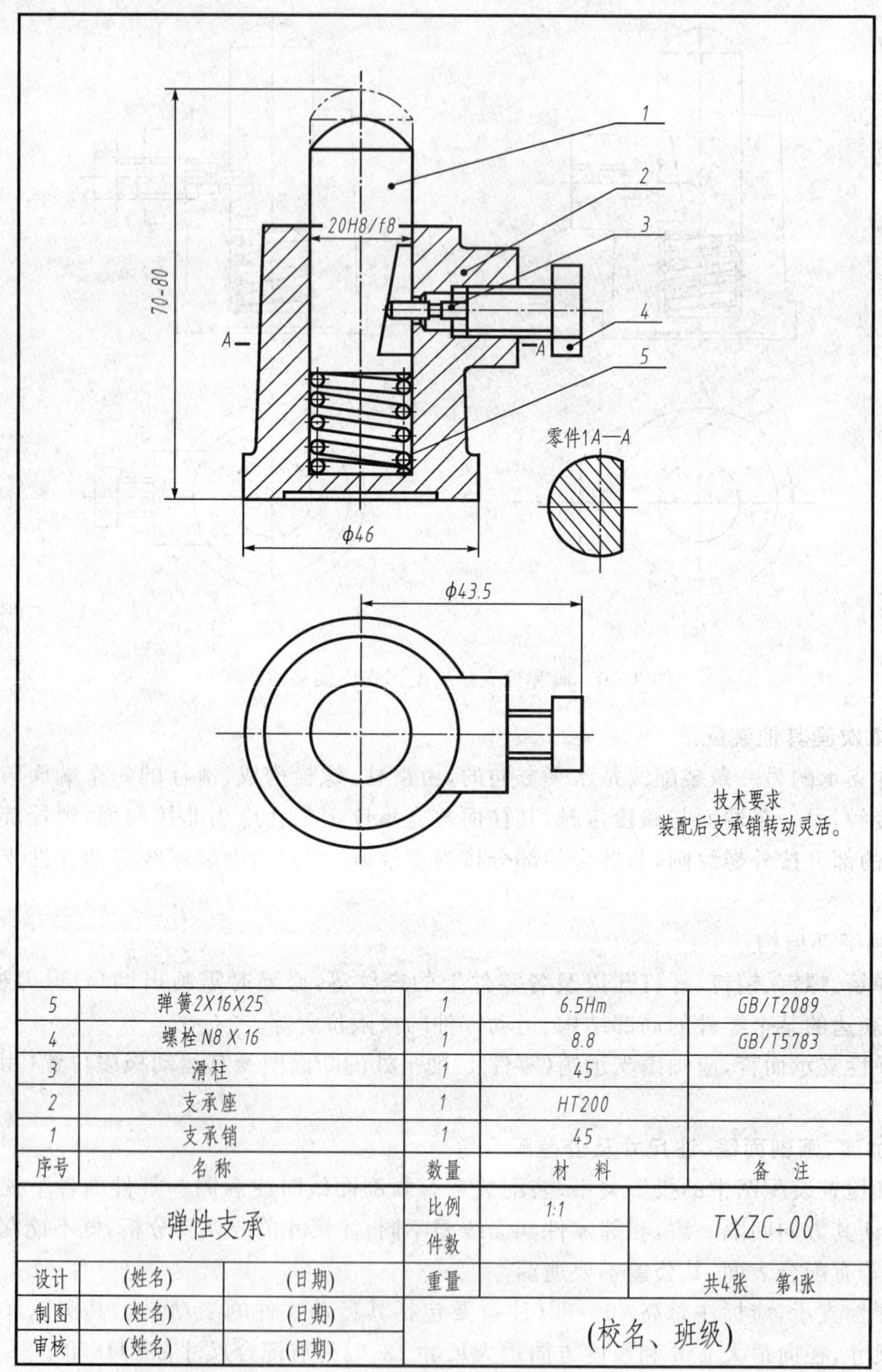

序号	名称	数量	材料	备注
5	弹簧2X16X25	1	6.5Hm	GB/T2089
4	螺栓N8 X 16	1	8.8	GB/T5783
3	滑柱	1	45	
2	支承座	1	HT200	
1	支承销	1	45	

弹性支承		比例	1:1	TXZC-00
		件数		
设计	(姓名)	(日期)	重量	共4张 第1张
制图	(姓名)	(日期)	(校名、班级)	
审核	(姓名)	(日期)		

图 9-11 弹性支承装配图

9.5.3　画装配图的注意事项

(1)零件位置可变时,装配图中应画成工作状态或有调整余地的中间状态。例如,阀门应画成关闭截流或开启状态;弹簧应画成受力压缩或拉伸状态等。如图 9-11 所示弹性支承处在有调整余地的中间状态,图 9-5 所示为阀的开启状态。

(2)装配线上零件较多,互相关联、影响,往往有"一错都错"的连锁反应。在画装配图时,要随画随检查在装配关系、投影关系和图样画法等方面有无错误,如有,要立即改正。

(3)当各视图所表示的装配线间相互关系不大时,亦可采用集中精力画完一个视图再画另一个视图的方法,而不必拘泥于"同时进行"。

9.6　常见装配结构

在设计和绘制装配图的过程中,应考虑到装配结构的合理性,以保证机器和部件的性能,并给零件的加工和装拆带来方便。确定合理的装配结构,必须具有丰富的实际经验,并作深入细致的分析比较。现将常见的装配结构举例于表 9-1,以供学习参考。

表 9-1　常见的装配结构

	图例			说明
		合理	不合理	
接触面	长度方向		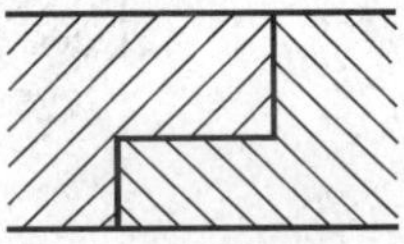	两零件应避免在同一方向上同时有两对表面接触,孔或轴上带有倒角或退刀槽、越程槽,可保证装配时有良好的接触
	轴线方面	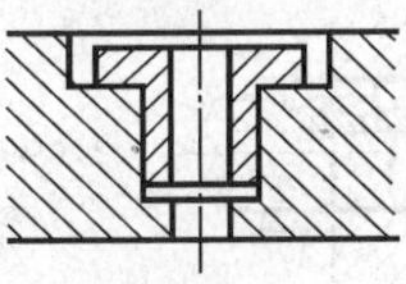	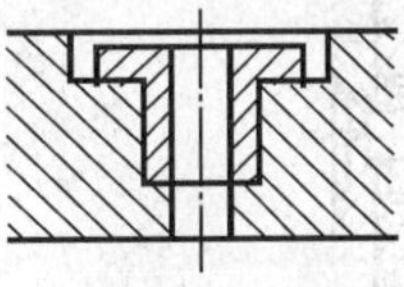	
	半径方面	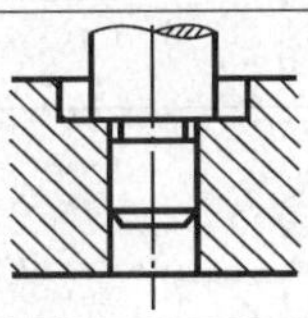	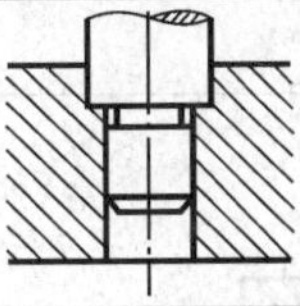	
密封装置	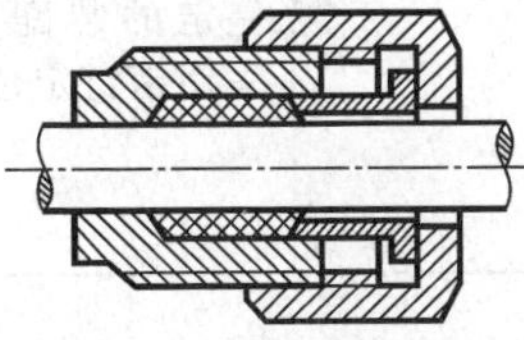 填料箱密封	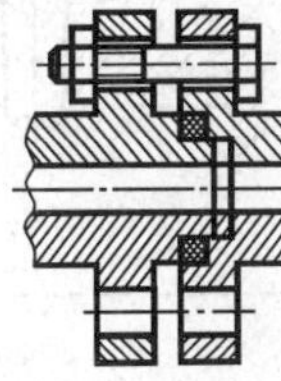 橡皮圈密封	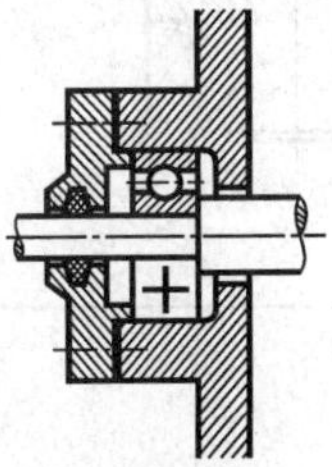 毡圈密封	为防止内部的液体或气体向外渗漏,同时也防止外面的灰尘等异物进入机器,常采用封闭装置

续表

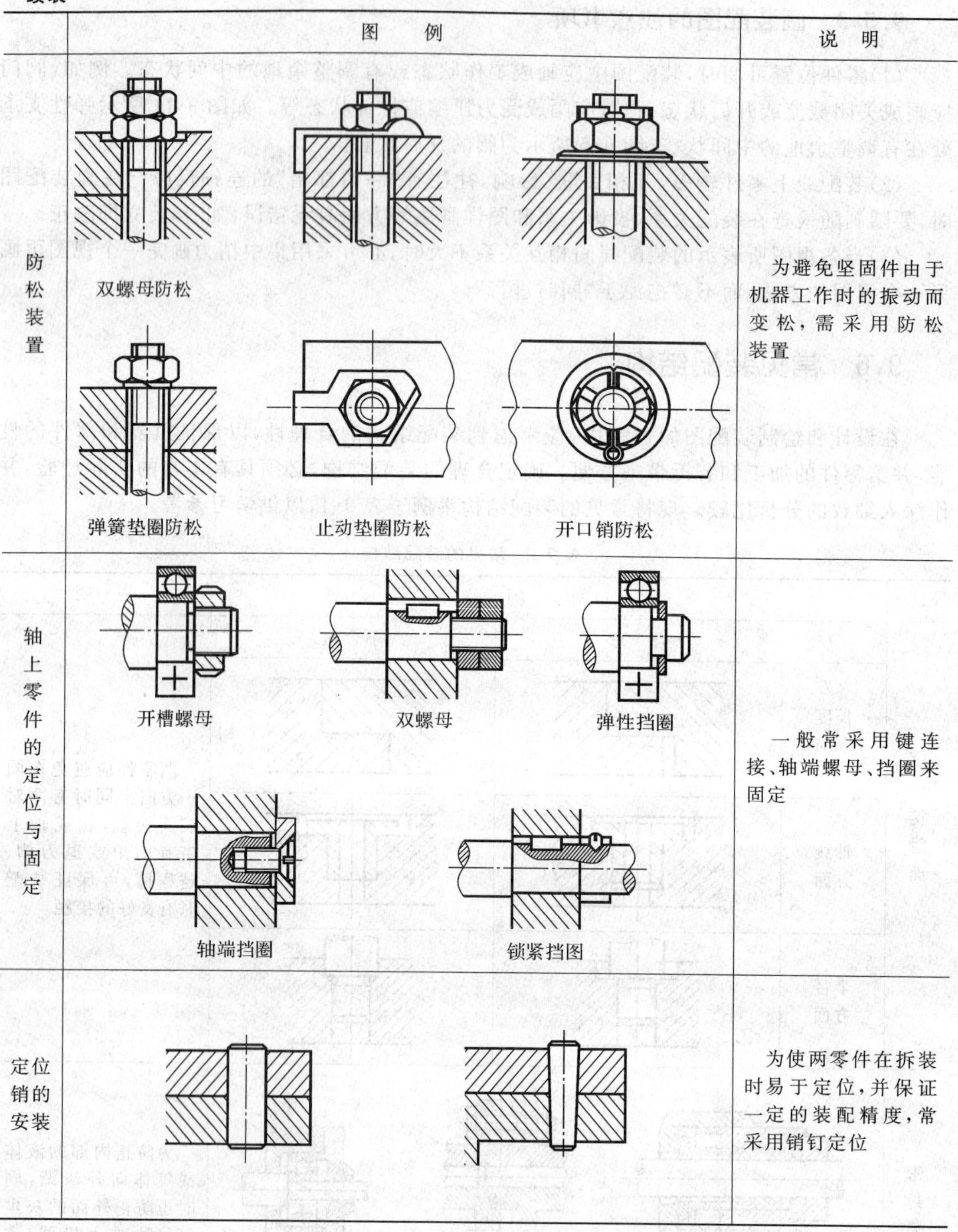

	图　例	说　明
防松装置	双螺母防松　弹簧垫圈防松　止动垫圈防松　开口销防松	为避免坚固件由于机器工作时的振动而变松，需采用防松装置
轴上零件的定位与固定	开槽螺母　双螺母　弹性挡圈　轴端挡圈　锁紧挡图	一般常采用键连接、轴端螺母、挡圈来固定
定位销的安装		为使两零件在拆装时易于定位，并保证一定的装配精度，常采用销钉定位

续表

	图例		说明
预留拆装工艺结构，便于装配	 距离过小	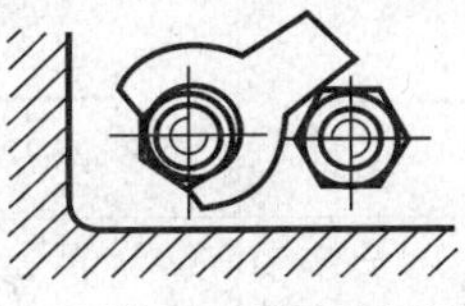	改进前螺钉位置距机壁太近，无法使用扳手，改进后，扳手活动空间增大，便于拧紧或松开螺钉
	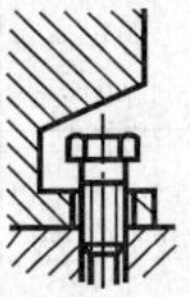	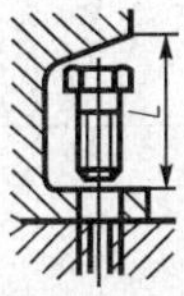 L	改进前空间小于螺钉长度，无法装入螺钉
	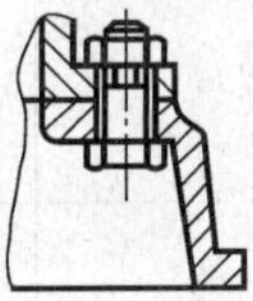	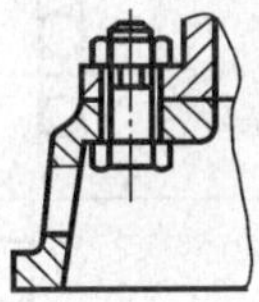 	改进前连接机体和底座的螺栓安装困难，若结构允许，可在底座上设计出装螺栓的工艺孔，或在底座上加上螺纹孔，用螺柱连接两件

9.7　部件测绘

通过测量现有的零、部件，画出零件草图、装配示意图（装配草图），然后绘制零件图和装配图的过程称为测绘。测绘能为产品的仿制、新品的开发设计、设备的维修改进提供必不可少的技术资料，是一项重要的技术工作。

9.7.1　装配示意图

运用国家标准《机械制图》中规定的机构及其组件的简图符号，并采用简化画法和习惯画法，用简单的图线（甚至单线）画出各零件的大致轮廓，表达部件装配关系的图称为装配示意图。

画装配示意图时，通常对各零件的表达不受层次的限制，尽量把所有的零件集中在一个图形上。画装配示意图的顺序，一般从主要零件入手，由内而外扩展、按零件装配顺序把其他零件逐个画上。两相邻零件的接触面一般留出间隙，以便区别。图形画好后，从各零件画出指引线，注明零件的序号、名称、材料、数量等，标准件一般直接写出标记，常用件则注明主要参数等。

零件较多时，零件的名称、材料、数量等通常列表说明。

在产品说明书中也常用装配示意图。进行部件测绘时，应边拆边画装配示意图来记录装配关系，为画装配图提供依据。

机构运动简图的画法可参阅国家标准 GB/T4460《机械制图机构运动简图符号》。

表 9-2　机械制图机构运动简图符号　摘自 GB/T4460(ISO 3952)

名称	基本符号	可用符号	名称	符号
轴杆			螺钉	
向心滚动轴承			螺纹连接	
向心推力滚动轴承			螺栓、螺母、垫圈	
推力滚动轴承			螺柱、螺母	
直齿圆柱齿轮			压缩弹簧	
圆柱齿轮传动（不指明齿形）			蜗轮蜗杆传动	

9.7.2　部件测绘

部件的测绘一般按如下步骤进行。我们以球阀为例进行说明。

1. 了解和分析被测部件

测绘时，首先应对部件进行认真的观察和研究。阅读有关资料，如产品说明书、同类产品图纸等，并对实际使用情况进行调查。

了解部件的用途、性能、工作原理，分析部件的结构特点、各零件间的装配关系、配合性质。搞清部件的运动情况，并测量记录主要的装配尺寸及装配间隙等。

如图 9-12 所示球阀，主要用于低压管道的流量控制和启闭，其工作原理是通过转动扳手，由阀杆带动阀芯转动，随着阀芯通孔相对管道位置的不同，调节流量的大小，图示为全部开启状态，扳手顺时针旋转 90°，阀门将全部关闭，管道断流。

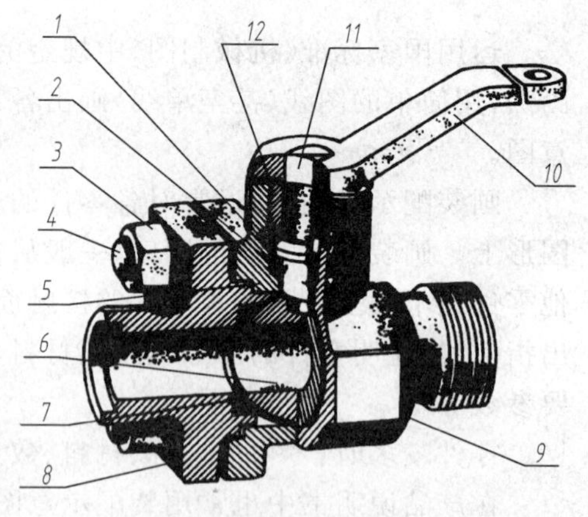

图 9-12　球阀轴测图

2. 拆卸零件并画装配示意图

动手拆卸前，应讨论制定具体的拆卸计划。按部件的组成特点及装配工艺将部件分成若干组件，并指定专人负责。应仔细研究拆卸顺序和方法，制订装配示意图的表达方案。装配示意图的绘制一般与拆卸同步进行。应边拆边画，并注意零件间的接触情况，区别出接触面和非接触面。装配示意图是绘制装配图和拆卸后重新装配部件的重要依据，必须认真绘制。

球阀的关键零件是阀芯，主要运动关系是扳手→阀杆→阀芯；主要装配线有 2 条，第一条是扳手→填料压紧套→填料→阀杆；第二条是阀盖（阀体）→密封圈→阀芯；阀盖与阀体之间采用了螺柱连接。

因此，球阀的拆卸顺序是：扳手→填料压紧套→填料→阀杆；螺母→阀盖→密封圈→阀芯→密封圈（阀体）。

装配示意图可以管道平放时的位置绘制，此图也是装配图主视图的方向。图 9-13 为球阀的装配示意图，零件名称下方的数字表示其数量。

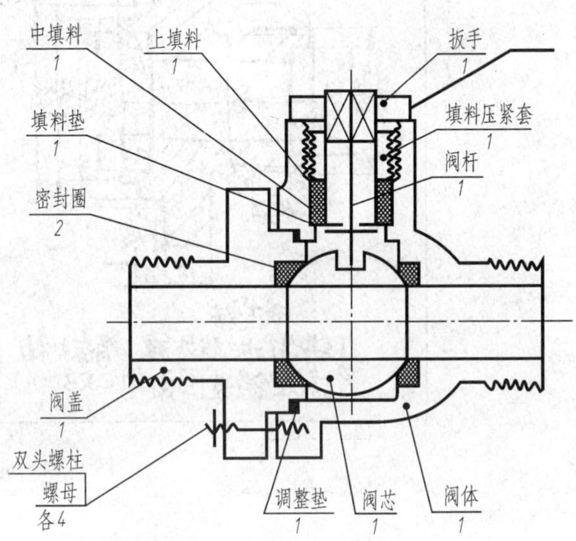

图 9-13 球阀装配示意图

拆卸时，要用相应的工具和正确的方法。如焊接、过盈配合等不能强拆；过渡配合性质的零件要用专用工具拆卸（如轴承等），拆下应小心轻放。拆下的零件要按组按序摆放，并将所有零件按序编号，记上编号或扎上标签号，以便重新装配。

对配合表面、高精度面、细长件等尤要注意保护，必要时应涂防锈油，并将零件放置在专门的陈列架上，以免破坏原配合的精度。

边拆边画的装配示意草图上，应写上零件的编号（名称）和数量。

对部件中的标准件，不必绘制零件草图，但应及时测出其规格尺寸并记录在案。

3. 画零件草图

零件的草图应具备零件图的全部内容。其与零件图的不同之处仅在于它是徒手绘制的。具体要求见第 8 章。

图 9-14 为阀盖的草图；此外，扳手、填料压紧套、阀杆、阀体、密封圈、阀芯、填料、调整垫等都应画出草图，螺母、双头螺柱则应量出其规格尺寸，确定标准编号并记录。

4. 画装配图

画装配图是测绘中的一个重要步骤。装配图的绘制主要根据装配示意图所提供的零件之间的相互装配关系和零件草图上的尺寸来画。

球阀的轴测图和装配示意图分别见图 9-12 和图 9-13。绘制球阀装配图的具体步骤如下：

（1）画出各视图的主要轴线、对称中心线及作图基准线，见图 9-15(a)；

（2）先画主要零件阀体的轮廓线，三个视图要联系起来，见图 9-15(b)；

（3）根据阀盖和阀体的相对位置画出阀盖的三视图，见图 9-15(c)；

（4）画出其他零件，再画出扳手的极限位置（图中因位置不够未画），见图 9-15(d)；

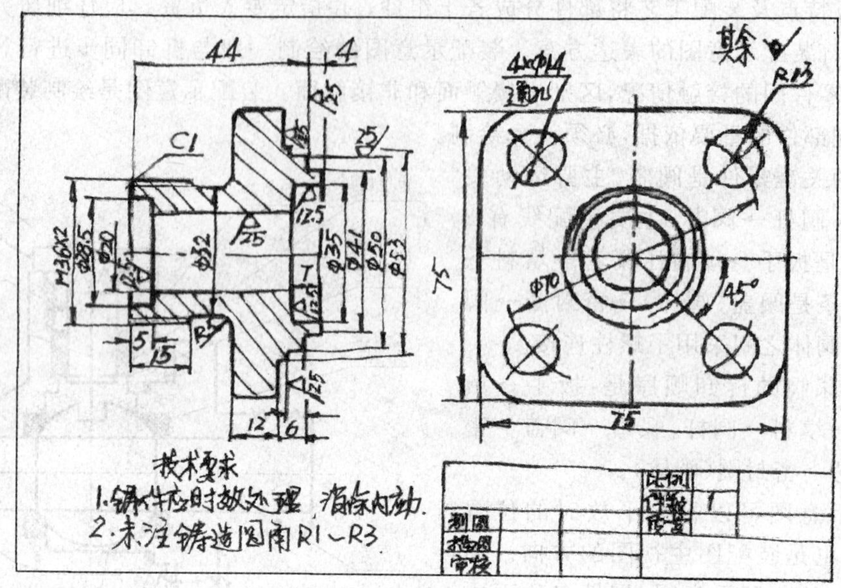

图 9-14　阀盖草图

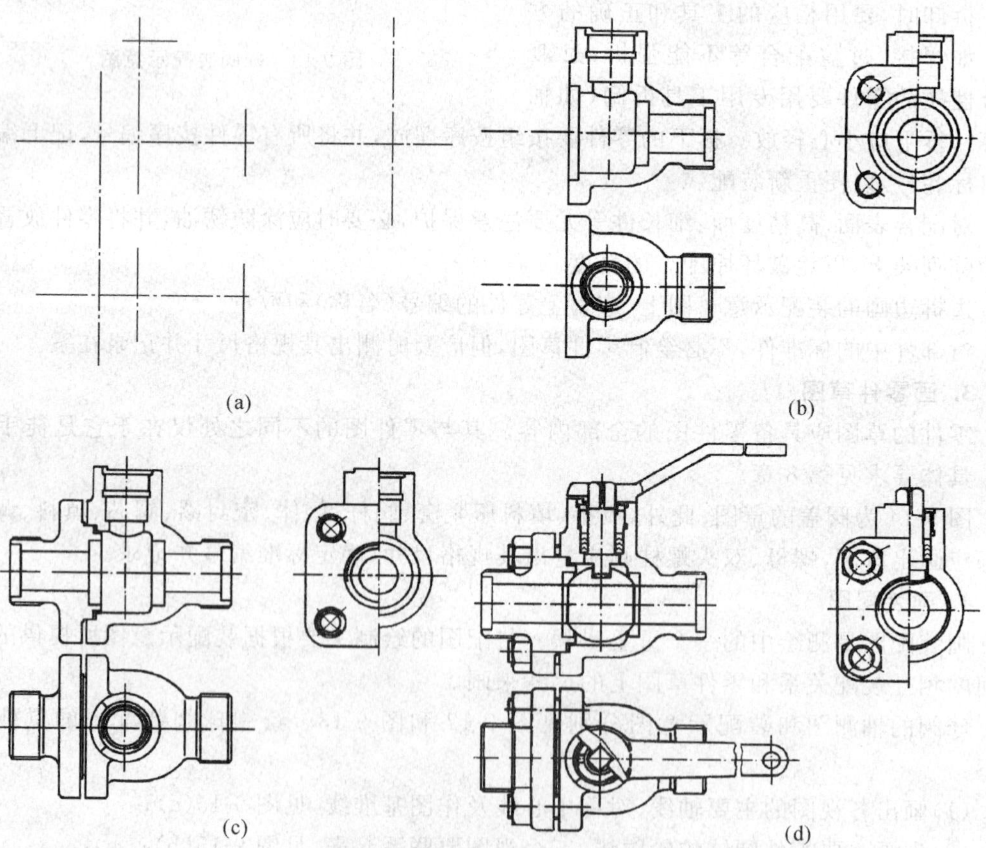

(a)　(b)　(c)　(d)

图 9-15　球阀装配图底稿绘制过程

(5)底稿线完成后，须校核，再加深，并画上剖面线；标注装配尺寸。编写好零件序号，填写标题栏、明细栏，经再校核后、签署姓名。完成后的球阀装配图如图 9-5 所示。

5. 拆画零件工作图

在绘好装配图并校对好尺寸后，即可根据装配图和零件草图绘制零件工作图。所画的零件工作图应当做到：投影正确，视图选择和配置适当；尺寸正确、完整、清晰、基本合理，字体工整；图面整洁，图线分明，图样画法符合国标；制造工艺和装配工艺尽可能符合生产实际。

图 9-16 是阀盖的零件工作图。

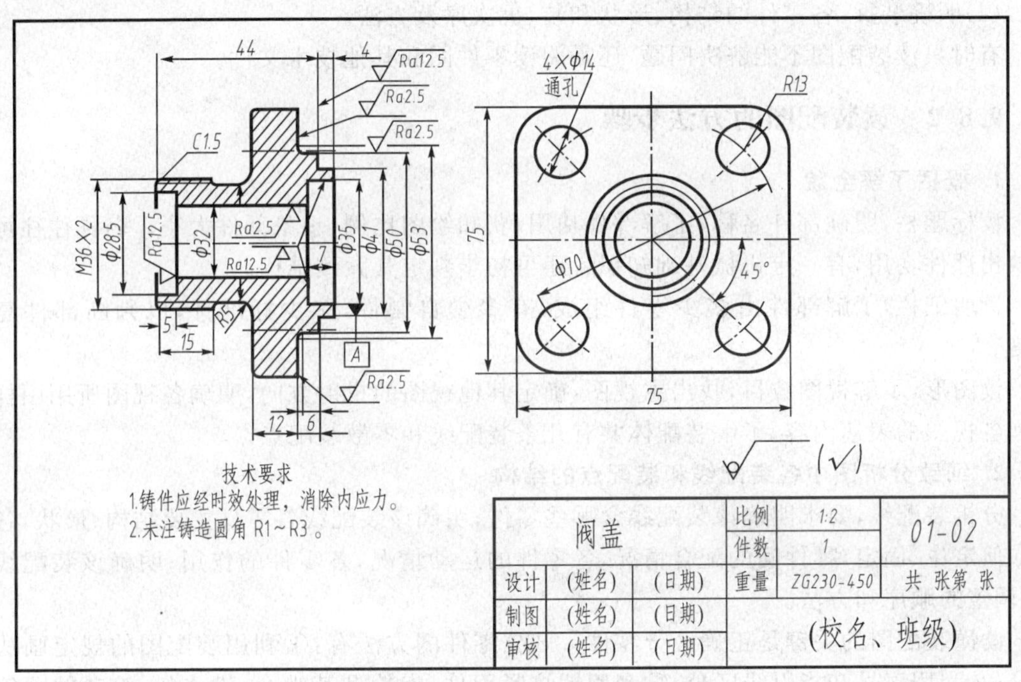

图 9-16　阀盖零件工作图

6. 编写测绘说明书

测绘说明书主要记录对测绘对象的工作原理和结构特点的分析；装配示意图和关键装配参数、关键零件重要参数的测量确定过程的说明，可用文字叙述，并配合有关计算和必要的简图；在最后还应列出主要的参考文献，以便查找相关技术文献。

作为基本技能的练习，本步骤是技巧形成和经验积累的重要来源，应边测绘边记录边整理。

此步骤虽然在实际生产过程并不是必需的，但却是积累技术文档的主要手段之一。

测绘说明书的格式要符合国家的相关标准，做到格式规范，用词准确，编辑认真。

9.8 读装配图和拆画零件图

9.8.1 读装配图的要求

(1)明确结构:组成部件的各个零件,各零件的定位(固定)方式、装配关系。

(2)明确功用:各零件的作用,部件的功用、性能和工作原理。

(3)明确调整:部件的使用、调整方法。

(4)明确装拆:各零件的结构、形状和装、拆次序及方法。

有时只读装配图不能解决问题,还需阅读零件图和其他技术文件。

9.8.2 读装配图的方法步骤

1. 概括了解全貌

读标题栏,明确部件名称、了解部件功用;获知绘图比例,想象部件大小。名称往往可以反映出部件功用,有一定机械基础知识者还可初步判定其大致结构。

读明细栏,了解部件由多少零件组成,有多少自制件,多少标准件,以判断部件复杂程度。

读图形,了解视图数目,找出主视图,确定其他视图的投射方向,明确各视图所用图样画法和各视图的表达内容,了解装配体共有几条装配线和零散装配点。

2. 细致分析图中各装配线和装配点的结构

分析装配线,要求明确该装配线含哪些零件;明确该装配线各零件主要结构、形状,各零件如何定位、固定,零件间的配合情况,各零件的运动情况,各零件的作用;明确该装配线装拆、调整的顺序和方法。

读懂装配图的关键是正确区分零件。区分零件的方法有:①利用装配图的规定画法来区分;②利用序号和指引线区分;③利用螺纹紧固件、齿轮及其啮合、键连接、滚动轴承等规定画法来区分零件和组件;④利用已具备的机械常识,一般零件的功用与结构、形状关系来区分。

读图时应注意以下三点:①几个视图对照读;②分析时尽可能地将被分析零件与部件功能和已明确零件的功能、作用相联系,根据相邻或相关零件的功能,确定本零件的功能和作用,并注意功能分析和投影分析相结合。③必要时使用尺规度量,定量分析与徒手画结构草图对读图帮助会很大。

3. 综合想象部件整体结构

进一步分析各装配线、装配点的相互位置关系和接触、连接及传动关系,综合各方面情况,勾勒部件整体结构。

4. 确认部件功能

分析部件的综合动作与运动情况,分析工作过程及原理,确认部件功能。

9.8.3 读装配图

我们以图 9-17 所示装配图为例,说明读装配图的一般过程。

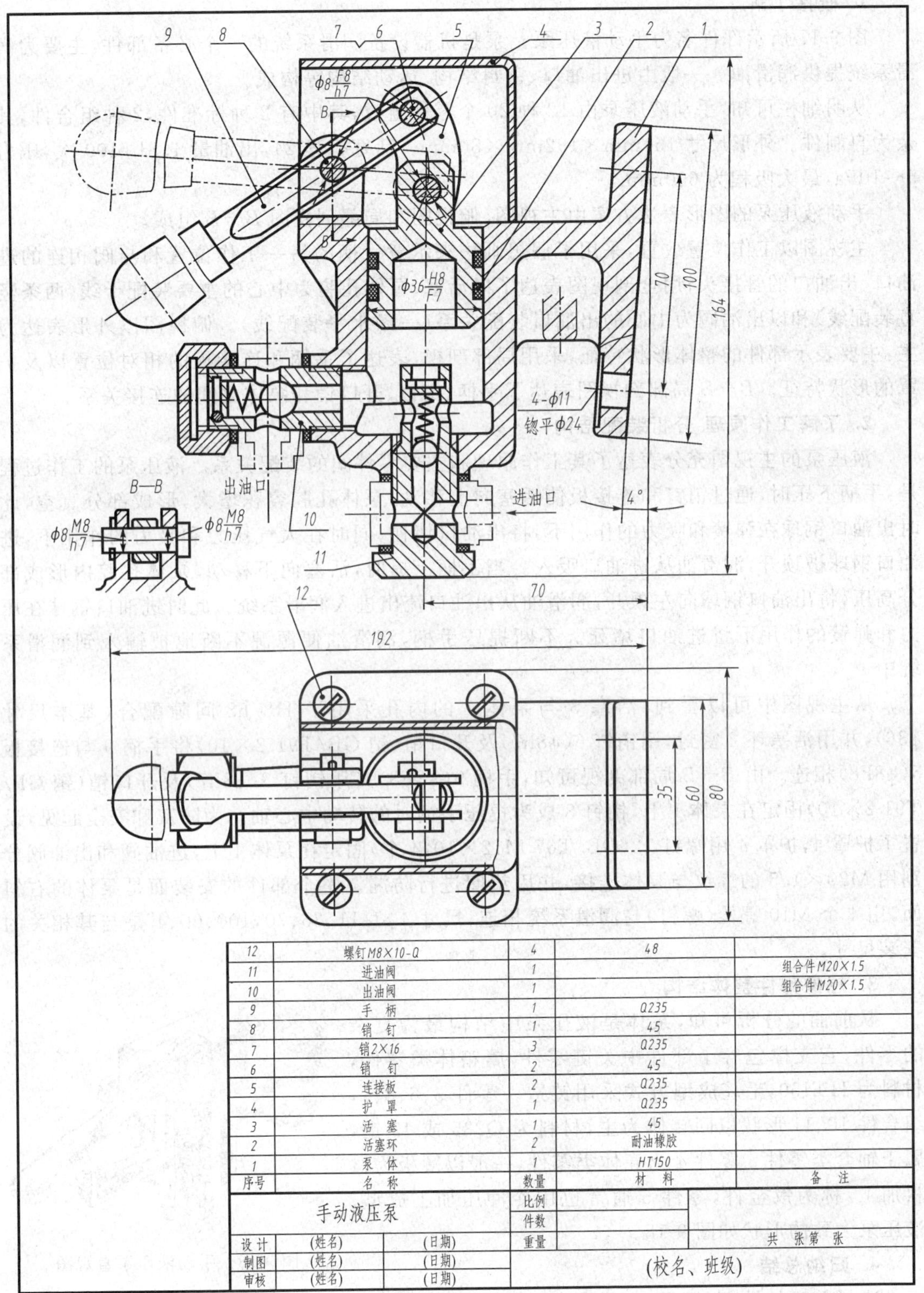

序号	名称	数量	材料	备注
12	螺钉M8×10-Q	4	48	
11	进油阀	1		组合件M20×1.5
10	出油阀	1		组合件M20×1.5
9	手　柄	1	Q235	
8	销　钉	1	45	
7	销2×16	3	Q235	
6	销　钉	2	45	
5	连接板	2	Q235	
4	护　罩	1	Q235	
3	活　塞	1	45	
2	活塞环	2	耐油橡胶	
1	泵　体	1	HT150	

手动液压泵			比例		
			件数		
设计	(姓名)	(日期)	重量		共　张第　张
制图	(姓名)	(日期)	(校名、班级)		
审核	(姓名)	(日期)			

图 9-17　手动液压泵装配图

1. 概括了解

图 9-17 所示部件名为手动液压泵。泵是机器设备润滑系统的一个必备部件，主要为润滑系统提供润滑油。一般由进出油口、密封结构、运动结构等构成。

从明细栏可知，手动液压泵由 12 种 20 个零件组成，其中有 2 种标准件，2 种组合件，其余为自制件。外形尺寸 164mm×192mm×80mm。活塞行程 24，出油量 1.8L/100 次，压力 5～10Pa，最大吸程为 600mm。

手动液压泵的图形表达方案由主视图、俯视图和局部剖视图 $B-B$ 组成。

主视图以工作位置放置，采用了假想画法来示意手柄的另一工作位置和与阀相连的进油口、出油口的管接头；用全剖视图表达了以活塞、泵体孔腔为中心的主要装配干线（两条竖直装配线）和以出油阀为中心的出油口装配关系（一条水平装配线）。俯视图以外形表达为主，主要表示部件的整体形状特征，采用局部剖视，表达了手柄和连接板的相对位置以及护罩的形状特征。$B-B$ 局部剖视图表达了手柄、销钉、开口销和泵体之间的连接关系。

2. 了解工作原理 分析装配结构

液压泵的主视图充分表达了其工作原理和主要零件间的装配关系。液压泵的工作过程是：手柄下压时，通过销钉和连接板使活塞向上移动，泵体孔腔容积增大，形成部分真空，此时出油口钢球在弹簧和吸力的作用下，将出油口堵住；同时在大气压力和吸力的作用下，进油口钢球被顶开，润滑油从进油口吸入。当手柄上提时，活塞向下移动，泵体孔腔内形成部分高压，将出油口钢球向左顶开，润滑油从出油口流出进入润滑系统。此时进油口钢球在压力和弹簧的作用下将进油口堵死。不断提压手柄，润滑油便源源不断地被输入到润滑系统中。

从主视图中可以看到，活塞 3 与泵体 1 的内孔采用了 H8/h8 间隙配合（基本尺寸 $\phi36$），并用活塞环 2 密封，用销钉 6（ϕ8h7）及开口销（销 GB/T91 2×10）将手柄 9 与连接板 5（ϕ8F8）相连。由 $B-B$ 局部剖视可知，手柄 9（ϕ8F8）又用销钉 8（ϕ8h7）及开口销（销 GB/T91 2×10）固定在泵体 1 上，销钉 8 成为提压手柄时的转动中心轴。为防灰和安全起见，设置了护罩 4，护罩 4 用螺钉 12（GB/T67 M12×10，4 个）固定在泵体 1 上，进油阀和出油阀分别用 M20×1.5 的螺纹与泵体连接，并用垫圈进行防漏。整个部件的安装面是泵体的右斜面，用 4 个 M10 螺栓（螺钉）与润滑系统相连，尺寸 4×ϕ11、36、70，100、60、4°是与其相关的安装尺寸。

3. 想象部件整体结构

从前面的分析可知，泵体是液压泵中结构最为复杂的零件，它支撑包容了部件中关键零件，属箱体类零件，材料为 HT150，毛坯成型方式采用铸造。零件 3、6、8、9，组合件 10、11 形状以回转体为主，材料为 Q235 或 45 钢，属于轴套类零件。零件 4 为壳体类零件，一般以簿板为材料加工，称为钣金件，零件 5 通常也用冷冲压加工成型。液压泵大致的形状如图 9-18。

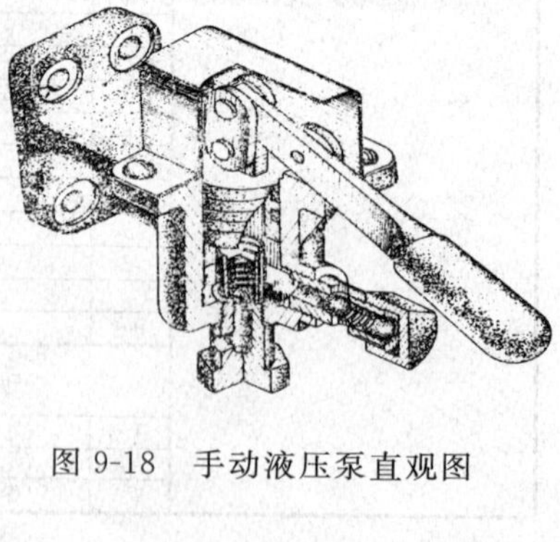

图 9-18 手动液压泵直观图

4. 归纳总结

通过前面的分析，我们对手动液压泵有了一定的认识，但还应该综合各方面的情况，对其作一个全面的分析，即将机器（部件）的作用、结构、装配、操作、维修等几方面联系起来，进行归纳总结。如结构有何特点，能否实现工作要求；各零件如何有序装拆；操作维修是否方便；密封防漏是否可靠等；才能对机器（部件）有比较全面的认识和了解。

如前所述，手动液压泵有三条装配线和一个装配点。进、出油口处的装配都采用了螺纹连接，将组合件（进、出油阀）先装配好，再旋到泵体上即可。以活塞 3 为中心的主装配线拆卸次序为：零件 12→4→7→6→5→3→2；手柄 9 与泵体 1 的连接，拆卸次序为：6→8，因销钉 8 与泵体 1 间的配合为 ϕ8M8/h7（ES＝＋1、EI＝－21；es＝－15），属于过渡配合，因此，装拆时要采用相应工具，以免破坏其结合表面，影响使用。

由此可见，要真正读懂装配图并非易事，不仅要掌握上述的一般方法，还必须具备一定的专业知识，因此，必须通过后续课程的学习，才能不断提高读图能力。

9.8.4　由装配图拆画零件图

1. 拆画零件图注意事项

根据装配图画零件图的工作称为“拆图”，拆图的过程往往也是设计零件的过程。由装配图拆画零件图，在拆画前首先必须认真阅读装配图，全面深入了解设计意图，理清工作原理、装配关系、技术要求和每个零件的结构形状。画图时，不仅要考虑零件的功能要求，而且要考虑零件的制造、装配、维修等方面的工艺要求。

拆画零件图要注意处理好以下几个问题：

（1）零件分类

按照对零件图样的绘制要求，零件可分为四类：

- 标准件：不必画零件图，但应在明细栏（明细表）中给出标记。
- 借用件：指借用定型产品上的零件，可利用已有的图样，不必再画。
- 特殊件：一般为机器（部件）中的关键零件，设计时对零件的结构进行分析，确定数据，此类零件在设计说明书中都附有图样或重要数据，如汽轮机的叶片、喷嘴。此类零件的图样必须与设计说明书中一致。
- 一般件：大多按装配图所体现的结构形状和技术要求等绘制，是拆画零件图的主要对象。

（2）对表达方案的处理

零件图表达方案的确定原则是加工位置优先，与装配图表达方案工作位置优先是不同的，因此零件图的表达方案与装配图不一定相同；通常情况下，箱体类零件主视图与装配图一样，轴套类零件则轴线横放。

（3）对零件结构形状的处理

装配图的表达重点是装配关系，因此常将零件上的一些细小结构简化或省略，如标准结构倒角、倒圆、退刀槽、越程槽等；此外，由于一个视图不能完全确定物体的形状，某些局部结构要借助相邻零件和机械设计基础知识给出（图 9-19，a 或 b）；这些结构在零件图中应当补全。对需要装配时进行加工的结构（如销钉孔），则应在相应的零件图中标注说明，如图 9-20。

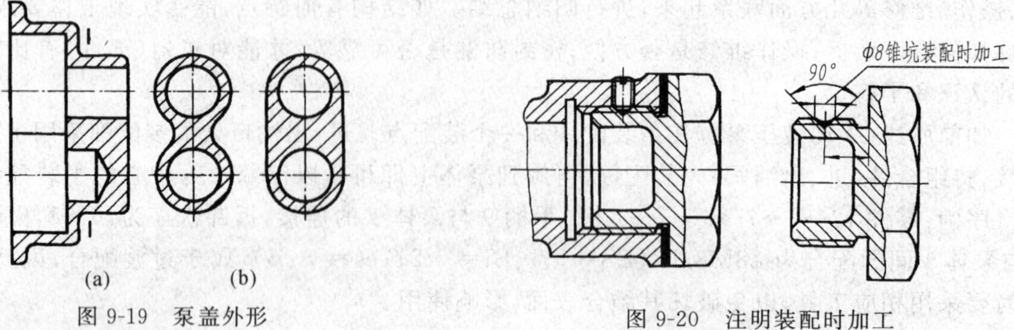

图 9-19　泵盖外形　　　　　　　　　　　　　图 9-20　注明装配时加工

当零件采用铆接、弯曲卷边等变形方法连接时，应画出零件连接前的情况，如图 9-21。

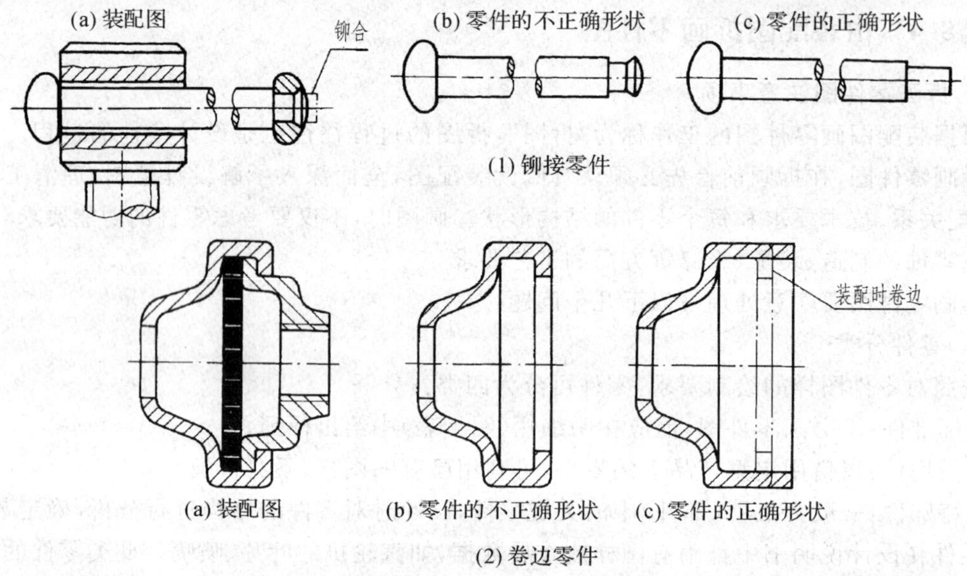

图 9-21　画出连接前的情况

(4)零件尺寸的确定

装配图上虽只注出必要的尺寸，但零件的形状与大小已经过设计，基本上是正确的，画零件图时可按比例直接量取尺寸。尺寸的标注方法按第 8 章所述，大小则按不同情况分别处理：

- 装配图上已注尺寸，在零件图上直接注出，包括它们的偏差等。
- 与标准件相连或配合的尺寸，如键槽、销孔、螺纹尺寸等，应查相关标准确定。
- 标准结构(如分度圆、齿轮顶圆等)按相关公式计算后标注。
- 相邻零件的有关尺寸(如连接件的相关定位尺寸)应一致。
- 常用的工艺结构尺寸(如倒角、倒圆、退刀槽、越程槽等)按标准规定的值确定。
- 在明细栏中注明的尺寸(如垫片厚度、柱销直径等)按给定尺寸标注。

(5)零件表面粗糙度的确定

零件上各表面的粗糙度是依据零件的使用要求确定的。一般接触面和配合面要求较高，有密封要求、耐腐蚀、美观等要求的表面粗糙度值应较小，具体可参阅第 8 章。注意每个表面都必须标注表面粗糙度。

(6)技术要求

正确地制定技术要求需要较深的专业知识,本书不作进一步的介绍。

2. 拆画零件图的步骤

(1)拆画视图

• 在读懂装配图的基础上,将要拆画零件的结构、形状完全确定。先将根据装配图能确定的部分想象清楚,确定下来,再对未确定部分进行构形设计确定下来。构形设计的原则是保证功能并便于制作,适当注意美观。

• 根据零件类型,按第八章所述原则和方法选择视图方案。拆画零件图时,这一点一定要注意。零件在装配图上的视图方案是服从于“装配图表示装配关系和工作原理”的。零件在零件图中的视图方案需按零件图要求重新考虑(尽管二者有相同的时候),但决不能简单照抄装配图视图方案而不去选择。

• 按零件图绘图步骤和方法画视图。在这一步要注意的是在装配图中简化未画的倒角、倒圆、沟槽等结构,在零件图中一般均应画出,符合国标规定,可简化省略的,要进行正确标注。

(2)标注尺寸

拆图标注尺寸时用下列五种方法确定尺寸数值:

• 从装配图中抄下来。

• 根据明细栏或相关标准查出来。凡与螺纹紧固件、键、销和滚动轴承等装配之处的尺寸均需如此。

• 根据公式计算出来。例如,若拆画齿轮零件图时,其分度圆、齿顶圆均应根据模数、齿数等基本参数计算出来。

• 从装配图中按比例量出来。

• 按功能需要定下来。

(3)标注技术要求

• 根据表面作用确定粗糙度要求。

• 根据装配图中公差代号标注尺寸,注意区分孔、轴。

• 确定形位公差要求并标注。

(4)据装配图明细栏中该零件相应内容填写零件图标题栏

3. 拆画零件图举例

现在我们来拆画图 9-22 齿轮油泵中的零件 8(右端盖)。

(1)概括了解

齿轮油泵的作用与手动液压泵类似,从图 9-22 可知:齿轮油泵由泵体,左、右端盖,运动零件(齿轮、齿轮轴等),密封零件及标准件等组成,共有 17 种 34 个零件,采用主、左两个视图表达。主视图采用全剖视图,反映了组成齿轮油泵的各个零件间的装配关系。左视图采用沿左泵盖 4 处的垫片 6 与泵体 7 的结合面剖切产生的半剖视图,且在吸、压油口采用了局部剖视图,从而清楚地反映了油泵的外形、齿轮啮合情况以及吸、压油的工作原理;局部剖视反映了吸、压油口的情况。该齿轮油泵的外形为 118、85、93mm,体积不是很大。

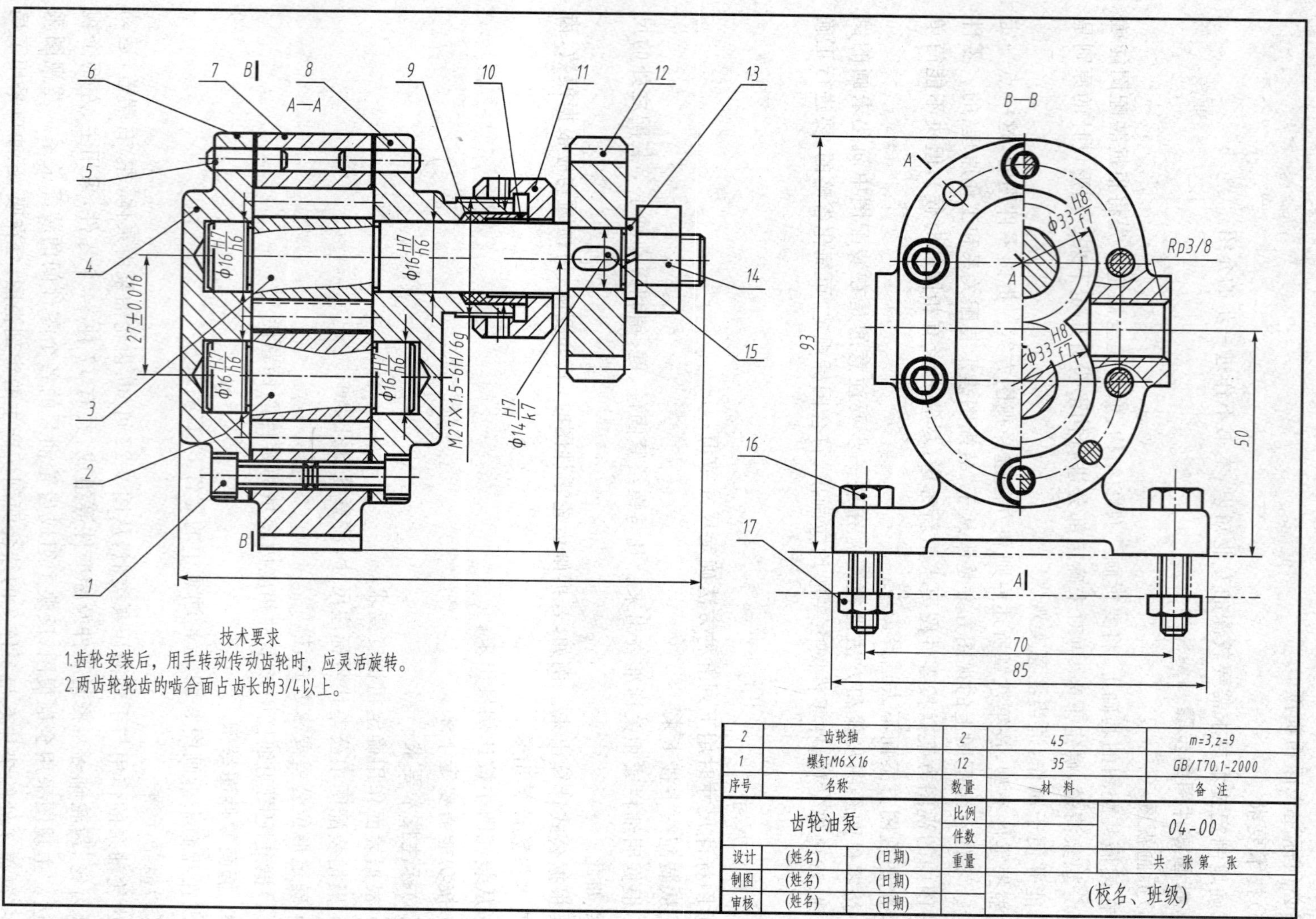

2	齿轮轴	2	45	m=3,z=9
1	螺钉M6X16	12	35	GB/T70.1-2000
序号	名称	数量	材料	备注

齿轮油泵			比例		04-00
			件数		
设计	(姓名)	(日期)	重量		共 张第 张
制图	(姓名)	(日期)			(校名、班级)
审核	(姓名)	(日期)			

图9-22 齿轮油泵装配图

(2)了解装配关系和工作原理

该装配体的关键零件是泵体 7 内腔中容纳的一对吸、压油齿轮。下面从运动关系、密封关系、包容关系作一些分析。

包容关系：泵体 7 和左端盖 4、右端盖 8 是齿轮油泵的主体零件，它们之间分别用由销 5 定位的 6 组内六角螺钉 1 相连；将齿轮轴 2、3 装入泵体 7 后，两侧由左端盖 4、右端盖 8 支承这对齿轮的旋转运动。

密封关系：为防止泵体与端盖结合面处漏油，用垫片进行密封；由于齿轮轴 3 为运动零件，其伸出端的密封结构较为复杂，不仅有密封圈 9，且用衬套 10 和压紧螺母 11 将其压紧。

运动关系：传动齿轮 12→键 15→齿轮轴 3→齿轮轴 2。

齿轮油泵的工作原理如图 9-23 所示，当齿轮 12 按逆时针（从左视图方向看）转动时，齿轮轴 2 顺时针转动，啮合区内右边空间的压力降低，产生局部真空，油池内油在大气压作用下进入油泵低压区内的吸油口，随着齿轮的转动，齿槽中的油不断沿着箭头方向被带至左边的压油口把油压出，送到机器中需润滑的部分。

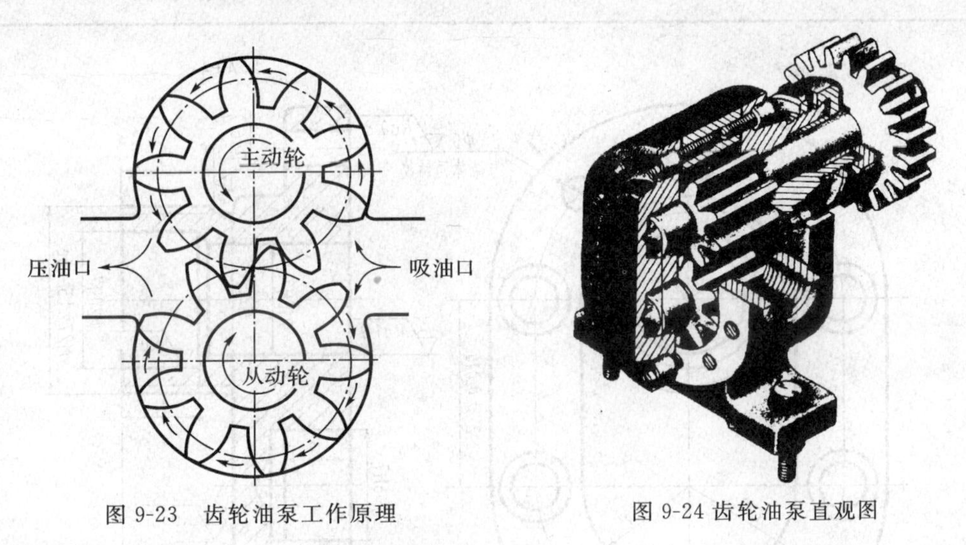

图 9-23　齿轮油泵工作原理　　图 9-24 齿轮油泵直观图

(3)主要尺寸分析

配合尺寸：a. 齿轮轴 2、齿轮轴 3 与左端盖 4、右端盖 8 的间隙配合 ϕ16H7/h6，此处端盖上的孔 ϕ16H7 作为齿轮轴 ϕ16h6 的支承；b. 右端盖 8 与衬套 10 间的间隙配合 ϕ20H7/h6，以保证密封为目的；c. 齿轮轴 3 与传动齿轮 11 的配合尺寸 ϕ14H7/k6 为基孔制过渡配合，以便于传动齿轮扭矩的可靠和均衡传递。齿轮轴的齿顶圆与泵体内腔的配合 ϕ33H8/f7 请读者自行分析。

尺寸 27±0.016 是泵腔内啮合齿轮的中心距，取决于齿轮所要求的传动精度，在设计时按标准选取。尺寸 65（传动齿轮轴线离泵体安装面的高度尺寸）、50、Rp3/8、70 是安装尺寸，为齿轮油泵的选取和安装提供参照数据。

图 9-24 是 4 齿轮油泵的直观图，供读图分析后对照参考。

(4)拆画零件 8（右端盖）

由主视图可知右端盖 8 上部有齿轮轴 3 穿过，下部支承齿轮轴 2；右部的凸缘外表面有螺纹，便于压紧螺母 11 压紧密封圈 9；由左视图可知右端盖的外形为腰形，沿周边分布有六个沉孔和两个销孔，此处的销孔用于定位，应在与泵体装配时再钻。

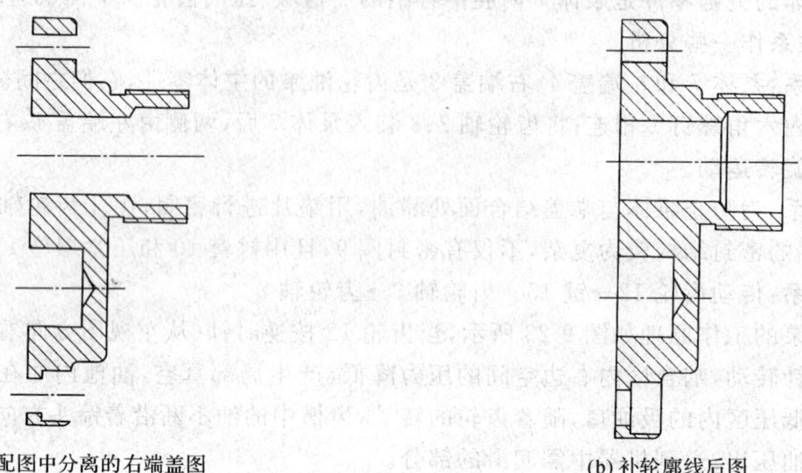

(a) 从装配图中分离的右端盖图　　(b) 补轮廓线后图

技术要求

1.铸件应经时效处理。

2.未注铸造圆角R1～R3。

3.未注倒角C1。

4.盲孔ϕ16H7可先钻孔，再经切削加工铸成，但不得钻穿。

右端盖			比例	1:1	04-07
			件数	1	
设计	(姓名)	(日期)	质量	HT200	共 张第 张
制图	(姓名)	(日期)	(校名、班级)		
审核	(姓名)	(日期)			

(c) 右端盖零件图

图 9-25　拆画右端盖零件图

零件 8(右端盖)属盘盖类零件,通常采用两个视图表达。拆画时先从装配图的主视图中分离出右端盖部分的视图轮廓(图 9-25(a)),根据零件的作用和装配关系补全轮廓线(图 9-25(b)),再根据装配图的左视图画出右端盖的右视图,表达其外形。注全尺寸(内六角螺钉的螺钉孔尺寸查沉头座尺寸 GB/T152.3－1988 确定)和技术要求(表面粗糙度、尺寸公差、形位公差等),零件 8 的零件图如图 9-25(c)所示。

本章小结

绘制和阅读装配图是本课程的重点之一。本章重点介绍了以下内容:

一、装配图的作用

装配图是用来表达机器或部件的性能、工作原理、各组成零件之间的连接关系和有关装配检验方面的技术要求。

二、装配图的画法

表达机器或部件与表达零件的方法基本相同,两者都是采用各种视图、剖视图和断面等表达方法。但装配图主要表达零件之间的相互关系,因而又有规定画法和简化画法等方法。

画装配图时必须掌握关于相邻零件接触表面、非接触面、剖面线、标准件和实心杆件等的规定画法;装配图的特殊表达方法和一些简化画法。

开始画装配图前,应先确定恰当的表达方案、选取合适的图纸幅面;画图时先画主体零件,然后沿各条装配线,按装配次序逐个画零件;再标注必要的尺寸、编注零件序号,填写明细栏和标题栏;最后检查签字。

三、装配图上的尺寸标注

从装配图的作用出发,只标注与部件性能、装配、安装等有关的尺寸,总体尺寸及设计时确定的重要尺寸等。

四、装配图的读图与拆图

读装配图是要把装配图上所有表达的部件性能、工作原理及零件之间的相互关系读懂,从而进一步想象出主要零件的形状。由装配图拆画零件图,是在看懂装配图的基础上,分离所需要拆画的零件,补齐被遮挡的图线,确定在装配图中未表达清楚的结构,选择表达方案,画出零件图形、标注尺寸及技术要求等。

复习思考题

1. 装配图在生产中起什么作用? 它包括哪些内容? 装配图与零件图有何联系?

2. 编注装配图中的零、部件序号应遵守哪些规定?

3. 装配图的表达方法与零件图有何区别? 装配图有哪些特殊的表达方法?

4. 在画部件装配图时,应怎样选定主视图? 简述装配图视图选择的步骤和方法。

5. 如何选择装配图主视图的方向?

6. 装配图上一般需标注哪些尺寸?

7. 读装配图的目的是什么? 要求读懂部件的哪些内容? 试较详细地说明由装配图拆画零件图的步骤和方法。为什么从装配图拆绘的零件图的视图表达方案有时与该零件在装配图中的视图表达方案相同？而有时则不同？

8. 试简述部件测绘的一般步骤。

9. 试简述由已知的零件图拼绘装配图的步骤和方法。

10. 试设计一款文具，并画出其装配示意图和装配图。

第 10 章　计算机绘图基础

本章学习导读

AutoCAD 是当今世界上主要的计算机辅助设计与绘图(CAD)程序。自从 1982 年 12 月被推出以来,AutoCAD 在功能和销售方面都有了很大的提高,并成为标准的基于 PC 的 CAD 应用程序。许多年来,AutoCAD 始终跟随着计算机工业的发展步伐,应用程序已经从最开始的基于 DOS 环境下在命令行中执行命令,发展为完全与 Windows 兼容的应用程序。

计算机绘图作为 CAD(Computer Aided Design,计算机辅助设计)和 CAM(Computer Aided Machinery,计算机辅助制造)的重要组成部分,是计算机技术的一个重要的应用领域。

AutoCAD 是美国 Autodesk 公司开发的一个交互式绘图软件,不仅具有较强的二维、三维设计绘图功能,还可在其基础上根据用户的需求进行二次开发,AutoCAD 从 1982 年推出 1.0 版本以来,该软件的版本不断更新,功能日趋完善,在建筑、机械、测绘、电子等领域得到了广泛的应用,是目前世界上应用最广泛的 CAD 软件系统之一。

用户通过 AutoCAD 来创建、浏览、管理、打印、输出、共享及复用设计图形,与手工制图比较,优势明显:

1. 便于管理、保存,不会污损,携带方便。
2. 修改图形容易、方便,减轻繁琐的简单重复作图工作。
3. 绘图速度快、精度高,大大提高了工作效率。
4. 促进了设计、绘图的规范化、系列化和标准化。

本章将以 AutoCAD 2007 中文版为基础,通过学习 AutoCAD 2007 的二维绘图部分,掌握基本的绘图及编辑命令,根据制图的基本知识能使用 AutoCAD 2007 软件绘制二维图。

10.1　概述

10.1.1　AutoCAD 2007 用户界面

AutoCAD 2007 的用户界面如图 10-1 所示,主要由标题栏、菜单栏、工具栏、状态栏、绘图窗口以及文本窗口等几部分组成。

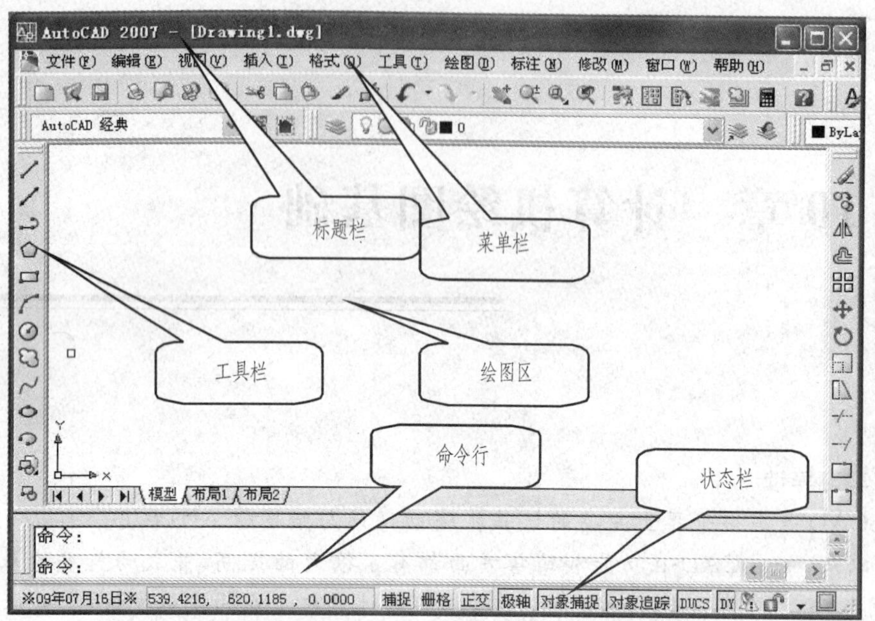

图 10-1 AutoCAD 2007 用户界面

1. 标题栏:包括控制图标以及窗口的最大化、最小化和关闭按钮,并显示应用程序名和当前图形的名称,是标准的 Windows 应用程序界面风格。

2. 菜单栏:菜单栏以级联的层次结构来组织各个菜单项,并以下拉的形式逐级显示,它包含了 AutoCAD 2007 的核心命令和功能。AutoCAD 2007 默认提供了 11 个菜单栏。

3. 工具栏:通过工具栏可以直观、快捷地访问一些常用的命令,只需一个简单的单击鼠标动作,就可执行大部分常用的命令。AutoCAD 默认提供了 35 种工具条。

4. 状态栏:用于显示坐标、提示信息等,同时还提供了一系列的控制按钮,包括“捕捉”、“栅格”、“正交”、“极轴”、“对象捕捉”、“对象追踪”、“线宽”、“DUCS”、“DYN”和“模型/图纸”8 个按钮。

5. 绘图区:显示、绘制、编辑图形的主要区域。AutoCAD 从 2000 版本开始支持多文档,因此在 AutoCAD 中可以有多个图形窗口。绘图窗口中有垂直和水平滚动条,可以用来改变观察位置。

6. 命令行:用户可在提示下输入各种命令、选项和数值等。命令行还显示了 AutoCAD 命令的提示及有关信息,并可查阅和复制命令的历史记录。

10.1.2 AutoCAD 2007 命令的执行方法

1. 从键盘输入:当命令行显示“命令:”时,用键盘输入命令全名或命令的别名,接着按回车键或空格键或单击鼠标右键(光标在绘图区域)即可。(如没有显示“命令:”,则可按“ESC”键取消其他命令。)

2. 从工具栏:移动光标到屏幕上的工具栏上,鼠标左键单击相应命令按钮即可。

3. 从菜单栏:移动光标到菜单栏上,鼠标左键单击相应命令按钮即可。

4. 重复命令:当一个命令运行结束后,出现新的“命令:”提示,接着按“回车”或 Space-

bar，可以重复上一个使用的命令。

10.1.3　AutoCAD 2007 的功能键

AutoCAD 在键盘上定义了一些控制辅助绘图工具开/关的功能键（这些辅助绘图工具大多在状态栏中显示），绘图时用户通过对辅助绘图工具的设置和开/关操作，可以极大地方便绘图工作，具体的功能键定义见表 10-1。

表 10-1　AutoCAD 键盘功能键定义

功能键	作　用	组合键	功能键	作　用	组合键
F1	Windows 在线帮助		F2	切换文本/图形屏幕	
F3	对象捕捉开/关(ON/OFF)		F4	数字化仪模式 ON/OFF	Ctrl+T
F5	轴测图切换	Ctrl+E	F6	坐标显示开、关	
F7	栅格开/关(ON/OFF)	Ctrl+G	F8	正交开关(ONOFF)	
F9	捕捉开/关(ON/OFF)	Ctrl+B	F10	极轴开/关	
F11	对象追踪 开/关(ON/OFF)		F12	动态输入开/关	

10.1.4　AutoCAD 的坐标系及坐标输入方式

如同现实生活中一样，AutoCAD 提供了一个三维的空间，通常我们的建模工作都是在这个空间中进行的。AutoCAD 系统为这个三维空间提供了一个绝对的坐标系，称之为世界坐标系（WCS，World Coordinate System），这个坐标系存在于任何一个图形之中，并且不可更改。

1. 笛卡尔坐标系与绝对坐标系

笛卡尔坐标系又称为直角坐标系，如图 10-2 所示，它由一个原点和两个通过原点的、相互垂直的坐标轴构成。平面上任何一点 P 都可以由 X 轴和 Y 轴的绝对坐标所定义。

例如，在 AutoCAD 中某点的绝对坐标输入为：30，40。

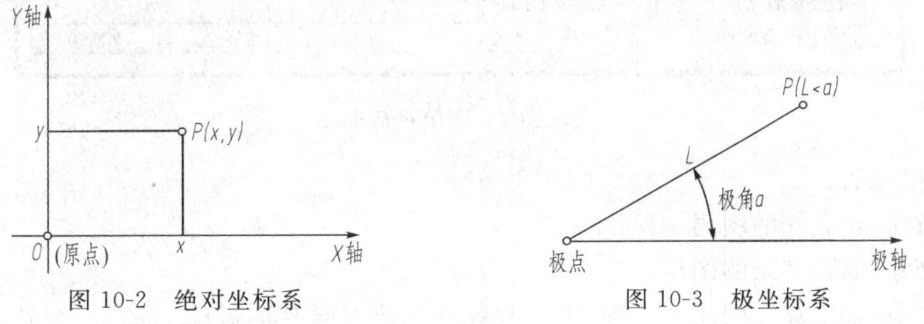

图 10-2　绝对坐标系　　　图 10-3　极坐标系

2. 极坐标系与绝对坐标系

极坐标系由一个极点和一个极轴构成，见图 10-3，极轴的方向为水平向右。平面上任何一点 P 都可以由该点到极点的连线长度 L 和连线与极轴的交角 a（a 为极角，AutoCAD 系统默认逆时针方向为正）所定义，即用一对坐标值（$L<a$）来定义一个点，其中"<"是角度的标识符号。

例如，在 AutoCAD 中某点的绝对极坐标为：50<30。

3. 相对坐标

在一般情况下，用户需要的是直接通过点与点之间的相对位置来绘制图形，而不方便指定每个点的绝对坐标。为此，AutoCAD 提供了使用相对坐标的办法。所谓相对坐标，就是某点与相对点的相对位移值，在 AutoCAD 中相对坐标用“@”标识。使用相对坐标时可以使用笛卡尔坐标，也可以使用极坐标。

例如，某一直线的起点坐标为(5,5)、终点坐标为(10,5)，则终点相对于起点的相对坐标为：@5,0，用相对极坐标表示应为：@5<0。

10.1.5 图 层

AutoCAD 图形的各个实体可以绘制在不同的图层上，图层的特点是透明、没有厚度、相互对齐、数量不限等，用户可以根据需要对图层进行添加/删除；打开/关闭；冻结/解冻；锁定/解除锁定等操作，图层是 AutoCAD 用来组织图形最为有效的工具之一。

调用方式：利用下拉菜单【格式】→【图层・・・】；

单击图层图标；

键盘输入 layer。

操作说明：图层设置如图 10-4 所示。

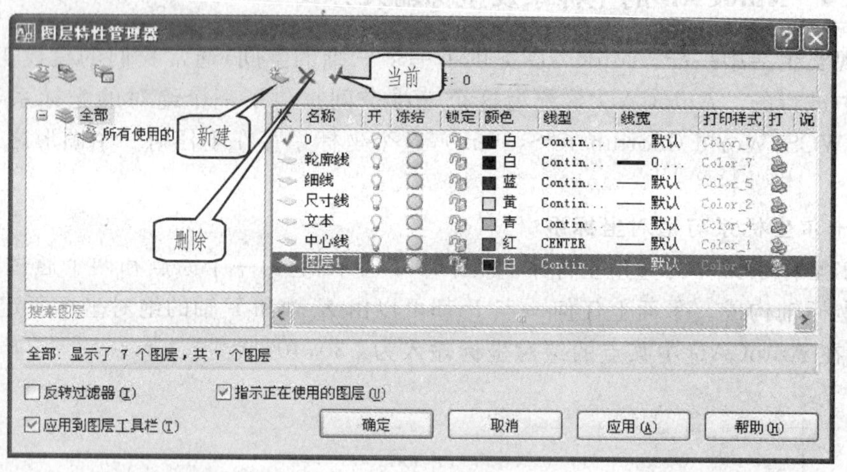

图 10-4 图层对话框

对话框说明：

(1)新建：建立新的图层。

(2)删除：删除多余的图层。

(3)当前：指定某一图层为当前层。(只能在当前图层上绘制)

(4)显示开/关：显示或不显示图层。(如果选择关闭，绘制在该图层上的实体为不可见，但可以进行编辑操作)

(5)冻结/解冻：冻结或解冻图层。(如果选择冻结，绘制在该图层上的实体为不可见，也不可以进行编辑操作)

(6)锁定/解除锁定：对某一图层锁定或解除锁定。(如果选择锁定，绘制在该图层上的

实体为可见，但不可以进行编辑操）

(7)颜色：设定该图层上对象的颜色。

(8)线型：设定该图层上对象的线型，线型需要加载。

(9)线宽：设定该图层上对象的线宽度，通过开启状态栏的“线宽”，可以在屏幕上显示。

10.2　基本作图

在了解了关于 AutoCAD 基本知识的基础上，我们利用 AutoCAD2007 来绘制一个简单的图形，以进一步增强对 AutoCAD 绘图的认识。

10.2.1　基本作图流程

【实例 1】 绘制图 10-5，掌握 AutoCAD 2007 的作图流程和坐标输入法。

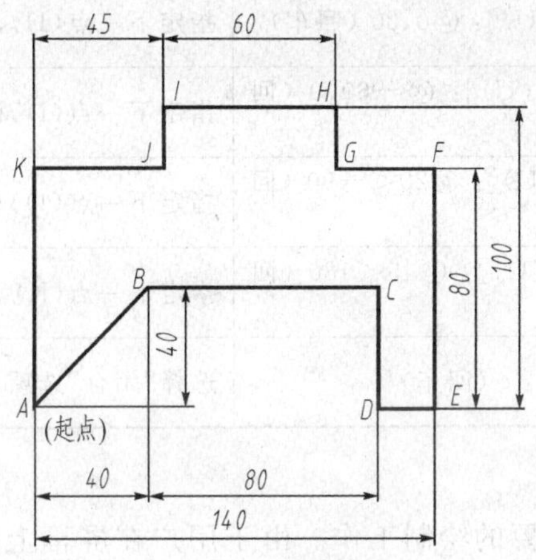

图 10-5　板材冲压件

作图步骤：

1. 创建新图形文件

(1)启动 AutoCAD 2007 系统，系统默认以 acadiso. dwt 为样板。

(2)或“新建”文件，然后选择使用样板，在“Template”文件夹中选择“acadiso. dwt”文件。

2. 环境设置

设定图层：按图 10-4 所示设置。

3. 图形绘制(本例利用直线(line)命令绘制该图形)

line 命令操作说明	
命令：_line 指定第一点：	选择直线命令绘制该图形，任意指定第一点，如 A 点

续表

line 命令操作说明	
指定下一点或［放弃(U)］：@40,40（回车）	指定下一点(B)，相对坐标为@40,40
指定下一点或［闭合(C)/放弃(U)］：@80<0（回车）	指定下一点(C)，相对极坐标为@80<0
指定下一点或［闭合(C)/放弃(U)］：@40<－90（回车）	指定下一点(D)，相对极坐标为@40<－90
指定下一点或［闭合(C)/放弃(U)］：@20<0（回车）	指定下一点(E)，相对极坐标为@20<0
指定下一点或［闭合(C)/放弃(U)］：@80<90（回车）	指定下一点(F)，相对极坐标为@60<90
指定下一点或［闭合(C)/放弃(U)］：@－35,0（回车）	指定下一点(G)，相对坐标为@－35,0
指定下一点或［闭合(C)/放弃(U)］：@0,20（回车）	指定下一点(H)，相对坐标为@0,20
指定下一点或［闭合(C)/放弃(U)］：@－60,0（回车）	指定下一点(I)，相对坐标为@－60,0
指定下一点或［闭合(C)/放弃(U)］：@20<－90（回车）	指定下一点(J)，相对极坐标为@20<－90
指定下一点或［闭合(C)/放弃(U)］：@45<180（回车）	指定下一点(K)，相对极坐标为@45<180
指定下一点或［(C)/放弃(U)］：c（回车）	选择“闭合”选项，封闭图形并结束“line”命令

4. 显示控制

现在我们已经完成了主要的绘制工作。由于用户在屏幕上所看到的范围是有限的，有可能只看到图形的一部分，甚至看不到图形，使用“Zoom(缩放)”命令可以将图形全部显示在屏幕上。

zoom 命令操作说明	
命令：zoom（回车）	执行“zoom”命令
指定窗口角点，输入比例因子（nX 或 nXP)，或［全部(A)/中心点(C)/动态(D)/范围(E)/上一个(P)/比例(S)/窗口(W)/对象(O)＜实时＞：a（回车）	选择“全部”选项并确定，此时用户可以在屏幕上看整个的图形

5. 图形保存

调用方式：利用下拉菜单【文件】→【保存】；键盘输入 Save，或用组合键“Ctrl＋s ”。

AutoCAD 2007 能够保存的文件类型有 DWG(AutoCAD 标准文件格式)、DWT(AutoCAD 样板文件格式)、DXF(二进制格式，用于不同 CAD 系统之间的数据交换)，并允许按以前的版本格式保存。

10.2.2 AutoCAD 基本绘图命令

AutoCAD 2007 常用的绘图命令见表 10-2。

表 10-2　常用的基本绘图菜单与命令

图标菜单	命令名	命令别名	功　能
	Line	L	绘制直线命令,可绘制单条和连续的直线
	Ray		绘制射线命令,直线无限延伸,常用作辅助绘图线
	Pline	PL	绘制多义线(也称为多段线),由若干直线和圆弧连接而成的折线或曲线,可以有不同的线宽。用 PEDIT 命令编辑
	Polygon	POL	绘制正多边形,有内接法、外切法、边长法三种画法
	Rectang	REC	绘制矩形,只须指定对角坐标
	Arc	A	绘制圆弧,根据起点、圆心、圆心角、包角、终点等控制点确定
	Circle	C	绘制圆命令,有 CR、CD、3P、2P、TTR、TTT6 种方式。其中 C 圆心、R 半径、D 直径、P 点、T 切点
	revcloud		绘制修订云线,由多义线构成,常用作图形标记,如红批
	Spline	SPL	绘制样条曲线,使用 NURBS 法(非均匀有理 B 样条曲线)绘图
	Ellipse	EL	绘制椭圆,也可以在当前等轴测绘图平面创建一个等轴测圆
	Ellipse	EL	绘制椭圆弧,注意选择圆弧(A)选项才能绘制圆弧
	Insert	I	插入块
	Block	B	定义块
	Point	PO	绘制点
	BHatch	H	填充图形
	Region	REG	定义面域
A	Mtext	T	写多行文本

10. 2. 3　AutoCAD 基本编辑命令

1. AutoCAD 2007 常用的修改命令(见表 10-3)

表 10-3 常用的基本修改菜单与命令

图标菜单	命令名	命令别名	功能
	Erase	E	删除命令，从图形中删除对象
	Copy	CO	复制命令，生成单个和多重副本
	Mirror	MI	镜向命令
	Offset	O	偏移复制命令
	Array	AR	阵列复制命令
	Move	M	移动对象命令
	Rotate	RO	旋转对象命令
	Scale	SC	比例缩放命令
	Stretch	S	拉伸命令
	Trim	TR	修剪命令
	Extend	EX	延伸命令
	Break	BR	打断命令
	Break	BR	打断命令
	Chamfer	CHA	倒角功能命令
	Fillet	F	圆角功能命令
	Explode	X	分解实体命令

2. 对象选择的方法

当用户在使用修改命令时，系统常会提示“选择对象：”，AutoCAD 提供了多种选择对象方式，最常用的有三种。

(1)矩形窗口选择方式：鼠标从左边拉到右边，形成一个蓝色的连续线矩形框，则要求完全包含在矩形框里的对象才会被选中。

(2)交叉窗口选择方式：鼠标从右边拉到左边，形成一个绿色的虚线矩形框，则只要求与该矩形框交叉或在里面的对象就会被选中。

(3)单个选择方式，用鼠标在对象上单击，则可以一个一个的方式选择对象。

10.2.4　草图设置(辅助作图工具)

AutoCAD 为用户提供了多种绘图的辅助工具，如栅格、捕捉、正交、极轴追踪和对象捕捉等，这些辅助工具类似于手工绘图时使用的方格纸、丁字尺、三角板等，可以更容易、更准确地创建和修改图形对象。辅助工具可通过“草图设置”对话框进行设置。

调用方式：利用下拉菜单【工具】→【草图设置(F)・・・】

鼠标操作：先将鼠标移动到状态栏任意的按钮上，如对象捕捉处，单击鼠标右键，并选择【设置(S)・・・】项。

操作说明：设置“草图设置”对话框如图 10-6 所示。

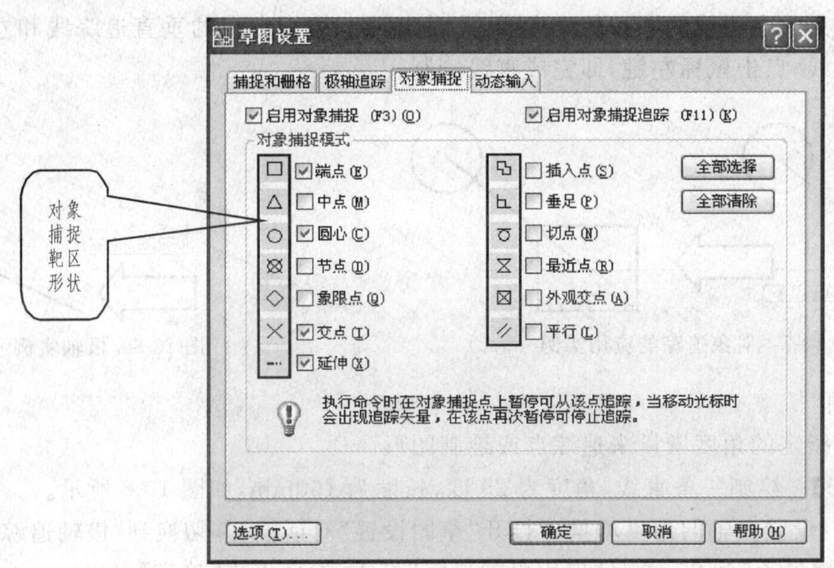

图 10-6　草图设置对话框

草图设置内容：

1. 捕捉(SNAP)和栅格(GRID)

使用 SNAP 命令可以设置光标每移动一格的距离。

使用 GRID 命令可以在屏幕上显示和设置参考栅格。

2. 对象捕捉(OSNAP)

作图时有时需要使用图上对象的某些特殊点，如某直线的中点、圆的圆心等，直接用光标拾取，误差很大；坐标输入，很不现实。利用 AutoCAD 提供的对象捕捉(OSNAP)功能，可帮助用户快速、准确地捕捉到对象上这类特殊点。对象捕捉仅配合有关命令使用，本身不产生对象。

AutoCAD 2007 提供的对象捕捉见图 10-6 所示，在对象捕捉状态下，搜寻对象时会有一个靶区随光标移动，对象捕捉的对象不同，靶区的形状也不同，如图 10-6 所示，当靶区落在指定的特殊点上时，点击鼠标即可利用对象捕捉实现坐标输入。

3. 对象追踪

对象追踪可以帮助用户按与对象特殊点的关系(如同该特殊点垂直、水平、成极轴角等)

来确定点的位置。对象追踪必须与对象捕捉同时工作。该点的位置理论上最多可以是7个特殊点关系的相关。

【实例2】 对象追踪的应用:在圆的圆心与矩形的中心处绘制一条直线,见图10-7。

步骤一:在状态栏处开启对象追踪按钮和对象捕捉按钮。

步骤二:运行直线命令,并将光标移到圆附近,出现圆心的对象捕捉靶区,点击鼠标左键,利用对象捕捉圆心的方法绘制直线的第一点。

步骤三:将光标移动到矩形上边线的中点处,出现中点的对象捕捉靶区,此时不要直接点击鼠标左键,而是移开中点位置,此时出现黄色的十字,激活中点对象追踪模式,同样移动光标到矩形左边线的中点处,同上操作,这样就有了两个中点的对象追踪,然后移动到大致上边线的中点和左边线的中点的交点线,此时出现上边线中点的垂直追踪线和左边线中点的水平追踪线,点击鼠标左键,即完成直线绘制。

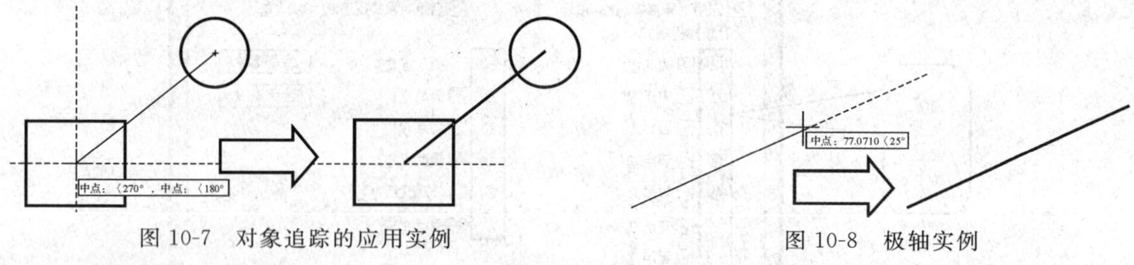

图10-7 对象追踪的应用实例　　　　图10-8 极轴实例

4. 极轴

按事先指定的角度增量来追踪点或绘制图形。

【实例3】 绘制一条直线,角度为25度,长度为100mm,如图10-8所示。

步骤一:设置极轴的角度增量。打开"草图设置"对话框,并切换到"极轴追踪"项。如图10-9,设定"增量角"为25,并且"启用极轴追踪"打钩,然后点击【确定】退出。

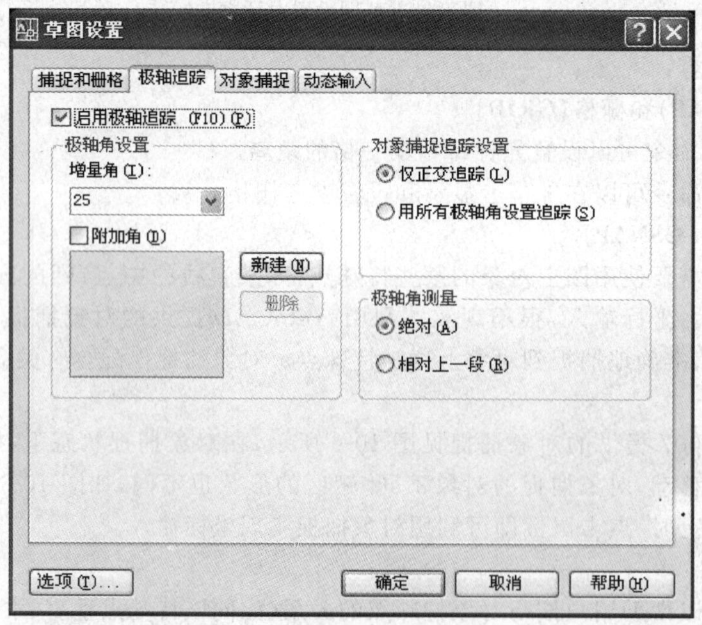

图10-9 草图设置对话框(极轴)

步骤二：绘制直线；用直线命令，先绘制第一点，第二点用鼠标确定方向（当出现图 10-8 这样的 25°虚线射线时），用键盘输入数值 100 确定长度，然后结束直线命令。

5. 正交模式（ORTHO）

在正交模式下绘图，只能沿 X、Y 方向画线。如果捕捉和栅格已经旋转，或采用了正等轴测方式，所画的线沿栅格所定义的 X、Y 方向画线。

10.2.5　剖面线的绘制

对于剖视图，我们要求添加剖面线，如绘制图 10-10 所示齿轮轴的 $A-A$ 剖面。

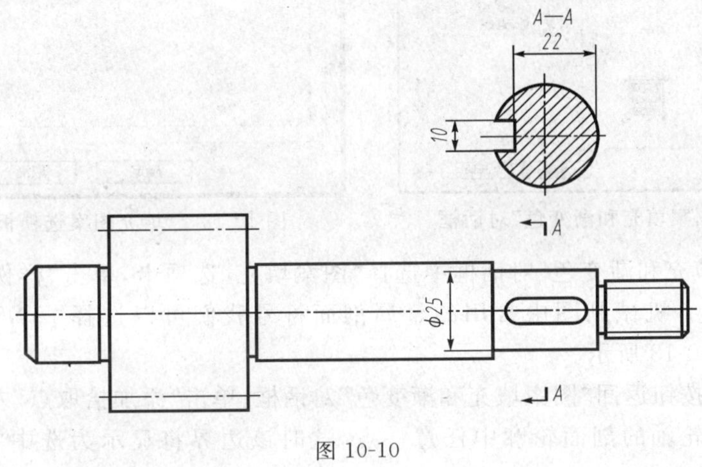

图 10-10

步骤一：绘制剖面轮廓。见图 10-11。

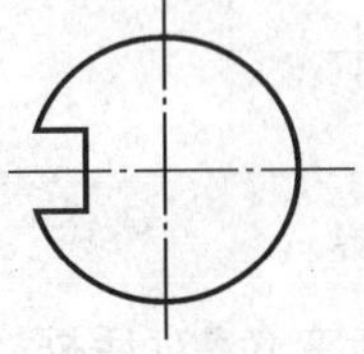

图 10-11　齿轮轴的剖面轮廓

步骤二：运行填充命令。

命令的调用方式：菜单：【绘图】→【图案填充（H）…】

命令行：hatch

工具栏中

出现“图案填充和渐变色”对话框如图 10-12 所示。

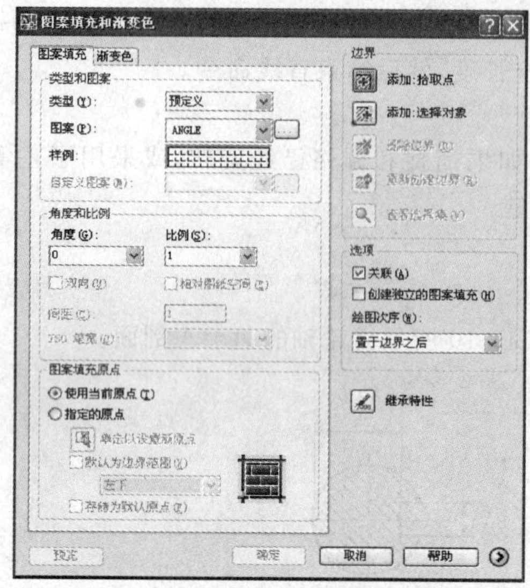

图 10-12 “图案填充和渐变色”对话框

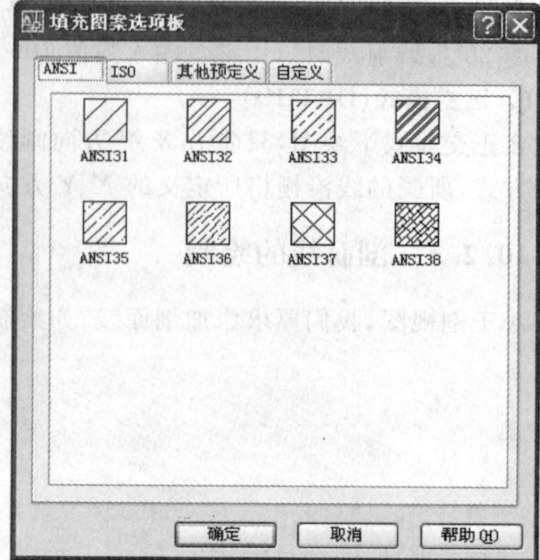

图 10-13 “填充图案选项板”对话框

(1)在“图案填充和渐变色”对话框中选择“图案填充”选项卡，单击“样例”弹出“填充图案选项板”对话框。机械制图中常用的金属剖面符号我们可以选择“ANSI”选项卡中的“ANSI31”，如图 10-13 所示。

(2)单击确定按钮返回“图案填充和渐变色”对话框；单击“添加拾取点”左边的按钮进入绘图状态，选择齿轮轴的剖面轮廓中任意一点，这时该边界将显示为选中状态(成虚线状态)，如图 10-14 所示。

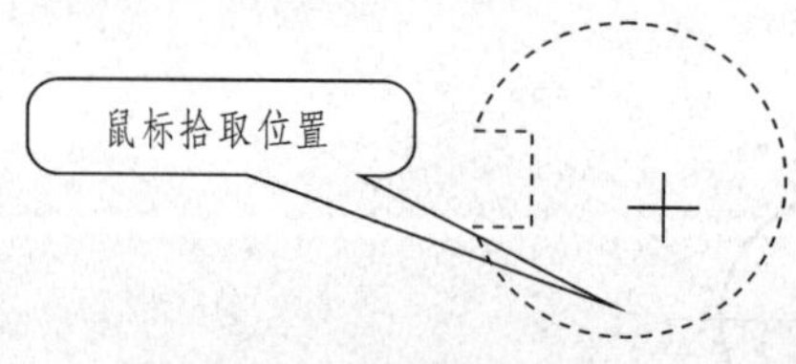

图 10-14 确定图案填充边界

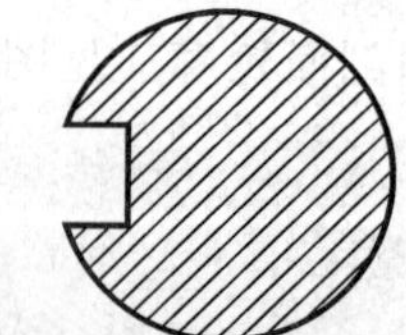

图 10-15 图案填充绘制结果

(3)按(回车)键返回“图案填充和渐变色”对话框，单击预览按钮查看填充图案的预览效果，如果看到填充图案过于密或疏，可以调节“比例”项，并按确定按钮完成填充图案的绘制(结果如图 10-15 所示)。

图案填充编辑

图案填充编辑是在填充完毕以后，如果觉得填充有不妥的地方(包括剖面线的形状方向、间隔距离等)，可以直接双击剖面线，弹出图案填充编辑对话框，然后进行编辑，而不需要重新进行填充。

如图 10-16 所示，在“图案填充编辑”对话框，我们可以修改角度、比例和图案形式等项目。

10.2.6 几何作图

【实例 4】 绘制如图 10-17 所示的手柄轮廓图，不需要标注尺寸，并熟悉 CIRCLE、OFFSET、TRIM、MIRROR 命令的使用。

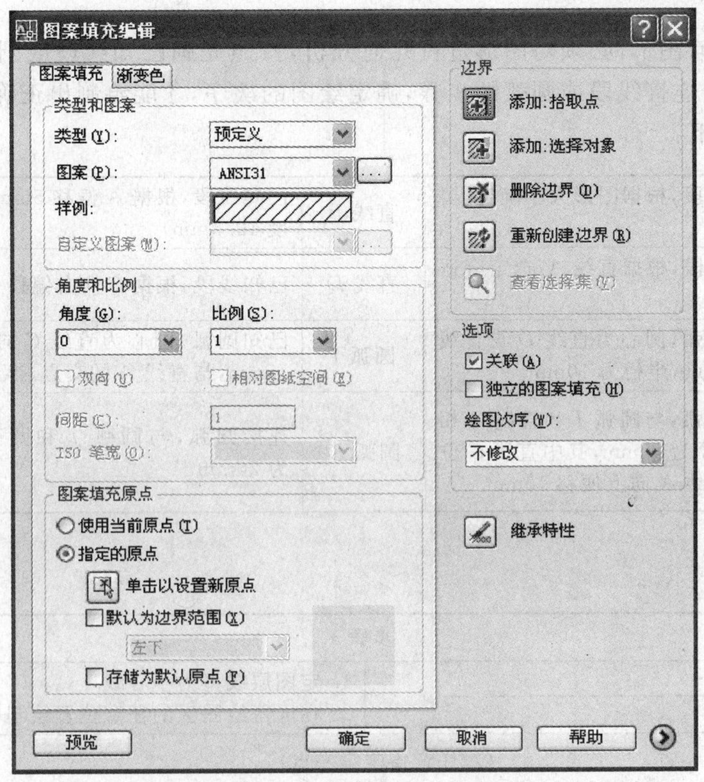

图 10-16　“图案填充编辑”对话框

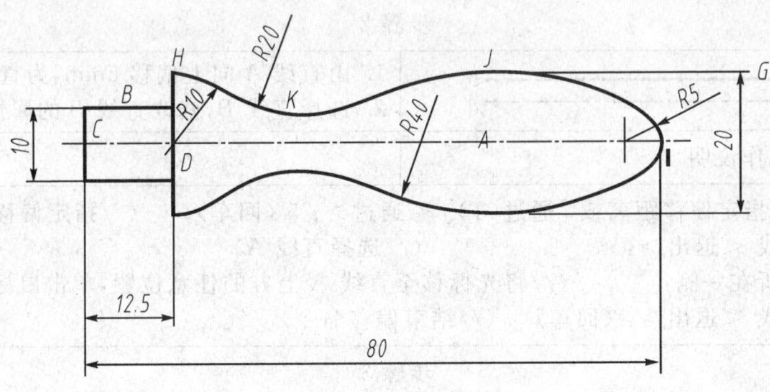

图 10-17　手柄轮廓图

1. 几何分析

绘制平面几何图形，必须对图形进行几何分析，按照先画已知线段或圆弧，再画中间线段或圆弧，最后画连接线段或圆弧的步骤，确定绘图的次序，才能绘制出正确的图形。

本例分析如下：

中心线 A	已知线段，根据图形大小确定，要先画	直线 B	已知线段，根据 A 偏移 5mm(上下各一条，长度 12.5mm)
直线 C	已知线段，根据直线 A，选定合适位置。	直线 D	已知线段，根据 C 向右偏移 12.5mm
圆弧 H	已知圆弧，圆心为直线 D 与直线 A 的交点，半径为 10mm。	圆弧 I	已知圆弧，圆心为直线 C 向左偏移 80－5＝75mm，与直线 A 的交点，半径为 5mm
圆弧 J	连接圆弧，与圆弧 I 和直线 G 相切，半径为 40mm，其中直线 G 位置是直线 A 向上便移 10mm	圆弧 K	连接圆弧，与圆弧 J 和圆弧 H 相切，半径为 20mm

2. 绘图步骤

步骤 1

A	1. 定图层线型为中心线 2. 在屏幕绘图区的任意位置绘制中心线

命令：_line 指定第一点：　　　(//任意指定第一点)
指定下一点或［放弃(U)］：@90＜0　(//指定第二点，用相对极坐标绘制水平线，长 90mm)
指定下一点或［放弃(U)］：(回车)　　(//直接回车，结束直线命令)

步骤 2

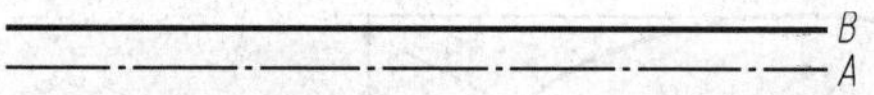

B A	1. 由直线 A 向上偏移 5mm，为直线 B 2. 选择直线 B，修改直线 B 的属性为粗实线

Offset(偏移)命令操作说明

命令：offset (回车)指定偏移距离或［通过(T)］＜通过＞：5 (回车)　(//指定偏移距离 5mm)
选择要偏移的对象或 ＜退出＞：　　(//选择直线 A)
指定点以确定偏移所在一侧：　　(//将光标移至直线 A 上方的任意位置，单击鼠标左键)
选择要偏移的对象或 ＜退出＞：(回车)　(//结束偏移命令)

步骤 3

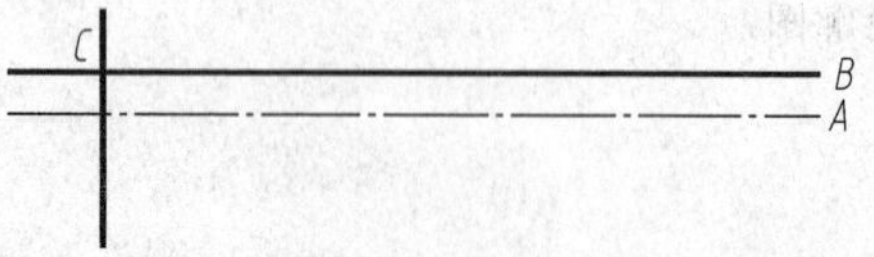

C B A	1. 设定图层线型为粗实线 2. 利用直线命令绘制如左图的直线 C

步骤 4

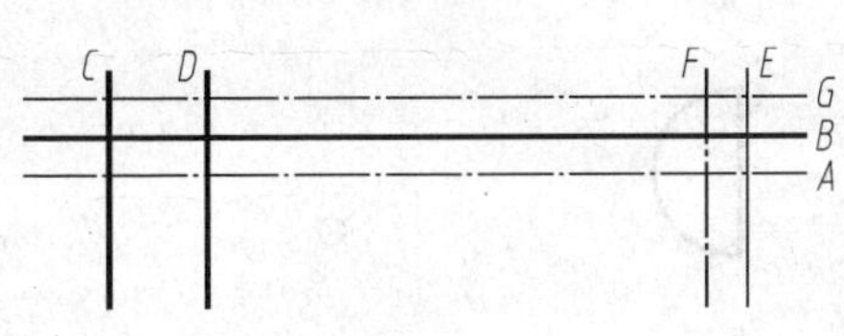	1. 由直线 *C* 向右偏移 12.5mm，为直线 *D* 2. 由直线 *C* 向右偏移 80mm，为直线 *E* 3. 由直线 *E* 向右偏移 5mm，为直线 *F*，直线 *F* 与直线 *A* 的交点圆弧 I 的圆心 4. 由直线 *A* 向上偏移 10mm，为直线 *G*，直线 *G* 为作圆弧 *J* 的辅助线

步骤 5

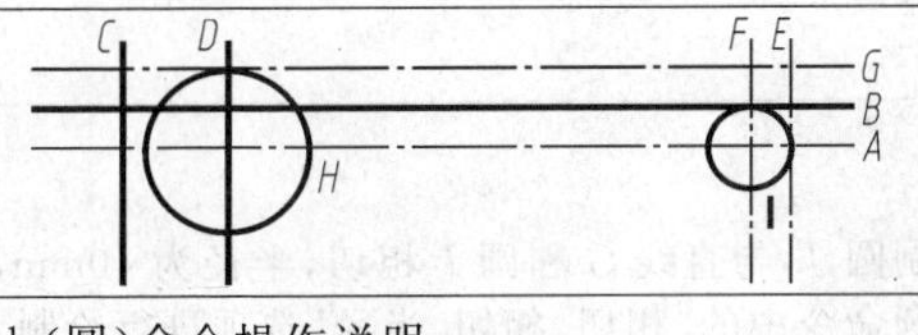	1. 绘制圆 *H* 2. 绘制圆 *I*
circle(圆)命令操作说明	

命令：_circle 指定圆的圆心或［三点(3P)/两点(2P)/相切、相切、半径(T)］：
(//利用交点捕捉功具，选取直线 A 与直线 D 的交点为 H 圆心)
指定圆的半径或［直径(D)］：10 (回车)　　　(//输入圆半径为 10mm，并结束圆命令)
(//重复上面的操作步骤，绘制 I 圆，其半径为 5，圆心为 A 与 F 的交点)

步骤 6

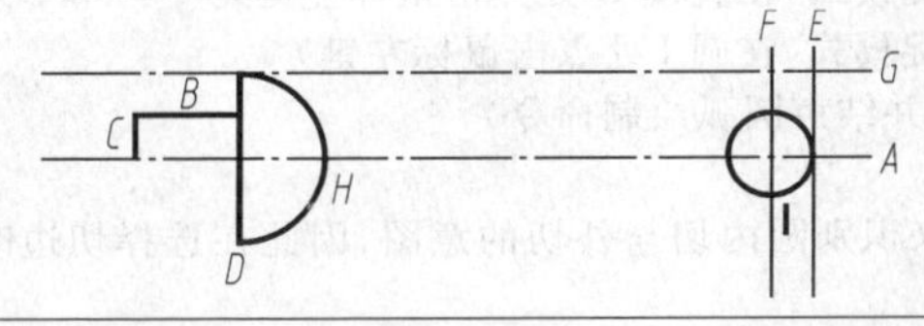	修剪 *B*、*C*、*D*、*H* 成左图形状
trim(修剪)命令操作说明	

命令：_trim
当前设置：投影＝UCS，边＝无
选择剪切边...
选择对象：找到 1 个　　　　　　(//选择直线 D)
选择对象：找到 1 个，总计 2 个　　　(//选择圆 H)
选择对象：(回车)　　　　　　　(//结束剪切边选择)
选择要修剪的对象，或按住 Shift 键选择要延伸的对象，或［投影(P)边(E)放弃(U)］：　(//选择圆 H 的左边，剪去不需要的左边半个圆)
选择要修剪的对象，或按住 Shift 键选择要延伸的对象，或［投影(P)边(E)放弃(U)］：　(//选择直线 D 的上面，剪去直线 D 升出圆 H 的上面部分)
选择要修剪的对象，或按住 Shift 键选择要延伸的对象，或［投影(P)边(E)放弃(U)］：　(//选择直线 D 的下面，剪去直线 D 升出圆 H 的下面部分)
选择要修剪的对象，或按住 Shift 键选择要延伸的对象，或［投影(P)边(E)放弃(U)］：(回车)　(//结束修剪命令)

修剪过程如下图所示：

	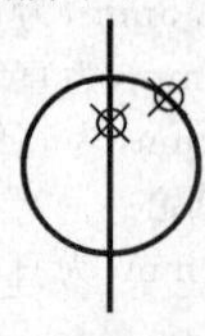	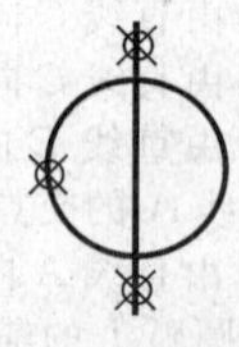		
原图	选择剪切边	选择要修剪的对象	结果	表单击鼠标左键的位置

（//重复上面的操作步骤，修剪直线 C、直线 B）

步骤 7

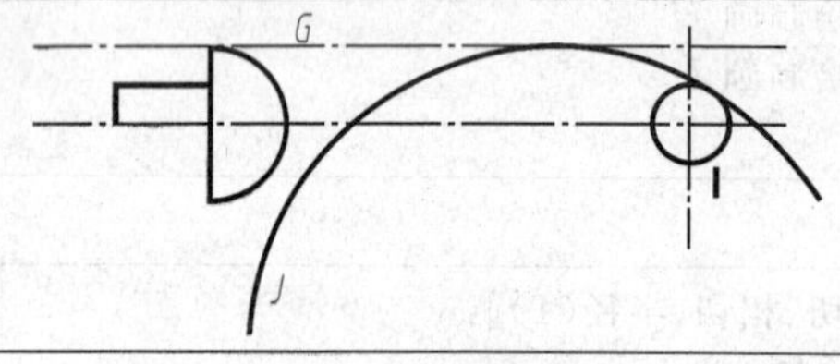	绘制圆 J，与直线 G 和圆 I 相切，半径为 40mm，用作圆命令中的“相切、相切、半径”选项进行绘制

circle（圆）命令“TTR”选项操作说明

命令：_circle 指定圆的圆心或［三点(3P)/两点(2P)/相切、相切、半径(T)］：t （回车）
（//运行作圆命令，并选择“相切、相切、半径”选项）
指定对象与圆的第一个切点：（//光标自动转为相切捕捉模式，在直线 G 处点击鼠标左键）
指定对象与圆的第二个切点：（//光标自动转为相切捕捉模式，在圆 I 处点击鼠标左键）
指定圆的半径 ＜19＞：40（回车）（//输入半径为 40，并结束圆弧绘制命令）

注意：由于 AutoCAD 是根据绘图者对切点的选择位置来识别圆内切与外切的意图，因此在选择切边时切点位置要尽量符合实际结果。

步骤 8

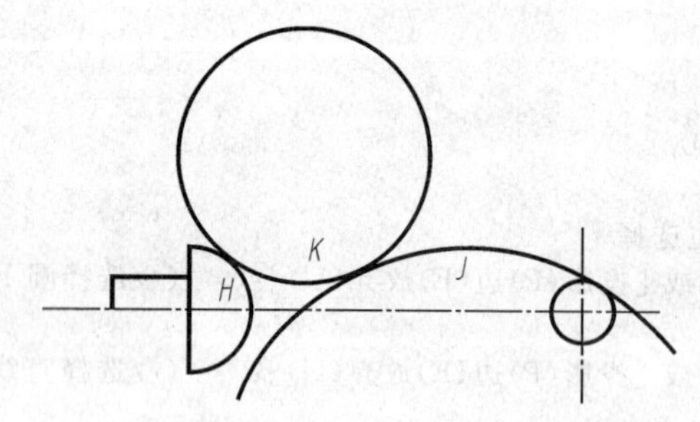	绘制圆 K，与圆 H 和圆 J 相切，半径为 20mm，方法同上 两个切点选择分别为圆弧 H 和圆弧 J

步骤 9

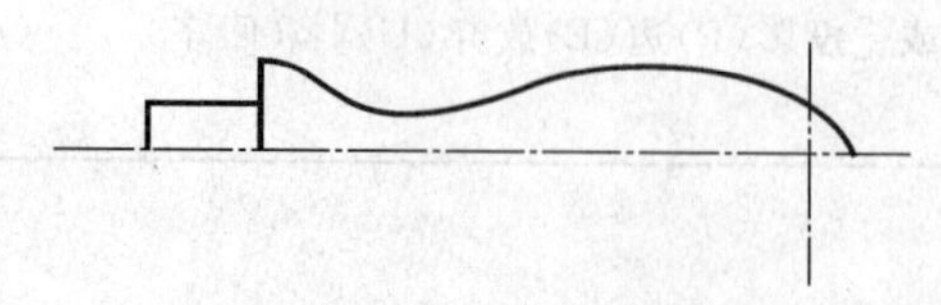	修剪图形成左图形状

步骤 10

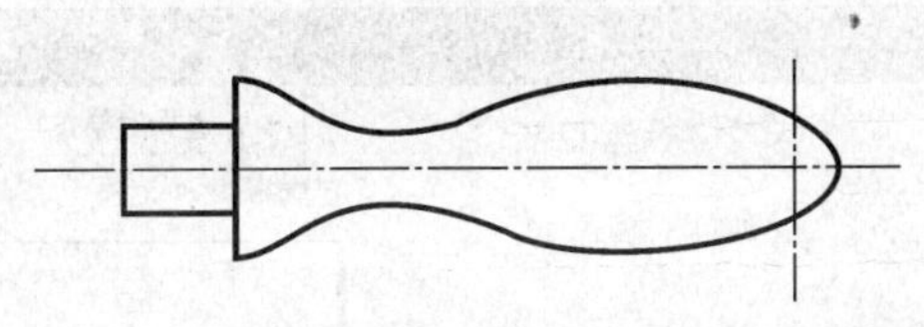	利用镜向命令，完成圆弧连接

【实例 5】：绘制如图 10-18 所示拼木地板图案，并熟悉 GRID、SNAP、ARRAY、CHAMFER、FILLET 命令的使用。

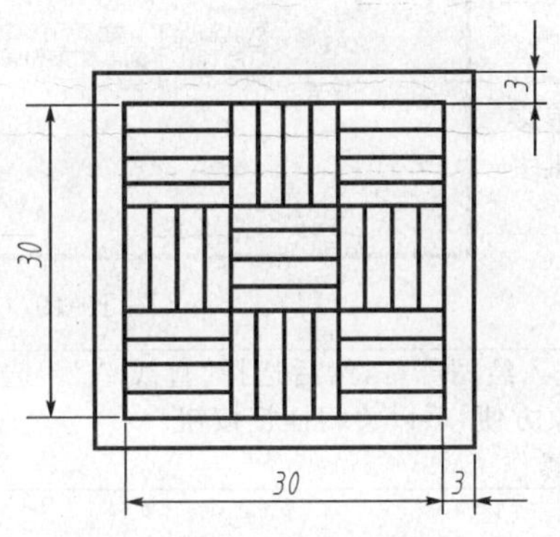

图 10-18　拼木地板图案

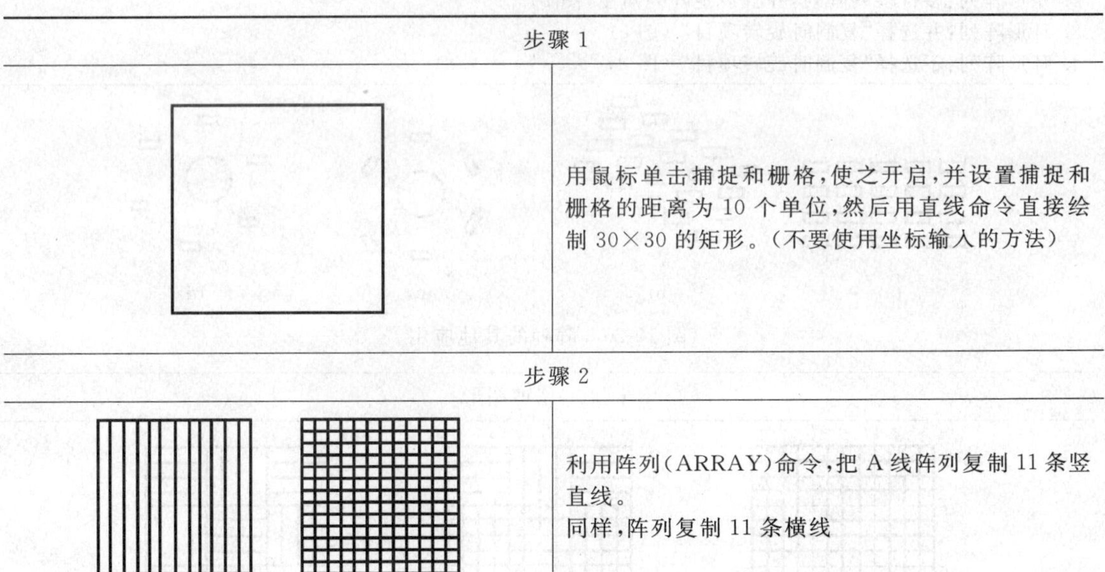

步骤 1	
	用鼠标单击捕捉和栅格，使之开启，并设置捕捉和栅格的距离为 10 个单位，然后用直线命令直接绘制 30×30 的矩形。（不要使用坐标输入的方法）

步骤 2	
	利用阵列（ARRAY）命令，把 A 线阵列复制 11 条竖直线。 同样，阵列复制 11 条横线

阵列(ARRAY)命令的使用

调用方式:利用菜单【修改】→【阵列】

键盘输入 ARRAY

图标菜单

操作说明:

1. 阵列包括矩形阵列和环形阵列两种,这里选择"矩形阵列"。
2. 输入"列"为 12。
3. 输入"列偏移"为 30/12。(在很多情况下,计算工作应该交给计算机去做)

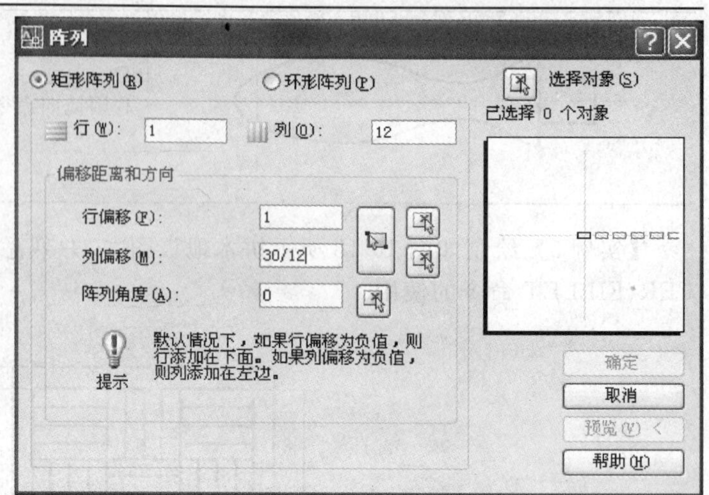

图 10-19 阵列对话框

4. 点击"选择对象"。系统自动进入绘图屏幕,然后选择"直线 A"。选择结束后回车,仍旧回到图 10-19 对话框。(注意此时为了选择对象方便,可以关闭捕捉按钮)
5. 点击【确定】按钮,则完成阵列操作。

阵列的其他应用:(见图 10-20)

1. 矩形阵列:多行多列阵列(图 a)
2. 矩形阵列:多行多列阵列,并且设定阵列角度(图 b)
3. 环形阵列:并选择"复制时旋转项目"(图 c)
4. 环形阵列:不选择"复制时旋转项目"(图 d)

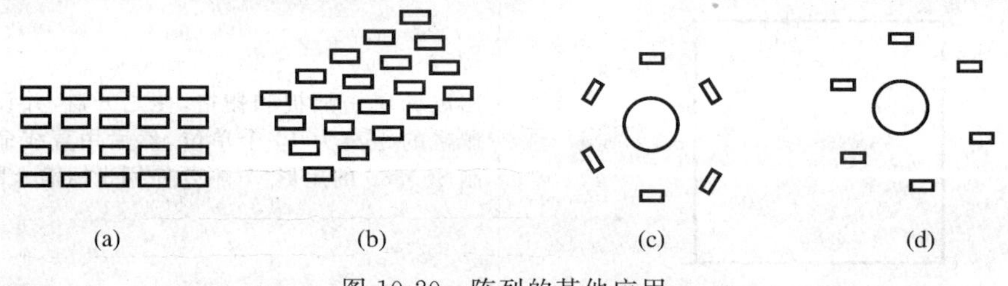

图 10-20 阵列的其他应用

步骤 3:修剪图形

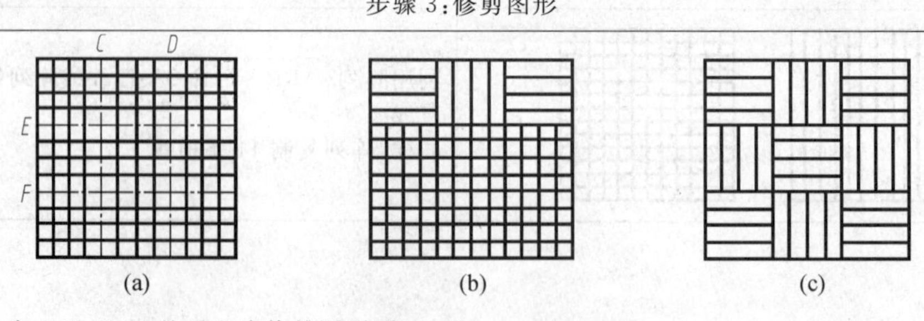

选择修剪边为 C、D、E、F,然后逐步修剪图形到(C)图

步骤 4:偏移图形并作成直角

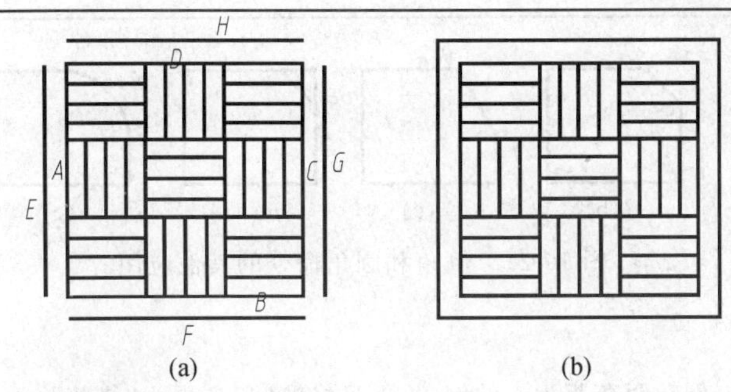

(a)　　(b)

1. 把 A、B、C、D 直线分别向外偏移复制(OFFSET)3mm,分别为 E、F、G、H 直线。
2. 用倒角(CHAMFER)或圆角(FILLET)命令使偏移复制后的线垂直相交。

倒角(CHAMFER)命令的使用:

命令:chamfer (回车)　　(//运行 CHAMFER 命令)
("修剪"模式)当前倒角距离 1=10.0000,距离 2=10.0000
选择第一条直线或[多段线(P)/距离(D)/角度(A)/修剪(T)/方式(M)/多个(M)]:d (回车)(//选择倒角距离选项)
指定第一个倒角距离 <10.0000>:0 (回车)　　(//选择第一倒角距离为 0)
指定第二个倒角距离 <0.0000>:(回车)　　(//选择第二倒角距离也为 0)
选择第一条直线或[多段线(P)/距离(D)/角度(A)/修剪(T)/方式(M)/多个(M)]:　(//选择 G 线)
选择第二条直线:(//选择 H 线,完成一个直角相交)

用同样方法完成其他直角相交,如果倒角距离默认为符合要求时,就不需要再设定"D"选项了,当"D"的数值为"0"时,就等于把两条非平行线编辑成相交线,但需注意在"修剪"模式下进行。

圆角(FILLET)命令的使用:

命令:fillet (回车)　　(//运行 FILLET 命令)
当前设置:模式=不修剪,半径=10.0000
选择第一个对象或[多段线(P)/半径(R)/修剪(T)/多个(M)]:T(回车)(//改变修剪模式)
输入修剪模式选项[修剪(T)/不修剪(N)]:T(回车)(//改为修剪模式)
选择第一个对象或[多段线(P)/半径(R)/修剪(T)/多个(M)]:r (回车)(//选择圆角半径选项)
指定圆角半径 <10.0000>:0 (回车)　　(//指定圆角半径为 0)
选择第一个对象或[多段线(P)/半径(R)/修剪(T)/多个(M)]:(//选择 G 线)
选择第二个对象:(//选择 H 线,完成一个直角相交)

用同样方法完成其他直角相交,如果圆角半径默认为符合要求时,就不需要再设定"R"选项了。
当"R"的数值为"0"时,也等于把两条非平行线编辑成相交线。

倒角和圆角命令的其他应用:

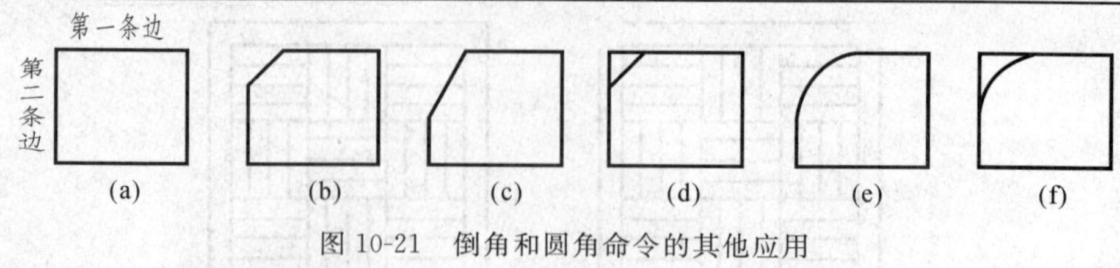

图 10-21 倒角和圆角命令的其他应用

(a)原始图形
(b)第一倒角距离和第二倒角距离都为 5 的倒角,并且修剪(T)选项为“修剪”。
(c)第一倒角距离为 5,第二倒角距离为 10 的倒角,并且修剪(T)选项为“修剪”。
(d)第一倒角距离和第二倒角距离都为 5 的倒角,并且修剪(T)选项为“不修剪”。
(e)圆角半径为 5 的圆角,并且修剪(T)选项为“修剪”。
(f)圆角半径为 5 的圆角,并且修剪(T)选项为“不修剪”。

10.3 文本输入及尺寸标注

10.3.1 文本样式创建和设置

利用“STYLE”命令进入文本样式设置状态,包括设置样式名称、字体类型、字体高度、倾斜角度、各种效果等。设置文本样式是进行文本注释和尺寸标注的首要任务。

命令格式:命令行:键入 STYLE(回车)。

菜单:【格式】→【文字样式(S)……】。

启动 STYLE 命令后,AutoCAD 2007 弹出“文字样式”对话框,如图 10-22 所示。

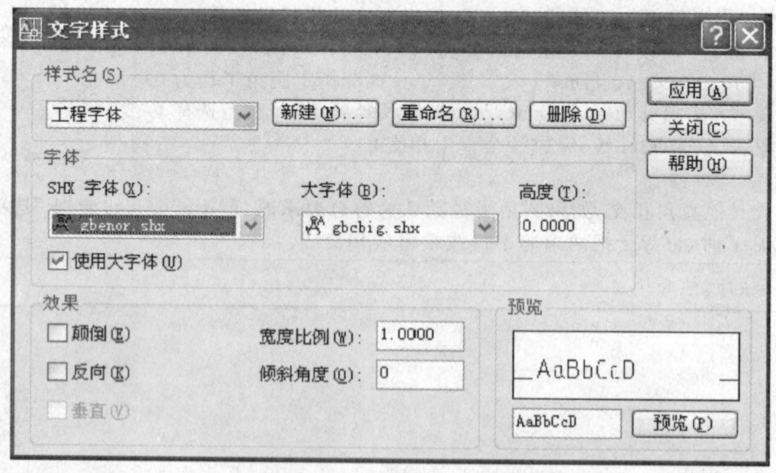

图 10-22 文字样式对话框

此对话框中各选项卡的含义如下:

1.“样式名”选项卡

(1)选项卡设置区的列表中包含了已有的样式名称。

(2)新建:创建新的文字样式,单击此按钮,弹出“新建文字样式”对话框,如图 10-23 所示。

图 10-23　“新建文字样式”对话框

在该对话框中键入新文字样式,如“工程字体”等名称,新名称将被加到样式名列表中。

(3)重命名:单击【重命名】按钮,弹出“重命名文字样式”对话框,可对已有的文字样式重命名。

(4)删除:此键用于删除文字样式列表中指定的文字样式。

2.“字体”设置区

(1)字体:单击右边下拉箭头,AutoCAD 2007 将系统所存的所有字体文件列表,供用户选择,一般我们在 SHX 字体中选择“gbenor. shx”,由于我们要输入汉字,所以要勾选“使用大字体”,并选择大字体为“gbcbig. shx”。

(2)字体高度:以绘图比例计算的字体高度。一般接受默认值 0.000(相当于设全局变量为 0),在绘图过程中需要标注文字时,AutoCAD 2007 会提示用户设置文字高度,此时再根据图形比例灵活设置字体高度。

3.“效果”设置区

(1)字体颠倒放置。

(2)宽度比例:标准宽度比例为 1.0,如果用户设置的宽度比例大于 1.0,字体变宽;反之,字体变窄,如:国家标准要求汉字为长仿宋体,长宽比为 2/3,则我们可以设置汉字宽度比例为 0.67。

(3)显示字体:反向显示字体选项,允许用户将字体反向显示。

(4)倾斜角度:正常位置字体倾斜角度为 0°。

4. 预览区

预览区用于预览用户自行设置的字体效果。

10.3.2　单行文字的书写

命令格式:命令行键入 Text(回车)。

　　　菜单:【绘图】→【文字】→【单行文字】。

命令使用步骤:

输入命令:Text (回车)。

指定文字的起点或【对正(J)/样式(S)】:(//指定文字基线的起始点。其中选项对正的含义是指定文字的排列方式。输入 J,选定此选项)。

命令行继续提示为:输入选项【对齐(A)/调整(F)/中心(C)/中间(M)右(R)左上

(TL)/中上(TC)/右上(TR)/左中(ML)/正中(MC)/右中(MR)/左下(BL)/中下(BC)/右下(BR)】。

此步骤的操作将影响文字的显示效果，对各选项的意义解释如下。

1. 对齐：此选项将文字限制在两点之间，高度随文字的多少而变。

2. 调整：调整文字格式选项与设置对齐文字选项相似，但要求输入高度，而文字的高度不变，宽度随文字的多少而变。

3. 中心：此选项以指定点作为文字基线的中心。

4. 中间：本选项以指定点作为文字的中间点。

5. 右：设置右对齐文字选项用以指定文字结束时的位置。

6. 样式：指定文字样式，该文字样式决定文字字符的外观。输入“?”列出所有文字样式。

按照提示操作，如果连续(回车)两次，则结束单行文本命令。

10.3.3 多行文字的书写

多行文字又称段落文字，它允许用户一次创建多行文字。用多行文字创建的文字可以有不同的高度、颜色和字体。

命令格式：命令行：键入 Mtext(回车)。

菜单：【绘图】→【文字】→【多行文字……】。

工具栏：单击【绘图】工具栏中的【多行文字……】图标。

命令使用步骤：

(1)输入命令：Mtext(回车)；

(2)指定文字框的一个角顶点；

(3)指定文字框的另一个对角顶点。

执行上述操作后，AutoCAD 2007 弹出“多行文字编辑器”对话框，如图 10-24 所示。输入“AutoCAD 2007”，如果要结束文字输入，用鼠标单击屏幕绘图区或点击【确定】按钮即可。

图 10-24 “多行文字编辑器”对话框

AutoCAD 文本输入方法与其他应用程序的文本输入方法基本类似，在此不再重述。下面着重把多行文字编辑器的功能作一个介绍。

1.“字符”选项卡

“字符”选项卡用于字符、字体控制，该选项卡的列表中包括了 Windows 中的 True Type 字体以及 AutoCAD 2007 特有的字体，供用户选择。在其右边的下拉箭头选项中可以设置字体的高度。

- 【B】:B 选项是将文字变为粗体。
- 【I】:选项可将文字变为斜体。
- 【U】:选项是在选中的文字下添加下划线。
- :此选项用于撤消上次操作。
- :此选项用于返回撤消的上次操作。
- :堆栈文字选项,允许用户将分数以上下重叠格式显示,而不是左右并排格式。

应用一:先输入文字"2/3",然后选中此文字,单击堆栈文字按钮,文字显示为"$\frac{2}{3}$"。

应用二:先输入文字"%%c20+0.015^-0.010",然后选中"+0.015^-0.010"文字,单击堆栈文字按钮,则文字显示为"$\phi 20^{+0.015}_{-0.010}$"。其中"%%c"代表直径符号"$\phi$",其他符号的输入方法见表 10-5,"^"是堆栈文字上下标的代号,"^"前面数值的是上标,"^"后面的数值是下标。

- "文字颜色"选项框:提供了 7 种基本颜色和其他 248 种颜色供用户选择。

表 10-5 AutoCAD 字符控制码

符号	功 能	举 例
%%O	打开或关闭文字上划线	%%oAUTO%%oCAD 结果 $\overline{\text{AUTO}}$CAD
%%U	打开或关闭文字下划线	%%uAUTO%%uCAD 结果 $\underline{\text{AUTO}}$CAD
%%D	标注"度"符号 (°)	45%%d 结果 45°
%%P	标注"正负公差"符号 (±)	%%P0.012 结果 ±0.012
%%C	标注"直径"符号 (ϕ)	%%C120 结果 ϕ120

10.3.4 文字的编辑修改

1. 利用"文字编辑"命令,用户可对图形中已经存在的文字进行编辑修改,以改变文字的内容或某些属性。

命令格式:命令行:键入 Ddedit(回车)。

菜单:【修改】→【对象】→【文字】→【编辑】。

也可以双击文字,进入文字编辑。

命令使用步骤:

(1)输入命令:Ddedit(回车)。

(2)选择一个文字对象(Ddedit 对 AutoCAD 涉及的大多数文字都起作用,如单行文本,多行文本,尺寸标注的数值或文本,属性定义的内容等)。若被选文字对象是单行文字,则直接可以进行编辑。

若被选对象是多行文字,则弹出"多行文字编辑器"对话框,如图 10-24 所示。用户可利用此对话框进行多行文字的编辑、修改。

2. 用户还可以利用特性对话框进行编辑,进入该状态时,启动如下:

命令格式:命令行;键入 Properties(回车)。

菜单:【修改】→【特性】。

工具栏:单击【标准】工具栏上的图标 。

运行该命令,此时弹出“特性”对话框,如图 10-25 所示。指定要编辑的文字,通过特性对话框可以编辑文本的多种属性,如:内容、大小、颜色、图层等。

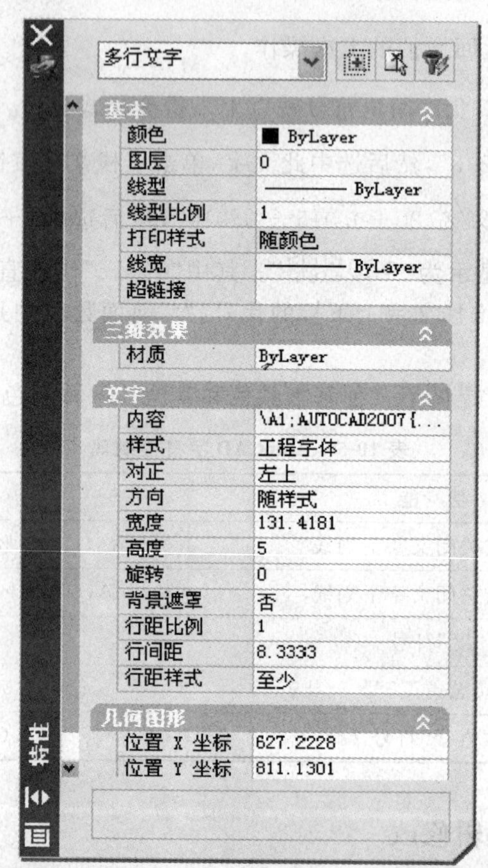

图 10-25 特性对话框

10.3.5 尺寸标注命令

在机械、建筑等图样中,尺寸是其重要的组成部分。

AutoCAD 提供了一套完整的尺寸标注命令,提供了多种标注样式和灵活的设置标注格式方法,可以满足建筑、机械、电子等大多数尺寸标注的要求。当用户进行尺寸标注时,由于 AutoCAD 会自动测量对象的大小,并在尺寸线上给出正确的数字,因此要求用户在标注尺寸之前,必须精确、规范地绘制图形。

1. 尺寸标注种类

AutoCAD2007 提供了 14 种尺寸标注的类型,其图标菜单见图 10-26 所示的工具栏“标注”,

标注类型从左到右分别由表 10-6 所列:

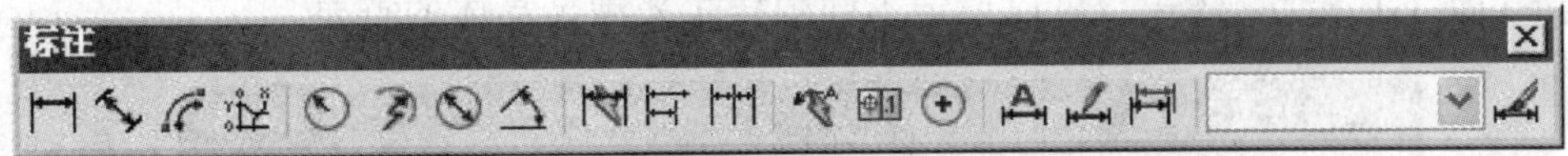

图 10-26　标注工具栏

表 10-6　尺寸标注种类

1	线性标注	2	对齐标注	3	弧长标注
4	坐标标注	5	半径标注	6	折弯标注
7	直径标注	8	角度标注	9	快速标注
10	基线标注	11	连续标注	12	引线标注
13	公差标注	14	圆心标记		

2. 尺寸标注步骤

用户在对图形进行标注尺寸之前,一般需要做以下几点准备工作:

(1)为尺寸标注创建一个独立的图层,如图 10-4 的“尺寸线”图层,目的是使尺寸信息与图形的其他信息分开,便于管理、编辑等。

(2)打开“标注样式管理器”对话框,然后利用该对话框可设置尺寸线、尺寸界线、尺寸终端符号、比例因子、尺寸格式、尺寸文本、尺寸单位、尺寸精度、公差等项目,以满足国家标准要求。

(3)保存上面所作的设置,生成尺寸标注样式,用户也可以通过 AutoCAD 的设计中心复制已设置好的尺寸标注样式,或直接把尺寸标注样式保存到样板文件,在“新建”文件时选用该样板,调用已设置好的尺寸标注样式。

(4)充分利用对象捕捉功能,快速、精确地拾取定义点,正确、完整、清晰、合理地标注各类尺寸。

3. 尺寸标注样式设置

用户需根据国家标准要求,重新设置尺寸界线、尺寸文字和箭头的大小、样式等尺寸标注因子,以及它们与图形对象之间、它们相互之间的相对位置,使之与图形对象的大小、比例等更匹配、更美观。

命令格式:工具栏:“标注”→

菜单:【标注】→【标注样式】或【格式】→【标注样式】

命令行:dimstyle(或别名 d、dst、dimsty)

调用该命令后,弹出“标注样式管理器”对话框,如图 10-27 所示。

各选项的含义如下:

(1)当前标注样式:显示当前标注样式的名称。

(2)样式:尺寸样式名称显示框。列表显示已经设定好的尺寸标注样式。尺寸标注样式可以是父子结构,如图 10-35 中的“GB 标注”,“GB 标注”包含有三个子标注样式角度、直径和半径。这样,表 10-6 中所列的 14 种尺寸标注种类,11 种是“GB 标注”样式,即父样式,角度、直径和半径按各自的样式,即子样式,它对父样式具有一定的继承关系,这样,在一种标注样式下(即“GB标注”样式),可以设定不同的样式来满足具体的需要。

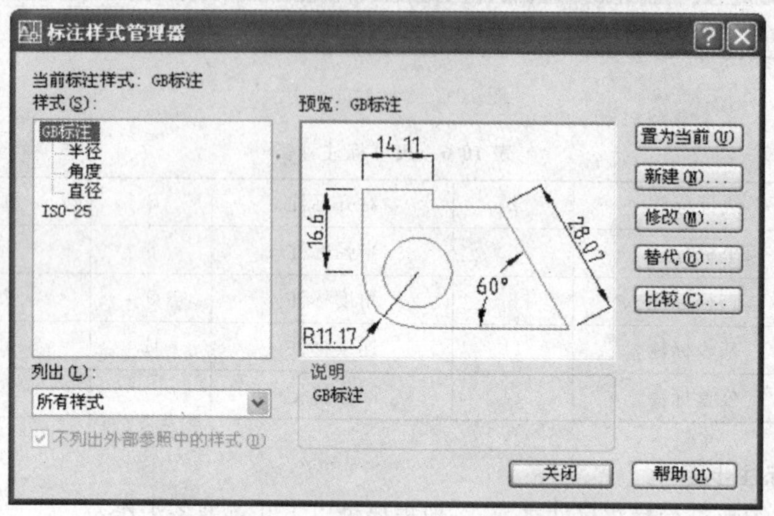

图 10-27 标注样式及标注样式的父子关系

(3)列出:该设置区包括“所有尺寸标注样式”和“被应用的尺寸标注样式”。

(4)预览:预览设置区预览选定或修改以后的尺寸标注。

(5)说明:尺寸标注样式说明。

(6)置为当前:将尺寸标注样式置为当前。

(7)新建:新建尺寸标注样式。

(8)修改:修改选定的尺寸标注样式。

(9)替代:设置该样式的替代样式。

(10)比较:比较两个标注样式的特性,或列出标注样式的所有特性。

单击【新建】按钮,AutoCAD弹出“创建新标注样式”对话框,如图10-28所示。

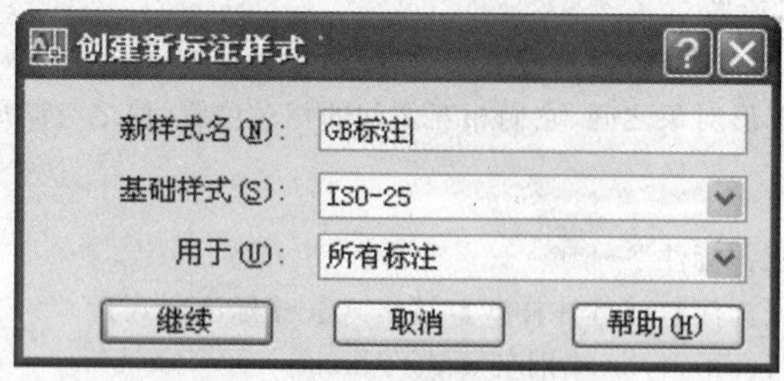

图 10-28 “创建新标注样式”对话框

用户可以在此对话框的新样式中,键入新样式的名称,如“GB标注”。

单击【继续】按钮,弹出下一级“新尺寸标注样式”对话框,如图10-29所示。此对话框包含6个选项卡,(如果单击【修改】或【替代】按钮,出现的对话框内容也是一样)。

(1)“直线和箭头”选项:用来设置尺寸线、尺寸界线和中心标记等。

(2)“文字”选项:设置尺寸文字大小、位置、对齐方式等。

(3)“调整”选项:用来控制尺寸文字、尺寸线、尺寸箭头等的位置。

(4)“主单位”选项：用来设置尺寸文字的精度、格式等。

(5)“换算单位”选项：用来确定换算单位的格式。

(6)“公差”选项：确定是否标注公差，及公差形式。

用户在调整参数中，可以观察预览框中尺寸标注的变化，便于设置符合要求的尺寸标注模式，调整好之后，单击【确定】按钮。

确定后，AutoCAD 返回“标注样式管理器”对话框，由于上述标注样式并不适合角度的标注，此时我们可以进行进一步的尺寸标注样式的设定。

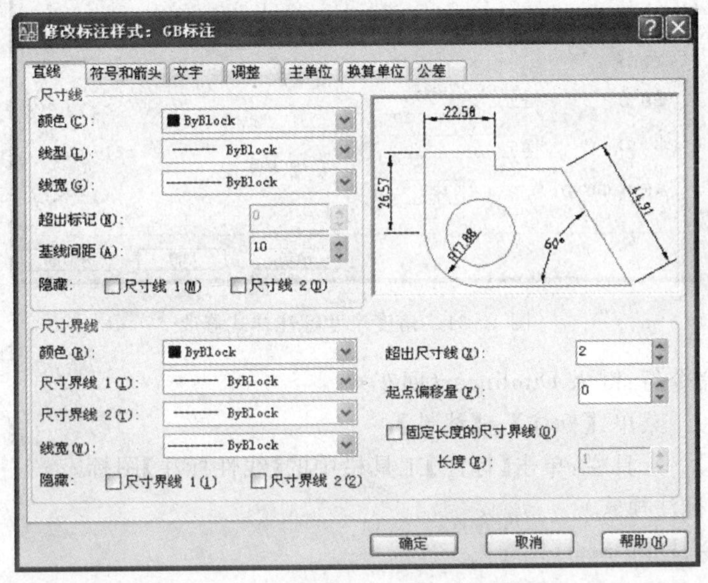

图 10-29　直线和箭头选项设定

角度标注样式设定：

单击【新建】按钮，在“创建新标注样式”对话框中进行如下设定，【用于】项选择“角度标注”(见图 10-30)。

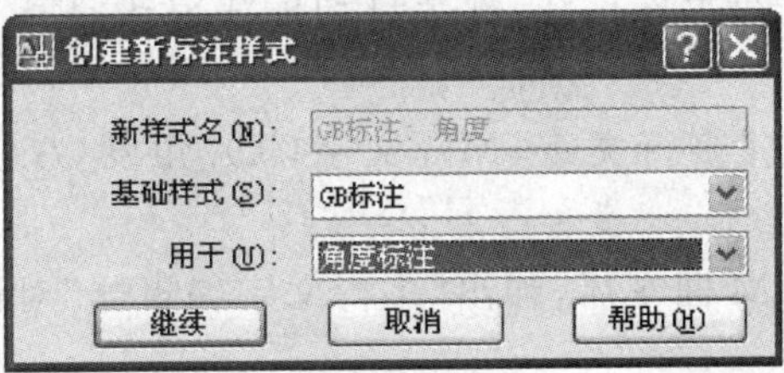

图 10-30　创建角度标注样式

单击【继续】按钮，弹出下一级“新尺寸标注样式”对话框，在“文字”选项中进行如图 10-31设定。此时，用户可以通过观察预览框中，看到现在的角度标注已经符合国家标准。

同样道理，用户可以对其他不符合国家标准的尺寸标注样式进行新建和编辑，使“GB 标注”样式符合所有的标注形式，如直径标注等。

4. 各种尺寸标注方法

(1)线性尺寸标注：线性尺寸标注可以是水平尺寸、垂直尺寸，方法和步骤如下：

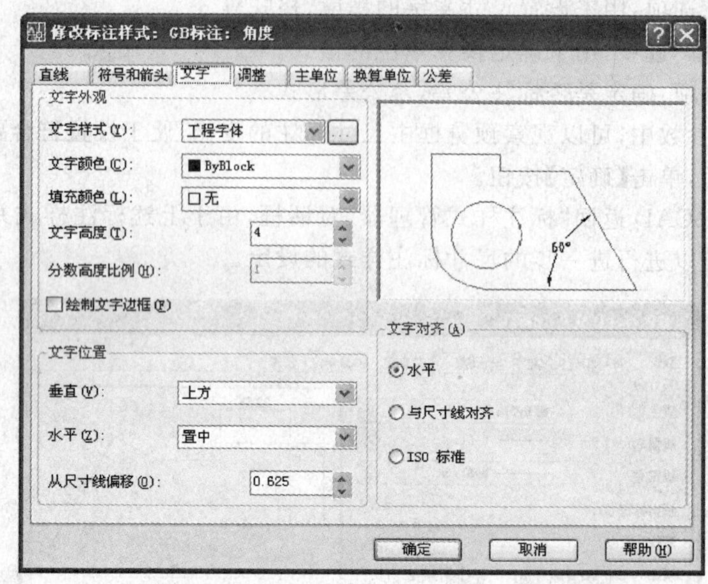

图 10-31 角度尺寸标注样式修改

命令格式：命令行：键入 Dimlinear（回车）。

菜单：【标注】→【线性】。

工具栏：单击【标注】工具栏中的【线性标注】图标。

步骤：（手动标注模式）

（1）输入命令：Dimlinear（回车）。

（2）指定第一条尺寸界线原点或选择对象。

（3）指定第二条尺寸界线的起始点。

（半自动标注模式）

如果在前面要求指定第一条尺寸界线时直接回车，则命令行提示为：选择标注对象。此时通过对象的选择，也可进行尺寸标注，称半自动标注模式，接下去的步骤与手动标注模式是一样的。

（4）指定尺寸线位置或【多行文字（M）/文字（T）/角度（A）/水平（H）/垂直（V）/旋转（R）】其中各选项含义如下：

• 多行文字（M）：键入 M 回车后，弹出"多行文字编辑器"对话框，利用此对话框可键入和编辑多行文字。

• 角度（A）：尺寸文字的倾斜角度。键入 A（回车），命令行出现如下提示：指定标注文字的角度。即：输入文字的倾斜角度。

• 水平（H）：键入 H 回车，命令行提示如下：指定尺寸线位置或【多行文字（M）/文字（T）/角度（A）】。即：确定水平尺寸线位置。

• 垂直（V）：键入 V 回车，命令行出现如下提示：指定尺寸线位置或【多行文字（M）/文字（T）/角度（A）】。即：确定垂直尺寸线的位置。

• 旋转（R）：键入 R 回车，命令行提示如下：指定尺寸线的角度 0（指定尺寸线之间的角度即旋转角度）；键入一个角度值后回车，出现如下提示：指定尺寸线位置或【多行文字（M）/

文字(T)/角度(A)/水平(H)/垂直(V)/旋转(R)】(指定尺寸线的位置也可按各选项设置尺寸标注方式)。

其他尺寸标注均可参照上面所述。

线性尺寸标注实例

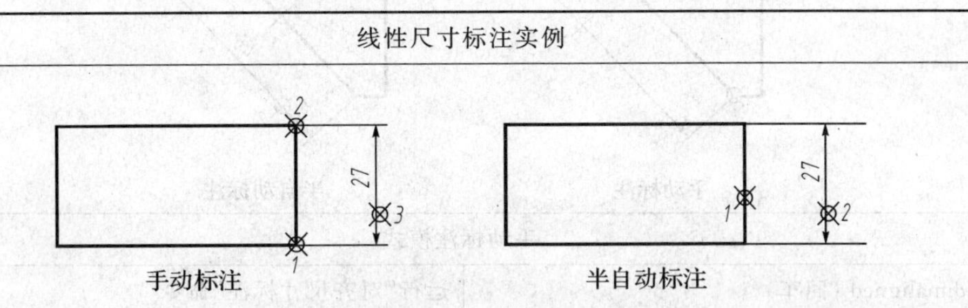

手动标注模式	
命令：dimlinear (回车)	运行“线性尺寸标注”命令
指定第一条尺寸界线原点或 <选择对象>:	点击“1”点(利用端点捕捉功能)
指定第二条尺寸界线原点:	点击“2”点(利用端点捕捉功能)
指定尺寸线位置或[多行文字(M)/文字(T)/角度(A)/水平(H)/垂直(V)/旋转(R)]: 标注文字=27	点击“3”点,确定尺寸线位置,尺寸数值由系统测量直接标注尺寸,并结束命令

半自动标注模式	
命令：dimlinear(回车)	运行“线性尺寸标注”命令
指定第一条尺寸界线原点或 <选择对象>:(回车)	直接回车,进入半自动标注模式
选择标注对象:	点击“1”点(选择标注对象)
指定尺寸线位置或[多行文字(M)/文字(T)/角度(A)/水平(H)/垂直(V)/旋转(R)]: 标注文字=27	点击“2”点,确定尺寸线位置,尺寸数值由系统测量直接标注尺寸,并结束命令

(2)对齐尺寸标注

对齐尺寸标注用于与标注点成一定角度的斜线、斜面的尺寸标注。对齐尺寸标注特别适用于那些尺寸标注辅助线不能准确定出标注线角度的情况。

命令格式:命令行:键入 DIMALIGNED(回车)。

菜单:【标注】→【对齐】。

工具栏:单击【标注】工具栏中的【对齐标注】图标。

对齐尺寸标注实例

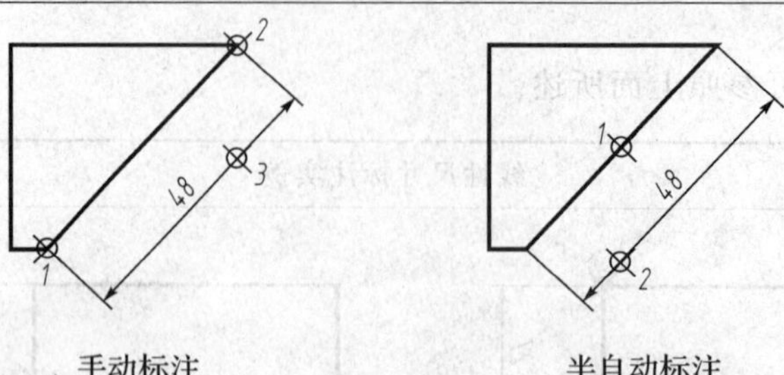

手动标注　　　半自动标注

手动标注模式	
命令：dimaligned（回车）	运行“对齐尺寸标注”命令
指定第一条尺寸界线原点或 ＜选择对象＞：	点击“1”点（利用端点捕捉功能）
指定第二条尺寸界线原点：	点击“2”点（利用端点捕捉功能）
创建了无关联的标注。 指定尺寸线位置或 [多行文字(M)/文字(T)/角度(A)]： 标注文字＝48	点击“3”点，确定尺寸线位置，尺寸数值由系统测量直接标注尺寸，并结束命令
半自动标注模式可以参考前面例子自己去试一试	

(3)基线尺寸标注

在进行多个尺寸标注时，有时往往需要选取图形对象的一个边界线或面作为基准，而尺寸则都以该基准进行定位标注，这种标注方法就是基线尺寸标注。在进行基线尺寸标注之前要先标注出一个尺寸，AutoCAD 将把该尺寸的第一条尺寸界线作为基线，然后再进行基线标注。

命令格式：命令行：键入 Dimbaseline 或 Dimbase(回车)。

菜单：【标注】→【基线】。

工具栏：单击【标注】工具栏中的【基线标注】图标。

以下为基线尺寸标注的实例，在进行标注基线尺寸前，假设我们刚刚用线性尺寸标注了一个尺寸 10mm。(图中板形零件的左面边到左面第一个圆的距离，其中第一条尺寸界线在左边)

基线尺寸标注实例

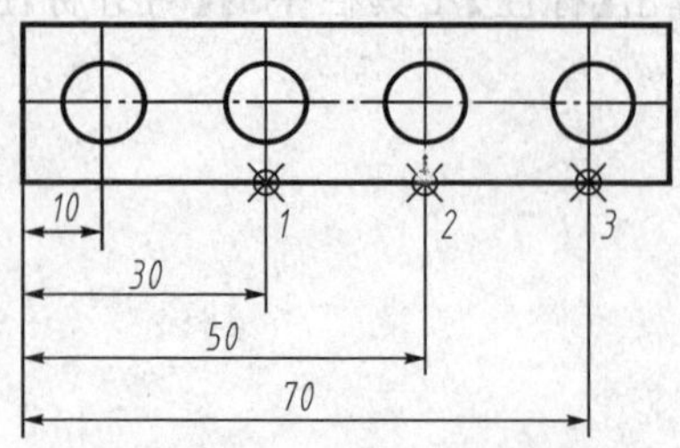

命令：dimbaseline（回车）	运行“基线尺寸标注”命令

指定第二条尺寸界线原点或［放弃(U)/选择(S)］ ＜选择＞:	点击"1"点(利用端点追踪功能)
标注文字=30 指定第二条尺寸界线原点或［放弃(U)/选择(S)］ ＜选择＞:	点击"2"点(利用端点追踪功能)
标注文字=50 指定第二条尺寸界线原点或［放弃(U)/选择(S)］ ＜选择＞:	点击"3"点(利用端点追踪功能)
标注文字=70 指定第二条尺寸界线原点或［放弃(U)/选择(S)］ ＜选择＞:(回车) 选择基准标注:(回车)	回车两次,结束基线标注命令

(4)连续尺寸标注

连续尺寸标注是指多个尺寸首尾相接的标注方法,即相邻两个尺寸共用一个尺寸界线。进行连续尺寸标注之前应先标出一个尺寸,再用连续标注法标注与其相邻的若干尺寸。

命令格式:命令行:键入 DIMCONTINUE 或 DIMCONT(回车)。

菜单:【标注】→【连续】。

工具栏:单击【标注】工具栏中的【连续】图标。

以下为连续尺寸标注的实例,在进行标注连续尺寸前,假设我们刚刚用线性尺寸标注了一个尺寸 10mm。(图中板形零件的左面边到左面第一个圆的距离,其中第二条尺寸界线在右边)

连续尺寸标注实例

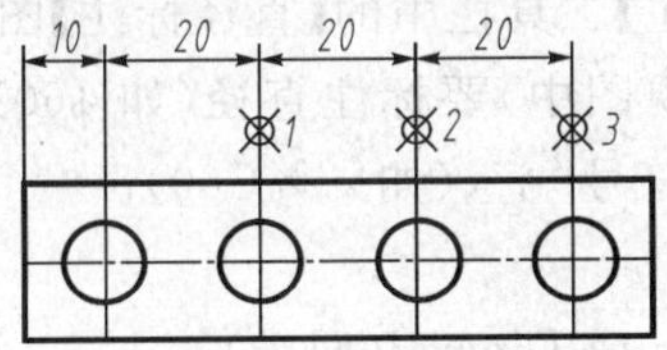

命令: _dimcontinue	运行"连续尺寸标注"命令
指定第二条尺寸界线原点或［放弃(U)/选择(S)］ ＜选择＞:	点击"1"点(利用端点追踪功能)
标注文字=20 指定第二条尺寸界线原点或［放弃(U)/选择(S)］ ＜选择＞:	点击"2"点(利用端点追踪功能)
标注文字=20 指定第二条尺寸界线原点或［放弃(U)/选择(S)］ ＜选择＞:	点击"3"点(利用端点追踪功能)
标注文字=20 指定第二条尺寸界线原点或［放弃(U)/选择(S)］ ＜选择＞:(回车) 选择基准标注:(回车)	回车两次,结束连续标注命令

(5)角度标注

标注角度型尺寸时状态启动如下：

命令格式：命令行：键入 Dimangular 或 Dimang（回车）。

菜单：【标注】→【角度】。

工具栏：单击【标注】工具栏的【角度标注】图标。

本命令可以选择一段圆弧、一个圆、两条不平行直线标注角度。

角度尺寸标注实例

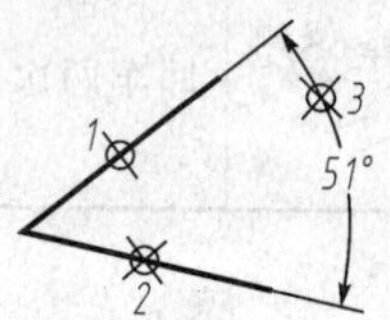

命令：_dimangular	运行"角度尺寸标注"命令
选择圆弧、圆、直线或 ＜指定顶点＞：	点击"1"，选择直线 1
选择第二条直线：	点击"2"，选择直线 2
指定标注弧线位置或［多行文字(M)/文字(T)/角度(A)］： 标注文字＝51	点击"3"，选择角度标注位置并结束角度标注命令

(6)直径标注

命令格式：命令行：Dimdiameter 或 Ddi(回车)。

菜单：【标注】→【直径】。

工具栏：单击【标注】工具栏中的【直径标注】图标。

如果在直线型尺寸上(非圆视图中)要标注直径(如 ϕ60)。需要采用线性标注，并在文本选项中键入"%%C"代表直径符号"ϕ"，(如%%C60)。

(7)半径标注

命令格式：命令行：Dimradius 或 Dimrad(回车)。

菜单：【标注】→【半径】。

工具栏：单击【标注】工具栏中的【半径标注】图标。

下面以具体实例说明直径和半径尺寸标注的方法：

直径、半径尺寸标注实例

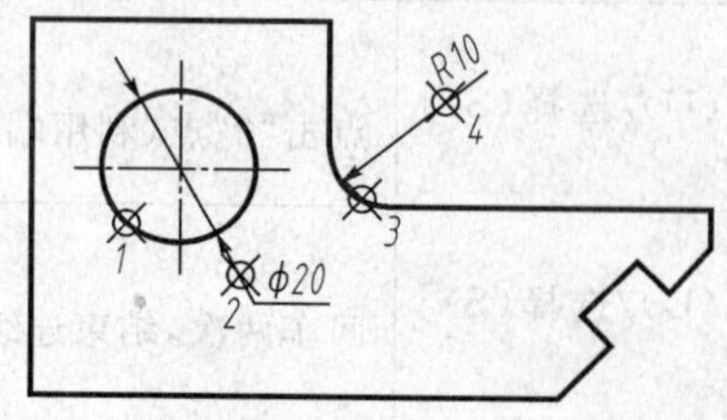

命令：_dimdiameter	运行“直径尺寸标注”命令
选择圆弧或圆：	点击“1”，选择圆 1
标注文字＝20 指定尺寸线位置或［多行文字(M)/文字(T)/角度(A)］：	点击“2”，选择直径尺寸标注位置，并结束直径标注命令。

命令：_dimradius	运行“半径尺寸标注”命令
选择圆弧或圆：	点击“3”，选择圆弧 3
标注文字＝28 指定尺寸线位置或［多行文字(M)/文字(T)/角度(A)］：	点击“4”，选择半径尺寸标注位置，并结束直径标注命令。

(8)引线标注与注释

当需要对图形对象的某一部分标以注释重点说明时，可采用引线标注法。进入引线标注状态时的启动如下。

命令格式：命令行：Leader 或 Le(回车)。

菜单：【标注】→【引线】。

工具栏：单击【标注】工具栏中的【引线】图标。

步骤：

①指定第一个引线点或【设置(s)】(设置)：指定引线的起始点。

②指定下一点：指定引线的另一点。

③指定文字宽度<0.0000>：键入文字的宽度。

④输入注释文字的第一行(多行文字(M))：指定文字的起始线。若直接回车接受默认值，则 AutoCAD 自动弹出“多行文字编辑器”对话框用于对注释文字进行编辑。

在步骤①中的“设置”选项，用于对引线进行设置编辑。因此在此命令行中直接回车接受默认值，则 AutoCAD 弹出“引线设置”对话框，如图 10-32 所示。

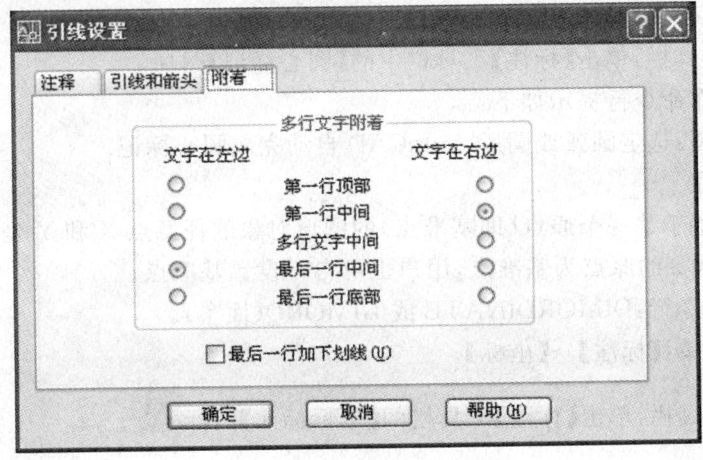

图 10-32　“引线设置”对话框

在“引线设置”对话框中的选项，含义如下：

①注释：设置注释类型、多行文字和重复使用注释选项。

②引线和箭头：设置引线和箭头特性。

③附着：指定引线附着到多行文字的位置。

引线标注实例

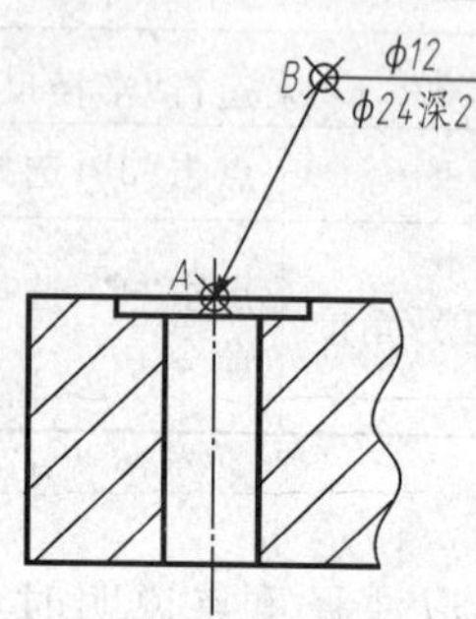

命令：_qleader	运行“引线标注”命令
指定第一个引线点或［设置(S)］<设置>： 指定下一点：	点击“A”，确定引线标注起点
指定下一点：(回车)	点击“B”，确定引线标注终点
指定文字宽度 <0>：(回车)	直接回车
输入注释文字的第一行 <多行文字(M)>：	直接回车，进入多行文本输入状态，输入注释内容： %%c12 %%c24 深 2 然后结束引线标注命令

(9)圆心标记

《GB 机械制图》要求圆的中心线是线段相交，我们可以利用圆心标记达到目的。

命令格式：命令行：Dimc(回车)(回车)。

菜单：【标注】→【圆心标记】图标。

工具栏：单击【标注】工具栏中的【圆心标记】图标。

执行上述操作命令行提示如下：

选择圆弧或圆：选定圆弧或圆后 AutoCAD 自动完成圆心标记。

(10)坐标标注

坐标标注是基于某一个原点(即基准点)的图形对象的任意点 X 和 Y 坐标标注。AutoCAD 选取当前 UCS 的原点为基准点，用户也可自行设置基准点。

命令格式：命令行：DIMORDINATE 或 DIMORD(回车)。

菜单：【标注】→【坐标】。

工具栏：单击【标注】工具栏的【坐标标注】图标。

<table>
<tr><td colspan="2">坐标标注实例</td></tr>
<tr><td colspan="2">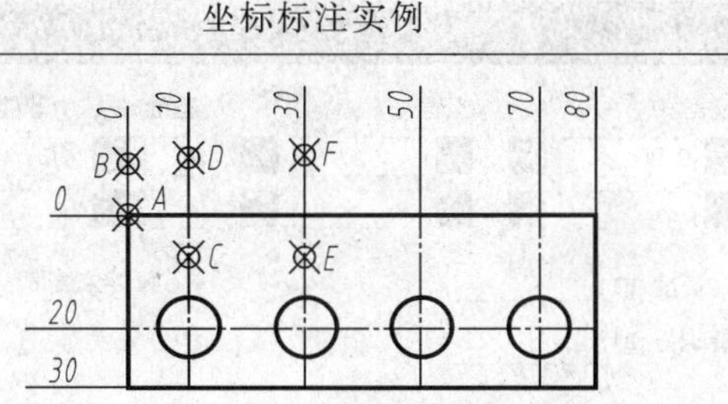
</td></tr>
<tr><td colspan="2">步骤一：首先利用 UCS 命令，确定坐标的原点</td></tr>
<tr><td>命令：ucs（回车）</td><td>运行 UCS 命令</td></tr>
<tr><td>当前 UCS 名称：＊世界＊
指定新 UCS 的原点或［Z 轴(ZA)/三点(3)/对象(OB)面(F)视图(V)/X/Y/Z］<0,0,0>：</td><td>点击 A 点，设定左上角为用户坐标原点，并结束 UCS 命令</td></tr>
<tr><td colspan="2">步骤二：利用 Dimordinate 命令标注坐标尺寸</td></tr>
<tr><td>命令：_dimordinate</td><td>运行 dimordinate 命令</td></tr>
<tr><td>指定点坐标：</td><td>点击 A 点，X 方向坐标标注起点</td></tr>
<tr><td>指定引线端点或［X 基准(X)/Y 基准(Y)/多行文字(M)/文字(T)/角度(A)］：
标注文字＝0</td><td>点击 B 点，确定指定引出线端点，并结束坐标标注命令</td></tr>
<tr><td>命令：_dimordinate</td><td>继续下一条 dimordinate 命令</td></tr>
<tr><td>指定点坐标：</td><td>点击 C 点，确定坐标标注起点</td></tr>
<tr><td>指定引线端点或［X 基准(X)/Y 基准(Y)/多行文字(M)/文字(T)/角度(A)］：
标注文字＝10</td><td>点击 D 点，确定指定引出线端点，并结束坐标标注命令</td></tr>
<tr><td colspan="2">重复上述的命令使用，标注出所有的 X 和 Y 方向的坐标尺寸标注</td></tr>
</table>

(11)形位公差标注

形位公差标准组成包括特征控制框、公差特征符号、公差值、公差原则及基准等，其样式如下图所示。

⌖	φ0.05 Ⓜ	A	B	C

命令格式：命令行：TOLERANCE(回车)。

菜单：【标注】→【公差】。

工具栏：单击【标注】工具栏中的【公差】图标。

此时 AutoCAD 弹出“形位公差”对话框，并填写如图 10-33 所示内容，点击【确定】后，在屏幕上再点击一次，确定公差标注位置，即可作出上图所示内容的位置度公差的标注。

10.3.6　尺寸标注编辑命令

当用户想修改已存在的尺寸标注格式时，可以使用多种方法，如倾斜尺寸界线、更新尺寸、替代尺寸、对齐文字等。

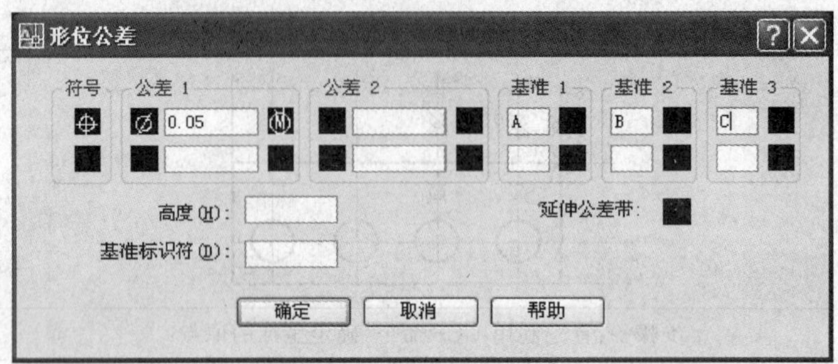

图 10-33 “形位公差”对话框

(1)尺寸文本编辑(Dimedit 命令)

Dimedit 命令提供了对尺寸指定新文本、调整文本到缺省位置、旋转文本和倾斜尺寸界线的功能,它影响尺寸文本和尺寸界线。

命令格式:命令行:DIMEDIT(回车)。

工具栏:单击【标注】工具栏的【编辑标注】图标。

启动该命令后,系统将提示:“输入标注编辑类型【默认(H)/新建(N)/旋转(R)/倾斜(H)(默认)】:”,其各项功能如下:

• 默认(H):执行该选项后,系统提示“选择对象:”,在用户选取目标对象后,系统将选中的标注文字移回到默认位置,即移回到由标注样式指定的位置和旋转角。

• 新建(N):执行该选项后,将打开“多行文字编辑器”对话框,对标注文字进行修改。

• 旋转(R):执行该选项后,系统提示“指定标注文字的角度:”,用户可在此输入所需的旋转角度;然后,系统提示“选择对象:”,选取对象后,系统将选中的标注文字按输入的角度放置。

• 倾斜(O):执行该选项后,系统提示“选择对象:”,在用户选取目标对象后,系统提示“输入倾斜角度(按(回车)表示无):”,在此输入倾斜角度或按回车键(不倾斜),系统将按指定的角度调整线性标注尺寸界线的倾斜角度。

尺寸编辑实例

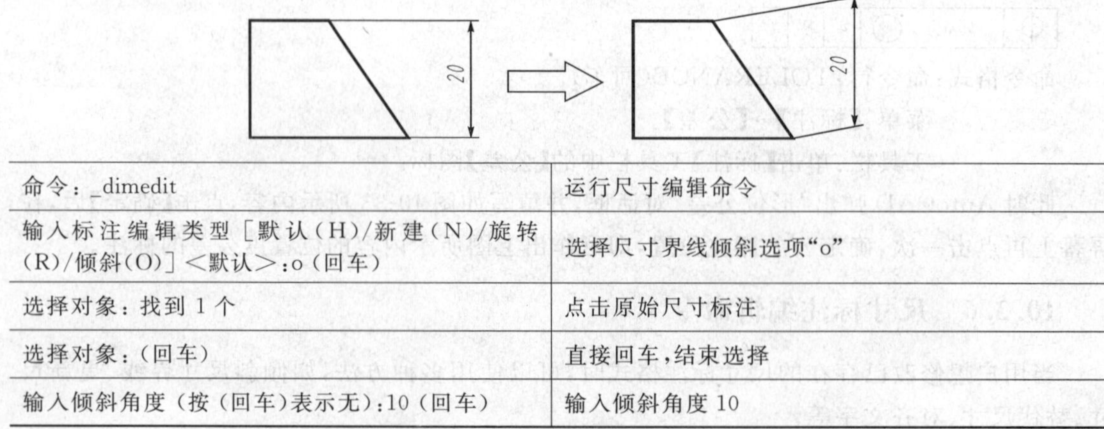

命令:_dimedit	运行尺寸编辑命令
输入标注编辑类型[默认(H)/新建(N)/旋转(R)/倾斜(O)]<默认>:o(回车)	选择尺寸界线倾斜选项“o”
选择对象:找到 1 个	点击原始尺寸标注
选择对象:(回车)	直接回车,结束选择
输入倾斜角度(按(回车)表示无):10(回车)	输入倾斜角度 10

(2)尺寸文本位置编辑(Dimtedit 命令)

"Dimedit"命令用于改变尺寸文本的位置和角度。

命令格式:命令行:Dimtedit(回车)。

菜单:【标注】→【对齐文字】。

工具栏:单击【标注】工具栏的【编辑标注文字】图标。

启动"DIMTEDIT"命令后,如果用户选择了修改对象,命令行将出现如下提示:"指定标注文字的新位置或【左(L)右(R)中心(c)/默认(H)/角度(A)】:"其各选项功能如下:

- 左(L):调整尺寸文本为左对齐。
- 右(R):调整尺寸文本为右对齐。
- 中心(C):将尺寸文本放在尺寸线中间。
- 默认(H):将尺寸文本调整到尺寸格式设置的方向。
- 角度(A):改变尺寸文本的角度。

尺寸文本位置编辑命令

命令:_dimtedit	运行尺寸文本位置编辑命令
选择标注:	选择原始标注尺寸
指定标注文字的新位置或 [左(L)右(R)中心(C)/默认(H)/角度(A)]:L	选择尺寸文本位置为左对齐"L"选项

本章小结

本章主要介绍计算机绘图系统的基本构成,熟悉 AutoCAD 用户环境,通过学习,认识 AutoCAD 的工作界面,对 AutoCAD 有初步的了解,了解图层的作用及建立图层。掌握 AutoCAD2007 的使用方法与制作技巧,初步达到能较熟练地应用 AutoCAD 软件进行绘制二维图形的方法。

一、AutoCAD 基本作图

理解设置绘图范围和绘图单位、改变对象缺省属性、设置线型比例、使用图层转换器、查看和更新图形属性,学习应用图层、颜色、线型和线宽的方法。

学习应用绘制直线、射线和构造线、绘制圆和圆弧、创建矩形和正多边形、创建点对象、绘制椭圆和椭圆弧。利用坐标选取点、栅格、捕捉、正交、对象捕捉和追踪、对象捕捉功能详解。制作和编辑图案填充的使用方法。

创建选择集、复制对象、移动对象、删除和恢复对象、编辑对象尺寸、修剪对象、打断对象、分解对象,AutoCAD 提供的功能还包括编辑多义线和样条曲线、用夹点进行快速编辑、修改对象特性。

二、文本输入及尺寸标注

单行文本的对齐选项、单行文本的编辑修改、段文本设置、段文本编辑、输入特殊符号、控制文本显示质量和速度、文本对正和比例缩放、模型空间和图纸布局之间的文本高度匹配、拼写检查。能熟练掌握向图形中添加注释文本的方法。

复习思考题

1. AutoCAD2007 的工作界面由哪几部分组成？各部分的作用是什么？AutoCAD2007 的启动包括哪些方式？

2. AutoCAD2007 的文件格式包括哪些主要类型，说出. dwg、. dwt、. bak、. lsp、. lin、. mun、. cfg、. shx 是什么文件？

3. 用户界面的基本组成元素包括哪些？请叙述设置图纸界限的过程，在 AutoCAD2007 中按要求设置 A3 图纸格式，并按模板文件格式存储。其中图框线型及标题栏文字大小，需按教材中要求绘制使用。

4. 什么是辅助工具中栅格、捕捉、正交和对象捕捉的功能，如何使用的？

5. 图层有什么作用？叙述图层的设定、新建、设置当前图层、删除图层和图层属性的基本内容，为何将实体的线型、颜色、线宽设置成“随层(BYLAYER)”？

6. 启动 AutoCAD2007 设计中心的执行方式有哪几种？正常退出 AutoCAD2007 的方法有哪几种？

7. 打开工具选项板执行方式有哪几种？

8. AutoCAD2007 提供了几种执行对象捕捉的方法？

9. 简述编辑文字的步骤，如何输入“°”、“%”等特殊符号？

10. 应用相切、半径方式创建圆时如何保证是内切还是外切？

11. 显示缩放的含义是什么？有哪些操作方法？

12. 总结画二维图形的步骤。

附　录

附录 1　螺　纹

一、普通螺纹

附表 1-1　普通螺纹的基本牙型和基本尺寸(摘自 GB/T 193—2003、GB/T 196—2003)

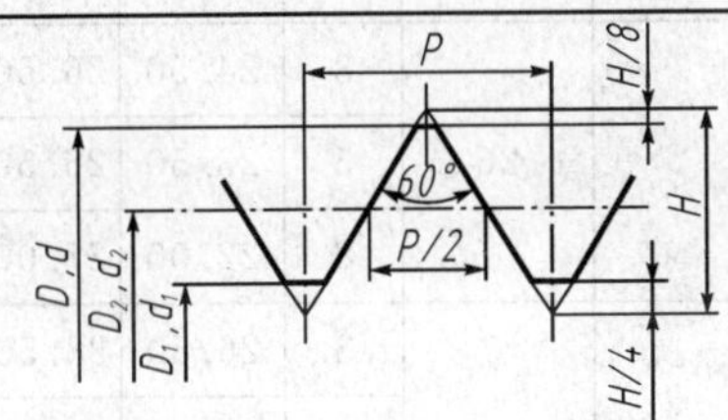

$$H=\frac{\sqrt{3}}{2}P$$

$$D_2=D-2\times\frac{3}{8}H=D-0.6495P$$

$$d_2=d-2\times\frac{3}{8}H=d-0.6495P$$

$$D_1=D-2\times\frac{5}{8}H=D-1.0825P$$

$$d_1=d-2\times\frac{5}{8}H=d-1.0825P$$

标记示例

直径为 24mm、螺距 3mm 的右旋粗牙普通螺纹:M24

直径为 24mm、螺距 2mm 的左旋细牙普通螺纹:M24×2-LH

公称直径 D、d 第一系列	公称直径 D、d 第二系列	螺距 P 粗牙	螺距 P 细牙	粗牙小径 D_1、d_1
3		0.5	0.35	2.459
	3.5	0.6		2.850
4		0.7	0.5	3.242
	4.5	0.75		3.688
5		0.8		4.134
6		1	0.75	4.917
	7	1		5.917
8		1.25	1,0.75	6.647
10		1.5	1.25,1,0.75	8.376
12		1.75	1.25,1	10.106
	14	2	1.5,1.25,1	11.835
16		2	1.5,1	13.835
	18	2.5	2,1.5,1	15.294
20		2.5		17.294
	22	2.5	2,1.5,1	19.294
24		3	2,1.5,1	20.752
	27	3	2,1.5,1	23.752
30		3.5	(3),2,1.5,1	26.211
	33	3.5	(3),2,1.5	29.211
36		4	3,2,1.5	31.670
	39	4		34.670
42		4.5	4,3,2,1.5	37.129
	45	4.5		40.129
48		5		42.587
	52	5		46.587
56		5.5	4,3,2,1.5	50.046

注:1. 优选选用第一系列,括号内尺寸尽可能不用。第三系列未列入。

2. 中径 D_2、d_2 未列入。

二、梯形螺纹

附表 1-2 梯形螺纹(摘自 GB/T 5796.2—2005、GB/T 5796.3—2005)

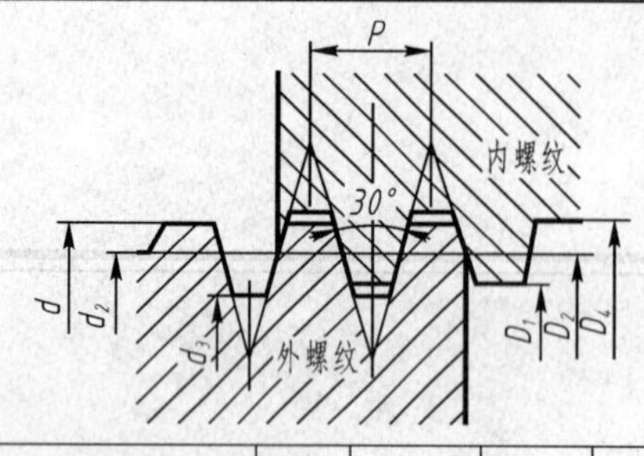

标记示例

1. 公称直径 d=40mm、螺距 P=7mm、中径公差带为 7H 的左旋梯形螺纹：

Tr40×7LH－7H

2. 公称直径 d=40mm、螺距 P=7mm、中径公差带为 7e 的右旋双线梯形螺纹：

Tr40×14(P7)－7e

mm

公称直径 d		螺距	中径	大径	小径	
第一系列	第二系列	P	$d_2=D_2$	D_4	d_3	D_1
8		1.5	7.25	8.30	6.20	6.50
	9	1.5	8.25	9.30	7.20	7.50
		2	8.00	9.50	6.50	7.00
10		1.5	9.25	10.30	8.20	8.50
		2	9.00	10.50	7.50	8.00
	11	2	10.00	11.50	8.50	9.00
		3	9.50	11.50	7.50	8.00
12		2	11.00	12.50	9.50	10.00
		3	10.50	12.50	8.50	9.00
	14	2	13.00	14.50	11.50	12.00
		3	12.50	14.50	10.50	11.00
16		2	15.00	16.50	13.50	14.00
		4	14.00	16.50	11.50	12.00
	18	2	17.00	18.50	15.50	16.00
		4	16.00	18.50	13.50	14.00
20		2	19.00	20.50	17.50	18.00
		4	18.00	20.50	15.50	16.00
	22	3	20.50	22.50	18.50	19.00
		5	19.50	22.50	16.50	17.00
		8	18.00	23.00	13.00	14.00
24		3	22.50	24.50	20.50	21.00
		5	21.50	24.50	18.50	19.00
		8	20.00	25.00	15.00	16.00
	26	3	24.50	26.50	22.50	23.00
		5	23.50	26.50	20.50	21.00
		8	22.00	27.00	17.00	18.00
28		3	26.50	28.50	24.50	25.00
		5	25.50	28.50	22.50	23.00
		8	24.00	29.00	19.00	20.00
	30	3	28.50	30.50	26.50	27.00
		6	27.00	31.00	23.00	24.00
		10	25.00	31.00	19.00	20.00
32		3	30.50	32.50	28.50	29.00
		6	29.00	33.00	25.00	26.00
		10	27.00	33.00	21.00	22.00
	34	3	32.50	34.50	30.50	31.00
		6	31.00	35.00	27.00	28.00
		10	29.00	35.00	23.00	24.00
36		3	34.50	36.50	32.50	33.00
		6	33.00	37.00	29.00	30.00
		10	31.00	37.00	25.00	26.00
	38	3	36.50	38.50	34.50	35.00
		7	34.50	39.00	30.00	31.00
		10	33.00	39.00	27.00	28.00
40		3	38.50	40.50	36.50	37.00
		7	36.50	41.00	32.00	33.00
		10	35.00	41.00	29.00	30.00

三、管螺纹

附表 1-3　55°密封的管螺纹(摘自 GB/T 7306.1—2000、GB/T 7306.2—2000)

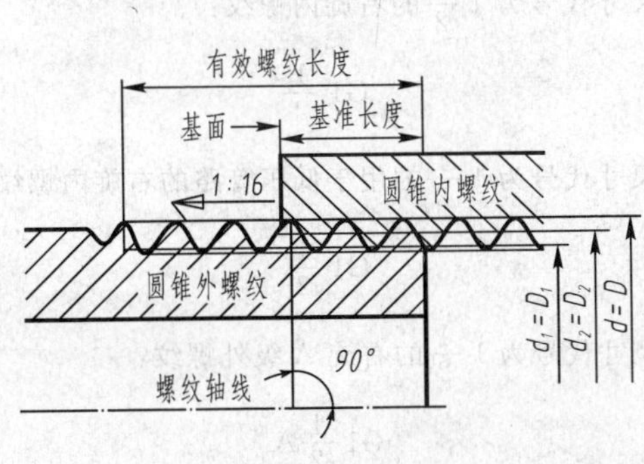

标记示例

1. 尺寸代号为 $1\frac{1}{2}$ 的右旋圆锥内螺纹：

$$\mathrm{Rc}1\frac{1}{2}$$

2. 尺寸代号为 $1\frac{1}{2}$ 的左旋圆锥外螺纹：

$$\mathrm{R}1\frac{1}{2}-\mathrm{LH}$$

3. 尺寸代号为 $1\frac{1}{2}$ 的右旋圆柱内螺纹：

$$\mathrm{Rp}1\frac{1}{2}$$

mm

尺寸代号	每 25.4mm 内所含的牙数 n	螺距 P	牙高 h	基本直径或基准平面内的基本直径			基准距离(基本)	外螺纹的有效螺纹不小于
				大径(基本直径)$d=D$	中径 $d_2=D_2$	小径 $d_1=D_1$		
1/16	28	0.907	0.581	7.723	7.142	6.561	4	6.5
1/8	28	0.907	0.581	9.728	9.147	8.566	4	6.5
1/4	19	1.337	0.856	13.157	12.301	11.445	6	9.7
3/8	19	1.337	0.856	16.662	15.806	14.950	6.4	10.1
1/2	14	1.814	1.162	20.955	19.793	18.631	8.2	13.2
3/4	14	1.814	1.162	26.441	25.279	24.117	9.5	14.5
1	11	2.309	1.479	33.249	31.770	30.291	10.4	16.8
$1\frac{1}{4}$	11	2.309	1.479	41.910	40.431	38.952	12.7	19.1
$1\frac{1}{2}$	11	2.309	1.479	47.803	46.324	44.845	12.7	19.1
2	11	2.309	1.479	59.614	58.135	56.656	15.9	23.4
$2\frac{1}{2}$	11	2.309	1.479	75.184	73.705	72.226	17.5	26.7
3	11	2.309	1.479	87.884	86.405	84.926	20.6	29.8
4	11	2.309	1.479	113.030	111.551	110.072	25.4	35.8
5	11	2.309	1.479	138.430	136.951	135.472	28.6	40.1
6	11	2.309	1.479	163.830	162.351	160.872	28.6	40.1

注：第 5 列中所列的是圆柱螺纹的基本直径和圆锥螺纹在基本平面内的基本直径，第 6、7 列只适用于圆锥螺纹。

附表 1-4 55°非密封的管螺纹(GB/T 7307—2001)

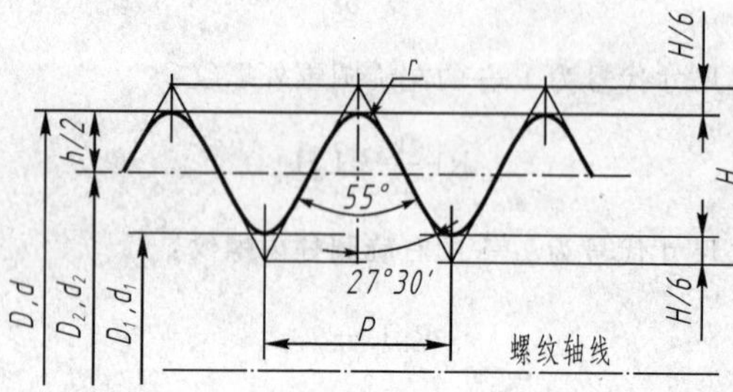

标记示例

1. 尺寸代号为 $1\frac{1}{2}$ 的右旋内螺纹：

$$G1\frac{1}{2}$$

2. 尺寸代号为 $1\frac{1}{2}$ 的用于低压管路的右旋内螺纹：

$$G1\frac{1}{2}$$

3. 尺寸代号为 $1\frac{1}{2}$ 的右旋 A 级外螺纹：

$$G1\frac{1}{2}A$$

4. 尺寸代号为 $1\frac{1}{2}$ 的左旋 B 级外螺纹：

$$G1\frac{1}{2}B-LH$$

mm

尺寸代号	每 25.4mm 内的牙数 n	螺距 P	基本尺寸 大径 D,d	基本尺寸 中径 D_2,d_2	基本尺寸 小径 D_1,d_1	尺寸代号	每 25.4mm 内的牙数 n	螺距 P	基本尺寸 大径 D,d	基本尺寸 中径 D_2,d_2	基本尺寸 小径 D_1,d_1
1/8	28	0.907	9.728	9.147	8.566	$1\frac{1}{4}$	11	2.309	41.910	40.431	38.952
1/4	19	1.337	13.157	12.301	11.445	$1\frac{1}{2}$		2.309	47.803	46.324	44.845
3/8		1.337	16.662	15.806	14.950	$1\frac{3}{4}$		2.309	53.746	52.267	50.788
1/2	14	1.814	20.955	19.793	18.631	2		2.309	59.614	58.135	56.656
5/8		1.814	22.911	21.749	20.587	$2\frac{1}{4}$		2.309	65.710	64.231	62.752
3/4		1.814	26.441	25.279	24.117	$2\frac{1}{2}$		2.309	75.184	73.705	72.226
7/8		1.814	30.201	29.039	27.877	$2\frac{3}{4}$		2.309	81.534	80.055	78.576
1	11	2.309	33.249	31.770	30.291	3		2.309	87.884	86.405	84.926
$1\frac{1}{8}$		2.309	37.897	36.418	34.939	$3\frac{1}{2}$		2.309	100.330	98.851	97.372

附录 2 常用标准件

一、螺纹紧固件

1. 六角头螺栓

附表 2-1 六角头螺栓(摘自 GB/T 5780—2000、GB/T 5782—2000)

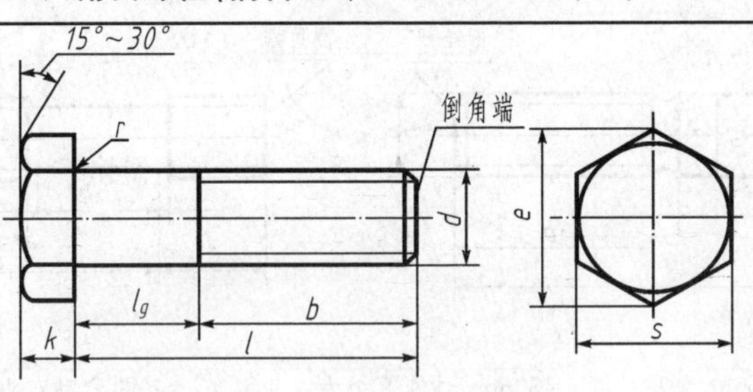

标记示例

螺纹规格 d=M12、公称长度 l=80mm、性能等级为 8.8 级、表面氧化的 A 级六角头螺栓：螺栓 GB/T 5782 M12×80

mm

螺纹规格 d			M3	M4	M5	M6	M8	M10	M12	M16	M20	M24	M30	M36
b 参考	l 公称≤125		12	14	16	18	22	26	30	38	46	54	66	—
	125<l 公称≤200		18	20	22	24	28	32	36	44	52	60	72	84
	l 公称>200		31	33	35	37	41	45	49	57	65	73	85	97
c	min		0.15	0.15	0.15	0.15	0.15	0.15	0.15	0.2	0.2	0.2	0.2	0.2
	max		0.4	0.4	0.5	0.5	0.6	0.6	0.6	0.8	0.8	0.8	0.8	0.8
e min	产品等级	A	6.01	7.66	8.79	11.05	14.38	17.77	20.03	26.75	33.53	39.98	—	—
		B	5.88	7.50	8.63	10.89	14.20	17.59	19.85	26.17	32.95	39.55	50.85	60.79
k 公称			2	2.8	3.5	4	5.3	6.4	7.5	10	12.5	15	18.7	22.5
s max=公称			5.5	7	8	10	13	16	18	24	30	36	46	55
l 公称(系列值)			6,8,10,12,16,20,25,30,35,40,45,50,55,60,65,70,80,90,100,110,120,130,140,150,160,180,200,240,260,280,300,320,340,360,380,400,420,440,460,480,500											

注：1. 等级 A、B 根据公差取值不同而定，A 级用于 d≤24 和 l≤10d 或 l≤150mm(按较小值)的螺栓，B 级用于 d>24 和 l>10d 或 l>150mm(按较小值)的螺栓。

2. 螺纹末端应倒角，当 d≤M4 时，可为辗制末端。

3. 螺纹规格 d 为 M1.6～M64。

2. 双头螺柱

附表 2-2 双头螺柱

双头螺柱——$b_m=d$(GB/T 897—1988)　　双头螺柱——$b_m=1.5d$(GB/T 899—1988)

双头螺柱——$b_m=1.25d$(GB/T 898—1988)　　双头螺柱——$b_m=2d$(GB/T 900—1988)

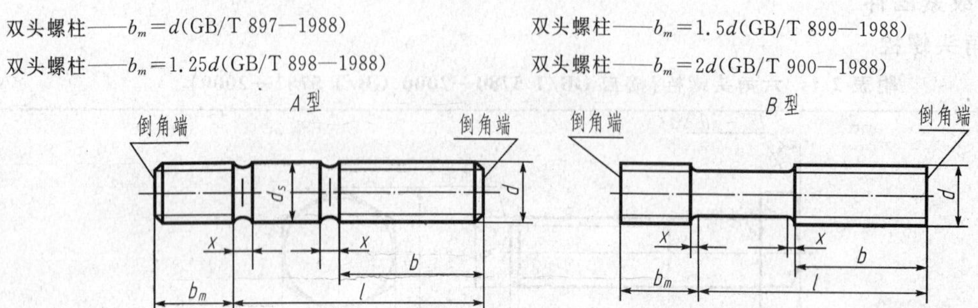

标记示例

两端均为粗牙普通螺纹 d=10mm、公称长度 l=50mm、性能等级为 4.8 级、$b_m=d$ 的 B 型双头螺柱：螺柱 GB/T 897 M10×50

若按 A 型制造，必须加注“A”，如螺柱 GB/T 897　AM10×50

mm

螺纹规格		M5	M6	M8	M10	M12	M16	M20	M24	M30	M36	M42
b_m	GB/T 897—1988	5	6	8	10	12	16	20	24	30	36	42
	GB/T 898—1988	6	8	10	12	15	20	25	30	38	45	52
	GB/T 899—1988	8	10	12	15	18	24	30	36	45	54	63
	GB/T 900—1988	10	12	16	20	24	32	40	48	60	72	84
d_s		5	6	8	10	12	16	20	24	30	36	42
x		1.5P	1.5P	1.5P	1.5P	1.5P	1.5P	1.5P	1.5P	1.5P	1.5P	1.5P
$\frac{l}{b}$		16~22/10 25~50/16	20~22/10 25~30/14 32~75/18	20~22/12 25~30/16 32~90/22	25~28/14 30~38/16 40~120/26 130/32	25~30/16 32~40/20 45~120/30 130~180/36	30~38/20 40~55/30 60~120/38 130~200/44	35~40/25 45~65/35 70~120/46 130~200/52	45~50/30 55~75/45 80~120/54 130~200/60	60~65/40 70~90/50 95~120/66 130~200/72 210~250/85	65~75/45 80~110/60 120/78 130~200/84 210~300/97	65~80/50 85~110/70 120/90 130~200/96 210~300/109
l 系列		16,(18),20,(22),25,(28),30,(32),35,(38),40,45,50,(55),60,(65),70,(75),80,(85),90,(95),100,110,120,130,140,150,160,170,180,190,200,210,220,230,240,250,260,280,300										

注：P 是粗牙螺纹的螺距。

2. l 系列中尽可能不采用括号内的数值。

3. 螺钉

(1)开槽圆柱头螺钉

附表 2-3　开槽圆柱头螺钉(GB/T 65—2000)

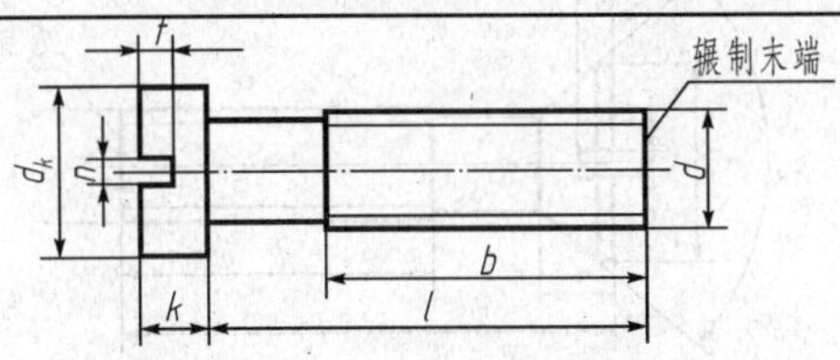

标记示例

螺纹规格 d=M5、公称长度 l=20mm、性能等级为 4.8 级、不经表面处理的开槽圆柱头螺钉：螺钉 GB/T 65 M5×20

mm

螺纹规格 d		M3	M4	M5	M6	M8	M10
b min		25	38	38	38	38	38
d_k	max	5.5	7	8.5	10	13	16
	min	5.32	6.78	8.28	9.78	12.73	15.73
k	max	2	2.6	3.3	3.9	5	6
	min	1.86	2.46	3.12	3.6	4.7	5.7
n 公称		0.8	1.2	1.2	1.6	2	2.5
t min		0.85	1.1	1.3	1.6	2	2.4
l 公称(系列值)		4,5,6,8,10,12,(14),16,20,25,30,35,40,45,50,(55),60,(65),70,(75),80					

注：1. 当 l≤40mm 时，螺钉制出全螺纹。

2. l 公称值尽可能不采用括号内的规格。

(2)开槽盘头螺钉

附表 2-4　开槽盘头螺钉(GB/T 67—2000)

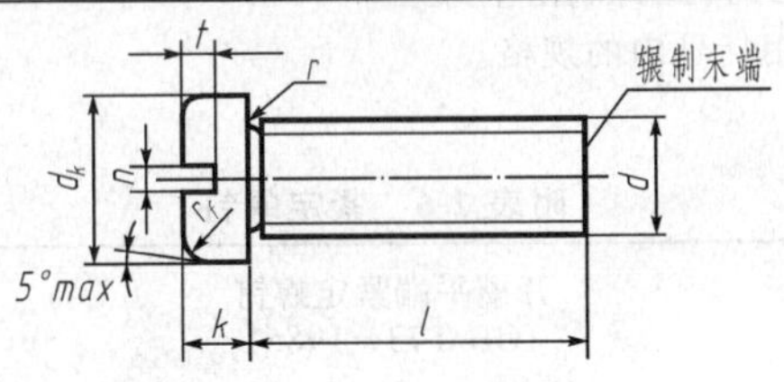

标记示例

螺纹规格 d=M5、公称长度 l=20mm、性能等级为 4.8 级、不经表面处理的 A 级开槽盘头螺钉：螺钉 GB/T 67　M5×20

mm

螺纹规格 d		M3	M4	M5	M6	M8	M10
b min		25	38	38	38	38	38
d_k	max	5.6	8	9.5	12	16	20
	min	5.3	7.64	9.14	11.57	15.57	19.48
k	max	1.8	2.4	3	3.6	4.8	6
	min	1.66	2.26	2.86	3.3	4.5	5.7
n 公称		0.8	1.2	1.2	1.6	2	2.5
t min		0.7	1	1.2	1.4	1.9	2.4
l 公称(系列值)		4,5,6,8,10,12,(14),16,20,25,30,35,40,45,50,(55),60,(65),70,(75),80					

注：1. 当 l≤40mm 时，螺钉制出全螺纹。

2. l 公称值尽可能不采用括号内的规格。

(3)开槽沉头螺钉

附表 2-5 开槽沉头螺钉(GB/T 68—2000)

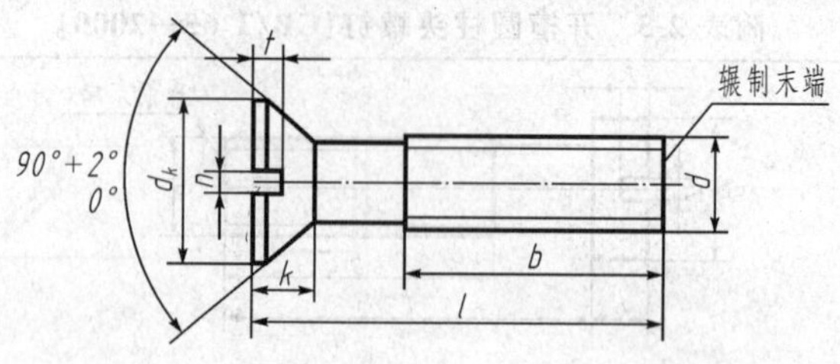

标记示例

螺纹规格 d=M5、公称长度 l=20mm、性能等级为 4.8 级、不经表面处理的 A 级开槽盘头螺钉:螺钉 GB/T 68 M5×20

mm

螺纹规格 d		M2	M2.5	M3	M4	M5	M6	M8	M10
$b$min		25	25	25	38	38	38	38	38
d_k 实际值	max	3.8	4.7	5.5	8.4	9.3	11.3	15.8	18.3
	min	3.5	4.4	5.2	8.04	8.94	10.87	15.37	17.78
k 公称=max		1.2	1.5	1.65	2.7	2.7	3.3	4.65	5
n 公称		0.5	0.6	0.8	1.2	1.2	1.6	2	2.5
t	min	0.4	0.5	0.6	1	1.1	1.2	1.8	2
	max	0.6	0.75	0.85	1.3	1.4	1.6	2.3	2.6
l 公称(系列值)		2.5,3,4,5,6,8,10,12,(14),16,20,25,30,35,40,45,50,(55),60,(65),70,(75),80							

注:1. 当 d≤3mm,l≤30mm 时,螺钉制出全螺纹。

2. l 公称值尽可能不采用括号内的规格。

(4)紧定螺钉

附表 2-6 紧定螺钉

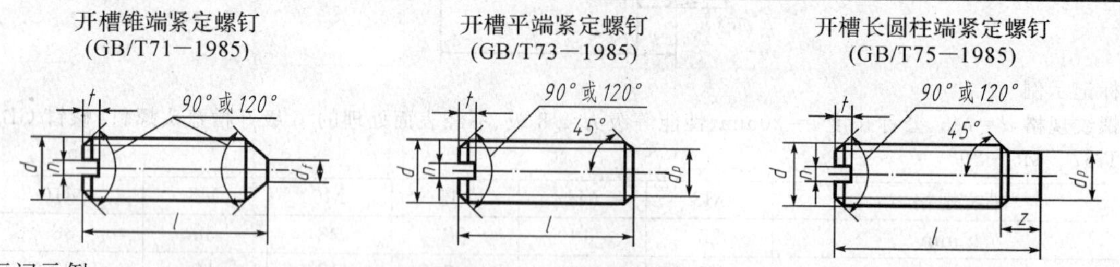

标记示例

螺纹规格 d=M5、公称长度 l=12mm、性能等级为 14H 级、表面氧化的开槽锥端紧定螺钉:螺钉 GB/T 71 M5×12

螺纹规格 d=M5、公称长度 l=12mm、性能等级为 14H 级、表面氧化的开槽平端紧定螺钉:螺钉 GB/T 73 M5×12

螺纹规格 d=M5、公称长度 l=12mm、性能等级为 14H 级、表面氧化的开槽圆柱端紧定螺钉:螺钉 GB/T 75 M5×12

mm

d	M2	M2.5	M3	M4	M5	M6	M8	M10	M12
n(公称)	0.25	0.4	0.4	0.6	0.8	1	1.2	1.6	2

续表

t(min)	0.64	0.72	0.8	1.12	1.28	1.6	2	2.4	2.8
d_p(max)	1	1.5	2	2.5	3.5	4	5.5	7	8.5
z(max)	1.25	1.5	1.75	2.25	2.75	3.25	4.3	5.3	6.3
d_t(max)	0.2	0.25	0.3	0.4	0.5	1.5	2	2.5	3
l(GB/T 71—1985)	3～10	3～12	4～16	6～20	8～25	8～30	10～40	12～50	14～60
l(GB/T 73—1985)	2～10	2.5～12	3～16	4～20	5～25	6～30	8～40	10～50	12～60
l(GB/T 75—1985)	3～10	4～12	5～16	6～20	8～25	8～30	10～40	12～50	14～60
l系列	3,4,5,6,8,10,12,(14),16,20,25,30,40,45,50,(55),60								

注:1. l系列值中,尽可能不采用括号内的规格。

2. 开端锥端紧定螺钉(GB/T 71—1985),当 $d \leqslant$ M5 时不要求锥端有平面部分(d_t),可以倒圆。

4. 螺母

附表 2-7　六角螺母

1型六角螺母(GB/T 6170—2000)　　　六角薄螺母(GB/T 6172.1—2000)

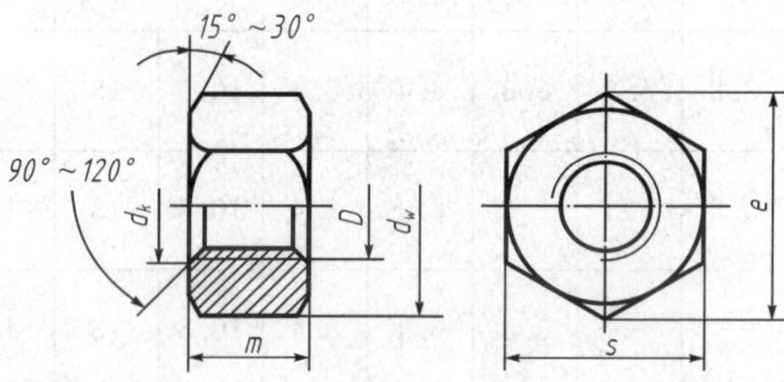

标记示例

螺纹规格 D=M12、性能等级为8级、不经表面处理、产品等级为A级的1型六角螺母:螺母 GB/T 6170 M12

mm

螺纹规格 D			M2	M2.5	M3	M4	M5	M6	M8	M10	M12	M16	M20	M24	M30
D_w			3.1	4.1	4.6	5.9	6.9	8.9	11.6	14.6	16.6	22.5	27.7	33.3	42.8
e min			4.32	5.45	6.01	7.66	8.79	11.05	14.38	17.77	20.03	26.75	32.95	39.55	50.85
s		max	4	5	5.5	7	8	10	13	16	18	24	30	36	46
		min	3.82	4.82	5.32	6.78	7.78	9.78	12.73	5.73	17.73	23.67	29.16	35	45
m	GB/T 6170	max	1.6	2	2.4	3.2	4.7	5.2	6.8	8.4	10.8	14.8	18	21.5	25.6
		min	1.35	1.75	2.15	2.9	4.4	4.9	6.44	8.04	10.73	14.1	16.9	20.2	24.3
	GB/T 6172.1	max	1.2	1.6	1.8	2.2	2.7	3.2	4	5	6	8	10	12	15
		min	0.95	1.35	1.55	1.95	2.45	2.9	3.7	4.7	5.7	7.42	9.10	10.9	13.9

注:A级用于 $D \leqslant 16$mm 的螺母,B级用于 $D > 16$mm 的螺母。

5. 垫圈

(1)平垫圈

附表 2-8 平垫圈

小垫圈—A级 (GB/T 848—2002)　　平垫圈—A级 (GB/T 97.1—2002)　　平垫圈 倒角型—A级 (GB/T 97.2—2002)

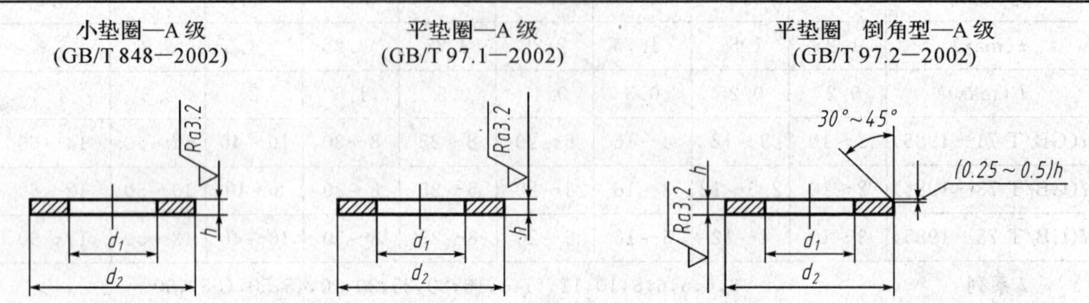

标记示例

垫圈 GB/T 848　8　公称尺寸 d=8mm、性能等级为 140HV 级、不经表面处理的小垫圈

垫圈 GB/T 97.1　8　公称尺寸 d=8mm、性能等级为 140HV 级、不经表面处理的平垫圈

垫圈 GB/T 97.2　8　公称尺寸 d=8mm、性能等级为 A140 级、倒角型、不经表面处理的平垫圈

mm

公称尺寸（螺纹规格 d）		3	4	5	6	8	10	12	14	16	20	24
内径 d_1	GB/T 848—2002	3.2	4.3	5.3	6.4	8.4	10.5	13	15	17	21	25
	GB/T 97.1—2002	3.2	4.3	5.3	6.4	8.4	10.5	13	15	17	21	25
	GB/T 97.2—2002	—	—	5.3	6.4	8.4	10.5	13	15	17	21	25
外径 d_2	GB/T 848—2002	6	8	9	11	15	18	20	24	28	34	39
	GB/T 97.1—2002	7	9	10	12	16	20	24	28	30	37	44
	GB/T 97.2—2002	—	—	10	12	16	20	24	28	30	37	44
厚度 h	GB/T 848—2002	0.5	0.8	1	1.6	1.6	1.6	2	2.5	2.5	3	4
	GB/T 97.1—2002	0.5	0.8	1	1.6	1.6	2	2.5	2.5	3	3	4
	GB/T 97.2—2002	—	—	1	1.6	1.6	2	2.5	2.5	3	3	4

注：1. 垫圈材料为钢时，垫圈的性能等级分为 140HV、200HV、300HV 三级，其中 140HV 级最常用。

2. GB/T 848 适用于规格为 1.6～36mm 的圆柱头螺钉。

3. GB/T 97.1、GB/T 97.2 适用于规格为 5～36mm 的标准六角头螺栓、螺钉和螺母。

(2)弹簧垫圈

附表 2-9　弹簧垫圈

标准型弹簧垫圈(GB/T 93—1987)

标记示例

垫圈 GB/T 93　16 规格为 16mm、材料为 65Mn、表面氧化的标准型弹簧垫圈

mm

规格(螺纹大径)	3	4	5	6	8	10	12	(14)	16	(18)	20	(22)	24	(27)	30
d(min)	3.1	4.1	5.1	6.1	8.1	10.2	12.2	14.2	16.2	18.2	20.2	22.5	24.5	27.5	30.5
H(min)	1.6	2.2	2.6	3.2	4.2	5.2	6.2	7.2	8.2	9	10	11	12	13.6	15
$S(b)$	0.8	1.1	1.3	1.6	2.1	2.6	3.1	3.6	4.1	4.5	5	5.5	6	6.8	7.5
$m\leqslant$	0.4	0.55	0.65	0.8	1.05	1.3	1.55	1.8	2.05	2.25	2.5	2.75	3	3.4	3.75

注:m 应大于零。

二、销

1. 圆锥销

附表 2-10　圆锥销(摘自 GB/T 117—2000)

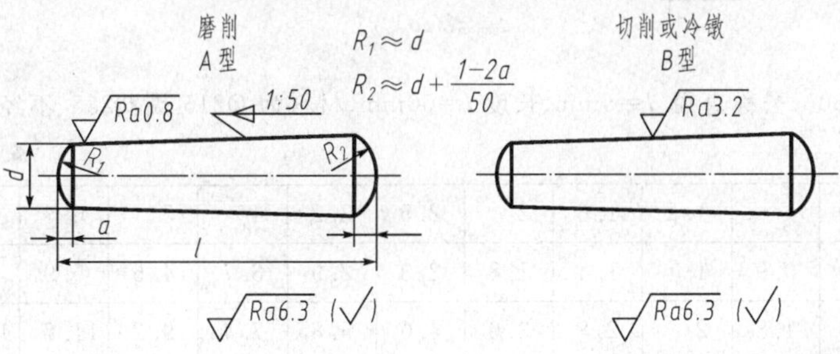

标记示例

销 GB/T 117　10×80　公称直径 d=10mm、长度 l=80mm、材料为 35 钢、热处理硬度为 28～38HRC、表面氧化处理的 A 型圆锥销

mm

d	2	2.5	3	4	5	6	8	10	12
$a\approx$	0.25	0.3	0.4	0.5	0.63	0.8	1	1.2	1.6
l	10～35	10～35	12～45	14～55	18～60	22～90	22～120	26～160	32～180
l 系列	10,12,14,16,18,20,22,24,26,28,30,32,35,40,45,50,55,60,65,70,75,80,85,90,95,100,120,140,160,180								

注:标准规定圆锥销的公称直径 d=0.6～50mm。

2. 圆柱销

附表 2-11 圆柱销(摘自 GB/T 119.1—2000)

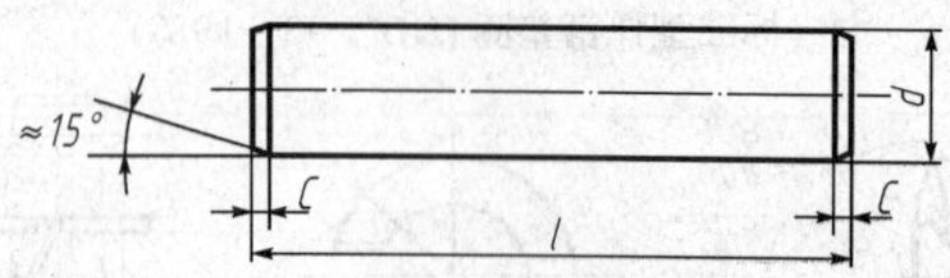

标记示例

销 GB/T 119.1 8m6×30 公称直径 d=8mm、公差为 m6、长度 l=30mm、材料为钢、热处理硬度为 28～38HRC、表面氧化的圆柱销

mm

d	2	2.5	3	4	5	6	8	10	12
$c\approx$	0.35	0.40	0.50	0.63	0.80	1.2	1.6	2.0	2.5
l	6～20	6～24	8～30	8～40	10～50	12～60	14～80	18～95	22～140
l 系列	6,8,10,12,14,16,18,20,22,24,26,28,30,32,35,40,45,50,55,60,65,70,75,80,85,90,95,100,120,140,160,180,200								

注:圆柱销的公称直径 d=0.6～50mm,公称长度 l=2～200mm,公差有 m6 和 h8。

3. 开口销

附表 2-12 开口销(摘自 GB/T 91—2000)

开口销(GB/T 91—2000)

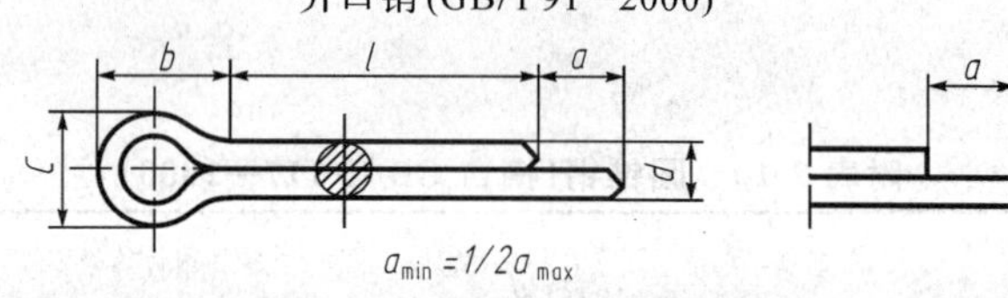

$a_{min}=1/2a_{max}$

标记示例

销 GB/T 91 5×50 公称直径 d=5mm、长度 l=50mm、材料为 Q215 或 Q235、不经表面处理的开口销

mm

公称规格		1	1.2	1.6	2	2.5	3.2	4	5	6.3	8	10	13
$d$max		0.9	1	1.4	1.8	2.3	2.9	3.7	4.6	5.9	7.5	9.5	12.4
c	max	1.8	2	2.8	3.6	4.6	5.8	7.4	9.2	11.8	15	19	24.8
	min	1.6	1.7	2.4	3.2	4	5.1	6.5	8	10.3	13.1	16.6	21.7
$b\approx$		3	3	3.2	4	5	6.4	8	10	12.6	16	20	26
a max		1.6	2.5				3.2	4				6.3	
l 公称(系列值)		4,5,6,8,10,12,14,16,18,20,22,24,26,28,30,32,36,40,45,50,55,60,65,70,75,80,85,90,95,100,120,140,160,180,200											

注:1. 公称规格为销孔的公称直径。

2. 开口销的公称规格为 0.6～20mm。

3. 根据供需双方协议,可采用公称规格为 3mm、6mm、12mm 的开口销。

三、键

1. 平键

附表 2-13　平键和键槽断面的基本尺寸(GB/T 1095—2003)

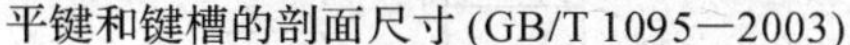
平键和键槽的剖面尺寸 (GB/T 1095—2003)

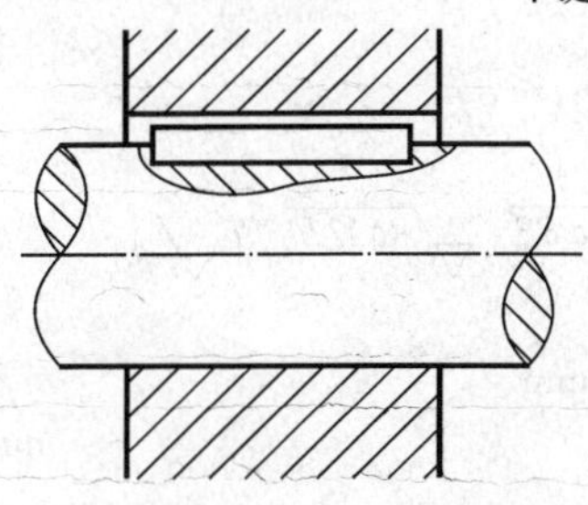

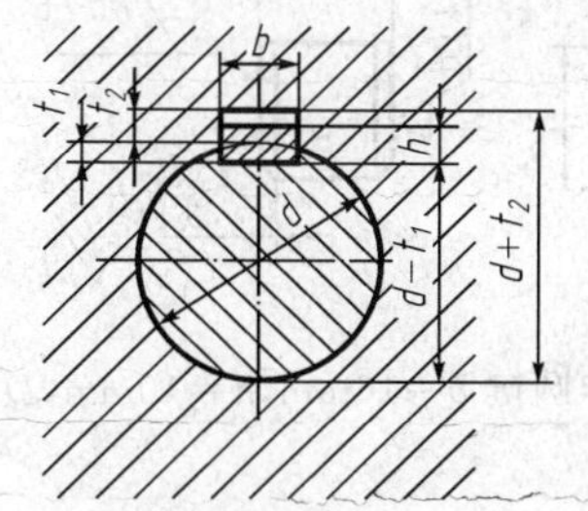

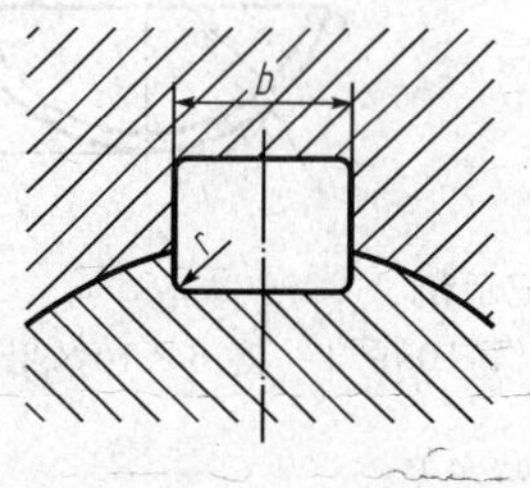

mm

公称直径 d			6～8	>8～10	>10～12	>12～17	>17～22	>22～30	>30～38	>38～44	>44～50	>50～58	>58～65	>65～75	>75～85
键的公称尺寸		b	2	3	4	5	6	8	10	12	14	16	18	20	22
		h	2	3	4	5	6	7	8	8	9	10	11	12	14
键槽	深度	轴 t_1	1.2	1.8	2.5	3.0	3.5	4.0	5.0	5.0	5.5	6	7.0	7.5	9
		毂 t_2	1.0	1.4	1.8	2.3	2.8	3.3	3.3	3.3	3.8	4.3	4.4	4.9	5.4
	半径 r	最大	0.08			0.16			0.25					0.40	
		最小	0.16			0.25			0.40					0.60	

附表 2-14　普通平键的形式尺寸(摘自 GB/T 1096—2003)

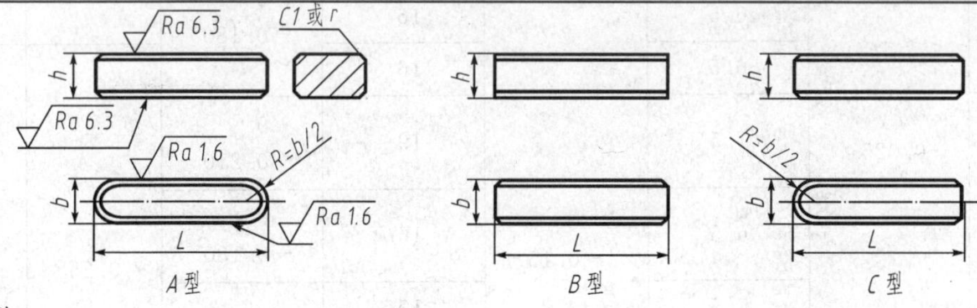

标记示例

b=16mm,h=10mm,l=100mm 圆头普通平键(A 型):GB/T 1096 键 16×10×100

b=16mm,h=10mm,l=100mm 平头普通平键(B 型):GB/T 1096 键 B16×10×100

b=16mm,h=10mm,l=100mm 单圆头普通平键(C 型):GB/T 1096 键 C16×10×100

mm

b	2	3	4	5	6	8	10	12	14	16	18	20	22	25	28	32	36	40
h	2	3	4	5	6	7	8	8	9	10	11	12	14	14	16	18	20	22
C 或 r	<0.16			<0.25			<0.40					<0.60					1.0	
长度范围 L	6～20	6～36	8～45	10～56	14～70	18～90	22～110	28～140	36～160	45～180	50～200	56～220	63～250	70～280	80～320	90～360	100～400	100～400
L 系列	6,8,10,12,14,16,18,20,22,25,28,32,36,40,45,50,56,63,70,80,90,100,110,125,140,160,180,200,220,250,280,320,360																	

注:标准规定键宽 b=2～100mm,公称长度 L=6～500mm。

2. 半圆键

附表 2-15 半圆键的形式、尺寸(摘自 GB/T 1099.1—2003)

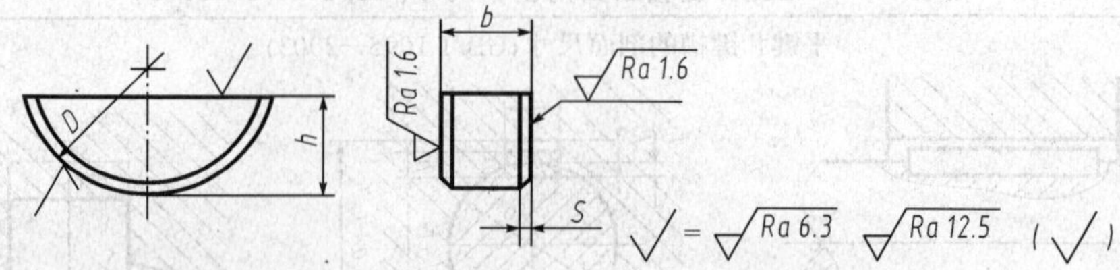

标记示例

GB/T 1099.1 键 6×10×25 半圆键 b=16mm,h=10mm,D=25mm

mm

键宽 b		高度 h		直径 D		s	
公称尺寸	极限偏差 h9	公称尺寸	极限偏差 h12	公称尺寸	极限偏差 h12	最小	最大
1.0	0 −0.025	1.4	0 −0.10	4	0 −0.120	0.16	0.25
1.5		2.6		7	0 −0.150		
2.0		2.6	0 −0.12	7			
2.0		3.7		10			
2.5		3.7		10			
3.0		5.0		13	0 −0.180		
3.0		6.5	0 −0.15	16			
4.0		6.5		16			
4.0		7.5		19	0 −0.210	0.25	0.40
5.0		6.5		16	0 −0.180		
5.0		7.5		19	0 −0.210		
5.0		9.0		22			
6.0		9.0		22			
6.0		10.0		25			
8.0		11.0	0 −0.18	28	0 −0.250	0.40	0.60
10.0		13.0		32			

四、滚动轴承

1. 深沟球轴承

附表 2-16　深沟球轴承(GB/T 276—1994)

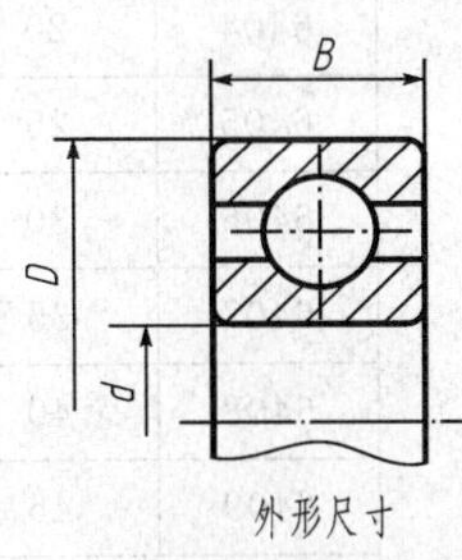

外形尺寸

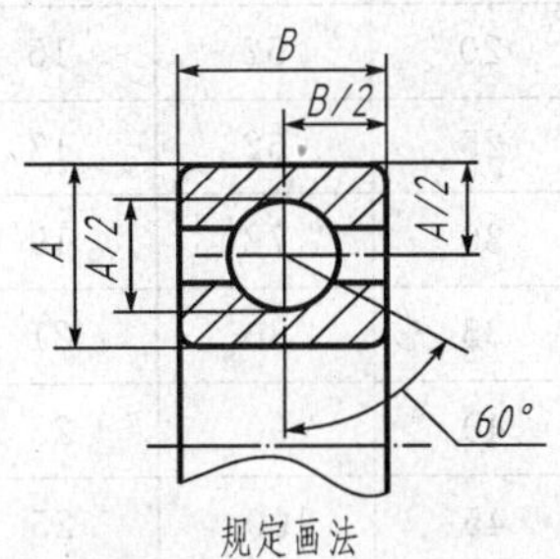

规定画法

标记示例

滚动轴承 6012 GB/T 276—1994

轴承型号		外形尺寸/mm			轴承型号		外形尺寸/mm		
		d	*D*	*B*			*d*	*D*	*B*
(0)1 尺寸系列	6004	20	42	12	(0)2 尺寸系列	6204	20	47	14
	6005	25	47	12		6205	25	52	15
	6006	30	55	13		6206	30	62	16
	6007	35	62	14		6207	35	72	17
	6008	40	68	15		6208	40	80	18
	6009	45	75	16		6209	45	85	19
	6010	50	80	16		6210	50	90	20
	6011	55	90	18		6211	55	100	21
	6012	60	95	18		6212	60	110	22
	6013	65	100	18		6213	65	120	23
	6014	70	110	20		6214	70	125	24
	6015	75	115	20		6215	75	130	25
	6016	80	125	22		6216	80	140	26
	6017	85	130	22		6217	85	150	28
	6018	90	140	24		6218	90	160	30
	6019	95	145	24		6219	95	170	32
	6020	100	150	24		6220	100	180	34

续表

轴承型号		外形尺寸/mm			轴承型号		外形尺寸/mm		
		d	D	B			d	D	B
(0)3尺寸系列	6304	20	52	15	(0)4尺寸系列	6404	20	72	19
	6305	25	62	17		6405	25	80	21
	6306	30	72	19		6406	30	90	23
	6307	35	80	21		6407	35	100	25
	6308	40	90	23		6408	40	110	27
	6309	45	100	25		6409	45	120	29
	6310	50	110	27		6410	50	130	31
	6311	55	120	29		6411	55	140	33
	6312	60	130	31		6412	60	150	35
	6313	65	140	33		6413	65	160	37
	6314	70	150	35		6414	70	180	42
	6315	75	160	37		6415	75	190	45
	6316	80	170	39		6416	80	200	48
	6317	85	180	41		6417	85	210	52
	6318	90	190	43		6418	90	225	54
	6319	95	200	45		6419	95	240	55
	6320	100	215	47		6420	100	250	58

2. 圆锥滚子轴承

附表 2-17 圆锥滚子轴承(GB/T 297—1994)

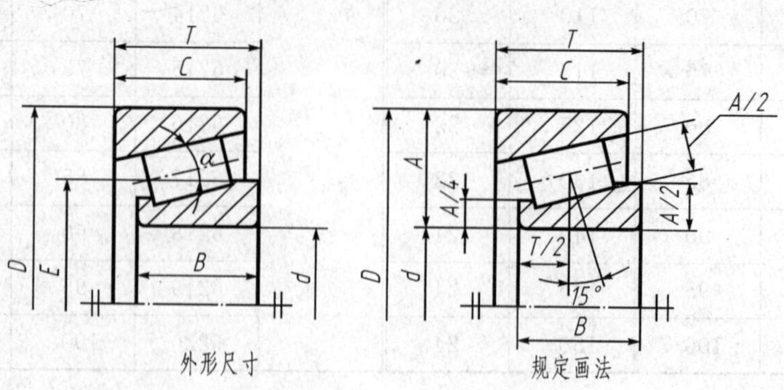

标记示例

滚动轴承 30205 GB/T 297—1994

续表

轴承类型		外形尺寸/mm					轴承类型		外形尺寸/mm				
		d	D	T	B	C			d	D	T	B	C
02尺寸系列	30204	20	47	15.25	14	12	22尺寸系列	32204	20	47	19.25	18	15
	30205	25	52	16.25	15	13		32205	25	52	19.25	18	16
	30206	30	62	17.25	16	14		32206	30	62	21.25	20	17
	30207	35	72	18.25	17	15		32207	35	72	24.25	23	19
	30208	40	80	19.25	18	16		32208	40	80	24.75	23	19
	30209	45	85	20.75	19	16		32209	45	85	24.75	23	19
	30210	50	90	21.75	20	17		32210	50	90	24.75	23	19
	30211	55	100	22.75	21	18		32211	55	100	26.75	25	21
	30212	60	110	23.75	22	19		32212	60	110	29.75	28	24
	30213	65	120	24.75	23	20		32213	65	120	32.75	31	27
	30214	70	125	26.25	24	21		32214	70	125	33.25	31	27
	30215	75	130	27.25	25	22		32215	75	130	33.25	31	27
	30216	80	140	28.25	26	22		32216	80	140	35.25	33	28
	30217	85	150	30.50	28	24		32217	85	150	38.50	36	30
	30218	90	160	32.50	30	26		32218	90	160	42.50	40	34
	30219	95	170	34.50	32	27		32219	95	170	45.50	43	37
	30220	100	180	37	34	29		32220	100	180	49	46	39
03尺寸系列	30304	20	52	16.25	15	13	23尺寸系列	32304	20	52	22.25	21	18
	30305	25	62	18.25	17	15		32305	25	62	25.25	24	20
	30306	30	72	20.75	19	16		32306	30	72	28.75	27	23
	30307	35	80	22.75	21	18		32307	35	80	32.75	31	25
	30308	40	90	25.25	23	20		32308	40	90	35.25	33	27
	30309	45	100	27.25	25	22		32309	45	100	38.25	36	30
	30310	50	110	29.25	27	23		32310	50	110	42.25	40	33
	30311	55	120	31.50	29	25		32311	55	120	45.50	43	35
	30312	60	130	33.50	31	26		32312	60	130	48.50	46	37
	30313	65	140	36	33	28		32313	65	140	51	48	39
	30314	70	150	38	35	30		32314	70	150	54	51	42
	30315	75	160	40	37	31		32315	75	160	58	55	45
	30316	80	170	42.50	39	33		32316	80	170	61.50	58	48
	30317	85	180	44.50	41	34		32317	85	180	63.50	60	49
	30318	90	190	46.50	43	36		32318	90	190	67.50	64	53
	30319	95	200	49.50	45	38		32319	95	200	71.50	67	55
	30320	100	215	51.50	47	39		32320	100	215	77.50	73	60

3. 推力球轴承

附表 2-18　推力球轴承(GB/T 301—1995)

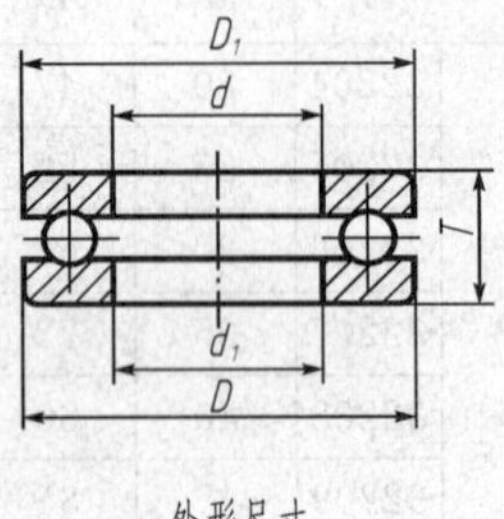

外形尺寸

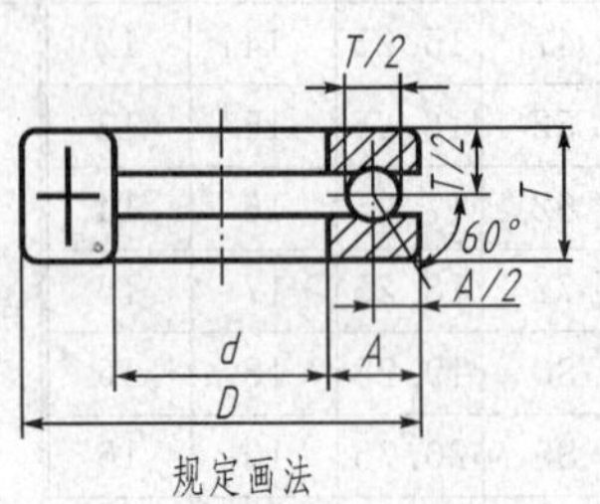

规定画法

标记示例

滚动轴承 51210 GB/T 301—1995

轴承类型		外形尺寸/mm				
		d	D	T	d_1	D_1
11 尺寸系列(51000 型)	51104	20	35	10	21	35
	51105	25	42	11	26	42
	51106	30	47	11	32	47
	51107	35	52	12	37	52
	51108	40	60	13	42	60
	51109	45	65	14	47	65
	51110	50	70	14	52	70
	51111	55	78	16	57	78
	51112	60	85	17	62	85
	51113	65	90	18	67	90
	51114	70	95	18	72	95
	51115	75	100	19	77	100
	51116	80	105	19	82	105
	51117	85	110	19	87	110
	51118	90	120	22	92	120
	51120	100	135	25	102	135
12 尺寸系列(51000 型)	51204	20	40	14	22	40
	51205	25	47	15	27	47
	51206	30	52	16	32	52
	51207	35	62	18	37	62
	51208	40	68	19	42	68
	51209	45	73	20	47	73
	51210	50	78	22	52	78
	51211	55	90	25	57	90
	51212	60	95	26	62	95
	51213	65	100	27	67	100
	51214	70	105	27	72	105
	51215	75	110	27	77	110
	51216	80	115	28	82	115
	51217	85	125	31	88	125
	51218	90	135	35	93	135
	51220	100	150	38	103	150
13 尺寸系列(51000 型)	51304	20	47	18	22	47
	51305	25	52	18	27	52
	51306	30	60	21	32	60
	51307	35	68	24	37	68
	51308	40	78	26	42	78
	51309	45	85	28	47	85
	51310	50	95	31	52	95
	51311	55	105	35	57	105
	51312	60	110	35	62	110
	51313	65	115	36	67	115

续表

轴承类型		外形尺寸/mm					轴承类型		外形尺寸/mm				
		d	D	T	d_1	D_1			d	D	T	d_1	D_1
13尺寸系列(51000型)	51314	70	125	40	72	125	14尺寸系列(51000型)	51410	50	110	43	52	110
	51315	75	135	44	77	135		51411	55	120	48	57	120
	51316	80	140	44	82	140		51412	60	130	51	62	130
	51317	85	150	49	88	150		51413	65	140	56	68	140
	51318	90	155	50	93	155		51414	70	150	60	73	150
	51320	100	170	55	103	170		51415	75	160	65	78	160
14尺寸系列(51000型)	51405	25	60	24	27	60		51416	80	170	68	83	170
	51406	30	70	28	32	70		51417	85	180	72	88	177
	51407	35	80	32	37	80		51418	90	190	77	93	187
	51408	40	90	36	42	90		51420	100	210	85	103	205
	51409	45	100	39	47	100		51422	110	230	95	113	225

注：表中轴承类型已按 GB/T 272—1993“滚动轴承代号方法”编号，其中 51100、51200、51300 和 51400 型分别相当于 GB/T 301—1995 中的 8100、8200、8300 和 8400 型。

附录 3 *常用零件结构要素

1. 零件倒角与倒圆

附表 3-1　零件倒角与倒圆(摘自 GB/T 6403.4—2008

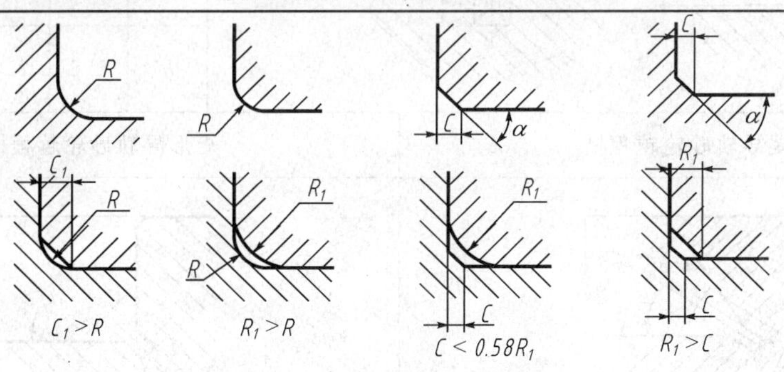

mm

直径 D		<3		>3～6		>6～10		>10～18	>18～30	>30～50		>50～80
R、C	R_1	0.1	0.2	0.3	0.4	0.5	0.6	0.8	1.0	1.2	1.6	2.0
	C_{max}	—	0.1	0.1	0.2	0.2	0.3	0.4	0.5	0.6	0.8	1.0
直径 D		>80～120	>120～180	>180～250	>250～320	>320～400	>400～500	>500～630	>630～800	>800～1000	>1000～1250	>1250～1600
R、C	R_1	2.5	3.0	4.0	5.0	6.0	8.0	10	12	16	20	25
	C_{max}	1.2	1.6	2.0	2.5	3.0	4.0	5.0	6.0	8.0	10	12

注：倒角一般采用 45°，也可采用 30°或 60°。

2. 砂轮越程槽

附表 3-2　砂轮越程槽(GB/T 6403.5—2008)　mm

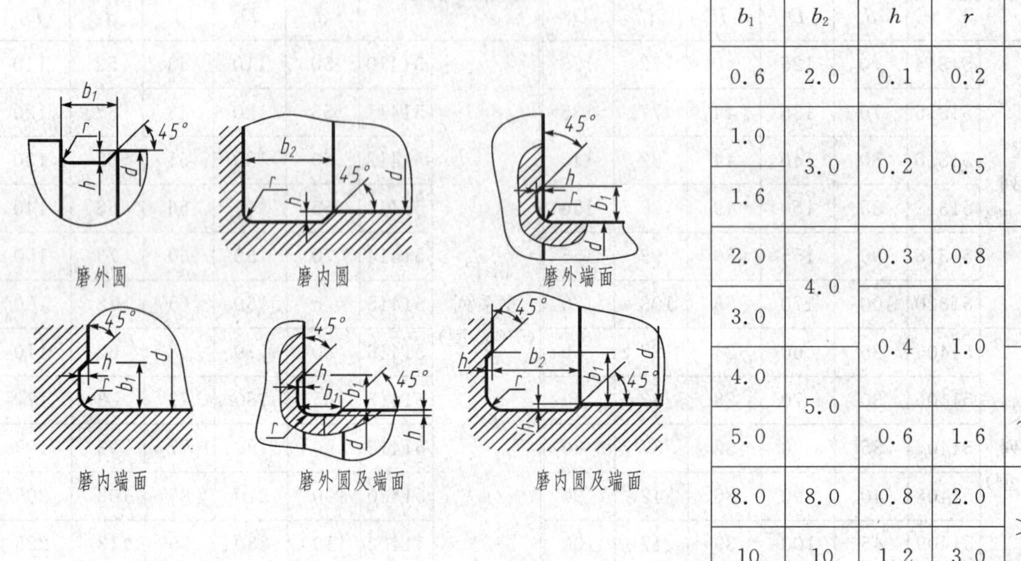

磨外圆　磨内圆　磨外端面

磨内端面　磨外圆及端面　磨内圆及端面

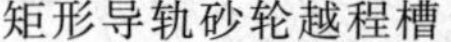

b_1	b_2	h	r	d
0.6	2.0	0.1	0.2	～10
1.0	3.0	0.2	0.5	
1.6				
2.0	4.0	0.3	0.8	>10～50
3.0		0.4	1.0	
4.0	5.0			>50～100
5.0		0.6	1.6	
8.0	8.0	0.8	2.0	>100
10	10	1.2	3.0	

平面砂轮及 V 形砂轮越程槽

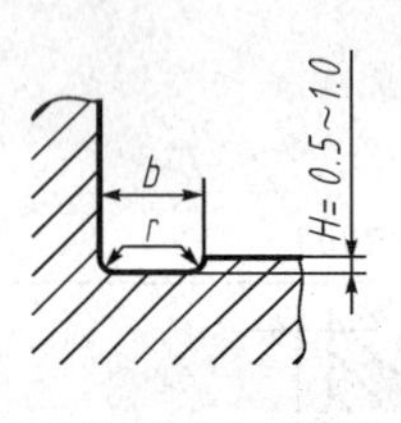

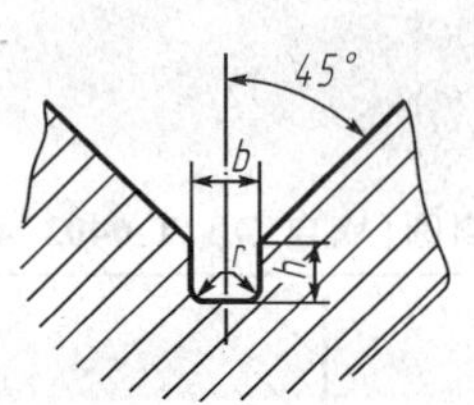

b	2	3	4	5
r	0.5	1.0	1.2	1.6
h	1.6	2.0	2.5	3.0

燕尾导轨砂轮越程槽

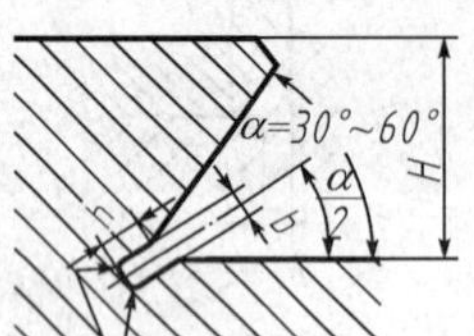

H	≤5	6	8	10	12	16	20	25	32	40	50	63	80
b、h	1	2		3			4			5			6
r	0.5			1.0			1.6						2.0

矩形导轨砂轮越程槽

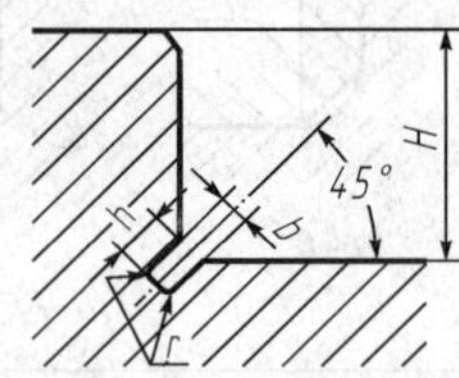

H	8	10	12	16	20	25	32	40	50	63	80	100
b	2					3			5		8	
h	1.6					2.0			3.0		5.0	
r	0.5					1.0			1.6		2.0	

3. 中心孔

附表 3-3 中心孔(摘自 GB/T 145—2001)

mm

d			D_1			D_2		D_3	l_1	l_2		l		t(参考尺寸)		r	
A 型	B、R 型	C 型	A 型	B、R 型	C 型	B 型	C 型	C 型	C 型(参考尺寸)	A 型	B 型	C 型	R 型(l_{min})	A 型	B 型	R 型 max	R 型 min
(0.50)			1.06							0.48				0.5			
(0.63)			1.32							0.60				0.6			
(0.80)			1.70							0.78				0.7			
1.00		M3	2.12		3.2	3.15	5.3	5.8	1.8	0.97	1.27	2.6	2.3	0.9		3.15	2.50
(1.25)		M4	2.65		4.3	4.00	6.7	7.4	2.1	1.21	1.60	3.2	2.8	1.1		4.00	3.15
1.60		M5	3.35		5.3	5.00	8.1	8.8	2.4	1.52	1.99	4.0	3.5	1.4		5.00	4.00
2.00		M6	4.25		6.4	6.30	9.6	10.5	2.8	1.95	2.54	5.0	4.4	1.8		6.30	5.00
2.50		M8	5.30		8.4	8.00	12.2	13.2	3.3	2.42	3.20	6.0	5.5	2.2		8.00	6.30
3.15		M10	6.70		10.5	10.00	14.9	16.3	3.8	3.07	4.03	7.5	7.0	2.8		10.00	8.00
4.00		M12	8.50		13.0	12.50	18.1	19.8	4.4	3.90	5.05	9.5	8.9	3.5		12.50	10.00
(5.00)		M16	10.60		17.0	16.00	23.0	25.3	5.2	4.85	6.41	12.0	11.2	4.4		16.00	12.50
6.30		M20	13.20		21.0	18.00	28.4	31.3	6.4	5.98	7.36	15.0	14.0	5.5		20.00	16.00
(8.00)		M24	17.00		26.0	22.40	34.2	38.0	8.0	7.79	9.36	18.0	17.9	7.0		25.00	20.00
10.00			21.20			28.00				9.70	11.66		22.5	8.7		31.50	25.00

注:1. 括号内的尺寸尽量不采用。

2. 对 A 型孔和 B 型孔,尺寸 l_1 取决于中心钻的长度 l_1,即使中心钻重磨后再使用,此值也不应小于 t 值。

3. 对于 A 型孔,同时列出了 D_1 和 l_2 尺寸,制造厂可任选其中一个尺寸;对于 B 型孔,同时列出了 D_2 和 l_2 尺寸,制造厂可任选其中一个尺寸。

4. 对于 B 型孔,尺寸 d 和 D_1 与中心钻的尺寸一致。

附录 4 极限与配合

附表 4-1 标准公差数值(GB/T 1800.1—2009)

公差尺寸/mm		公差等级																			
		IT01	IT0	IT1	IT2	IT3	IT4	IT5	IT6	IT7	IT8	IT9	IT10	IT11	IT12	IT13	IT14	IT15	IT16	IT17	IT18
大于	至	μm													mm						
—	3	0.3	0.5	0.8	1.2	2	3	4	6	10	14	25	40	60	0.10	0.14	0.25	0.40	0.60	1.0	1.4
3	6	0.4	0.6	1	1.5	2.5	4	5	8	12	18	30	48	75	0.12	0.18	0.30	0.48	0.75	1.2	1.8
6	10	0.4	0.6	1	1.5	2.5	4	6	9	15	22	36	58	90	0.15	0.22	0.36	0.58	0.90	1.5	2.2
10	18	0.5	0.8	1.2	2	3	5	8	11	18	27	43	70	110	0.18	0.27	0.43	0.70	1.10	1.8	2.7
18	30	0.6	1	1.5	2.5	4	6	9	13	21	33	52	84	130	0.21	0.33	0.52	0.84	1.30	2.1	3.3
30	50	0.6	1	1.5	3.5	4	7	11	16	25	39	62	100	160	0.25	0.39	0.62	1.00	1.60	2.5	3.9
50	80	0.8	1.2	2	3	5	8	13	19	30	46	74	120	190	0.30	0.46	0.74	1.20	1.90	3.0	4.6
80	120	1	1.5	2.5	4	6	10	15	22	35	54	87	140	220	0.35	0.54	0.87	1.40	2.20	3.5	5.4
120	180	1.2	2	3.5	5	8	12	18	25	40	63	100	160	250	0.40	0.63	1.00	1.60	2.50	4.0	6.3
180	250	2	3	4.5	7	10	14	20	29	46	72	115	185	290	0.46	0.72	1.15	1.85	2.90	4.6	7.2
250	315	2.5	4	6	8	12	16	23	32	52	81	130	210	320	0.52	0.81	1.30	2.10	3.20	5.2	8.1
315	400	3	5	7	9	13	18	25	36	57	89	140	230	360	0.57	0.89	1.40	2.30	3.60	5.7	8.9
400	500	4	6	8	10	15	20	27	40	63	97	155	250	400	0.63	0.97	1.55	2.50	4.00	6.3	9.7

注:1. 1μm=1/1000mm。

2. 公称尺寸＞500mm 的偏差数值未列入。

附表 4-2　轴的基本偏差数值

基本偏差		上极限偏差(es)											
		a	b	c	cd	d	e	ef	f	fg	g	h	js
公称尺寸/mm													公　差
大于	至	所有等级											
—	3	−270	−140	−60	−34	−20	−14	−10	−6	−4	−2	0	偏差 $=\pm\frac{IT_n}{2}$
3	6	−270	−140	−70	−46	−30	−20	−14	−10	−6	−4	0	
6	10	−280	−150	−80	−56	−40	−25	−18	−13	−8	−5	0	
10	14	−290	−150	−95	—	−50	−32	—	−16	—	−6	0	
14	18												
18	24	−300	−160	−110	—	−65	−40	—	−20	—	−7	0	
24	30												
30	40	−310	−170	−120	—	−80	−50	—	−25	—	−9	0	
40	50	−320	−180	−130									
50	65	−340	−190	−140	—	−100	−60	—	−30	—	−10	0	
65	80	−360	−200	−150									
80	100	−380	−220	−170	—	−120	−72	—	−36	—	−12	0	
100	120	−410	−240	−180									
120	140	−460	−260	−200	—	−145	−85	—	−43	—	−14	0	
140	160	−520	−280	−210									
160	180	−580	−310	−230									
180	200	−660	−340	−240	—	−170	−100	—	−50	—	−15	0	
200	225	−740	−380	−260									
225	250	−820	−420	−280									
250	280	−920	−480	−300	—	−190	−110	—	−56	—	−17	0	
280	315	−1050	−540	−330									
315	355	−1200	−600	−360	—	−210	−125	—	−62	—	−18	0	
355	400	−1350	−680	−400									
400	450	−1500	−760	−440	—	−230	−135	—	−68	—	−20	0	
450	500	−1650	−840	−480									

注:公称尺寸＞500mm 的偏差数值未列入。

(**GB/T 1800.1—2009**) μm

下极限偏差(ei)																		
j			k		m	n	p	r	s	t	u	v	x	y	z	za	zb	zc
等级																		
5、6	7	8	4～7	≤3 >7	所有等级													
−2	−4	−6	0	0	+2	+4	+6	+10	+14	—	+18	—	+20	—	+26	+32	+40	+60
−2	−4	—	+1	0	+4	+8	+12	+15	+19	—	+23	—	+28	—	+35	+42	+50	+80
−2	−5	—	+1	0	+6	+10	+15	+19	+23	—	+28	—	+34	—	+42	+52	+67	+97
−3	−6	—	+1	0	+7	+12	+18	+23	+28	—	+33	—	+40	—	+50	+64	+90	+130
												+39	+45	—	+60	+77	+108	+150
−4	−8	—	+2	0	+8	+15	+22	+28	+35	—	+41	+47	+54	+63	+73	+98	+136	+188
										+41	+48	+55	+64	+75	+88	+118	+160	+218
−5	−10	—	+2	0	+9	+17	+26	+34	+43	+48	+60	+68	+80	+94	+112	+148	+200	+274
										+54	+70	+81	+97	+114	+136	+180	+242	+325
−7	−12	—	+2	0	+11	+20	+32	+41	+53	+66	+87	+102	+122	+144	+172	+226	+300	+405
								+43	+59	+75	+102	+120	+146	+174	+210	+274	+360	+480
−9	−15	—	+3	0	+13	+23	+37	+51	+71	+91	+124	+146	+178	+214	+258	+335	+445	+585
								+54	+79	+104	+144	+172	+210	+254	+310	+400	+525	+690
−11	−18	—	+3	0	+15	+27	+43	+63	+92	+122	+170	+202	+248	+300	+365	+470	+620	+800
								+65	+100	+134	+190	+228	+280	+340	+415	+535	+700	+900
								+68	+108	+146	+210	+252	+310	+380	+465	+600	+780	+1000
−13	−21	—	+4	0	+17	+31	+50	+77	+122	+166	+236	+284	+350	+425	+520	+670	+880	+1150
								+80	+130	+180	+258	+310	+385	+470	+575	+740	+960	+1250
								+84	+140	+196	+284	+340	+425	+520	+640	+820	+1050	+1350
−16	−26	—	+4	0	+20	+34	+56	+94	+158	+218	+315	+385	+475	+580	+710	+920	+1200	+1550
								+98	+170	+240	+350	+425	+525	+650	+790	+1000	+1300	+1700
−18	−28	—	+4	0	+21	+37	+62	+108	+190	+268	+390	+475	+590	+730	+900	+1150	+1150	+1900
								+114	+208	+294	+435	+530	+660	+820	+1000	+1300	+1650	+2100
−20	−32	—	+5	0	+28	+40	+68	+126	+232	+330	+490	+595	+740	+920	+1100	+1450	+1850	+2400
								+132	+252	+360	+540	+660	+820	+1000	+1250	+1600	+2100	+2600

附表 4-3　孔的基本偏差数值

基本偏差		下限极偏差(EI)																		
		A	B	C	CD	D	E	EF	F	FG	G	H	JS	J			K		M	
公称尺寸/mm																				公差
大于	至	所有等级												6	7	8	≤8	>8	≤8	>8
—	3	+270	+140	+60	+34	+20	+14	+10	+6	+4	+2	0		+2	+4	+6	0	0	−2	−2
3	6	+270	+140	+70	+46	+30	+20	+14	+10	+6	+4	0		+5	+6	+10	−1+Δ	—	−4+Δ	−4
6	10	+280	+150	+80	+56	+40	+25	+18	+13	+8	+5	0		+5	+8	+12	−1+Δ	—	−6+Δ	−6
10	14	+290	+150	+95	—	+50	+32	—	+16	—	+6	0		+6	+10	+15	−1+Δ	—	−7+Δ	−7
14	18																			
18	24	+300	+160	+110	—	+65	+40	—	+20	—	+7	0		+8	+12	+20	−2+Δ	—	−8+Δ	−8
24	30																			
30	40	+310	+170	+120	—	+80	+50	—	+25	—	+9	0		+10	+14	+24	−2+Δ	—	−9+Δ	−9
40	50	+320	+180	+130																
50	65	+340	+190	+140	—	+100	+60	—	+30	—	+10	0		+13	+18	+28	−2+Δ	—	−11+Δ	−11
65	80	+360	+200	+150																
80	100	+380	+220	+170	—	+120	+72	—	+36	—	+12	0	偏差=$\pm\frac{IT_n}{2}$	+16	+22	+34	−3+Δ	—	−13+Δ	−13
100	120	+410	+240	+180																
120	140	+460	+260	+200	—	+145	+85	—	+43	—	+14	0		+18	+26	+41	−3+Δ	—	−15+Δ	−15
140	160	+520	+280	+210																
160	180	+580	+310	+230																
180	200	+660	+340	+240	—	+170	+100	—	+50	—	+15	0		+22	+30	+47	−4+Δ	—	−17+Δ	−17
200	225	+740	+380	+260																
225	250	+820	+420	+280																
250	280	+920	+480	+300	—	+190	+110	—	+56	—	+17	0		+25	+36	+55	−4+Δ	—	−20+Δ	−20
280	315	+1050	+540	+330																
315	355	+1200	+600	+360	—	+210	+125	—	+62	—	+18	0		+29	+39	+60	−4+Δ	—	−21+Δ	−21
355	400	+1350	+680	+400																
400	450	+1500	+760	+440	—	230	+135	—	+68	—	+20	0		+33	+43	+66	−5+Δ	—	−23+Δ	−23
450	500	+1650	+840	+480																

注:公称尺寸>500mm 的偏差数值未列入。

(GB/T 1800.1—2009)

μm

上级限偏差(ES)															Δ					
N		P至ZC	P	R	S	T	U	V	X	Y	Z	ZA	ZB	ZC						
等级 ≤8	>8	≤7	>7												3	4	5	6	7	8
-4	-4		-6	-10	-14	—	-18	—	-20	—	-26	-32	-40	-60	0					
-8+Δ	0		-12	-15	-19	—	-23	—	-28	—	-35	-42	-50	-80	1	1.5	1	3	4	6
-10+Δ	0		-15	-19	-23	—	-28	—	-34	—	-42	-52	-67	-97	1	1.5	2	3	6	7
-12+Δ	0		-18	-23	-28	—	-33	—	-40	—	-50	-64	-90	-130	1	2	3	3	7	9
								-39	-45	—	-60	-77	-108	-150						
-15+Δ	0		-22	-28	-35	—	-41	-47	-54	-63	-73	-98	-136	-188	1.5	2	3	4	8	12
						-41	-48	-55	-64	-75	-88	-118	-160	-218						
-17+Δ	0		-26	-34	-43	-48	-60	-68	-80	-94	-112	-148	-200	-274	1.5	3	4	5	9	14
						-54	-70	-81	-97	-114	-136	-180	-242	-325						
-20+Δ	0	在>7级的相应数值上增加一个Δ值	-32	-41	-53	-66	-87	-102	-122	-144	-172	-226	-300	-405	2	3	5	6	11	16
				-43	-59	-75	-102	-120	-146	-174	-210	-274	-360	-480						
-23+Δ	0		-37	-51	-71	-91	-124	-146	-178	-214	-258	-335	-445	-585	2	4	5	7	13	19
				-54	-79	-104	-144	-172	-210	-254	-310	-400	-525	-690						
-27+Δ	0		-43	-63	-92	-122	-170	-202	-248	-300	-365	-470	-620	800	3	4	6	7	15	23
				-65	-100	-134	-190	-228	-280	-340	-415	-535	-700	-900						
				-68	-108	-146	-210	-252	-310	-380	-465	-600	-780	-1000						
-31+Δ	0		-50	-77	-122	-166	-236	-284	-350	-425	-520	-670	-880	-1150	3	4	6	7	17	26
				-80	-130	-180	-258	-310	-385	-470	-575	-740	-960	-1250						
				-84	-140	-196	-284	-340	-425	-520	-640	-820	-1050	-1350						
-34+Δ	0		-56	-94	-158	-218	-315	-385	-475	-580	-710	-920	-1200	-1550	4	4	7	9	20	29
				-98	-170	-240	-350	-425	-525	-650	-790	-1000	-1300	-1700						
-37+Δ	0		-62	-108	-190	-268	-390	-475	-590	-730	-900	-1150	-1500	-1900	4	5	7	11	21	32
				-114	-208	-294	-435	-530	-660	-820	-1000	-1300	-1650	-2100						
-40+Δ	0		-68	-126	-232	-330	-490	-595	-740	-920	-1100	-1450	-1850	-2400	5	5	7	13	23	34
				-132	-252	-360	-540	-660	-820	-1000	-1250	-1600	-2100	-2600						

附表 4-4　优先配合中轴的极限偏差(GB/T 1800.2—2009)

μm

公称尺寸/mm		公差带												
		c	d	f	g	h				k	n	p	s	u
大于	至	11	9	7	6	6	7	9	11	6	6	6	6	6
—	3	−60 −120	−20 −45	−6 −16	−2 −8	0 −6	0 −10	0 −25	0 −60	+6 0	+10 +4	+12 +6	+20 +14	+24 +18
3	6	−70 −145	−30 −60	−10 −22	−4 −12	0 −8	0 −12	0 −30	0 −75	+9 +1	+16 +8	+20 +12	+27 +19	+31 +23
6	10	−80 −170	−40 −76	−13 −28	−5 −14	0 −9	0 −15	0 −36	0 −90	+10 +1	+19 +10	+24 +15	+32 +23	+37 +28
10	14	−95 −205	−50 −93	−16 −34	−6 −17	0 −11	0 −18	0 −43	0 −110	+12 +1	+23 +12	+29 +18	+39 +28	+44 +33
14	18													
18	24	−110 −240	−65 −117	−20 −41	−7 −20	0 −13	0 −21	0 −52	0 −130	+15 +2	+28 +15	+35 +22	+48 +35	+54 +41
24	30													+61 +48
30	40	−120 −280	−80 −142	−25 −50	−9 −25	0 −16	0 −25	0 −62	0 −160	+18 +2	+33 +17	+42 +26	+59 +43	+76 +60
40	50	−130 −290												+86 +70
50	65	−140 −330	−100 −174	−30 −60	−10 −29	0 −19	0 −30	0 −74	0 −190	+21 +2	+39 +20	+51 +32	+72 +53	+106 +87
65	80	−150 −340											+78 +59	+121 +102
80	100	−170 −390	−120 −207	−36 −71	−12 −34	0 −22	0 −35	0 −87	0 −220	+25 +3	+45 +23	+59 +37	+93 +71	+146 +124
100	120	−180 −400											+101 +79	+166 +144
120	140	−200 −450	−145 −245	−43 −83	−14 −39	0 −25	0 −40	0 −100	0 −250	+28 +3	+52 +27	+68 +43	+177 +92	+195 +170
140	160	−210 −460											+125 +100	+215 +190
160	180	−230 −480											+133 +108	+235 +210
180	200	−240 −530	−170 −285	−50 −96	−15 −44	0 −29	0 −46	0 −115	0 −290	+33 +4	+60 +31	+79 +50	+151 +122	+265 +236
200	225	−260 −550											+159 +130	+287 +258
225	250	−280 −570											+169 +140	+313 +284
250	280	−300 −620	−190 −320	−56 −108	−17 −49	0 −32	0 −52	0 −130	0 −320	+36 +4	+66 +34	+88 +56	+190 +158	+347 +315
280	315	−330 −650											+202 +170	+382 +350
315	355	−360 −720	−210 −350	−62 −119	−18 −54	0 −36	0 −57	0 −140	0 −360	+40 +4	+73 +37	+98 +62	+226 +190	+426 +390
355	400	−400 −760											+244 +208	+471 +435
400	450	−440 −840	−230 −385	−68 −131	−20 −60	0 −40	0 −63	0 −155	0 −400	+45 +5	+80 +40	+108 +68	+272 +232	+530 +490
450	500	−480 −880											+292 +252	+580 +540

附表 4-5 优先配合中孔的极限偏差(GB/T 1800.2—2009)

μm

公称尺寸/mm		公差带												
		C	D	F	G	H				K	N	P	S	U
大于	至	11	9	8	7	7	8	9	11	7	7	7	7	7
—	3	+120 +60	+45 +20	+20 +6	+12 +2	+10 0	+14 0	+25 0	+60 0	0 −10	−4 −14	−6 −16	−14 −24	−18 −28
3	6	+145 +70	+60 +30	+28 +10	+16 +4	+12 0	+18 0	+30 0	+75 0	+3 −9	−4 −16	−8 −20	−15 −27	−19 −31
6	10	+170 +80	+76 +40	+35 +13	+20 +5	+15 0	+22 0	+36 0	+90 0	+5 −10	−4 −19	−9 −24	−17 −32	−22 −37
10	14	+205 +95	+93 +50	+43 +16	+24 +6	+18 0	+27 0	+43 0	+110 0	+6 −12	−5 −23	−11 −29	−21 −39	−26 −44
14	18													
18	24	+240 +110	+117 +65	+53 +20	+28 +7	+21 0	+33 0	+52 0	+130 0	+6 −15	−7 −28	−14 −35	−27 −48	−33 −54
24	30													−40 −61
30	40	+280 +120	+142 +80	+64 +25	+34 +9	+25 0	+39 0	+62 0	+160 0	+7 −18	−8 −33	−17 −42	−34 −59	−51 −76
40	50	+290 +130												−61 −86
50	65	+330 +140	+174 +100	+76 +30	+40 +10	+30 0	+46 0	+74 0	+190 0	+9 −21	−9 −39	−21 −51	−42 −72	−76 −106
65	80	+340 +150											−48 −78	−91 −121
80	100	+390 +170	+207 +120	+90 +36	+47 +12	+35 0	+54 0	+87 0	+220 0	+10 −25	−10 −45	−24 −59	−58 −93	−111 −146
100	120	+400 +180											−66 −101	−131 −166
120	140	+450 +200	+245 +145	+106 +43	+54 +14	+40 0	+63 0	+100 0	+250 0	+12 −28	−12 −52	−28 −68	−77 −117	−155 −195
140	160	+460 +210											−85 −125	−175 −215
160	180	+480 +230											−93 −133	−195 −235
180	200	+530 +240	+285 +170	+122 +50	+61 +15	+46 0	+72 0	+115 0	+290 0	+13 −33	−14 −60	−33 −79	−105 −151	−219 −265
200	225	+550 +260											−113 −159	−241 −287
225	250	+570 +280											−123 −169	−267 −313
250	280	+620 +300	+320 +190	+137 +56	+69 +17	+52 0	+81 0	+130 0	+320 0	+16 −36	−14 −66	−36 −88	−138 −190	−295 −347
280	315	+650 +330											−150 −202	−330 −382
315	355	+720 +360	+350 +210	+151 +62	+75 +18	+57 0	+89 0	+140 0	+360 0	+17 −40	−16 −73	−41 −98	−169 −226	−369 −426
355	400	+760 +400											−187 −244	−414 −471
400	450	+840 +440	+385 +230	+165 +68	+83 +20	+63 0	+97 0	+155 0	+400 0	+18 −45	−17 −80	−48 −108	−209 −272	−467 −530
450	500	+880 +480											−229 −292	−517 −580

参考文献

[1] 大连理工大学工程图学教研室.机械制图(第六版).北京:高等教育出版社,2007.

[2] 何铭新、钱可强等.机械制图(第五版).北京:高等教育出版社,2004.

[3] 刘朝儒、彭福荫、高政一等.机械制图(第四版).北京:高等教育出版社,2004.

[4] 谭建荣等.图学基础教程(第二版).北京:高等教育出版社,2006.

[5] 刘小年、刘振魁.机械制图.北京:机械工业出版社,2000.

[6] 王兰美、刘衍聪.现代工程设计制图.北京:高等教育出版社,1999.

[7] 朱辉等.画法几何及工程制图(第六版).上海:上海科学技术出版社,2007.

[8] 施岳定.工程制图及计算机绘图(第二版).杭州:浙江大学出版社,2003.

[9] 刘力.机械制图(第二版).北京:高等教育出版社,2004.

[10] 胡青泥、高菲.机械制图(第六版).北京:高等教育出版社,2007.

[11] 郑家骧、陈桂英.机械制图及计算机绘图.北京:机械工业出版社,2003.

[12] 崔培英,施岳定,莫灿林.工程制图学习指导和考试指导.杭州:浙江大学出版社,2006.

[13] 董怀武、刘传慧.画法几何及工程制图(第二版).武汉:武汉理工大学出版社,2005.

[14] 田凌、冯涓、刘朝儒.机械制图.北京:清华大学出版社,2007.

[15] 杨慧英、王玉坤.机械制图(第二版).北京:清华大学出版社,2007.

[16] 王槐德.机械制图新旧标准代换教程(修订版).北京:中国标准出版社,2004.

[17] 刘朝儒.机械制图(第五版).北京:高等教育出版社,2006.

[18] 焦永和.机械制图.北京:北京理工大学出版社,2005.

[19] 赵大兴.现代工程图学教程(第四版).武汉:湖北科学技术出版社,2006.

[20] 梁德本、叶玉驹.机械制图手册(第三版).北京:机械工业出版社,2005.

[21] 大连理工大学工程图学教研室.画法几何学(第六版).北京:高等教育出版社,2003.

[22] 蒋晓.AutoCAD2007 中文版机械制图实例教程.北京:清华大学出版社,2007.

参考文献

[illegible]